Springer-Lehrbuch

Eberhard Roos · Karl Maile

Werkstoffkunde für Ingenieure

Grundlagen, Anwendung, Prüfung

3., neu bearbeitete Auflage

 Springer

Prof. Dr. Eberhard Roos
Materialprüfungsanstalt, MPA,
Universität Stuttgart
Pfaffenwaldring 32
70569 Stuttgart
eberhard.roos@mpa.uni-stuttgart.de

Dr. Karl Maile
Materialprüfungsanstalt, MPA,
Universität Stuttgart
Pfaffenwaldring 32
70569 Stuttgart
karl.maile@mpa.uni-stuttgart.de

ISBN 978-3-540-68398-8   e-ISBN 978-3-540-68403-9

DOI 10.1007/978-3-540-68403-9

Springer-Lehrbuch ISSN 0937-7433

Bibliografische Information der Deutschen Nationalbibliothek
Die Deutsche Nationalbibliothek verzeichnet diese Publikation in der Deutschen Nationalbibliografie;
detaillierte bibliografische Daten sind im Internet über http://dnb.d-nb.de abrufbar.

Satz: digitale Druckvorlage der Autoren
Herstellung: le-tex publishing services oHG, Leipzig
Einbandgestaltung: WMX Design GmbH, Heidelberg

Gedruckt auf säurefreiem Papier

9 8 7 6 5 4 3 2   SPIN 1 2 6 0 4 0 3 6

springer.de

Vorwort zur dritten Auflage

Auch bei der dritten Auflage wurde der Schwerpunkt auf die Umsetzung von für den Ingenieur unverzichtbaren Grundlagenkenntnissen in die industrielle Praxis gelegt.

Im Hinblick auf die zunehmende technische Bedeutung der Nickelbasiswerkstoffe für die Hochtemperaturanwendung, z. B. im Bereich der Energietechnik wurde dieses Kapitel nochmals erweitert.

Die Verfahren zur Behandlung und Modifikation von Werkstoffoberflächen zur gezielten Einstellung der Gebrauchseigenschaften nehmen in der heutigen Technik einen immer größeren Stellenwert ein. Aus diesem Grunde wurde das Kapitel Härten vollständig überarbeitet.

Dies gilt auch für die Kunststoffe, die zunehmend im Strukturbereich, z. B. aus Gründen des Leichtbaus, eingesetzt werden. Infolgedessen wurde dieses Kapitel neu gestaltet.

Darüber hinaus wurden zahlreiche Daten und Fakten der technischen Entwicklung angepasst.

Bei der Realisierung dieser umfangreichen Überarbeitungsmaßnahmen haben uns die Herren Dr.-Ing. M. Seidenfuß, Dipl.–Ing. M. Büttner, Dipl.-Ing. A. Hobt und Dipl.-Ing. R. Kießling sowohl bei der redaktionellen als auch bei der inhaltlichen Umsetzung des Manuskripts mit großem Engagement unterstützt. Hierfür möchten wir uns besonders bedanken.

Dem Springer Verlag, insbesondere Frau E. Hestermann-Beyerle, möchten wir uns für die Unterstützung und die gute Zusammenarbeit bedanken.

Stuttgart, Herbst 2008   E. Roos, K. Maile

Vorwort zur zweiten Auflage

Die zweite Auflage wurde im Hinblick auf die Umsetzung von Grundlagenwissen in die praktische Anwendung erweitert und überarbeitet.

Die Erweiterung umfasste Themen, die technisch relevant sind, wie das Werkstoffverhalten bei Ermüdungsbeanspruchung sowie die für die Qualitätssicherung und für die Sicherheitsbewertung von in Betrieb befindlichen Bauteilen unabdingbare zerstörungsfreie Werkstoffprüfung.

Bei den Herstellungs- und Verarbeitungstechnologien wurde die Beschichtungstechnik als Kapitel neu aufgenommen. Sie ist in vielen Bereichen der Technik ein bewährtes bzw. innovatives Verfahren um den Anwendungsbereich von Werkstoffen zu erweitern.

Die Palette der Werkstoffe selbst wurde - im Hinblick auf ihre technische Bedeutung und auf die Fortschritte auf diesem Gebiet - durch die Aufnahme eines Abschnittes Eisengusswerkstoffe ergänzt.

Schließlich wurden, ganz im Sinne der praktischen Anwendung, in allen Kapiteln für die jeweiligen Einsatz- und Beanspruchungsbedingungen charakteristische Werkstoffkennwerte eingefügt.

Bedanken möchten wir uns insbesondere bei den Herren Dr.-Ing. M. Seidenfuß, Dipl.-Ing. H.-P. Seebich, Dipl.-Ing. T. Schütt, Dipl.-Ing. M. Rauch und Dr.-Ing. H. Waidele für die engagierte Unterstützung sowohl bei der redaktionellen als auch der inhaltlichen Umsetzung des Manuskripts.

Dem Springer Verlag, insbesondere Frau E. Hestermann-Beyerle danken wir für die Initiative zur Erstellung der zweiten Auflage und die gute Zusammenarbeit.

Unter den Internetadressen www.springeronline.com/de/3-540-22034-8 oder www.mpa.uni-stuttgart.de/wk4ing können zum besseren Verständnis Animationen ausgewählter Vorgänge betrachtet werden.

Stuttgart, Herbst 2004   E. Roos, K. Maile

Vorwort zur ersten Auflage

Werkstoffe bzw. deren funktionsgerechte Anwendung und werkstoffgerechte Verarbeitung sind die wesentlichsten Grundlagen für zuverlässige Konstruktionen. Der technische Fortschritt und die technische Weiterentwicklungen sind in vielen Fällen erst möglich, wenn entsprechende Werkstoffe oder für schon bestehende Werkstoffe werkstoffgerechte Verarbeitungsverfahren für den geforderten Anwendungszweck entwickelt wurden.

Die Verbesserung oder die Neuentwicklung von Werkstoffen bestimmt sehr oft den Fortschritt anderer Technologien. Die Entwicklung von Hochtemperaturwerkstoffen auf Nickelbasis war die Voraussetzung für eine wesentliche Steigerung der Betriebstemperatur und damit auch vom Wirkungsgrad von Gasturbinen. Gleiches gilt für keramische Werkstoffe, die durch Verstärkung mit Fasern deutlich an Duktilität gewonnen haben und für die sich zahlreiche neue Anwendungsfelder eröffnen, wie z.B. als Hitzeschutzschilde bzw. Strukturwerkstoffe in der Raumfahrt.

Die Werkstoffkunde bildet, unter Nutzung der Werkstoffwissenschaften, die Grundlage für die werkstoffgerechte Konstruktion, Dimensionierung und Herstellung von Bauteilen durch die Schaffung entsprechender Werkstoffgesetze, anwendungsorientierter Verarbeitungsverfahren unter Berücksichtigung der spezifischen Werkstoffeigenschaften, wie mikrostruktureller Zustandsänderungen.

Unter Berücksichtigung dieser Gesichtspunkten ist das vorliegende Buch entstanden. Es ist ein Begleitbuch zur Vorlesung Werkstoffkunde für Studenten an Universitäten und Fachhochschulen der Ingenieurwissenschaften mit Schwerpunkt Maschinenbau. Es vermittelt die Grundlagen der Werkstoffkunde, wobei der Schwerpunkt auf der praktischen Anwendung liegt. Aus diesem Grunde ist es für in der beruflichen Praxis stehende Ingenieure zum Nachschlagen werkstoffmechanischer Zusammenhänge ebenfalls gut geeignet.

Verständnisfragen zu jedem Kapitel erlauben die Überprüfung der erarbeiteten Kenntnisse.

Unser besonderer Dank gilt allen, die durch Ratschläge und kritische Hinweise zum Gelingen beigetragen haben. Insbesondere bedanken möchten wir uns bei Herrn Dr.-Ing. M. Seidenfuß sowie Frau Dipl.-Ing. C. Weichert und den Herren Dipl.-Ing. T. Gengenbach, Dipl.-Ing. P. Julisch jun., Dipl.-Ing. M. Rauch und Dipl.-Ing. H.-P. Seebich, die uns mit großem Engagement sowohl redaktionell bei der Umsetzung des Manuskripts als auch inhaltlich unterstützt haben.

Dem Springer Verlag, insbesondere Frau E. Hestermann-Beyerle danken wir für die gute Zusammenarbeit und die rasche Publikation dieses Buches.

Zum besseren Verständnis zahlreicher Vorgänge, sowohl makroskopischer als auch mikroskopischer Art, wurden Animationen erstellt, die unter der Internetadresse www.mpa.uni-stuttgart.de/wk4ing betrachtet werden können.

Stuttgart 2002   E. Roos, K. Maile

Inhaltsverzeichnis

1 Überblick

1.1 Was ist ein Werkstoff?

Die Entwicklung der Zivilisation und damit der Technik war und ist mit der Verfügbarkeit von Werkstoffen verbunden. Deutlich wird dies in der gebräuchlichen Einteilung der Menschheitsgeschichte wie z.B. Steinzeit, Bronzezeit und Eisenzeit. Hier wurden Epochen nach der Beschaffenheit der Werkzeuge, die von Menschen eingesetzt wurden, benannt. Allgemein bekannt ist auch, dass sich Zivilisationen mit den höherwertigeren Werkzeugen entwicklungsgeschichtlich durchgesetzt haben. In der jüngsten Geschichte wurden die Begriffe „industrielle Revolution" oder „Siliziumzeitalter" geprägt. Die industrielle Revolution, die im Grunde eine handwerklich und landwirtschaftlich geprägte Gesellschaft durch die „moderne" Industriegesellschaft ersetzt hat, beruht letztlich auf der technischen Innovation der großtechnischen Herstellung von metallischen Werkstoffen, wobei die Eisenwerkstoffe einen besonderen Schwerpunkt bildeten. Damit wurde es z.B. möglich, Dampfmaschinen und in der weiteren Entwicklung hocheffiziente Gasturbinen zu bauen. Damit wird deutlich, dass die technische Produktinnovation wesentlich von der Leistungsfähigkeit der Werkstoffe abhängt.

Die Steigerung des Wirkungsgrades und damit der Umweltverträglichkeit fossil befeuerter Kraftwerke wird wesentlich beeinflusst von der Festigkeit der Stähle und Nickelbasislegierungen, die im Bereich der Turbine, des Dampferzeugers und der Rohrleitungen eingesetzt werden. Höherfeste Stähle sind für die Weiterentwicklung von leistungsfähigen Kränen oder Windkraftanlagen eine unabdingbare Voraussetzung. Flugzeuge mit Überschallgeschwindigkeit wurden nur realisierbar auf der Basis von Titanlegierungen, die bei höheren Temperaturen eine größere Festigkeit aufweisen als Aluminiumlegierungen bei vergleichbarer Dichte. Allgemein gilt, dass die Verbesserung der Leistungsfähigkeit und Wirtschaftlichkeit von technischen Anlagen mit der Anhebung der Betriebsparameter (Kräfte, Momente, Druck, Temperatur, Umgebungsmedium, Fahrweise usw.) einhergeht. Hierbei ist zu beachten, dass die daraus resultierende höhere Werkstoffbeanspruchung sich nicht einfach über die Erhöhung der Wanddicke, z.B. bei einem Druckbehälter, ausgleichen lässt, ohne dass sich daraus u.U. Nachteile für die Funktionsfähigkeit, die Herstellbarkeit oder die Wirtschaftlichkeit ergeben. Es ist verständlich, dass zwischen der Produktinnovation und den Eigenschaften des Werkstoffs eine enge Wechselwirkung vorliegt. In der heutigen Zeit ist es – auch aus Kostengründen – undenkbar, ein Produkt zu entwickeln ohne gleichzeitig den Aspekt der großtechnischen Realisierung auf der Grundlage von vorhandenen oder zu optimierenden Werkstoffen zu beachten. Moderne Produktentwicklung läuft Hand in Hand mit der Werkstoffinnovation, wobei u.a. folgende Fragen beantwortet werden müssen:

- Steht ein beanspruchungsgerechter Werkstoff zur Verfügung?
- Ist der Werkstoff verarbeitbar?
- Bietet der Werkstoff ausreichende Sicherheit für den Dauerbetrieb?
- Ist der Werkstoff umweltfreundlich?
- Ist der Werkstoff kostengünstig?

Der moderne Ingenieur steht vor der Herausforderung, technisch-wissenschaftliches Wissen in den Disziplinen Konstruktion, Berechnung und Auslegung sowie betriebliche Überwachung mit einem ausreichend vertieften Werkstoffwissen zu verbinden, um optimale Resultate zu erzielen.

Die MPA Stuttgart ist ein seit über 100 Jahren auf den o.g. Gebieten erfolgreich tätiges Institut. Das im Rahmen von Forschungsarbeiten erworbene Wissen ist in zahlreiche praktische industrielle Anwendungen oder auch Regelwerke transferiert worden. Mit diesem Buch, das auf der Werkstoffkundevorlesung der Universität Stuttgart basiert, soll der Leser an diesem Erfahrungspotenzial partizipieren.

1.2 Werkstoffkunde

Die Werkstoffkunde umfasst Werkstoffwissenschaft und -technik, Tabelle 1.1. Letztere soll auf den Erkenntnissen der Werkstoffwissenschaft aufbauen und die Entwicklung neuer Werkstoffe sowie Formgebungs- und Fügeverfahren ermöglichen. Tatsächlich entwickeln sich bis heute oft noch beide Gebiete ohne diesen Zusammenhang. Dies liegt zum Teil daran, dass der größte Teil der heute in großen Mengen verwendeten Werkstoffe (z.B. Stahl, Beton) in vorwissenschaftlicher Zeit empirisch erarbeitet wurde.

Am Rande der Werkstofftechnik liegende Gebiete sind die Fertigungstechnik und die Kennzeichnung der Bauteileigenschaften unter Betriebsbeanspruchungen. Es genügt bei der Konstruktion von Bauteilen manchmal nicht, sich bei der Werkstoffauswahl auf die von einem Werkstoffhersteller angegebenen Daten zu verlassen. Bei der Konstruktion sollten vielmehr die Eigenschaften verschiedener zur Auswahl stehender Werkstoffe in einen sinnvollen Zusammenhang mit den in der Konstruktion auftretenden Beanspruchungen gebracht werden. Es sollten die zur Verfügung stehenden Fertigungsverfahren hinsichtlich der günstigsten Kombination von Wirtschaftlichkeit und Werkstoffverhalten beurteilt werden. Der Werkstoff wird in den meisten Fällen bei der Fertigung in seinen Eigenschaften verändert. Deshalb sollten die Werkstoffanwender mindestens gleich gute Werkstoffkenntnisse haben wie die Werkstoffhersteller. Darüber hinaus ist es erstrebenswert, dass die Werkstoffanwender mit Sachverstand Wünsche, Vorschläge oder Forderungen hinsichtlich neuer oder verbesserter Werkstoffe an die Werkstofferzeuger richten können. Zumindest sollten sie aber in der Lage sein, die rapide Entwicklung neuer Werkstoffe zu verfolgen und umzusetzen.

Tabelle 1.1. Teilgebiete der Werkstoffkunde

Werkstoffanwendung z.B. Werkstoffe für die Energiegewinnung, Maschinenbau, Elektronik, Bauwesen, Medizin, Fahrzeugbau, Verkehrswesen	**Untersuchung und Prüfverfahren** z.B. mechanische Prüfung, zerstörungsfreie Prüfung, Mikroskopie, Qualitätskontrolle, Analyse von Schadensfällen	**Normung und Bezeichnung** z.B. Normung der chemischen Zusammensetzung, Abmessung, Gefüge, Eigenschaften, Prüfmethoden
Werkstofftechnik z.B. Gießereitechnik, Umformtechnik, Schweißtechnik, Oberflächenbehandlung	**Werkstoffwissenschaft** Lehre vom Zusammenhang zwischen mikroskopischem Aufbau und den Eigenschaften der Werkstoffgruppen	**Werkstoffherstellung** Metallurgie, Polymere, Keramik, Verbundwerkstoffe

Eine Voraussetzung für die günstigste Verwendung eines Werkstoffs ist die werkstoffgerechte Konstruktion. Die Gestaltung muss den Werkstoffeigenschaften und den Fertigungsmöglichkeiten angepasst werden und umgekehrt die Werkstoffeigenschaft in gewissen Maßen an die Notwendigkeiten der Konstruktion. Das bedeutet z.B., dass kleine Krümmungsradien bei Werkstoffen mit geringer Verformungsfähigkeit vermieden werden, dass in korrodierender Umgebung keine Werkstoffe mit stark unterschiedlichen Elektrodenpotenzialen in Kontakt gebracht werden dürfen, dass die Häufigkeitsverteilung einer Eigenschaft und die für den betreffenden Zweck notwendige Sicherheit bei der Festlegung einer zulässigen Belastung berücksichtigt werden. Der Werkstoff kann durch die Auswahl und Gewichtung der Erfordernisse der Konstruktion angepasst und in bestimmtem Maße über entsprechende Herstellungsverfahren optimiert werden.

Die Kenntnis des mikroskopischen Aufbaus der Werkstoffe ist aus mehreren Gründen nützlich: für die gezielte Neuentwicklung und Verbesserung der Werkstoffe, für die Erforschung der Ursachen von Werkstofffehlern und von Werkstoffversagen, z.B. durch einen unerwarteten Bruch sowie für die Beurteilung des Anwendungsbereichs phänomenologischer Werkstoffgesetze, wie sie z.B. in der Umformtechnik für die Beschreibung der Plastizität verwendet werden.

1.3 Geschichte und Zukunft

Die zeitliche Entwicklung der Verwendung von Werkstoffen zeigt drei wichtige Perioden. Sie ging aus von der Benutzung von in der Natur vorkommenden organischen Stoffen wie Holz und keramischen Mineralien und Gesteinen sowie von Meteoriteisen. Es folgte eine lange Zeitspanne, in der Werkstoffe durch zufällige Erfahrungen und systematisches Probieren ohne Kenntnis der Ursachen entwickelt wurden. Aus dieser Zeit stammen z.B. Bronze, Stahl und Messing, Porzellan und Zement. Dann folgte die Zeit, in der naturwissenschaftliche Erkenntnisse zumindest qualitativ die Richtung der Entwicklungen wiesen, für die das Aluminium und die organischen Kunststoffe kennzeichnend sind. In neuester Zeit beginnt man zunehmend, die Eigenschaften der Werkstoffe quantitativ zu verstehen. Dadurch ist man in der Lage, Werkstoffe mit genau definierten Eigenschaften zu entwickeln und die Möglichkeiten und Grenzen solcher Entwicklungen zu beurteilen. Bemerkenswert ist, dass die Werkstoffentwicklung in mancher Hinsicht zu ihrem Ausgangspunkt zurückkehrt: Der Aufbau z.B. von faserverstärkten Verbundwerkstoffen ähnelt sehr dem von Holz.

Über den zeitlichen Verlauf der wirtschaftlichen Bedeutung geben die produzierten Mengen Auskunft. In Abb. 1.1 ist die Entwicklung bis zum Jahre 2000 dargestellt. Kurzzeitige Schwankungen wurden ausgeglichen, um die Hauptzüge der Entwicklung klarer zu zeigen. Die seit langem bekannten Werkstoffe, wie Stahl und Buntmetalle, zeigen eine etwa gleichlaufende Entwicklung, die sich in Zukunft sicher zugunsten der Leichtmetalle und Kunststoffe ändern wird. Die stärkste Veränderung in der Verwendung der Werkstoffe wurde durch die Einführung erst des Aluminiums, dann der Kunststoffe im großtechnischen Maßstab hervorgerufen. Dabei übertrifft die Steigerungsrate der Kunststoffproduktion die des Aluminiums sehr stark. Ob sich diese Entwicklung in diesem Umfang fortsetzen wird, bleibt offen.

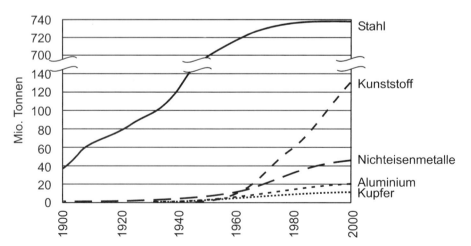

Abb. 1.1. Produktion der wichtigsten Werkstoffe weltweit

Die produzierte Menge ist nicht unbedingt ein klarer Maßstab für die Bedeutung eines Werkstoffes. Berechnet man das produzierte Volumen, so schneiden Bauholz und Kunststoffe in Folge ihrer geringen Dichte sehr viel besser ab. Wichtig ist auch der Preis der verschiedenen Werkstoffe für ihre zukünftige Entwicklung.

Eine weitere Möglichkeit zur Bewertung von Werkstoffen, die in erster Linie mechanisch beansprucht sind, besteht darin, den Preis auf die dafür gelieferte Festigkeit zu beziehen. Bei diesem Bezug schneiden die Stähle am besten, die Kunststoffe verhältnismäßig schlecht ab, Tabelle 1.2. Der Grund für die steigende Beliebtheit der Kunststoffe muss also andere Ursachen haben, z.B. die leichte Verarbeitbarkeit oder die gute chemische Beständigkeit. Tatsächlich ersetzt der Kunststoff den Stahl häufig nur bei geringerwertigen Teilen. Noch nicht zu übersehen ist, wie sich die Entwicklung der Verbundwerkstoffe, besonders der faserverstärkten Werkstoffe, gestalten wird. Ihrer Verwendung in großem Umfang steht noch entgegen, dass wirtschaftliche Verfahren für ihre Herstellung bisher noch nicht gefunden worden sind. Sie sind aber sicher die Werkstoffgruppe der Zukunft, da sie die Möglichkeit bieten, die Eigenschaften der Werkstoffe bestens an die Beanspruchungen im Innern und an der Oberfläche anzupassen. Integrierte Schaltkreise stellen die raffinierteste Form solcher Verbundwerkstoffe dar, wenn z.B. elektronische Funktionen zu erfüllen sind.

Tabelle 1.2. Relative Kosten der von verschiedenen Werkstoffen erbrachten Zugfestigkeit

Werkstoff	Zugfestigkeit / MPa	Dichte / kg/dm³	Relative Kosten pro MPa
Baustahl (S235JR)	370	7,8	1
Aluminiumlegierung	200	2,7	3,5
Polyvinylchlorid	40	1,4	4
Polyäthylen	10	0,9	12
Mit Glasfasergewebe verstärktes Kunstharz	500	1,9	10

Hochtemperatur- und Schneidwerkstoffe sind weniger bekannte Beispiele dafür, dass Teilgebiete der Technik durch neue Werkstoffe stark in Bewegung gebracht wurden. Kenntnisse auf dem Gebiet der Werkstoffwissenschaft bilden deshalb eine wichtige Voraussetzung für das Verständnis und die Weiterentwicklung unserer technischen Zivilisation.

2 Atomarer Aufbau kristalliner Stoffe

2.1 Atomaufbau

Sämtliche technische Werkstoffe lassen sich auf bekannte chemische Elemente zurückführen, die sich aus Atomen aufbauen. Ein Atom selbst wiederum besteht im Wesentlichen aus den Elementarteilchen

- Protonen (positiv geladen),
- Neutronen (elektrisch neutral) und
- Elektronen (negativ geladen).

Protonen und Neutronen bilden zusammen den positiv geladenen Atomkern und werden auch Nukleonen genannt. Die Elektronen bewegen sich nach dem Bohr'schen Atommodell auf Bahnen um den Atomkern. Der Durchmesser eines Atoms liegt in der Größenordnung von rund 10^{-10} m = 1 Å (Ångström). Der Kerndurchmesser beträgt rund 10^{-14} m. Protonen und Neutronen haben näherungsweise die gleiche Masse ($1,66 \cdot 10^{-24}$ g). Die Masse eines Elektrons beträgt $9,11 \cdot 10^{-28}$ g, ist also um das 1836-fache geringer. Bei der Betrachtung der Massenverteilung innerhalb eines Atoms kann man sich deshalb die gesamte Masse im Kern konzentriert denken. Die Zahl der Protonen im Atomkern wird links oben vor dem chemischen Symbol angegeben und ist gleichzeitig die Ordnungszahl im Periodischen System der Elemente (PSE). Die Ladung der Protonen wird durch die der Elektronen kompensiert. Als Isotope werden Atome eines Elements bezeichnet, die sich voneinander nur durch die Anzahl der Neutronen unterscheiden. Dies bewirkt eine unterschiedliche Atommasse oder genauer Atomkernmasse.

Die Atommasse setzt sich zusammen aus den Massen der Protonen, Neutronen und Elektronen eines Atoms. Da man in Gramm ausgedrückt sehr kleine Zahlenwerte erhält, wurde eine „atomare Masseneinheit" u eingeführt, worunter man den zwölften Teil der Masse des leichtesten Kohlenstoffisotops $_{12}^{6}C$ versteht ($1u = 1,660566 \cdot 10^{-24}$ g), Tabelle 2.1. Die relative Atommasse ist eine auf die atomare Masseneinheit u bezogene dimensionslose Größe.

Tabelle 2.1. Vergleich: absolute – relative Atommasse

Element	absolute Atommasse	relative Atommasse
Kohlenstoff	12,011 u	12,011
Wasserstoff	1,0079 u	1,0079

Zur Unterscheidung von Isotopen wird die Massenzahl (relative Atommasse) unten vor dem chemischen Symbol angegeben (z.B. $_{12}^{6}C$; $_{13}^{6}C$; $_{27}^{13}Al$). Da Kohlenstoff nur zu 98,893% aus dem Isotop $_{12}^{6}C$ besteht, ergibt sich für Kohlenstoff die ungerade Massenzahl 12,011.

Die Elektronenverteilung um den Atomkern bestimmt sehr stark die physikalischen und chemischen Eigenschaften eines Stoffes. Neben dem Bohr'schen Atommodell, nach dem sich Elektronen auf festen Bahnen um den Atomkern bewegen, kann man sich die Verteilung der Elektronen auch als diffuse Verteilung in Elektronenwolken (Orbitalen) vorstellen. Ein Elektron ist dabei nicht genau zu lokalisieren. Man kann ihm lediglich einen Bereich mit großer Aufenthaltswahrscheinlichkeit zuordnen. Diese Bereiche werden Schalen genannt. Die genaue Beschreibung der Aufenthaltswahrscheinlichkeit eines Elektrons erfolgt durch seinen Energiezustand.

2.2 Die chemischen Elemente

Die Stellung eines chemischen Elements im periodischen System der Elemente wird durch die Anzahl der Elektronen auf den äußeren Elektronenschalen (Valenzelektronen) der Atome bestimmt. Sie entscheidet darüber, ob ein Metall oder Nichtmetall vorliegt. Das Kurzperiodensystem, Tabelle 2.2, wird durch eine diagonal angeordnete Gruppe von Halbmetallen (Metalloide, auch C und P können noch dazu gerechnet werden), in Metalle (links unten) und Nichtmetalle (rechts oben) geteilt. Die technisch wichtigen Metalle sind als Nebengruppenelemente eingeordnet. Mehr als ¾ aller Elemente sind Metalle. Die Stellung eines Elements im Periodensystem gibt auch Aufschlüsse über die Art, wie die Atome eines Elements zu größeren Atomverbänden (Moleküle, Raumgitter) über Anziehungs- und Abstoßungskräfte untereinander verbunden sein können. Die unterschiedlichen möglichen Bindungsarten entscheiden über wesentliche Eigenschaften.

Tabelle 2.2. Kurzperiodisches System der Elemente

Periode		I. Haupt-gruppe	II. Haupt-gruppe	III. Haupt-gruppe	IV. Haupt-gruppe	V. Haupt-gruppe	VI. Haupt-gruppe	VII. Haupt-gruppe	VIII. Haupt-gruppe
1 K	1s	^{1}H 1,008							^{2}He 4,003
2 L	2s	^{3}Li 6,939	^{4}Be 9,012	^{5}B 10,811	^{6}C 12,011	^{7}N 17,007	^{8}O 15,999	^{9}F 18,998	^{10}Ne 20,183
3 M	3s	^{11}Na 22,989	^{12}Mg 24,312	^{13}Al 25,982	^{14}Si 28,086	^{15}P 30,974	^{16}S 32,064	^{17}Cl 35,483	^{18}Ar 39,948
4 N	4s	^{19}K 39,102	^{20}Ca 40,08	^{31}Ga 69,72	^{32}Ge 72,59	^{33}As 74,922	^{34}Se 78,96	^{35}Br 79,909	^{36}Kr 83,80
5 O	5s	^{37}Rb 85,47	^{38}Sr 87,62	^{49}In 114,82	^{50}Sn 118,69	^{51}Sb 121,75	^{52}Te 127,60	^{53}J 126,90	^{54}Xe 131,30
6 P	6s	^{65}Cs 132,91	^{56}Ba 137,34	^{81}Tl 204,37	^{82}Pb 207,19	^{83}Bi 208,98	^{84}Po (210)	^{85}At (210)	^{86}Rn (222)
7 Q	7s	^{87}Fr (223)	^{88}Ra (226)						

2.2.1 Eigenschaften metallischer Elemente

Metalle weisen folgende Eigenschaften auf:
- metallischer Glanz
- Plastizität und Festigkeit
- gute Wärmeleitfähigkeit
- gute elektrische Leitfähigkeit

2.2.2 Einteilung und Übersicht

Im Periodensystem der Elemente weisen die Mehrzahl der Elemente die für Metalle kennzeichnenden Eigenschaften auf. Da der Übergang zwischen Metall und Nichtmetall fließend ist (Halbmetalle), kann teilweise keine eindeutige Zuordnung getroffen werden. Eine Auflistung der für die technische Anwendung wichtigsten Metalle enthält Tabelle 2.3. bis Tabelle 2.5.

Metalle werden in den seltensten Fällen als Reinstmetalle (99,99%) verwendet, sondern vorwiegend als Legierung, d.h. als Kombination mehrerer Elemente. Man unterscheidet je nach Dichte zwischen Leicht- und Schwermetallen.

2.2.3 Leichtmetalle

Alle Metalle mit einer Dichte < 5 kg/dm^3 werden als Leichtmetalle bezeichnet und vor allem bei Konstruktionsteilen verwendet, bei denen das Gewicht so gering wie möglich gehalten werden muss, z.B. im Flugzeug- oder Motorenbau.

Häufig werden bei technischen Anwendungen folgende Leichtmetalle eingesetzt:

Tabelle 2.3. Eigenschaften technisch wichtiger Metalle (Leichtmetalle $\rho < 5$ kg/dm^3)

Name	Symbol	Ordnungs- zahl	Raum- gitter [a]	Dichte kg/dm³ 20 °C	Schmelz- punkt T_s / °C	Vorkommen in % der Erdhülle (Erd- kruste, Meer, Lufthülle)
Magnesium	Mg	12	hex	1,75	650	2,0
Beryllium	Be	4	hex	1,82	1280	$2{,}7 \cdot 10^{-4}$
Aluminium	Al	13	kfz	2,7	660	7,7
Titan	Ti	22	hex/kfz	4,5	1667	0,42
Lithium	Li	3	krz	0,53	180,5	$2 \cdot 10^{-3}$

[a] hex: hexagonales Raumgitter; krz: kubisch-raumzentriertes Raumgitter; kfz kubisch-flächenzentriertes Raumgitter

2.2.4 Schwermetalle

Metalle mit einer Dichte > 5 kg/dm^3 werden als Schwermetalle bezeichnet. Man kann weiter nach dem Schmelzpunkt in niedrigschmelzende, hochschmelzende bzw. sehr hoch schmelzende Schwermetalle sowie in Edelmetalle unterscheiden.

Tabelle 2.4. Eigenschaften technisch wichtiger Metalle

Name	Symbol	Ordnungs- zahl	Raum- gitter [b]	Dichte kg/dm³ 20 °C	Schmelz- punkt T_s / °C	Vorkommen in % der Erdhülle (Erd- kruste, Meer, Lufthülle)
niedrigschmelzend $T_s < 1000$ °C						
Zinn	Sn	50	dia/tetr	7,29	232	$2 \cdot 10^{-4}$
Bismut	Bi	83	rhomb	9,78	271	$2 \cdot 10^{-5}$
Cadmium	Cd	48	hex	8,64	321	$2 \cdot 10^{-5}$
Blei	Pb	82	kfz	11,34	327	$1{,}2 \cdot 10^{-5}$
Zink	Zn	30	hex	7,13	420	$7 \cdot 10^{-3}$
Antimon	Sb	51	rhomb	6,68	630	$2 \cdot 10^{-5}$
Germanium	Ge	32	dia	5,35	936	$1{,}4 \cdot 10^{-4}$

Tabelle 2.4. Eigenschaften technisch wichtiger Metalle (Fortsetzung)

Name	Symbol	Ordnungs-zahl	Raum-gitter [b]	Dichte kg/dm³ 20 °C	Schmelz-punkt T_s / °C	Vorkommen in % der Erdhülle (Erd-kruste, Meer, Lufthülle)
hochschmelzend T_s = 1000.....2000 °C						
Kupfer	Cu	29	kfz	8,93	1083	$5 \cdot 10^{-3}$
Mangan	Mn	25	krz	7,44	1245	$9,1 \cdot 10^{-2}$
Nickel	Ni	28	kfz	8,9	1450	$7,2 \cdot 10^{-3}$
Kobalt	Co	27	hex/kfz	8,9	1490	$2,4 \cdot 10^{-3}$
Eisen	Fe	26	krzkfz	7,86	1535	4,7
Vanadium	V	23	krz	5,96	1668	$1,3 \cdot 10^{-2}$
Zirkon	Zr	40	hex/kfz	6,53	1900	$1,6 \cdot 10^{-2}$
Chrom	Cr	24	krz	7,2	1903	$1 \cdot 10^{-2}$
höchstschmelzend T_s > 2000 °C						
Niob	Nb	41	krz	8,55	2415	$2 \cdot 10^{-3}$
Molybdän	Mo	42	krz	10,2	2620	$1,4 \cdot 10^{-4}$
Tantal	Ta	73	krz	16,65	2990	$2 \cdot 10^{-4}$
Wolfram	W	74	krz	19,3	3400	$1,5 \cdot 10^{-4}$

[b] dia: Diamantgitter tetr: tetragonales Raumgitter rhomb: rhomboedrisches Raumgitter; hex: hexagonales Raumgitter; krz kubisch-raumzentriertes Raumgitter; kfz kubisch-flächen-zentriertes Raumgitter

Tabelle 2.5. Eigenschaften von Edelmetallen

Name	Symbol	Ordnungs-zahl	Raum-gitter [c]	Dichte kg/dm³ 20 °C	Schmelz-punkt T_s / °C	Vorkommen in % der Erdhülle (Erd-kruste, Meer, Lufthülle)
Silber	Ag	47	kfz	10,5	960	$7 \cdot 10^{-6}$
Gold	Au	79	kfz	19,3	1063	$4 \cdot 10^{-7}$
Platin	Pt	78	kfz	21,4	1770	$1 \cdot 10^{-6}$
Rhodium	Rh	45	kfz	12,4	1960	$5 \cdot 10^{-7}$
Iridium	Ir	77	kfz	22,4	2450	$1 \cdot 10^{-7}$
Osmium	Os	76	kfz	22,45	2700	$5 \cdot 10^{-7}$

[c] kfz: kubisch-flächenzentriertes Raumgitter

2.2.5 Bindungen zwischen Atomen

Alle Elemente bauen sich aus Atomen auf. Durch die Eigenschaften seiner Atome und die zwischen den Atomen wirkenden Kräfte wird das Verhalten des Elements bestimmt.

Um die Atome auf ihren vorgeschriebenen Abständen zu halten, sind sowohl anziehende als auch abstoßende Kräfte notwendig. Als abstoßende Kraft wirkt die

Coulomb'sche Kraft zwischen den Elektronenhüllen, der die Bindungskraft entgegenwirkt.

Es wird zwischen folgenden Bindungsarten unterschieden:

Elektronenpaarbindung (Atombindung kovalente Bindung homöopolare Bindung), Abb. 2.1. Die Atome bilden zur Auffüllung ihrer äußersten Schale aus ihren Valenzelektronen gemeinsame Elektronenpaare, durch welche die positiven Atomrümpfe zusammengehalten werden.

Ionenbindung Abb. 2.2. Bei der Ionenbindung gibt ein Atom ein oder mehrere Valenzelektronen an ein anderes Atom ab. Dadurch wird das abgebende Atom positiv, das aufnehmende Atom negativ geladen. Die Anziehung erfolgt dann durch die entgegengesetzte Ladung. Die Atome liegen als geladene Teilchen vor.

Metallbindung Abb. 2.3. Tritt bei Metallen auf. Die Atome werden von einer gleichmäßig verteilten, frei beweglichen Elektronenwolke (Elektronengas) aus abgegebenen Valenzelektronen umgeben, welche die positiven Metallionen zusammenhält.

Van der Waals'sche Bindung oder *Restvalenzbindung*, Abb. 2.4. Treten bei einem Molekül oder Atom unterschiedliche Mittelpunkte der positiven und negativen Ladungen auf, spricht man von Polarisation; das Atom ist zum Dipol geworden, der einen anderen Dipol anziehen kann.

gemeinsame Valenzelektronen

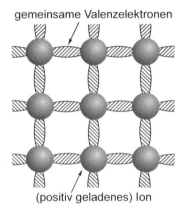

(positiv geladenes) Ion

Abb. 2.1. Elektronenpaarbindung (Bsp.: Paraffin), [Guy76]

(starke) Anziehungskräfte zwischen positiv und negativ geladenen Ionen

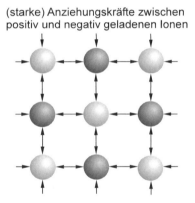

Abb. 2.2. Ionenbindung (Bsp.: NaCl), [Guy76]

(positiv geladenes) Metallion

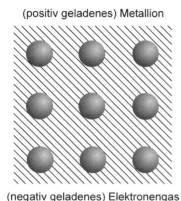

(negativ geladenes) Elektronengas

Abb. 2.3. Metallverbindung (Bsp.: Fe, Cu) ,
[Guy76]

(schwache) Anziehungskräfte
zwischen polarisierten Atomen

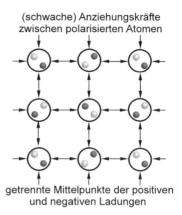

getrennte Mittelpunkte der positiven
und negativen Ladungen

Abb. 2.4. Van der Waals'sche Bindung
(Bsp.: Kunststoffe (PVC)), [Guy76]

2.3 Anordnung der Atome im festen Körper

Ein fester Körper kann eine amorphe oder eine kristalline Struktur haben. Beim amorphen Aufbau sind die Atome regellos angeordnet, wie es beispielsweise bei Flüssigkeiten der Fall ist. Man spricht daher bei festen Körpern mit dieser Struktur von unterkühlten Flüssigkeiten.

Die kristalline Struktur von festen Körpern wurde bereits 1851 als solche vermutet und konnte 1913 durch Röntgenstrukturuntersuchungen bestätigt werden. Von kristallin spricht man, wenn die Atome im Raum ein regelmäßiges dreidimensionales Gitter bilden. Das kann schon äußerlich durch regelmäßige Flächen, z.B. am Bergkristall, erkennbar sein.

Amorph aufgebaut sind insbesondere Gläser (auch metallische Gläser), viele Kunststoffe und Gummisorten. Kristallin aufgebaut sind Metalle und deren Legierungen. Beide Strukturen können Keramik (Kristallite in einer Glasphase) und Kunststoffe (z.B. kristalline Mizellen in amorpher Umgebung) aufweisen.

2.3.1 Kristallstrukturen

Die Atome eines Metalls sind auf den Knotenpunkten eines räumlichen Gitters angeordnet. Dieses Gitter kann auch als Kristall bezeichnet werden, das durch die fortgesetzte Verschiebung eines Punktes um die Strecken a, b, c (Gitterkonstanten in drei Raumrichtungen), die miteinander die Winkel α, β und γ bilden, entsteht (Translationsgitter Abb. 2.5). Alle in der Natur vorkommenden Kristallarten können in sieben verschiedene Kristallsysteme eingeteilt werden, wobei sich die einzelnen Systeme in der relativen Größe der Gitterkonstanten a, b und c und der Größe der Achsenwinkel α, β und γ unterscheiden. Diese sieben Systeme können in 32 Kristallklassen und 230 Raumgruppen aufgrund der in den Kristallsystemen vorhandenen Symmetrieelemente unterteilt werden, Tabelle 2.6 und Abb. 2.6.

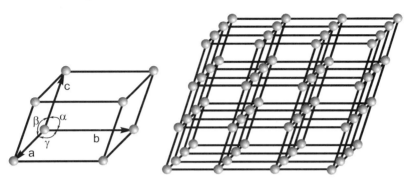

Abb. 2.5. Translationsgitter, [Guy76]

Anstelle fortgesetzter Translation von Einzelatomen in den drei Raumrichtungen kann man sich sämtliche Kristallgitter auch durch eine Verschiebung von Elementarzellen um die eigene Kantenlänge hergestellt denken. Eine Elementarzelle wird stets von sechs Ebenen begrenzt. Die Kantenlänge entspricht der Gitterkonstanten. Es gibt 14 derartige Translationsgitter, Tabelle 2.6, bestehend aus sieben primitiven Gittern, bei denen nur die Ecken besetzt sind und sieben weiteren Translationsgittern, die dadurch entstehen, dass die Elementarzellen nicht nur an Eckpunkten besetzt sind. Die sieben primitiven Gitter entsprechen den sieben Kristallsystemen. Die restlichen Typen ergeben sich durch Ineinanderstellen derselben Elementarzellen.

Die für Metalle wichtigsten Translationsgitter sollen nachfolgend behandelt werden. Es handelt sich hier um das kubisch-raumzentrierte (krz), das kubisch-flächenzentrierte (kfz) und das hexagonale (hex) Gitter.

Tabelle 2.6. Klassifizierung der Translationsgitter anhand der Kristallsysteme

Kristallsysteme	Gitterparameter	Translationsgitter
kubisch	drei gleiche Achsen	einfach kubisch
	unter rechten Winkeln	kubisch-raumzentriert
	$a = b = c,\ \alpha = \beta = \gamma = 90°$	kubisch-flächenzentriert
tetragonal	drei Achsen unter rechten	einfach tetragonal
	Winkeln, davon zwei gleich	tetragonal raumzentriert
	$a = b \neq c,\ \alpha = \beta = \gamma = 90°$	
orthorhombisch	drei ungleiche Achsen unter	einfach orthorhombisch
	rechten Winkeln	orthorhombisch-raumzentriert
	$a \neq b \neq c,\ \alpha = \beta = \gamma = 90°$	orthorhombisch-basiszentriert
		orthorhombisch-flächenzentriert

Tabelle 2.6. Klassifizierung der Translationsgitter anhand der Kristallsysteme (Fortsetzung)

Kristallsysteme	Gitterparameter	Translationsgitter
rhomboedrisch	drei gleiche, gleichgeneigte Achsen $a = b = c$, $\alpha = \beta = \gamma \neq 90°$	einfach rhomboedrisch
hexagonal	zwei gleiche Achsen unter 120°, dritte Achse unter rechten Winkeln; $a = b \neq c$ $\alpha = \beta = 90°$, $\gamma = 120°$	einfach hexagonal
monoklin	drei ungleiche Achsen ein Winkel $\neq 90°$ $a \neq b \neq c$, $\alpha = \gamma = 90° \neq \beta$	einfach monoklin monoklin-basiszentriert
triklin	drei ungleiche Achsen unter ungleichen Winkeln $a \neq b \neq c$, $\alpha \neq \beta \neq \gamma \neq 90°$	einfach triklin

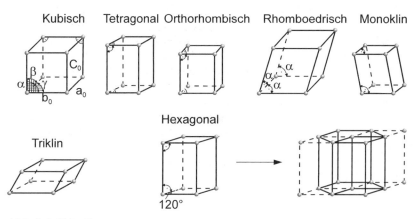

Abb. 2.6. Kristallsysteme

Das kubisch-raumzentrierte Gitter, Abb. 2.7, weist außer den Atomen in den Würfelecken noch ein Atom in der Würfelmitte auf. Zum Aufbau der krz-Elementarzelle benötigt man

$$N = 8 \cdot \frac{1}{8} + 1 = 2 \ [\text{Atome}].$$

Die acht Eckatome können jeweils acht Nachbarelementarzellen zugeteilt werden, lediglich das Mittenatom ist nur jeweils einer Zelle zugeordnet.

Folgende Elemente weisen ein kubisch-raumzentriertes Gitter auf: α-Fe ($< 911\ °C$), δ-Fe ($> 1392\ °C$), Cr, Mo, W, V, Ta und β-Ti ($> 885\ °C$).

Das kubisch-flächenzentrierte Gitter (kfz), Abb. 2.8, weist außer den Eckatomen jeweils auf jeder Flächenmitte ein weiteres Atom auf. Zum Aufbau der Elementarzelle benötigt man

$$N = 8 \cdot \frac{1}{8} + 6 \cdot \frac{1}{2} = 4 \; [\text{Atome}].$$

Jedem Atom in Flächenmitte können jeweils zwei Elementarzellen im Gesamtverband zugeordnet werden.

Folgende Elemente weisen ein kubisch-flächenzentriertes Gitter auf: γ-Fe (von 911 °C bis 1392 °C), Cu, Al, Ni, Pb, Pt, Ag, Au, Ir, β-Co (über 430 °C).

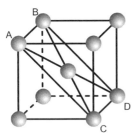 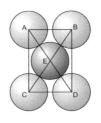 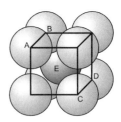

Abb. 2.7. Kubisch-raumzentriertes Gitter (krz)

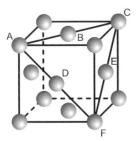 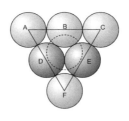 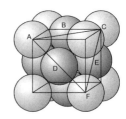

Abb. 2.8. Kubisch-flächenzentriertes Gitter (kfz)

Metalle zeichnen sich dadurch aus, dass sich die Atome in Form einer möglichst dichten Kugelpackung schichtweise auf Lücken übereinander stapeln.

Beim einfachen hexagonalen System, Abb. 2.9, handelt es sich um eine Elementarzelle, deren Grundfläche ein Parallelogramm mit einem Winkel von α = 120° bzw. 60° bildet. Die 3. Achse steht senkrecht auf dieser Grundfläche. Die Eckpunkte sind mit insgesamt 8 Atomen besetzt. Beim Zusammenfügen von 3 hexagonalen Elementarzellen und durch weiteren Einbau von 3 Atomen in der ersichtlichen Weise (Ebene B) entsteht die dichteste Packung.

Die Atome der mittleren Ebene liegen genau auf Lücke zwischen den Atomen der einander identischen unteren und oberen Ebene.

Beispiele für das hexagonal dichteste System sind: Mg, Cd, Zn, Be, α-Ti (unter 885 °C), α-Co (unter 430 °C). Jede dichtest gepackte, hexagonale Elementarzelle benötigt im Raumgitter

$$N = 12 \cdot \frac{1}{6} + 2 \cdot \frac{1}{2} + 3 = 6 \; [\text{Atome}].$$

Jedes Eckatom kann gleichzeitig sechs Elementarzellen, jedes Flächenatom der oberen und unteren Grundfläche zwei Elementarzellen, die drei Mittenatome nur einer Elementarzelle zugeordnet werden.

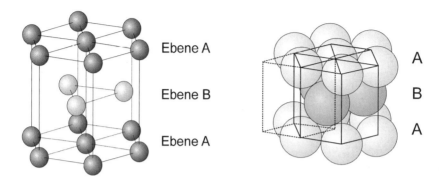

Abb. 2.9. Hexagonales Gitter (hex)

Betrachtet man die Packungsdichte, d.h. das Verhältnis des Volumens aller Atomkugeln, die einer Elementarzelle zugeordnet werden können, zum Volumen einer Elementarzelle, so erhält man folgende Packungsdichten:
kubisch-raumzentriertes System: 0,68
kubisch-flächenzentriertes System: 0,74
hexagonal dichtest gepacktes System: 0,74
Aus der gleichen Packungsdichte des kfz- und des hexagonal dichtest gepackten (hdp-) Systems kann man folgern, dass beide Systeme ähnlich sind. Sie unterscheiden sich lediglich in der Stapelfolge der Atome, Abb. 2.10.

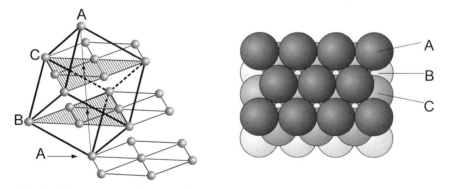

Abb. 2.10. Hexagonale Ebenen im kfz-System, Dreischichtenfolge im kfz-Gitter, [Guy76]

2.3.2 Modifikationen – Allotropie (Polymorphie)

Bei Metallen wird die Änderung der Atomanordnung beim Erwärmen oder Abkühlen aus dem erhitzten Zustand als Allotropie bezeichnet. Die Umwandlungen
sind reversibel und finden bei sehr langsamer Temperaturänderung bei genau definierten Temperaturen statt. Unterschiede in den Umwandlungstemperaturen
können bei schnellem Erwärmen und Abkühlen entstehen. Diese Erscheinung
wird Hysterese genannt. Die Lage der Umwandlungspunkte ist außer von den
Versuchsbedingungen (Erhitzungs- und Abkühlgeschwindigkeit) wesentlich vom
Reinheitsgrad bzw. dem Legierungszusatz abhängig. Für den Begriff Allotropie
wird vielfach auch Polymorphie verwendet.

Allotrope bzw. polymorphe Umwandlungen im festen Zustand weisen z.B. folgende technisch wichtige Metalle auf: Fe, Sn, Ti, Co und Mn. Ihre Modifikationen
sind in Abb. 2.11 zusammengestellt.

Die Umwandlung in ein anderes Atomgitter ist mit der sprunghaften Änderung
wichtiger Eigenschaften verbunden, so z.B. vom spezifischen Volumen, der elektrischen Leitfähigkeit und der Wärmekapazität. Die verbrauchte bzw. frei werden-
de Wärme bei der Umwandlung führt zu Unstetigkeitspunkten, sog. Haltepunkten,
in der Temperatur-Zeit-Kurve, Abb. 2.12, auf die in einem späteren Kapitel detail-
liert eingegangen wird.

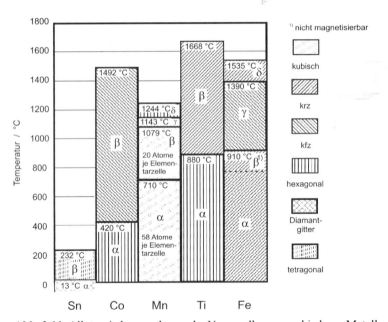

Abb. 2.11. Allotropie bzw. polymorphe Umwandlung verschiedener Metalle

Das Auftreten von polymorphen Umwandlungen ist eine wichtige Voraussetzung
dafür, dass sich Stahl in verschiedenste Eigenschaftszustände (hohe Festigkeit und
Härte, unterschiedliches Zähigkeitsverhalten) bringen lässt und sich dadurch

weitere Anwendungsgebiete erschließen. Andererseits können allotrope Zustandsänderungen zu Werkstoffschäden führen.

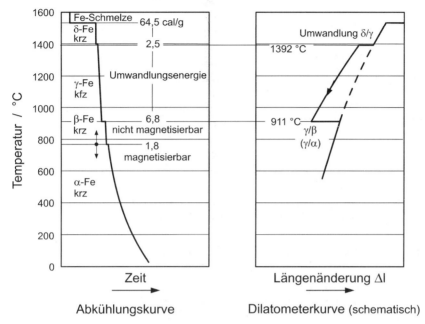

Abb. 2.12. Unstetigkeitspunkte in den Abkühlungskurven und Dilatometerkurven bei der polymorphen Umwandlung von Fe

2.3.3 Kristallographische Ebenen

Zur Festlegung einer Gitterebene oder einer Richtung im Gitter werden die sog. Miller'schen Indizes verwendet. Dazu ist zunächst die Festlegung eines räumlichen Koordinatensystems notwendig. Die einzelnen Achsen dieses Koordinatensystems verlaufen parallel zu den Hauptachsen der Kristalle, d.h. die Winkel zwischen den Koordinatenachsen sind gleich denen zwischen den Hauptachsen. Dadurch ist es möglich, Atomlagen, Gitterrichtungen und Flächenlagen in einem Kristallgitter darzustellen und mathematische Beziehungen, ähnlich der Analytischen Geometrie, zu entwickeln.

2.3.3.1 Bezeichnung von Ebenen

Die Abstände, welche die zu bestimmende Ebene von den Achsen des Koordinatensystems abschneidet, werden in Gitterparametern ausgezählt und zueinander ins Verhältnis gesetzt. Das Vorgehen soll zunächst im kubischen System schrittweise erklärt werden, (s. auch Abb. 2.13):

Achsenabschnitte in Gitterparametern abzählen, in der Reihenfolge x y z (a b c) aufführen	1 1 2
ins Verhältnis setzen	$1:1:2$
Reziprokwert nehmen	$\dfrac{1}{1}:\dfrac{1}{1}:\dfrac{1}{2}$
gemeinsamen Hauptnenner aufstellen	$\dfrac{2}{2}:\dfrac{2}{2}:\dfrac{1}{2}$
Hauptnenner und Verhältnispunkte weglassen und in runde Klammern setzen	$(2\ 2\ 1)$

Bei umgekehrtem Vorgehen, d.h. dem Suchen einer Ebene nach den vorgegebenen Indizes muss lediglich der Reziprokwert gebildet werden und man erhält sofort die gesuchte Stellung der Ebene

$$\text{z.B. } (2\ 2\ 1) \rightarrow \frac{1}{2}:\frac{1}{2}:\frac{1}{1}$$

durch Einzeichnen der Gitterparameterabschnitte (hier ½ in x-, ½ in y- und 1 in z-Richtung) in das Koordinatensystem. Am Beispiel der sog. Gleitebenen, deren Bedeutung in einem späteren Abschnitt behandelt wird, soll die Indizierung von Ebenen im kubischen bzw. hexagonalen System nochmals erläutert werden. Im kubisch-raumzentrierten System werden durch die Gleitebenen jeweils zwei Achsen im gleichen Abstand, die dritte Achse überhaupt nicht geschnitten. Die dabei entstehenden Ebenen werden Dodekaederflächen genannt, Abb. 2.14.

Im kubisch-flächenzentrierten System schneiden die Gleitebenen die drei Achsen in gleichen Abständen vom Koordinatenursprung. Diese Flächen tragen die Bezeichnung Oktaederflächen, Abb. 2.15. Dabei sei noch auf eine Besonderheit der Indizierung hingewiesen. Es ist nämlich möglich, die Gitterparameter negativ abzulesen und dies durch einen Querstrich bei der Indizierung deutlich zu machen.

Ebenen im hexagonalen System werden durch Hinzunahme einer weiteren Achse gekennzeichnet, deren Index sich aus der negativen Summe der ersten beiden Indizes ergibt, Abb. 2.16.

Weitere Beispiele von Ebenenindizierungen sind in Abb. 2.17 zusammengestellt.

Ebenen, die aus Symmetriegründen gleichwertig sind, können durch geschweifte Klammern um die Miller'schen Indizes gekennzeichnet werden. Die Gruppe der Oktaederflächen wird demnach mit $\{1\ 1\ 1\}$ bezeichnet. Die möglichen Flächen sind dann (111), $(\bar{1}11)$, $(1\bar{1}1)$, $(11\bar{1})$, $(\bar{1}\bar{1}\bar{1})$, $(1\bar{1}\bar{1})$, $(\bar{1}1\bar{1})$ und $(\bar{1}\bar{1}1)$. Die Gruppe der Würfeloberflächen wird mit $\{1\ 0\ 0\}$ beschrieben.

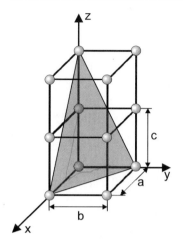

Abb. 2.13. Bezeichnung von Ebenen in kubischen Systemen

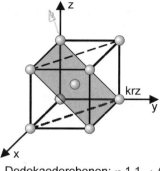

Dodekaederebenen: ∞ 1 1 → (0 1 1)
(=Gleitebenen)   1 1 ∞ → (1 1 0)

Abb. 2.14. Indizierung von Dodekaederebenen

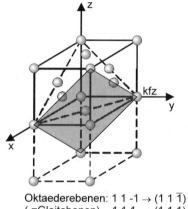

Oktaederebenen: 1 1 -1 → (1 1 $\bar{1}$)
(=Gleitebenen)   1 1 1 → (1 1 1)

Abb. 2.15. Indizierung von Oktaederebenen

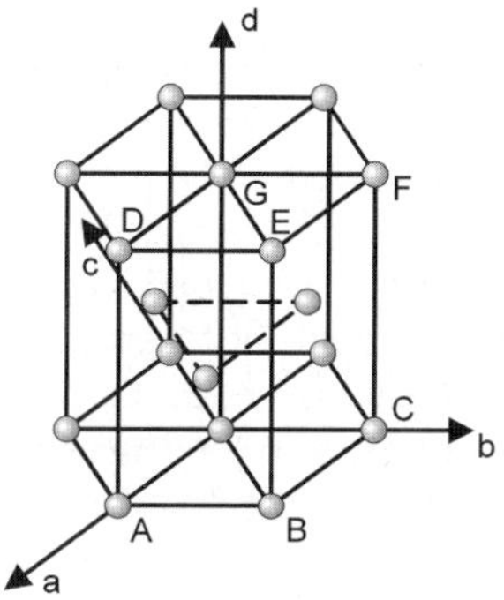

Basisebene DEFG: ∞ ∞ ∞ 1 → (0 0 0 1)
(=Gleitebenen)
Prismenebene ABED: 1 ∞ -1 ∞ → (1 0 $\bar{1}$ 0)
Pyramidenebene ACG: 1 1 -½ 1 → (1 1 $\bar{2}$ 1)

Abb. 2.16. Indizierung im hexagonalen System

2.3.3.2 Bezeichnung von Gitterrichtungen

Die Miller'schen Indizes von Gitterrichtungen sind die Komponenten desjenigen Vektors, der zu der betrachteten Gitterrichtung parallel ist. Sie werden in eckigen Klammern dargestellt, Abb. 2.17.

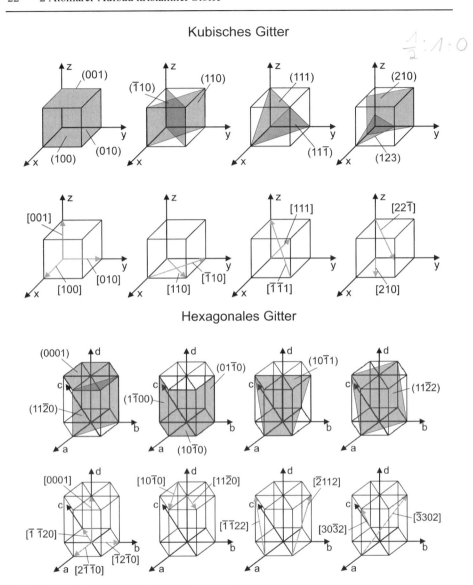

Abb. 2.17. Indizierung von Ebenen und Richtungen

2.3.3.3 Wichtige Ebenen und Richtungen

Als Netzebenen werden Ebenen mit Atombelegung bezeichnet. Alle Gleitebenen (GE) sind Netzebenen mit der größten Belegungsdichte an Atomen, Gleitrichtungen sind Richtungen im Gitter mit der größten Belegungsdichte an Atomen, Abb. 2.18 (vgl. Kap. 5.3.1).

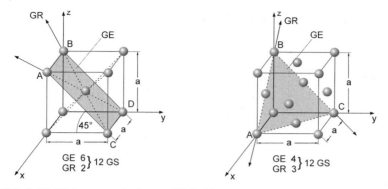

Abb. 2.18. Gleitsysteme des krz- und kfz-Gitters

Die im kubisch-raumzentrierten Gitter am dichtest gepackten Ebenen sind die-jenigen, auf welchen vier Eckatome und das Zentralatom sitzen, also z.B. die Ebene ABCD.

Es gibt sechs verschiedene Ebenen von diesem Typ. Die dichtest gepackten Gitterrichtungen (GR) sind AD bzw. BC. Damit hat man sechs mögliche Gleit-ebenen mit jeweils zwei Gleitrichtungen also 12 Gleitsystemen (GS). Entspre-chend findet man für das kubisch-flächenzentrierte Gitter 12, für das hexagonale Gitter drei Gleitsysteme.

2.4 Reale kristalline Festkörper

Die durch Elementarzelle und Raumgitter gegebene Struktur heißt Idealkristall. Der Idealkristall kommt in der Natur aufgrund der, auch während der Erstarrung stets vorhandenen, Kristallbaufehlern (Gitterbaufehlern) nicht vor.

Die Gitterfehler können nach ihrer geometrischen Erscheinungsform geordnet werden:

nulldimensional (Punktfehler): Leerstellen, Zwischengitteratome, Substitutions-atome

eindimensional (Linienfehler): Versetzungen

zweidimensional (Flächenfehler): Stapelfehler, Grenzflächen (Oberflächen, Pha-sengrenzen, Groß- und Kleinwinkelkorngrenzen, Zwillingsgrenzen, Grenzen von Ordnungsbereichen)

dreidimensional (räumliche Fehler): Hohlräume, Poren, Lunker, Ausscheidungen, Einschlüsse

Die Gitterfehler (darunter besonders die Versetzungen) beeinflussen die me-chanischen Eigenschaften in starkem Maße, da z.B. plastische Verformung erst durch die Bewegung von Versetzungen ermöglicht wird.

2.4.1 Nulldimensionale Gitterstörungen

Nulldimensionale Fehler (Punktfehler) sind Störungen von atomarer Größenordnung. Man unterscheidet zwischen Leerstellen (reguläre Gitterplätze sind unbesetzt), Zwischengitteratomen (interstitiell eingelagerte Atome, d.h. Atome befinden sich auf Zwischengitterplätzen) und Substitutionsatomen (Fremdatome befinden sich auf Wirtsatomplätzen), Abb. 2.19.

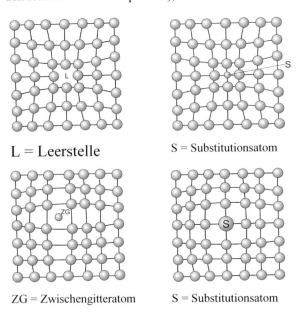

L = Leerstelle   S = Substitutionsatom

ZG = Zwischengitteratom   S = Substitutionsatom

Abb. 2.19. Nulldimensionale Gitterstörungen

Die Fehler verzerren das Gitter, wodurch innere Spannungen entstehen. Hierdurch steigt die Festigkeit. Leerstellen und Zwischengitteratome lassen sich in höheren Konzentrationen durch Verformung und vor allem durch Bestrahlung erzeugen. Die energiereichen Korpuskularstrahlen können Atome aus regulären Gitterplätzen herausschlagen, wobei Leerstellen und Zwischengitteratome in gleicher Zahl entstehen (Frenkel-Defekte). Derselbe Zustand ergibt sich in Folge von Diffusion der Atome auf Zwischengitterplätze. Abhängig von der Temperatur können sich Leerstellen im thermodynamischen Gleichgewicht befinden, d.h. Leerstellen und Atome existieren stabil nebeneinander. Man spricht in diesem Fall von thermischen Leerstellen.

Alle thermisch aktivierbaren Prozesse, insbesondere die Diffusion, werden durch die Leerstellenkonzentration entscheidend beeinflusst. Eine höhere als die thermodynamische Gleichgewichtskonzentration der Leerstellen lässt sich z.B. durch Abschrecken von hohen Temperaturen erreichen. Durch diese sog. Überschussleerstellen können viele diffusionsgesteuerte Vorgänge (beispielsweise Aushärtung) erheblich beschleunigt werden.

2.4.2 Eindimensionale Fehler

2.4.2.1 Versetzungen

Versetzungen und damit Gitterfehler entstehen bereits beim Kristallisationsprozess infolge von Temperatur- und Spannungsgradienten. Weitere Versetzungen werden unter der Wirkung von Schubspannungen an Korn- und Phasengrenzen, sowie an bestimmten Versetzungsanordnungen (Frank-Read-Quellen) gebildet. Man unterscheidet hinsichtlich des Aufbaus zwei Grenzfälle:

- Stufenversetzung
- Schraubenversetzung

Als Maß für Richtung und Größe der Verzerrung in der Umgebung der Versetzung dient der *Burgersvektor b*. Man erhält ihn als Wegdifferenz, indem man um die Versetzung durch Abtragung von Strecken gleicher Länge einen Umlauf durchführt. Der Burgersvektor stellt die Größe und Richtung der Wegdifferenz dar, die zur Schließung des Umlaufs erforderlich ist. Bei der Stufenversetzung stehen Burgersvektor und Versetzungslinie rechtwinklig zueinander, Abb. 2.20, bei einer Schraubenversetzung verlaufen sie parallel, Abb. 2.21.

Der Abgleitvorgang lässt sich anschaulich am Beispiel einer Stufenversetzung darstellen, Abb. 2.22. Die Stufenversetzung kann als eine in das Gitter eingeschobene halbe Netzebene angesehen werden. Die Berandung dieser Halbebene bildet die Versetzungslinie. Sie liegt in der Gleitebene und steht senkrecht zur Bildebene. Liegt die eingeschobene Halbebene oberhalb der Gleitebene, dann handelt es sich definitionsgemäß um eine positive, liegt sie unterhalb, um eine negative Versetzung. In der Umgebung der Versetzungslinie ist das Gitter elastisch verzerrt: Oberhalb einer positiven Versetzung treten Druckspannungen auf, unterhalb Zugspannungen. Bei Anlegen der Schubspannung wandert die Versetzung in Teilschritten von jeweils einem Atomabstand nach rechts. Der Burgersvektor b gibt die Größe des Gleitschrittes im Raum an.

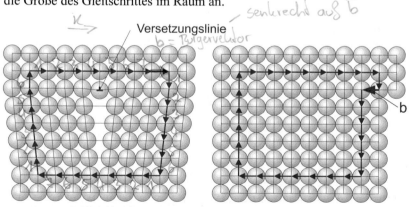

Abb. 2.20. Bestimmung des Burgersvektors bei einer Stufenversetzung, [Sch96]

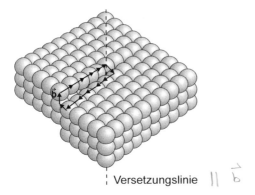

Versetzungslinie $\parallel \overrightarrow{b}$

Abb. 2.21. Bestimmung des Burgersvektors bei einer Schraubenversetzung

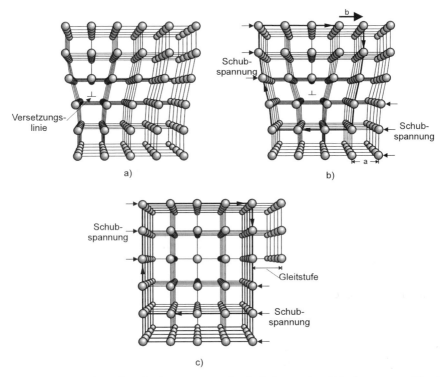

Abb. 2.22. Wandern einer Stufenversetzung durch Anlegen einer Schubspannung, [Guy76]

Auf der von der Versetzung überstrichenen Teilfläche hat eine Abgleitung um einen Atomabstand stattgefunden. Die Versetzung ist also die Grenzlinie zwischen abgeglittenen und nicht abgeglittenen Kristallbereichen. Erreicht die Versetzung die Kristalloberfläche, so hinterlässt sie dort eine Gleitstufe von der Höhe des Burgersvektors. Wenn in einer Ebene mehrere Versetzungen durch den Kristall geglitten sind, beträgt die Stufenbreite ein Mehrfaches von b, so dass die Stufen als Gleitlinien mikroskopisch sichtbar werden.

Stufenversetzung und Schraubenversetzung sind die beiden extremen Versetzungstypen. Im Allgemeinen jedoch haben Versetzungen einen gekrümmten Verlauf mit wechselnder Linienrichtung. Dann hat die Versetzung einen gemischten Stufen-Schraubencharakter, Abb. 2.23.

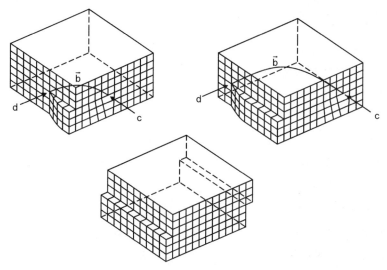

Abb. 2.23. Bewegung einer gemischten Versetzung (c: Stufen- d: Schraubencharakter) [Sch96]

Im Falle einer Stufenversetzung steht der Burgersvektor b senkrecht auf der Versetzungslinie. Da Burgersvektor und Versetzungslinie die Gleitebene festlegen, ist eine Stufenversetzung an ihre Gleitebene gebunden. Eine Bewegungsform der Stufenversetzung ist das Klettern, Abb. 2.24. Hierbei kann sich die eingeschobene Halbebene durch Anlagerung von Leerstellen (bzw. durch Wegdiffundieren von Atomen) verkürzen. Die Versetzungslinie wird jedoch nicht gleichmäßig erfasst. Dadurch bilden sich sog. Sprünge aus, Abb. 2.25.

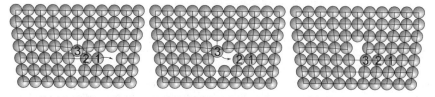

Abb. 2.24. Klettern einer Stufenversetzung durch Leerstellendiffusion

Im Fall der Schraubenversetzung liegt der Burgersvektor parallel zur Versetzungslinie, Abb. 2.21. Umfährt man die Versetzungslinie, so bewegt man sich auf einer Schraubenlinie mit der Ganghöhe b. Die Gitterebenen schrauben sich wendelförmig um die Versetzungslinie. Versetzungslinie und Burgersvektor spannen keine Ebene auf, so dass die Schraubenversetzung nicht an eine einzelne Gleitebene gebunden ist, sondern „quergleiten" kann, Abb. 2.26.

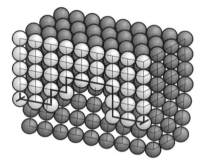

Abb. 2.25. Durch Klettern entstandene Sprünge einer Stufenversetzung

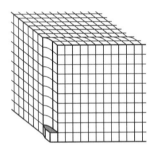 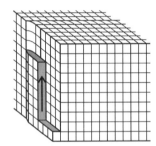

Abb. 2.26. Quergleiten einer Schraubenversetzung vor einem Bewegungshindernis

2.4.2.2 Kräfte zwischen Versetzungen

Versetzungen gleichen Vorzeichens stoßen sich ab, Versetzungen entgegengesetzten Vorzeichens ziehen sich an. Dies soll anhand eines Gedankenexperiments erklärt werden.

Verringert man den Abstand zwischen zwei gleichnamigen Versetzungen, so vergrößern sich die elastischen Verzerrungen in der Umgebung der Versetzungslinien. Man müsste dazu also Arbeit aufwenden (wie beim Zusammenbringen gleichnamiger Ladungen); die Versetzungen stoßen sich deshalb ab.

Umgekehrt lässt sich die elastische Verzerrungsenergie verringern, wenn sich Versetzungen entgegengesetzten Vorzeichens einander nähern. Beim Zusammentreffen der beiden Versetzungslinien ergänzen sich die beiden Halbebenen zu einer vollständigen Gitterebene und die Versetzungen verschwinden, Abb. 2.27. Diesen Vorgang nennt man Versetzungsannihilation.

Unvollständige Versetzungen bilden sich, wenn sich Überschussleerstellen in einer Gitterebene ausscheiden, Abb. 2.28. Die dabei entstehenden Versetzungsringe umranden einen sog. Stapelfehler. Der Burgersvektor steht senkrecht auf der Ebene des Stapelfehlers. Da sich letzterer nicht in Richtung des Burgersvektors bewegen kann, ist das Gleiten solcher Versetzungen nicht möglich.

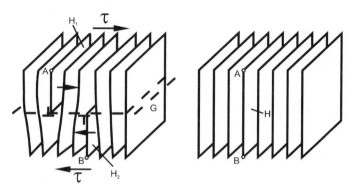

Abb. 2.27. Versetzungsannihilation

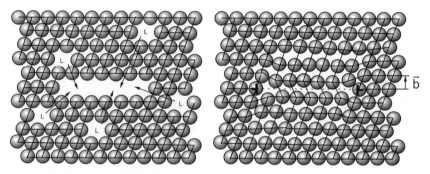

Abb. 2.28. Versetzungsring mit Stapelfehler im kfz-Gitter, [Sch96]

2.4.3 Zweidimensionale Fehler

Das Kristallgitter kann als eine bestimmte Stapelfolge von Gitterebenen betrachtet werden. Störungen dieser Stapelfolgen werden als Stapelfehler bezeichnet. Abb. 2.29 zeigt einen Stapelfehler des kfz-Gitters, erkennbar an der gestörten Stapelfolge ABAB/BA.

Antiphasengrenzen sind Grenzen von Ordnungsbereichen. In Legierungen mit geordneter Atomverteilung werden solche Antiphasengrenzen beobachtet, Abb. 2.30. Sie entstehen durch Aneinanderstoßen der Ordnungsbereiche während der Kristallisation oder beim Hindurchgleiten von Versetzungen.

Die Korngrenzen stellen Übergangszonen zwischen zwei aneinandergrenzenden Kristallen dar.

Kleinwinkelkorngrenzen bestehen aus flächig angeordneten Versetzungen. Stufenversetzungen bewirken ein Verkippen, Schraubenversetzungen ein Verdrehen der angrenzenden Gitterbereiche gegeneinander, Abb. 2.31.

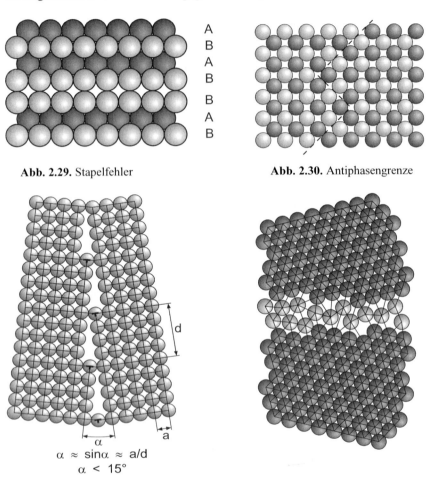

A
B
A
B
B
A
B

Abb. 2.29. Stapelfehler

Abb. 2.30. Antiphasengrenze

d

a

α

$\alpha \approx \sin\alpha \approx a/d$

$\alpha < 15°$

Abb. 2.31. Kleinwinkelkorngrenze [Sch96]   **Abb. 2.32.** Großwinkelkorngrenze

Unter Großwinkelkorngrenzen versteht man den Bereich zwischen zwei aneinandergrenzenden Kristallen, wobei die Kristalle einen großen Orientierungsunterschied zueinander aufweisen. Dieser Bereich hat eine Ausdehnung von ca. zwei bis drei Atomdurchmessern und besteht aus einer unregelmäßigen Atomanordnung, Abb. 2.32.

Zwillingsgrenzen können als Großwinkelkorngrenzen mit regelmäßigem Kristallgitter aufgefasst werden, Abb. 2.33. An der Zwillingsgrenze spiegeln sich die angrenzenden Gitterteile. Zwillingskristalle treten vor allem in Kristallen mit geringer Stapelfehlerenergie auf (Cu, Messing, austenitische Stähle). Ebenso können sie bei tiefen Temperaturen und schlagartiger Beanspruchung entstehen.

Phasen mit wenig unterschiedlichen Gitterparameter können durch gegenseitige Gitterverzerrung ineinander übergehen (kohärente Grenzfläche). Bei größeren Unterschieden in den Gitterparametern kann die Anpassung nur bei gleichzeitigem Einbau von Versetzungen erfolgen (teilkohärente Grenzfläche). Bei „artfremden" Phasen ist die Grenzfläche inkohärent (Großwinkelkorngrenze), Abb. 2.34. Eine Anpassung durch die oben erwähnte Versetzungsanordnung kann nicht mehr erfolgen. Die Grenzflächenenergie nimmt mit zunehmender Inkohärenz zu. Dies ist für Ausscheidungs- und Umwandlungsprozesse wichtig, vgl. Kap. 3.1.5.1.

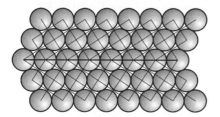

Abb. 2.33. Zwillingsgrenze im kfz-Gitter

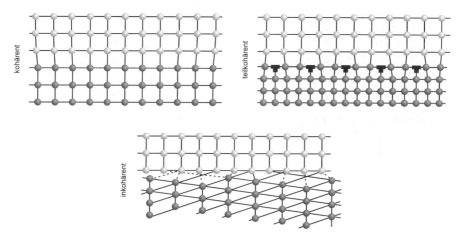

Abb. 2.34. Phasengrenzflächen

2.4.4 Dreidimensionale Fehler

Weitere Fehler, die viel größer sein können, als die zuvor besprochenen, treten in allen festen Werkstoffen auf. Dazu gehören Poren, Lunker, Risse, Einschlüsse und Ausscheidungen. Poren und Ausscheidungen können als Ansammlungen von Leerstellen bzw. Fremdatomen angesehen werden.

Fragen zu Kapitel 2

1. In welche zwei Gruppen werden die technisch relevanten Metalle eingeteilt? Was dient als Unterscheidungsmerkmal? Nennen Sie jeweils ein Beispiel.

2. Nennen Sie vier Atombindungsarten mit jeweils einem Beispiel.

3. Wodurch unterscheiden sich Elektronenpaarbindung und Metallbindung?

4. Skizzieren Sie ein kubisch-flächenzentriertes und ein kubisch-raumzentriertes Gitter. Wie viele Atome werden jeweils zum Aufbau einer Elementarzelle benötigt?

5. Definieren Sie den Begriff Polymorphie.

6. Was ist ein Gleitsystem? Nennen Sie ein Beispiel.

7. Geben Sie zu der unten dargestellten Ebene und Richtung die Miller'schen Indizes an.

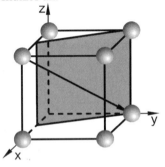

8. Wodurch unterscheiden sich Realkristalle und Idealkristalle?

9. Listen Sie die Gitterfehler nach ihrer geometrischen Erscheinungsform auf, nennen Sie jeweils ein Beispiel.

10. Was beschreibt der Burgersvektor b ? Wie unterscheidet sich der Burgersvektor bei Schrauben- und Stufenversetzungen?

3 Legierungsbildung

3.1 Grundbegriffe

Technische metallische Werkstoffe sind in der Regel keine reinen Elemente, sondern bestehen aus mindestens zwei Elementen. Die Zugabe von Legierungselementen erfolgt zur gezielten Eigenschaftsveränderung wie z.B.:
- Erhöhung der Festigkeit
- Steigerung des Korrosionswiderstands
- Steigerung des Verschleißwiderstands

Eine in der technischen Anwendung sehr häufig eingesetzte Legierung ist Stahl. Die beiden wesentlichen Legierungselemente, auch als Legierungskomponenten bezeichnet, sind Eisen und Kohlenstoff.

Nicht alle Legierungskomponenten müssen Metalle sein, jedoch muss die entstehende Legierung metallischen Charakter aufweisen. Da sich Legierungskomponenten in jedem beliebigen Mengenverhältnis mischen lassen, spricht man von einem System, z.B. vom System Eisen-Kohlenstoff mit den Komponenten Eisen und Kohlenstoff. Die Komponenten können unterschiedliche Legierungen, z.B. Stahl, Grauguss usw. je nach Zusammensetzung, bilden. Je nach Löslichkeit der Komponenten entsteht dabei ein physikalisches Gemenge aus zwei verschiedenen Kristallarten (vollkommene Unlöslichkeit) oder eine feste Lösung aus nur einer Kristallart (vollkommene Löslichkeit). Selbstverständlich treten auch entsprechende Zwischenstufen auf.

Kristallographisch unterscheidbare, aber chemisch homogene Bereiche werden als Phasen bezeichnet. Phasen sind durch Grenzflächen voneinander getrennt. Das Auftreten verschiedener Phasen im festen oder flüssigen Zustand ist abhängig von der gegenseitigen Löslichkeit der Komponenten. Dies kann am Beispiel von Pb-Fe und Cu-Ni im flüssigen Zustand erklärt werden. Pb und Fe lösen sich im flüssigen Zustand nicht, es liegen also in der Schmelze zwei mechanisch trennbare Phasen vor. Cu und Ni lösen sich vollkommen ineinander, d.h. es liegt nur eine Phase vor. Teilweise Löslichkeit im festen Zustand, wie es z.B. Fe-C aufweist, führt zu unterschiedlichen Kristallzusammensetzungen und daher zu mehreren Phasen.

Zunächst soll die Löslichkeit im flüssigen Zustand betrachtet werden:
- *Schmelzen lösen sich nicht ineinander.*
  Man erhält eine Übereinanderschichtung. Das leichtere Metall schwimmt auf dem schwereren Metall. Zwischen beiden Schmelzen besteht eine Grenzfläche. Es liegen also zwei Phasen vor. Eine Mischung der Metalle kann nur durch die Bildung einer Emulsion durch Schütteln erfolgen. Beispiel: Fe-Pb

- *Schmelzen lösen sich vollkommen ineinander.*
  Dieser Fall tritt am häufigsten auf. Die Löslichkeit kann in allen Mischungs-verhältnissen erfolgen; es entsteht dabei stets eine einheitliche homogene Flüssigkeit, d.h. es liegt eine Phase vor (keine Trennfläche vorhanden). Beispiel: Cu-Sn
- *Schmelzen lösen sich teilweise ineinander.*
  Jede Komponente löst einen Teil der anderen Komponente in sich; es liegen also zwei Schmelzen unterschiedlicher Zusammensetzung vor. Im Gleichgewichtszustand liegt eine Schichtung der Schmelzen entsprechend deren Dichten und somit zwei Phasen vor. Beispiel: Cu-Pb

Im Erstarrungsbereich besteht eine Legierung aus zwei Phasen: aus der Restschmelze und den bereits erstarrten Kristallen.

Jeder Phase können i.Allg. spezielle Eigenschaften zugeordnet werden. Eine Phasenänderung oder ein Phasenübergang bringt also Eigenschaftsänderungen mit sich.

Legierungen, die mehrere Phasen aufweisen, werden als heterogen (= inhomogen), d.h. nicht überall gleichartig, bezeichnet. Homogene Legierungen sind überall gleichartig aufgebaut, weisen also nur eine Kristallart, d.h. nur eine Phase auf. Heterogenität und Homogenität beziehen sich nur auf die Phasenzahl, nicht auf die Korngröße der Kristalle.

Im festen Zustand spricht man von vollständiger Unlöslichkeit der Komponenten, wenn ein Kristallgemisch, d.h. ein Gemisch aus den reinen Kristallen der Komponenten, vorliegt (= zwei Phasen). Vollständige Löslichkeit bedeutet, dass die Atome beider Komponenten in ein- und demselben Kristallgitter kristallisieren (= eine Phase). Das dabei entstehende Kristall wird als Mischkristall bezeichnet. Man unterscheidet zwei grundsätzliche Typen von Mischkristallen.

3.1.1 Substitutionsmischkristall

Im Kristallgitter einer Komponente sitzen die Atome der anderen Komponente als Fremdatome auf Gitterplätzen, Abb. 3.1.a. Bei regelmäßiger Anordnung der Fremdatome spricht man von Überstruktur. Meistens ist die Anordnung jedoch unregelmäßig.

Vollkommene Löslichkeit, d.h. Löslichkeit in jedem Mengenverhältnis, ist nur dann möglich, wenn

- beide Komponenten den gleichen Gittertyp aufweisen,
- die Atomdurchmesser etwa gleich groß sind oder
- chemische Ähnlichkeit vorliegt.

Im Regelfall erhält man beschränkte Löslichkeit, Tabelle 3.1.

Tabelle 3.1. Beispiele

Element	Atomdurchmesser (RT) / nm	Löslichkeit
Cu kfz	0,255	vollkommen
Au kfz	0,28	
Cu kfz	0,255	teilweise
Zn hexagonal	0,266	

3.1.2 Einlagerungsmischkristall

Die Atome einer Komponente sitzen auf Zwischengitterplätzen des Wirtsgitters, dem Gitter der anderen Komponente, Abb. 3.1.b. Eine Einlagerung kann nur dann erfolgen, wenn die eingelagerten Atome sehr viel kleiner sind als die des Wirtsgitters, vgl. Tabelle 3.2.

Tabelle 3.2. Beispiel für Einlagerungsmischkristall

Element	Atomdurchmesser
Fe	0,228 nm (RT)
C	0,141 nm (RT)

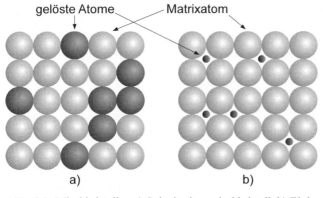

gelöste Atome   Matrixatom

a)   b)

Abb. 3.1. Mischkristalle: a) Substitutionsmischkristall b) Einlagerungsmischkristall

3.2 Zustandsdiagramme von Zweistoffsystemen

Als Zustandsdiagramm wird eine Darstellung bezeichnet, in der für jede mögliche Legierungskombination eines Systems die sich bei verschiedenen Temperaturen ergebenden Phasen ablesbar sind. Ein Zustandsdiagramm oder Gleichgewichtsdiagramm wird aus den Abkühlungskurven verschiedener Legierungen ermittelt. Es stellt den Gleichgewichtszustand jedes Mischungsverhältnisses dar. Dabei wird der Ablauf der Erstarrung verfolgt. Halte- und Knickpunkte der Abkühlungslinien ergeben Phasengrenzlinien. Erhält man bei Erstarrungsbeginn keinen Haltepunkt, sondern einen weiter abfallenden Temperaturverlauf, so spricht man von einem Erstarrungs- bzw. Schmelzbereich, Abb. 3.2.

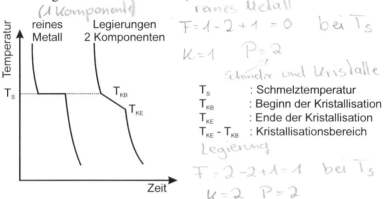

(Handschriftliche Notizen im Bild:)

(1 Komponente)   reines Metall

$F = 1 - 2 + 1 = 0$ bei T_S

$K = 1$ $P = 2$

Schmelze und Kristalle

T_S : Schmelztemperatur
T_{KB} : Beginn der Kristallisation
T_{KE} : Ende der Kristallisation
$T_{KE} - T_{KB}$: Kristallisationsbereich

Legierung

$F = 2 - 2 + 1 = 1$ bei T_S

$K = 2$ $P = 2$

Abb. 3.2. Abkühlverhalten von ein- und zweiphasigen Systemen

Bei den Zweistoffsystemen wird eine Darstellung gewählt, in der auf der Abszisse die sich jeweils zu 100% ergänzenden Komponenten aufgetragen werden. Die Temperatur wird jeweils bei den reinen Komponenten auf der Ordinate eingetragen.

Im Zustandsdiagramm werden die einzelnen Zustandsfelder durch Grenzlinien getrennt. Die obere Begrenzungslinie trennt die flüssige Phase vom Erstarrungsbereich ab und wird Liquiduslinie genannt, die untere Begrenzungslinie trennt den Erstarrungsbereich von dem Bereich, in dem nur noch feste Phasen vorhanden sind, sie wird als Soliduslinie bezeichnet. Die Liquidus- und Soliduslinie schließen den Erstarrungsbereich mit festen und flüssigen Anteilen ein.

Bei den Zweistofflegierungen (Zweistoffsysteme, binäre Legierungen) erhält man je nach gegenseitiger Löslichkeit im flüssigen oder festen Zustand unterschiedliche Grundtypen von Zustandsschaubildern.

3.2.1 Vollkommene Unlöslichkeit im flüssigen und im festen Zustand

Durch die Schichtung der flüssigen Komponenten erhält man auch im festen Zustand eine vollkommene Trennung, Abb. 3.3.

Anzahl der Phasen   im flüssigen Zustand: 2 (Schmelzen S_A und S_B)

im festen Zustand: 2 (Kristall A und B)

Als Beispiel ist in Abb. 3.4 das System Eisen-Blei aufgeführt.

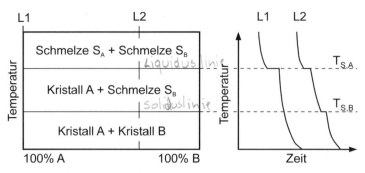

Abb. 3.3. Zweistoffsystem; vollkommene Unlöslichkeit im flüssigen und festen Zustand

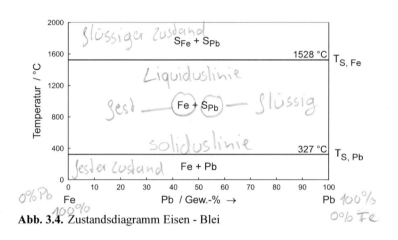

Abb. 3.4. Zustandsdiagramm Eisen - Blei

3.2.2 Vollkommene Löslichkeit im flüssigen und im festen Zustand

Die Erstarrung erfolgt über ein gemeinsames Raumgitter in Form von Misch-kristallen, Abb. 3.5.

Anzahl der Phasen

im flüssigen Zustand:	1 (Schmelze S_{AB})
im Erstarrungsbereich:	2 (Schmelze S_{AB} und Mischkristalle Mk)
im festen Zustand:	1 (Mischkristalle Mk)

Dieses Verhalten wird als *„GRUNDSYSTEM I"* bezeichnet. Da beim Grund-system I Liquidus- und Soliduslinie zusammen die Form einer Linse bilden, wird dieses System auch als Linsendiagramm bezeichnet. Abb. 3.6 zeigt als Beispiel das reale Zweistoffsystem von Kupfer und Nickel (Cu-Ni).

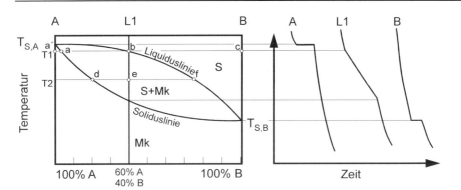

Abb. 3.5. Zweistoffsystem; vollkommene Löslichkeit im flüssigen wie im festen Zustand

Das Lesen eines Zustandsdiagrammes wird im Folgenden anhand von Legierungsbeispielen veranschaulicht.

Beispiel: Legierung L1, Abb. 3.5.

Die Legierung L1 ist aus 60% A und 40% B zusammengesetzt. Der Schnitt durch das Zustandsschaubild liefert die entsprechende Abkühlungslinie, die zwei Knickpunkte beim Schnitt der Liquidus- bzw. Soliduslinie aufweist. Knickpunkte in der Abkühlungslinie, also einen Erstarrungsbereich, weisen nur Legierungen auf. Die reinen Komponenten, im angegebenen Beispiel Cu und Ni, sind auf den Ordinaten mit ihren Schmelzpunkten angegeben und haben dementsprechend Haltepunkte in den Abkühlungslinien.

Beim Abkühlen aus der Schmelze werden verschiedene Phasenzustände durchlaufen. Bei Unterschreitung der Liquiduslinie (Temperatur T1) beginnen sich Mischkristalle mit der Zusammensetzung a auszuscheiden; die Komponentenanteile sind direkt auf der Abszisse ablesbar. Die Mk sind A-reicher als die ursprüngliche Schmelze, d.h. durch die Mk-Ausscheidung verarmt diese an A, wird also B-reicher. Insgesamt bleibt natürlich die ursprüngliche Zusammensetzung erhalten. Die Konzentrationsänderungen von Mk und Restschmelze lassen sich an der Solidus- bzw. an der Liquiduslinie verfolgen. Bei der Temperatur T2 werden Mk der Zusammensetzung d ausgeschieden. Die bei der Temperatur T1 bereits erstarrten Mk gleichen sich durch Diffusion der Zusammensetzung d an. Die Restschmelze hat während der Abkühlung von T1 auf T2 ihre Konzentration von b auf f verändert. Beim Erreichen und Unterschreiten der Soliduslinie liegen nur noch Mk vor.

Diese Mk haben nun die gleiche Zusammensetzung wie die Legierung, nämlich 60% A und 40% B. Bei weiterer Abkühlung wird kein anderes Zustandsfeld mehr durchlaufen, d.h. die Mk sind bei RT stabil.

Im Erstarrungsbereich liegen zwei Phasen nebeneinander vor: Mk und Schmelze. Mit Hilfe des Hebelgesetzes lassen sich nun Mengenverhältnisse und Zusammensetzung bestimmen.

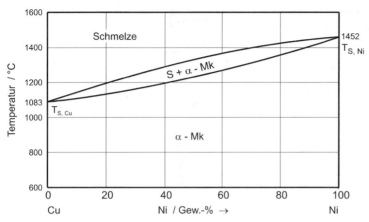

Abb. 3.6. Zweistoffsystem Kupfer – Nickel (real)

Zur Bestimmung der Phasenanteile wird eine waagrechte Hilfslinie bei einer bestimmten Temperatur im Phasenfeld Erstarrungsbereich S + Mk gezogen. Diese Hilfslinie wird im Hebelpunkt von einer ausgewählten Legierung geschnitten. Die Gesamtlänge dieser Hilfslinie vom Schnittpunkt Liquiduslinie (= Zusammensetzung der Restschmelze) bis zum Schnittpunkt Soliduslinie (= Zusammensetzung Mk) wird als 100% angesetzt. Der dem „Phasenfeld Schmelze" abgekehrte Hebelarm wird als Anteil Schmelze, der dem „Phasenfeld Mk" abgekehrte Hebelarm, jeweils vom Hebelpunkt aus betrachtet, wird als Anteil Mk zur Gesamtlänge (= 100%) ins Verhältnis gesetzt und damit prozentual bestimmt.

- Mengenverhältnis der Komponenten von L1
  Ablesbar: a'b   = Menge B = 40%
                       bc   = Menge A = 60%
- Mengenverhältnis der Phasen von L1 bei T2

$$df = 100\% \qquad \frac{de}{ef} = \frac{\text{Menge der Restschmelze Konz. f}}{\text{Menge der Mk Konz. d}} = \frac{35\%}{65\%}$$

3.2.3 Vollkommene Löslichkeit im flüssigen und vollkommene Unlöslichkeit im festen Zustand

Aufgrund der vollkommenen Löslichkeit im flüssigen Zustand erfolgt keine Entmischung. Im Erstarrungsbereich werden daher reine Kristalle der Komponenten aus der gemeinsamen Schmelze ausgeschieden. Es liegt also ein Kristallgemisch vor, Abb. 3.7.

Anzahl der Phasen
        im flüssigen Zustand: 1 (Schmelze S_{AB})
        im Erstarrungsbereich: 2 (Schmelze S_{AB} und Kristalle A oder B)
        im festen Zustand: 2 (Kristalle A und B)

Dieses Verhalten wird als *GRUNDSYSTEM II* bezeichnet. Die Liquiduslinie verläuft V-förmig, die Soliduslinie horizontal. Solidus- und Liquiduslinie schließen 2 Erstarrungsbereiche ein. Der Schnittpunkt von Solidus- und Liquiduslinie wird als eutektischer Punkt bezeichnet, die Zusammensetzung als Eutektikum. V-Diagramm und eutektisches System sind deshalb weitere gängige Bezeichnungen. Abb. 3.8 zeigt als Beispiel das reale Zweistoffsystem von Wismut-Kadmium (Bi-Cd).

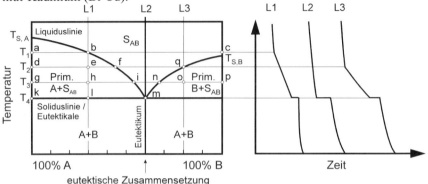

Abb. 3.7. Zweistoffsystem; vollkommene Löslichkeit im flüssigen und vollkommene Unlöslichkeit im festen Zustand

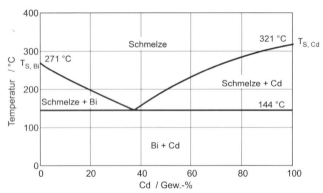

Abb. 3.8. Wismut – Kadmium (real)

Das Eutektikum ist der niedrigst schmelzende Gefügeanteil. Nach Unterschreiten der Eutektikalen erfolgen keine Gefügeveränderungen mehr. Die zuerst ausgeschiedenen A-Kristalle, die als Primär-A-Kristalle bezeichnet werden, weil sie direkt aus der Schmelze ausgeschieden werden, heben sich durch ihre Größe deutlich vom feinverteilten, kleinkörnigen eutektischen Kristallgemenge aus A- und B-Kristallen ab. Es liegen jedoch zwei Phasen vor, nämlich A- und B-Kristalle. Es wird also phasenmäßig nicht zwischen Primärkristallen und eutektischen Kristallen, sondern nach der Zusammensetzung unterschieden.

Die eutektische Zusammensetzung weist ebenso wie die reinen Komponenten in der Abkühlungslinie einen Haltepunkt auf. Die Erstarrungstemperatur des Eutektikums liegt dabei unter denen der reinen Komponenten. Erklärt wird dieses Phänomen der beidseitig fallenden Liquiduslinie mit der wechselseitigen Behinderung der Kristallisation im Erstarrungsbereich durch die Atome der anderen Komponente.

Beispiel: System Bi-Cd, Abb. 3.8

Die Kristallisation von Bi erfolgt im rhombischen, die von Cd im hexagonalen Gitter. Aufgrund der Unlöslichkeit im festen Zustand erfolgt die Bildung reiner Kristalle.

Beispiel: Legierung L1, Abb. 3.7

Beim Abkühlen der Schmelze wird bei der Temperatur T_1 die Liquiduslinie erreicht. Bei weiterer Abkühlung scheiden sich reine Primär-A-Kristalle aus, die Schmelze wird daher B-reicher. Insgesamt betrachtet bleibt jedoch das Mengenverhältnis der Komponenten stets konstant. Bei der Temperatur T_2 besitzt die Schmelze die auf der Abszisse ablesbare Konzentration f, bei der Temperatur T_3 die Konzentration i. Kurz vor Erreichen der Soliduslinie, auch Eutektikale genannt, weist die Restschmelze die eutektische Zusammensetzung m auf, die zu einem fein verteilten Gemenge von A- und B-Kristallen, dem Eutektikum erstarrt. Über die Hebelarme lassen sich die entsprechenden Phasenanteile bestimmen, z.B. für die Legierung L1.

- L1 T_1

  Mengenverhältnisse der Komponenten   direkt   auf   der   Abszisse ablesbar:
  bc = Menge A = 70%; ab = Menge B = 30%

- L1 T_2

  Mengenverhältnisse der Phasen mit df = 100% ist:

$$\frac{de}{ef} = \frac{\text{Menge der Phase Re stschmelze (RS) m. d. Konz. f}}{\text{Menge der Phase Pr im. A} - \text{Kristalle}} = \frac{67\%}{33\%} \qquad (3.1)$$

- L1 T_3

  Mengenverhältnis der Phasen mit gi = 100% ist:

$$\frac{gh}{hi} = \frac{\text{Menge der Phase RS m. d. Konz. i}}{\text{Menge der Phase Pr im. A} - \text{Kristalle}} = \frac{55\%}{45\%} \qquad (3.2)$$

- L1 T_4

  Mengenverhältnis Schmelze, die zu Eutektikum erstarrt und Primär-A-Kristalle mit km = 100% ist:

$$\frac{kl}{lm} = \frac{\text{Menge der Phase RS m. d. Konz. m}}{\text{Menge der Phase Pr im. A} - \text{Kristalle}} = \frac{50\%}{50\%} \qquad (3.3)$$

Das bedeutet, dass 50% der Legierung L1 eutektisch erstarrt. Mit der Zusammensetzung des Eutektikums (40% A, 60% B) besteht damit L1 zu 50% aus Primär-A-Kristallen und zu 20% aus A-Kristallen des Eutektikums.

Für die Legierung L3 ist der Ablauf der Erstarrung vergleichbar L1, nur bilden sich hier Primär-B-Kristalle direkt aus der Schmelze.

3.2.4. Vollkommene Löslichkeit im flüssigen und teilweise Löslichkeit im festen Zustand

Eine Abwandlung des eutektischen Systems stellt das *System mit begrenzter Randlöslichkeit* dar, Abb. 3.9. Hier liegt im festen Zustand eine begrenzte Löslichkeit vor, d.h. es bilden sich Mischkristalle. Das Eutektikum wird also aus einer Mischung von zwei Mischkristallarten gebildet. Das Zweiphasengebiet, in dem zwei Mischkristallarten vorliegen, wird als Mischungslücke bezeichnet.
Die Bezeichnungen der Mischkristalle lauten
- α-Mk, wenn B-Atome im A-Kristall,
- β-Mk, wenn A-Atome im B-Kristall gelöst sind.

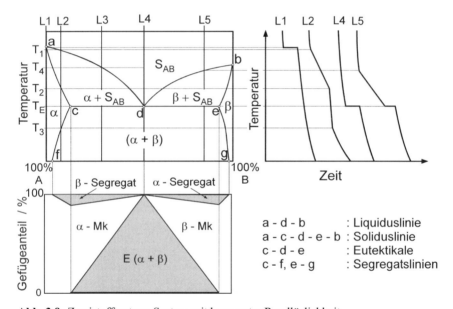

Abb. 3.9. Zweistoffsystem; System mit begrenzter Randlöslichkeit

Aus Abb. 3.9 ist erkennbar, dass das System mit begrenzter Randlöslichkeit sieben Phasengrenzlinien aufweist: zwei Liquiduslinien, die das Feld S_{AB} von den Feldern $\alpha + S_{AB}$ bzw. $\beta + S_{AB}$ trennen; die Felder mit den Erstarrungsbereichen werden durch drei Soliduslinien von den Feldern mit den festen Phasen α, $\alpha + \beta$ und β abgegrenzt. Diese wiederum werden durch zwei Löslichkeits- oder Segregatslinien voneinander geteilt. Das Feld $\alpha + \beta$ wird als Mischungslücke bezeichnet, da keine vollständige Löslichkeit von A in B besteht. Liquiduslinien und Soliduslinien besitzen einen gemeinsamen Punkt im Eutektikum. Der

Erstarrungsverlauf in diesem System soll wieder anhand verschiedener Beispiele erklärt werden.

Beispiele:

- Legierung mit der Konzentration L2:
  Bei Erreichen der Liquiduslinie bei der Temperatur T_1 scheiden sich primäre α–Mk der Konzentration 1 aus. Mit weiter absinkender Temperatur verläuft die Konzentration der Mk längs der Soliduslinie (a-c), die Konzentration der Schmelze längs der Liquiduslinie (a-d). Bei Unterschreiten von T_2 ist die Erstarrung beendet; die vorliegenden Mk haben die gleiche Zusammensetzung wie die ausgewählte Legierung und bleiben bis zur Temperatur T_3 beständig. Bei T_3 wird die Löslichkeitsgrenze cf von B in A erreicht, die mit fallender Temperatur abnimmt. Infolgedessen scheiden sich B-Atome aus den α-Mk aus und bilden selbst sekundäre β-Mk. Es ist zu beachten, dass die Konzentration der β-Mk sich entsprechend der jeweiligen Temperatur längs der Gleichgewichtslinie eg ändert, wobei sich sekundäre α-Mischkristalle aus den Sekundär-β-Mischkristallen ausscheiden.

- Legierung mit der Konzentration L3:
  Bei Unterschreiten der Liquiduslinie (T_4) scheiden sich Primär-α–Mk aus. Bei Erreichen der Eutektikalen erfolgt die Erstarrung der Restschmelze mit der Konzentration d zu Eutektikum aus α- und β-Mk. α–Mk und β–Mk, sowohl primäre als auch eutektische Mk, verändern bei weiterer Abkühlung ihre Konzentration entsprechend den Sättigungsgrenzen cf und eg unter Ausscheidung sekundärer α-Mischkristalle bzw. β-Mischkristalle. Die maximale Löslichkeit von B im α–Mk (Punkt f) bzw. von A im β–Mk (Punkt g) bei RT ist auf der Abszisse ablesbar. Auch hier gilt , dass das eutektische Gefüge wesentlich feinkörniger ist als die primär ausgeschiedenen Mischkristalle.

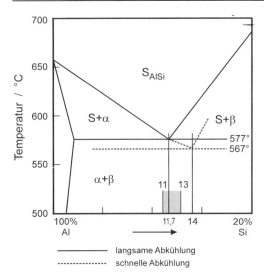

Abb. 3.10. Einfluss der Abkühlkurve beim Zweistoffsystem Al - Si [Guy76]

Mit Hilfe des Hebelgesetzes können die Mengenanteile von Phasen bzw. Komponenten ermittelt werden. Das Vorgehen ist dasselbe wie im V-Diagramm. Zu beachten ist, dass Phasenanteile nur in einem abgeschlossenen Zustandsfeld, in dem zwei Phasen vorliegen, ermittelt werden können.

Alle bis jetzt behandelten Zustandsdiagramme gelten nur für langsame Abkühlung. Den Einfluss der schnellen Abkühlung zeigt Abb. 3.10. Dieser Effekt wird technisch gewollt, z.B. bei dünnwandigen Kokillenguss, um ein in den Eigenschaften günstiges Gefüge zu erzielen.

3.2.5 Peritektisches System

Die bis jetzt behandelten Zweistoffsysteme mit teilweiser Löslichkeit im festen Zustand weisen eine Mischkristallbildung mit Eutektikum auf. Die Mischkristallbildung im peritektischen System, Abb. 3.11, das auch als GRUNDSYSTEM III bezeichnet wird, ist im Gegensatz hierzu nicht mit der Bildung eines Eutektikums verbunden. Das System weist zwar eine waagrechte Linie, jedoch kein Minimum in der Liquiduslinie auf.

Die Umsetzung von

feste Phase + Schmelze → andere feste Phase

wird als peritektische Umwandlung bezeichnet. Die Umwandlung erfolgt direkt an der Grenzfläche zwischen Schmelze und Primärkristallen. Die Zusammensetzung der neu gebildeten Phase liegt zwischen der zuerst gebildeten Phase und der Schmelze. Die Umwandlung läuft bei konstanter Temperatur, der sogenannten peritektischen Umwandlungstemperatur ab. In Anlehnung an Grundsystem II

(Eutektikum - Eutektikale) wird die Waagrechte HF im peritektischen System Peritektikale genannt.

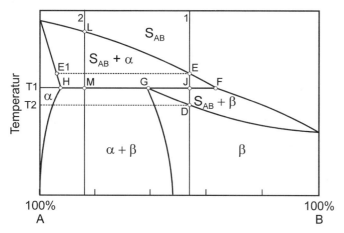

Abb. 3.11. Peritektisches System

3.2.6 Verbindungsbildung

Bei den bisher betrachteten Systemen war der Fall ausgeschlossen, dass zwei Legierungskomponenten eine Verbindung miteinander eingehen. Da dies jedoch in der Technik häufig der Fall ist, muss diesen Legierungen besondere Beachtung geschenkt werden, Tabelle 3.3.

Tabelle 3.3. Verbindungsbildung

Beispiel	Chemische Bezeichnung
Metall / Metall:	Mg_2Si
	Al_2Cu
Metall / Nichtmetall:	Fe_3C

Die intermetallische Verbindung V weist gegenüber den beiden metallischen Legierungskomponenten völlig andere Eigenschaften auf. Im Allgemeinen ist die Gitterstruktur der intermetallischen Verbindungen im Vergleich zu den einfachen dicht gepackten Strukturen der Metalle wesentlich komplizierter und die Packungsdichte deshalb auch z.T. erheblich geringer.

Die Kristallarten können stöchiometrisch zusammengesetzt sein, z.B. Fe_3C, sie können aber ebensogut Mk-Bereiche bilden und eine beispielsweise im Cu-Zn-System geordnete und ungeordnete Verteilung aufweisen.

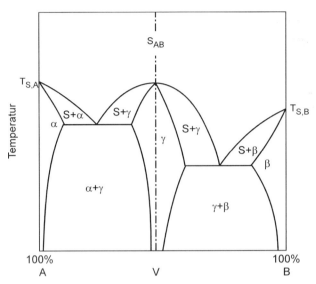

Abb. 3.12. Zweistoffsystem mit intermetallischer Verbindung (System mit offenem Maximum)

Im Allgemeinen sind intermetallische Phasen hart und spröde sowie chemisch leicht angreifbar. Man vermeidet daher Legierungskonzentrationen, bei denen intermetallische Verbindungen in größeren Mengen auftreten. Teilweise haben intermetallische Phasen jedoch auch eine positive Auswirkung wie beispielsweise bei Aluminium-Legierungen.

Legierungssysteme mit intermetallischen Verbindungen lassen sich teilweise auf zusammengesetzte binäre Systeme zurückführen. Mischkristalle von V werden mit γ bezeichnet. Man erhält zwei Teildiagramme der bekannten Grundtypen mit den Komponenten A-V und V-B. In Abb. 3.12 besitzt die Liquiduslinie ein Maximum; V ist also bis zum Schmelzpunkt beständig (kongruent schmelzend). V verhält sich so, als ob eine neue Substanz vorläge. Bei derartigen Diagrammen spricht man von Verbindungsbildung mit offenem Maximum, was einer Kombination von zwei V-Diagrammen entspricht.

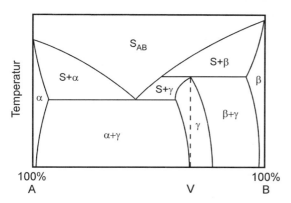

Abb. 3.13. Zweistoffsystem mit intermetallischer Verbindung (System mit verdecktem Maximum) [Dom69]

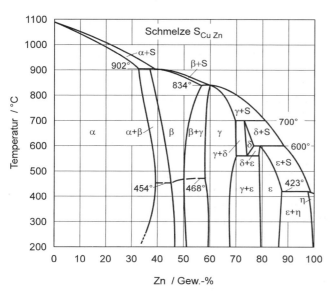

Abb. 3.14. Zweistoffsystem Kupfer-Zink [Cal94]

3.3 Zustandsdiagramme von Dreistoffsystemen

Bis jetzt wurden bei Zustandsdiagrammen lediglich zwei Legierungskomponenten berücksichtigt. Technische Werkstoffe weisen jedoch in der Regel mehr Legierungskomponenten auf. Wird eine dritte Legierungskomponente im Fe-C-Diagramm berücksichtigt, beispielsweise Si, so verschieben sich sämtliche Phasengrenzen entsprechend dem Si-Gehalt, Abb. 3.15. Die exakte Darstellung von drei Legierungskomponenten erfolgt im räumlichen Dreistoffsystem. Voraussetzung ist, dass sich die drei Komponenten in jedem Punkt zu 100% ergänzen, Abb. 3.16.

$$C_A + C_B + C_C = 100\%$$

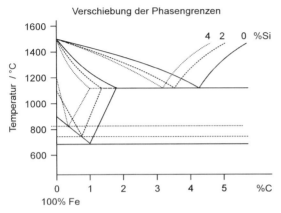

Abb. 3.15. Einfluss einer dritten Legierungskomponente auf das Zweistoffsystem Fe-C

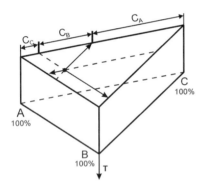

Abb. 3.16. Konzentrationsbestimmung beim Dreistoffsystem A – B – C

Im räumlichen Dreistoffsystem stellt die obere bzw. untere Fläche ein gleichseitiges Dreieck dar. Auf den drei Seitenflächen werden die binären Systeme aufgetragen, die sich zu einem räumlichen System vereinigen. Abb. 3.17.

Bei Vorliegen eutektischer Systeme kann die einfache Projektionsdarstellung mit umgeklappten binären Randsystemen gewählt werden, Abb. 3.17. Bei komplizierteren Systemen beschränkt man sich aus Vereinfachungsgründen auf isotherme Schnitte mit zugehörigen Phasenfeldern (Horizontalschnitte) oder Temperatur-Konzentrationsschnitte (Vertikalschnitte), Abb. 3.17.

Bei geringen Anteilen einer dritten Komponente berücksichtigt man deren Einfluss, wie am Beispiel Si im Fe-C-Diagramm durch eine Verschiebung der

Phasengrenzlinien, die sich durch Projektion des jeweiligen Vertikalschnitts auf das binäre Randsystem ergibt, Abb. 3.15

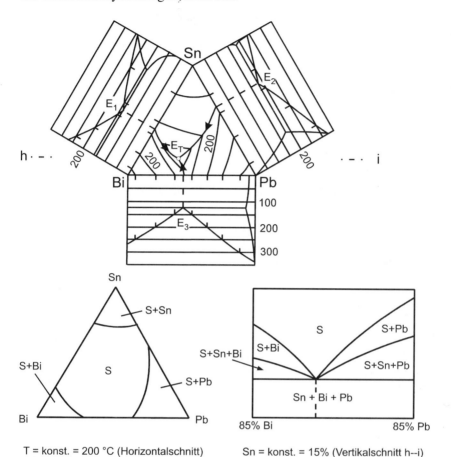

T = konst. = 200 °C (Horizontalschnitt)   Sn = konst. = 15% (Vertikalschnitt h--i)

Abb. 3.17. Projektionsdarstellung des Dreistoffsystems Bi-Pb-Sn mit Schnitten [Sch01]

Der Unterschied zum ebenen Zweistoffsystem wird nachstehend in Tabelle 3.4 aufgeführt.

Tabelle 3.4. Vergleich Zweistoffsystem-Dreistoffsystem

Zweitstoffsystem	$\Rightarrow$	Dreistoffsystem
Phasenfläche	$\Rightarrow$	Phasenräume
Phasengrenzlinien	$\Rightarrow$	Phasengrenzflächen
z.B. Liquidus-/Soliduslinie		z.B. Liquidus-/Solidusfläche
binäre eutektische, peritektische und eutektoide Punkte	$\Rightarrow$	binäre eutektische, peritektische und eutektoide Kurven räumlicher Krümmung
	$\Rightarrow$	ternärer eutektischer Punkt

3.4 Reale Zustandsdiagramme

Die bis jetzt behandelten Diagramme gelten nur für ideale Bedingungen, wie
- sehr langsame Abkühlung und
- keine Seigerungen (gleichmäßige Verteilung der Legierungskomponenten im Volumen).

In der Realität lassen sich diese Bedingungen nur schwer aufrechterhalten, so dass nicht genügend Zeit zum Konzentrationsausgleich durch Diffusion innerhalb eines Mk vorhanden ist. Wenn also ein Mischkristall nicht an allen Stellen die gleiche Konzentration aufweist, sondern Zonen unterschiedlicher Zusammensetzung vorhanden sind, ist dies i.Allg. auf relativ schnelle Abkühlung mit Unterdrückung der Diffusion zurückzuführen. Man spricht von Kristallseigerung (= Entmischung im einzelnen Kristall); die dann vorliegenden Mischkristalle werden Zonenmischkristalle genannt. Auswirkungen auf die Festigkeitseigenschaften sind dadurch in der Regel nicht zu befürchten. Eine schädliche Wirkung kann jedoch die u.U. auftretende Korrosionsneigung durch die Bildung von Lokalelementen haben. Beseitigen lässt sich die Kristallseigerung durch Glühen dicht unter der Soliduslinie (Diffusionsglühen). Diese Glühbehandlung ist allerdings meist mit Grobkornbildung verbunden.

Ein weiterer Einfluss schneller Abkühlung besteht in der Verschiebung von Phasengrenzen und Zustandsfeldern, wie schon am Beispiel Al-Si gezeigt wurde. Eine ausführlichere Behandlung dieses Sachverhaltes erfolgt im Kapitel Wärmebehandlungen.

Seigerungen können nicht im Zustandsdiagramm erfasst werden. Als Seigerungen bezeichnet man allgemein die Entmischung einer anfänglich gleichmäßig zusammengesetzten Schmelze. Blockseigerung tritt vorwiegend im unberuhigt vergossenen Stahl auf. Durch den behinderten Konzentrationsausgleich infolge der Kochbewegungen ergeben sich örtliche Anreicherungen von Schwefel auf ein Mehrfaches, Phosphor auf das dreifache, Kohlenstoff auf das zweifache, Mangan auf das 1,5-fache des Gehaltes, der bei gleichmäßiger Verteilung vorliegen würde. Vermeiden lässt sich Blockseigerung durch beruhigtes Vergießen und durch spezielle Herstellverfahren.

Gasblasenseigerung tritt auf, wenn die Gasblasen beim Abkühlen Restschmelze infolge des sich einstellenden Unterdrucks ansaugen. Zur Vermeidung der Gasblasenseigerung sollte deshalb beruhigt bzw. vakuumentgast vergossen werden.

3.5 Gefügeänderungen im festen Zustand

3.5.1 Ausscheidungshärtung

Die Ausscheidung im festen Zustand in Systemen mit begrenzter Randlöslichkeit ist von großer technischer Bedeutung, da auf diesem Effekt die für Nichteisenmetalle wichtigste Methode der Festigkeitserhöhung von Legierungen beruht, die als Aushärtung bezeichnet und am häufigsten bei Aluminium-Werkstoffen angewendet wird. Zunächst sollen die Vorgänge, die bei normaler Abkühlung ablaufen und zu keiner Härtung führen, betrachtet werden, Abb. 3.18. Bei normaler Abkühlung aus dem α-Phasenfeld erfolgt eine kontinuierliche Ausscheidung von B-Atomen aus dem α–Gitter. Die Wanderung der gleichmäßig im α–Mk verteilten B-Atome erfolgt durch Diffusionsvorgänge, die zeit- und temperaturabhängig sind. Die Ausscheidung der B-Atome kann an den Korngrenzen erfolgen oder im Inneren der Primärkörner. Es bilden sich zunächst Keime, die dann wachsen und β–Mk bilden.

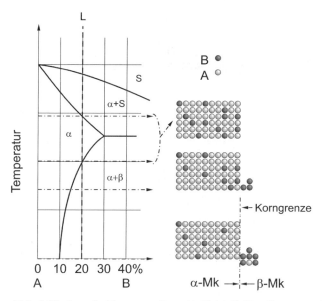

Abb. 3.18. Ausscheidungsvorgänge im Kristallgitter (langsame Abkühlung)

Bei der Ausscheidungshärtung, Abb. 3.19, wird ein Mk abgeschreckt, so dass zwar ein homogener, aber übersättigter Zustand vorliegt, der instabil ist. Die sich in Zwangslösung befindlichen schwarzen Atome beginnen zu wandern, sammeln sich an bevorzugten Stellen und bilden dort eine Überstruktur. Dieser Vorgang der Aufbauveränderung des Mk, der dadurch seinem Gleichgewichtszustand näher kommt, wird als einphasige Entmischung bezeichnet. Das Segregat befindet sich noch in einem Zwischenzustand und hat sich noch nicht vom Muttergitter gelöst, bewirkt jedoch eine Gitterverspannung, die festigkeitssteigernd wirkt. Die Festigkeitssteigerung wächst mit der Anzahl der noch mit der Matrix verbundenen Zwischenzustände. Diese noch mit dem Muttergitter kohärent verbundenen Entmischungszonen werden bei Al-Legierungen auch Guinier-Preston-Zonen genannt.

Im Allgemeinen ist das Muttergitter bestrebt, sich dem Gleichgewichtszustand so weit wie möglich zu nähern und die Entmischungszone als zweite Phase auszuscheiden. Zwischen Ausscheidung und Matrix besteht dann keine Kohärenz mehr, d.h. es ist kein stetiger Übergang mehr vorhanden, sondern eine Grenzfläche. Diese Gleichgewichtsausscheidungen rufen aufgrund der Inkohärenz geringere Gitterverspannungen als die kohärenten Entmischungszonen hervor und haben damit eine weniger verfestigende Wirkung. Die Ausscheidungen erfolgen in submikroskopischer feindisperser Form. Vereinigen sich diese submikroskopischen Ausscheidungen, so dass die Anzahl kleiner und die Ausscheidungen größer werden, bewirkt dies eine stetige Abnahme der Festigkeit (Überalterung). Die Bedingungen für die Aushärtung einer Legierung können wie folgt zusammengefasst werden:
1. Auftreten von homogenen Mk bei höheren Temperaturen
2. Ausscheidung einer zweiten Phase beim langsamen Abkühlen
3. Abschreckbarkeit, d.h. die bei höheren Temperaturen stabilen homogenen Mk müssen bei tieferen Temperaturen in übersättigter Form erhalten werden können

Der eigentliche Aushärtungsvorgang lässt sich in folgende Einzelvorgänge gliedern:
1. Lösungsglühen; Lösen aller Ausscheidungen in einem homogenen Mk
2. Abschrecken; Unterkühlen des Mk
3. Auslagern bei entsprechenden, für die jeweiligen Werkstoffe charakteristischen Temperaturen

Das Auslagern bei Raumtemperatur wird als Kaltaushärtung, das Auslagern im Temperaturbereich zwischen 100 und 220 °C als Warmaushärtung bezeichnet.

Als kaltaushärtende Legierungen können AlCuMg oder α-FeC, als warmaushärtende (Anlassen bei höheren Temperaturen) AlCu, CuBe oder α-FeC genannt werden.

Eine technische Anwendung des Aushärtungseffekts sind z.B. Nieten aus AlCuMg, die nach dem Lösungsglühen bei rd. 510 °C in Wasser abgeschreckt werden, danach 4 bis 5 h schlagbar sind und anschließend kalt aushärten.

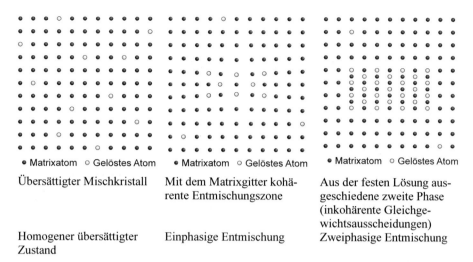

Abb. 3.19. Ausscheidungsvorgänge im Kristallgitter (schnelle Abkühlung) [Sch01]

3.5.2 Eutektoide Umwandlung

Bei der eutektoiden Umwandlung erfolgt die Aufspaltung oder der Zerfall einer einzelnen schon bestehenden festen Phase bei konstanter Temperatur in zwei unterschiedliche aber getrennte feste Phasen. Beide Phasen erscheinen in der umgewandelten Legierung fein verteilt und vermischt und bilden das Eutektoid, Abb. 3.20. Das Eutektoid ist in seiner Erscheinungsform dem eutektischen Gefüge sehr ähnlich. Es ist zu beachten, dass ein Eutektoid sich im Gegensatz zum Eutektikum stets aus einer festen Phase bildet.

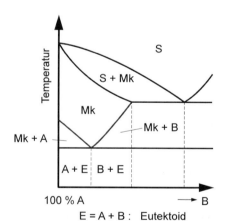

Abb. 3.20. Euktoide Umwandlung Mk → A + B, Eutektoid: E = A + B

Fragen zu Kapitel 3

1. Was ist eine Phase?

2. Unter welchen Voraussetzungen bildet sich ein Substitutionsmischkristall?

3. Zeichnen Sie die schematische Abkühlungslinie einer Legierung mit vollkommener Unlöslichkeit im flüssigen und festen Zustand.

4. Wie viele Phasen liegen beim Unterschreiten der Soliduslinie im Falle
    a) vollkommene Löslichkeit im flüssigen und festen Zustand
    b) vollkommene Unlöslichkeit im flüssigen und festen Zustand
    für eine Legierung aus 50 % der Komponenten A und 50 % der Komponenten B vor?

5. Wozu dient das Gesetz der abgewandten Hebelarme?

6. Was ist ein Eutektikum?

7. Was ist ein α- bzw. β-Mischkristall?

8. Was ist eine intermetallische Verbindung?

9. Welches System liegt der Ausscheidungshärtung zugrunde?

10. Erläutern Sie den Unterschied zwischen Eutektikum und Eutektoid.

4 Thermisch aktivierte Vorgänge

4.1 Allgemeines

Unter thermisch aktivierten Vorgängen versteht man den Platzwechsel der Atome aufgrund thermischer Anregung. Das wird dadurch bewirkt, dass die Atome im Kristallgitter oder in den amorphen Strukturen durch Schwingungen die Energiebarriere überwinden, die zwischen zwei „stabilen" Zuständen liegt. Die Amplitude der Gitterschwingungen wächst mit ansteigender Temperatur. Bei der Schmelztemperatur beträgt sie etwa 12% des Gitterabstandes. Am absoluten Nullpunkt kommt die Bewegung der Atome und Moleküle zum Stillstand, unabhängig davon, ob sie im thermodynamischen Gleichgewicht angeordnet sind oder nicht. Zustandsänderungen in einem Festkörper sind stets ein Zeichen dafür, dass der energieärmste, der stabile Zustand noch nicht erreicht ist. Die Zustandsänderungen sind nicht stufenlos, sondern Folgen unterschiedlicher Vorgänge, wobei jeweils Stufen minimaler Energie auftreten. Zustände relativer Energieminima heißen metastabil. Bei Zustandsänderungen müssen Energiebarrieren durch Energiezufuhr überwunden werden. Die Energiezufuhr erfolgt am einfachsten durch Temperaturerhöhung; sie ist jedoch auch durch Bestrahlung oder Verformung möglich.

Im Folgenden sollen Reaktionen besprochen werden, die von der thermischen Energie und damit von der Temperatur abhängen.

Die Energie, die notwendig ist, den nächsten Teilschritt der Zustandsänderung hervorzurufen (ihn zu aktivieren), wird als Aktivierungsenergie Q bezeichnet. Diese Energie ist nicht verloren, sie wird während der Zustandsänderung zuzüglich der Energiedifferenz zwischen den Minima wieder freigesetzt.

Die Ablaufgeschwindigkeit (Reaktionsgeschwindigkeit v) lässt sich mit der *Arrhenius-Gleichung* berechnen.

$$v = \frac{dn}{dt} = K \cdot e^{(-Q/RT)} \tag{4.1}$$

n: Zahl der Einzelreaktionsschritte (z.B. Platzwechsel von Atomen)
K: Konstante
R: universelle Gaskonstante (= 8,314 J/(K $\cdot$ mol))
Q: Aktivierungsenergie / J
T: absolute Temperatur / K

Wenn Q bekannt ist, kann auf die atomaren Vorgänge geschlossen werden, die der Art der Zustandsänderungen zugrundeliegen, weil für jeden atomaren Vorgang, wie z.B. die Bewegung von Leerstellen, Zwischengitteratomen oder Versetzungen eine spezifische Aktivierungsenergie erforderlich ist, vgl. Abb. 4.1.

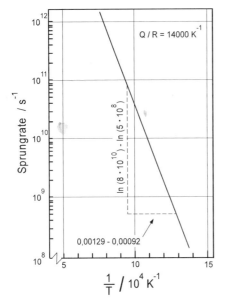

Abb. 4.1. Arrhenius-Gesetz zur Bestimmung der Aktivierungsenergie eines Vorgangs

Thermisch aktivierte Vorgänge von technischer Bedeutung sind insbesondere:
- Umordnung von Atomen bei Gitterumwandlungen
- Ausgleich von Konzentrationsunterschieden durch Diffusion
- Erholung und Rekristallisation verformter Gefüge
- Sintervorgänge
- Viskoses Fließen und Kriechen
- Nachhärtung von Duromeren

4.2 Diffusion

Die Diffusion in Festkörpern ist ein thermisch aktivierter Platzwechselvorgang von Atomen, Ionen oder niedermolekularen Bestandteilen. Der Platzwechsel ist um so häufiger, je höher die Temperatur ist. Wenn die aus der thermischen Anregung resultierende Schwingungsenergie genügend groß ist, können die Bausteine aus ihrer durch das Gleichgewicht der Bindungskräfte bedingten Potentialmulde herausschwingen und einen benachbarten Platz einnehmen.

In homogenen Systemen laufen die Platzwechselvorgänge statistisch, d.h. ungerichtet ab. Wenn ein Temperaturgradient, eine äußere oder innere Spannung sowie ein Gefälle des elektrischen Potentials oder der Konzentration vorliegt, überlagert sich der ungerichteten Bewegung eine Driftbewegung (eine im Mittel gerichtete Bewegung), wodurch sich ein makroskopischer Materialfluss ergibt. Die technisch wichtigen inhomogenen Systeme streben den Konzentrationsausgleich an, da dieser gleichbedeutend mit dem Zustand minimaler freier Energie ist. Werden die Platzwechsel von gittereigenen Bausteinen durchgeführt, spricht man von Selbstdiffusion, im Fall von gitterfremden von Fremddiffusion.

Man unterscheidet zwischen Gitter- bzw. Volumendiffusion (Wanderung im Strukturinneren) oder Grenzflächendiffusion (Wanderung der Teilchen entlang von Grenzflächen). Die Grenzflächendiffusion kann an äußeren Oberflächen (Oberflächendiffusion) oder an inneren Grenzflächen (z.B. Korngrenzendiffusion) erfolgen. Gegenüber der Volumendiffusion ist die Aktivierungsenergie für Grenzflächendiffusion erheblich kleiner und auf die weniger feste Bindung der Bausteine in den Grenzflächen zurückzuführen, die zudem stärker gestörte Bereiche darstellen.

Die Beschreibung der Diffusionsvorgänge erfolgt mit Hilfe der Fick'schen Gesetze:

1. Fick'sches Gesetz (eindimensionaler Fall mit kartesischer Ortskoordinate x):

$$J = \frac{1}{A} \cdot \frac{dn}{dt} = -D \cdot \frac{\partial c}{\partial x} \tag{4.2}$$

J: Teilchenfluss (flächenbezogener Diffusionsstrom)
A: Fläche $\perp$ Diffusionsstrom
n: Zahl der diffundierenden Teilchen
t: Zeit
$\partial c/\partial x$:   Örtliches Konzentrationsgefälle
D: Diffusionskoeffizient, Proportionalitätsfaktor / cm²/s

Die Zahl der Teilchen dn, die in der Zeit dt durch eine senkrecht zum Diffusionsstrom stehende Fläche A diffundieren, ist proportional dem örtlichen Konzentrationsgefälle $\partial c/\partial x$, Abb. 4.2. Der Diffusionskoeffizient ist die Proportionalitätskonstante und charakterisiert die Geschwindigkeit des Diffusionsvorganges.

Während mit dem ersten Fick'schen Gesetz nur der Diffusionsstrom durch eine Fläche bestimmt wird, kann mit dem zweiten Fick'schen Gesetz die Konzentration als Funktion von Ort und Zeit berechnet werden.

2. Fick'sches Gesetz (eindimensionaler Fall mit kartesischer Ortskoordinate x):

$$\frac{\partial}{\partial x}\left(D\frac{\partial c}{\partial x}\right) = \frac{\partial c}{\partial t} \tag{4.3}$$

Ist der Diffusionskoeffizient D konzentrations- und ortsunabhängig, kann man das 2. Fick'sche Gesetz wie folgt darstellen:

$$D\frac{\partial^2 c}{\partial x^2} = \frac{\partial c}{\partial t} \tag{4.4}$$

Der Diffusionskoeffizient lässt sich analog der Arrhenius-Gleichung angeben zu:

$$D = D_0 \, e^{(-Q/RT)} \tag{4.5}$$

D_0 = Materialkonstante = f (T, Kristallstruktur, kristallographischer Richtung bei nichtkubischen Gittern).

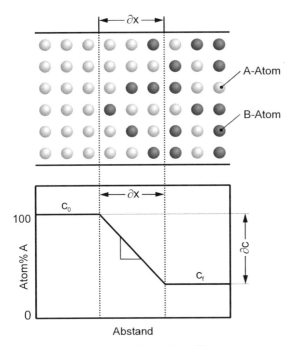

Abb. 4.2. Konzentrationsgefälle und Stoffstrom

Beispiel: Diffusion des Thoriums in Wolfram, Abb. 4.3.
Oberflächendiffusion:

$$D = 0{,}47 \cdot e^{(-275 \, kJ/RT)} \, cm^2/s \tag{4.6}$$

Korngrenzendiffusion:

$$D = 0{,}74 \cdot e^{(-375 \, kJ/RT)} \, cm^2/s \tag{4.7}$$

Volumendiffusion:

$$D = 1{,}00 \cdot e^{(-500 \, kJ/RT)} \, cm^2/s \tag{4.8}$$

Der Diffusionskoeffizient für Grenzflächendiffusion ist im Vergleich zur Volumendiffusion wesentlich größer, da die Diffusion aufgrund der größeren Zahl von Gitterstörungen in den Grenzflächen schneller ablaufen kann. Bei zunehmender Temperatur ist jedoch die Volumendiffusion bestimmend, da der Anteil der Korngrenzen und Oberflächenbereiche am Gesamtvolumen klein ist.

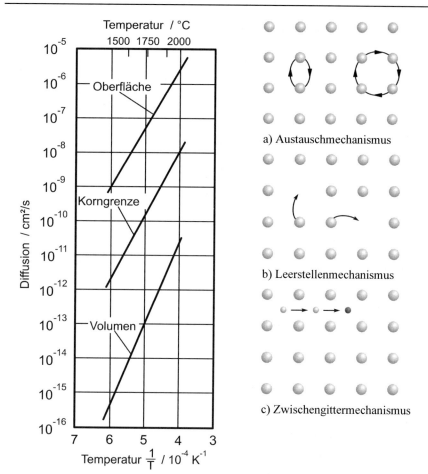

Abb. 4.3. Diffusion von Thorium in Wolfram

Abb. 4.4. Platzwechselmechanismen bei der Volumendiffusion

Bei Volumendiffusion in kristallinen Festkörpern unterscheidet man drei Platzwechselmechanismen, Abb. 4.4:

- Austauschmechanismus (Zweierdiffusion): Ringdiffusion
- Leerstellenmechanismus
- Zwischengittermechanismus: Insbesondere bei Einlagerungsmischkristallen von Metallen mit H, C und N

Zu den wesentlichsten technischen Diffusionsbehandlungen gehören:

- Aufkohlung des Stahles
- Diffusions- oder Homogenisierungsglühung

Die günstigsten Bedingungen für derartige Oberflächen- und Wärmebehandlungen können aus dem temperatur- und zeitabhängigen Konzentrationsverlauf berechnet werden.

4.3 Kristallerholung und Rekristallisation

Vorgänge wie Kaltverformung, Bestrahlung oder Abschrecken beeinflussen die Gitterfehlerdichte und damit die Eigenschaften der Metalle und Legierungen. Eine anschließende Wärmebehandlung kann den ursprünglichen Zustand und die damit verbundenen Eigenschaften ganz oder zumindest teilweise wieder herstellen. Die dabei im Gefüge ablaufenden Vorgänge können sehr unterschiedlich sein, wobei man zwei grundsätzlich verschiedene Prozesse kennt, die eine Rückbildung der Eigenschaften bewirken:

- Kristallerholung
- Rekristallisation

4.3.1 Kristallerholung

Durch Verformung, Bestrahlung oder Abschrecken von hohen Temperaturen können die folgenden Defekte in Übergleichgewichtskonzentrationen erzeugt werden:

- Leerstellen
- Zwischengitteratome
- Versetzungen
- Stapelfehler

Dadurch ergibt sich eine Veränderung der ursprünglichen Eigenschaften, z.B. der Streckgrenze. Bei Temperaturerhöhung werden die Defekte beweglich und können ausheilen. Die Kristallerholung ist gekennzeichnet durch

- die Ausheilung nulldimensionaler Gitterfehler (die Überschusskonzentrationen werden abgebaut bis zum Erreichen der thermischen Gleichgewichtskonzentration) sowie die
- Umordnung von Versetzungen.

Die Kristallerholung bewirkt daher i.Allg. nur eine teilweise Rückbildung der durch Kaltverformung, Abschreckung oder Bestrahlung hervorgerufenen Werkstoffveränderung, wobei die Festigkeitseigenschaften nur unwesentlich beeinflusst werden.

Die Zwischengitteratome können dadurch ausheilen, dass sie in eine Leerstelle springen, während die Leerstellen selbst entweder zu Grenzflächen wandern (Oberfläche, Korngrenzen) oder sich an Stufenversetzungen anlagern (führt zum Klettern der Versetzung).

Versetzungen können sich innerhalb der als Folge der Verformung gebildeten Zellstruktur durch thermisch aktiviertes Quergleiten von Schraubenversetzungen und Klettern von Stufenversetzungen umordnen. Beim Klettern lagern sich Leerstellen, deren Zahl mit steigender Temperatur zunimmt, in die Gitterhalbebene der Versetzung ein. Auf diese Weise können sich Versetzungen aus z.B. an Korn- und Phasengrenzen entstandenen Aufstauungen herausbewegen und sich in der energetisch günstigeren Form von Kleinwinkelkorngrenzen anordnen. Dadurch

werden die verformten Kristalle in mehrere verzerrungsärmere Subkörner unterteilt. Dieser Vorgang wird als Polygonisation bezeichnet, Abb. 4.5. Die Polygonisation ist mit einer Gitterentspannung verbunden und wird technisch in Form
des Spannungsarmglühens genutzt. Die Aktivierungsenergien für Versetzungen
und Wanderungsenergien für Leerstellen sind etwa gleich groß.

Ausheilvorgänge, durch die die Defekte nicht spurlos verschwinden, aber ihre
Erscheinungsform ändern, sind:

- die Bildung von Versetzungsringen durch Kondensation von Leerstellen
- die Bildung von Kleinwinkelkorngrenzen durch Umordnung von Versetzungen
  mit gleichem Vorzeichen (Polygonisation)

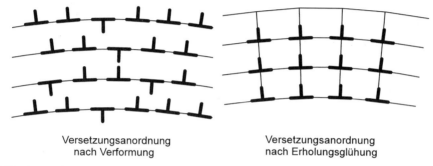

Versetzungsanordnung   Versetzungsanordnung
nach Verformung   nach Erholungsglühung

Abb. 4.5. Polygonisation [Guy76]

Die Verringerung der Versetzungsdichte kann auch durch gegenseitige Aus-
löschung von Versetzungen mit verschiedenen Vorzeichen erfolgen (Annihi-
lation). Dieser Effekt ist allerdings bei der Rekristallisation wesentlich
ausgeprägter.

4.3.2 Rekristallisation

Die Rekristallisation erfolgt bei höheren Temperaturen als die Kristallerholung.
Sie ist gekennzeichnet durch eine Neubildung der Kristalle, wobei der Grad der
Verformung von großem Einfluss ist. Damit kann die Rekristallisation - sofern sie
vollständig erfolgt – grundsätzlich alle durch Kaltverformung, Abschreckung oder
Bestrahlung hervorgerufenen Strukturänderungen aufheben. Als kritisch ist die
mögliche Grobkornbildung anzusehen. Auf der Mikrostrukturebene laufen
folgende Vorgänge ab: Die Wanderung und Bildung von Großwinkelkorngrenzen
wird als Rekristallisation bezeichnet. Die Korngrenze bewegt sich in ein
versetzungsreiches Gebiet hinein und hinterlässt neue versetzungsarme Kristalle
mit neuer Orientierung. Dieser Prozess hat für kaltverformte Metalle eine große
Bedeutung. Durch eine Kaltverformung wird eine sehr hohe Versetzungsdichte
erzeugt, was infolge der vielen Gitterverzerrungen einem energetisch ungünstigen
Zustand entspricht. Unter Energiegewinn können aus dem verformten Gefüge
neue energieärmere Kristalle gebildet werden.

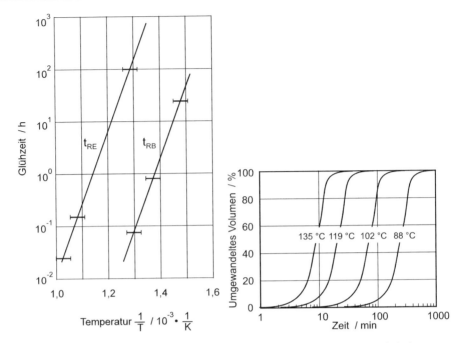

Abb. 4.6.a Temperaturabhängigkeit von Beginn t_{RB} und Ende t_{RE} der Rekristallisation von Ni + 2,4 Atom-% Al-Mischkristallen nach 70%iger Kaltverformung

Abb. 4.6.b Temperaturabhängigkeit der Rekristallisation bei Kupfer

Da die Rekristallisation ein thermisch aktivierter Vorgang ist, hängt ihre Geschwindigkeit exponentiell von der Temperatur ab. Bei etwas erniedrigter Temperatur dauert die Rekristallisation länger als bei erhöhter Temperatur, Abb. 4.6.

Die sich nach beendigter Rekristallisation einstellende Korngröße hängt von der Versetzungsdichte (Verformungsgrad) ab. Mit Hilfe der Rekristallisation kann man metallische Werkstoffe mit bestimmter Korngröße herstellen (Kleinstwert: 5 µm). Neben den Metallen können auch andere Werkstoffe rekristallisieren (Graphit nach Bestrahlung im Kernreaktor, bedampfte Halbleiterschichten, schnell abgekühlte Kunststoffe). Kristallerholung und Rekristallisation lassen sich auf einfache Weise über die Änderung des elektrischen Widerstands gegeneinander abgrenzen. Abb. 4.7.a zeigt für eine Cu-Zn (35%)-Legierung Eigenschaften in Abhängigkeit vom Kaltverformungsgrad. In Abb. 4.7.b sind die Änderungen der Eigenschaften abhängig von der Entspannungstemperatur nach einem Kaltverformungsgrad von 75% dargestellt.

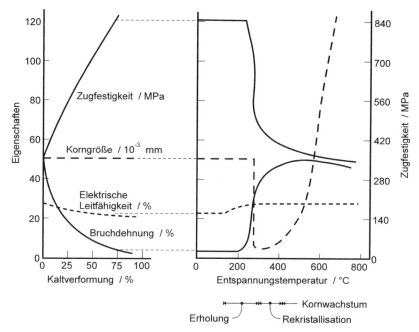

Abb. 4.7.a. Eigenschaften nach Kaltverformung von Cu-Zn (35%)

Abb. 4.7.b. Entspannung von Cu-Zn (35%)

Kristallerholung und Rekristallisation bei kaltgezogenem Stahl kann mit Hilfe der Härteänderung oder der Änderung der Zugfestigkeit beschrieben werden. Auch hier lassen sich wieder Bereiche eindeutig gegeneinander abgrenzen.

Beispiel:

Abgrenzung von Kristallerholung und Rekristallisation am Beispiel eines 65% kaltgezogenen Stahls mit Hilfe der Härte, Abb. 4.8.

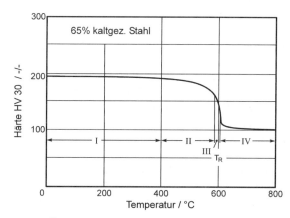

Abb. 4.8. Änderung der Härte von 65% kaltgezogenem Stahl in Abhängigkeit von der Glühtemperatur

1. RT bis 400 °C: keine Beeinflussung
2. 400 bis 580 °C = Kristallerholung: kontinuierlicher Härteabfall, Ausheilung von Gitterstörungen durch erhöhte Diffusionsmöglichkeiten, dadurch geringer Spannungsabbau, im Schliffbild nicht erkennbar
3. ≈ 600 °C = Rekristallisation: sprunghafter Härteabfall, vollständiger Neubau des Gefüges, dadurch vollständiger Spannungsabbau, im Schliffbild erkennbar.
4. > 600 °C = Sammelrekristallisation (normales, kontinuierliches Kornwachstum): langsamer Härteabfall Kornvergröberung

Ein Vergleich von Rekristallisationstemperatur T_R und Schmelztemperatur T_S für verschiedene Metalle ist in Tabelle 4.1 gezeigt.

Tabelle 4.1. Anhaltswerte für die Schmelz- und Rekristallisationstemperatur

Metall	Pb	Sn	Zn	Al	Cu	Fe	W
T_R / °C	0	0-30	10-80	150	200	400	1200
T_S / °C	327	232	419	660	1083	1535	3407
T_R/T_S / K/K	0,46	0,57	0,46	0,45	0,35	0,37	0,40

Rekristallisation kann nur stattfinden, wenn
- eine Mindestkaltverformung = kritischer Verformungsgrad vorhanden ist und
- T_R überschritten wird ($T_R \approx 0{,}4\ T_S$), vergleiche Abb. 4.9.

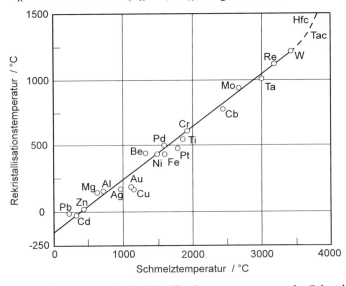

Abb. 4.9. Abhängigkeit der Rekristallisationstemperatur von der Schmelztemperatur für verschiedene Metalle

Da Festigkeit und Zähigkeit der Werkstoffe um so höher sind, je feinkörniger das Gefüge ist, dürfen - angepasst an den Verformungsgrad - die Glühtemperatur T_G nicht zu hoch und die Haltezeit beim Glühen nicht zu lang gewählt werden. Andernfalls ist die Gefahr einer Kornvergröberung gegeben, Abb. 4.10.

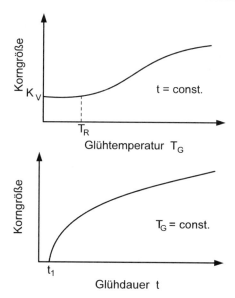

Abb. 4.10. Einfluss der Glühtemperatur und der Glühdauer auf die Korngröße nach kritischer Verformung

Kritischer Verformungsgrad V_{krit} heißt der geringste Verformungsgrad der bei einer bestimmten Glühbehandlung noch zur Rekristallisation führt. Das durch die Verformung mit V_{krit} entstandene grobkörnige Gefüge ist besonders anfällig gegen spröden Korngrenzenbruch. Die (primäre) Rekristallisation ist von besonderer technischer Bedeutung, weil sie bei nicht umwandlungsfähigen metallischen Werkstoffen der einzige Weg für eine Feinkornbehandlung ist. Ebenso wichtig ist die Rekristallisation für die Warmverformung. Die Temperatur wird dabei so hoch gewählt, dass die Rekristallisation bereits während der Verformung ablaufen kann.

Der Einfluss der Rekristallisationsbedingungen auf die Korngröße lässt sich übersichtlich in einem räumlichen Diagramm darstellen (Abb. 4.11).

4.3.3 Weiteres Kornwachstum nach Rekristallisation

Da das rekristallisierende Gefüge noch nicht im Gleichgewicht ist, sind besonders nach großer Verformung die Voraussetzungen für weiteres Kornwachstum gegeben, wenn die Glühtemperatur erhöht wird. Dieses Kornwachstum kann durch spannungsinduziertes Kornwachstum (durch unterschiedliche Versetzungs-dichten bewegt sich die Korngrenze in das versetzungsärmere Korn) und durch kontinuierliches Kornwachstum (Bestreben, die Oberflächenenergie zu mini-mieren) erfolgen.

Folgende Vorgänge sind möglich (Abb. 4.11 und Abb. 4.12):

- normales Kornwachstum (kontinuierliches Kornwachstum) bei gleichmäßiger Abnahme der Korngrenzendichte, was zu einem „homogenen" Grobkorngefüge führt, das aus vielen Einzelkörnern gleichmäßig aufgebaut ist,
- anomales diskontinuierliches Kornwachstum oder sekundäre Rekristallisation.

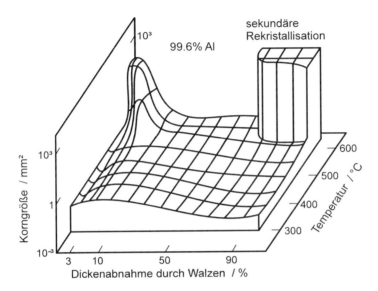

Abb. 4.11. Rekristallisationsdiagramm für Aluminium [Guy76]

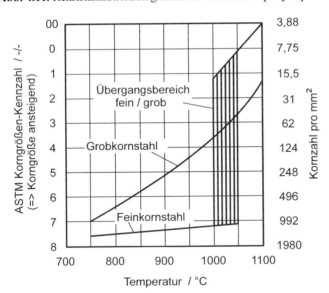

Abb. 4.12. Kornwachstumszeit für Stahl; Glühzeit jeweils eine Stunde [Guy76]

Die sekundäre Rekristallisation ist dadurch gekennzeichnet, dass nur einige wenige Körner stark anwachsen, während die übrigen unverändert bleiben. Sekundäre Rekristallisation tritt auf, bei

- Behinderung der kontinuierlichen Kornvergrößerung durch sehr geringe Wanddicken
- scharf ausgeprägten Texturen (texturbedingte Sekundärrekristallisation, wobei das Umgebungsgefüge infolge abweichend orientierter Kristallite aufgezehrt wird)
- feindispers im Gefüge verteilten Verunreinigungen (verunreinigungskontrollierte Sekundärrekristallisation infolge Koagulation und Auflösen der Verunreinigungen).

Ein technisch relevantes Beispiel ist die sekundäre Rekristallisation bei Eisen- und Eisen-Silizium-Legierungen.

Eine übersichtliche Darstellung der Eigenschaftsänderungen kaltverformter und geglühter metallischer Werkstoffe lässt sich bei konstanten Glühzeiten gewinnen, Abb. 4.13. Die über der Glühtemperatur aufgetragenen Eigenschaftsänderungen zeigen in den Bereichen Erholung, Rekristallisation und Kornwachstum typische Verläufe.

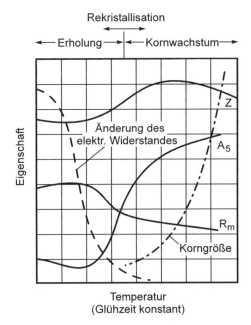

Abb. 4.13. Typische Eigenschaftsänderungen kaltverformter und geglühter Metalle durch Überlagerung von Rekristallisation, Erholung und Kornwachstum [Guy76]

Nach Rekristallisation und Kornwachstum ist die Bildung von zahlreichen Zwillingskristallen möglich. Diese Erscheinung wird in Metallen und Legierungen mit niedriger Stapelfehlerenergie beobachtet, vorwiegend bei kfz-Gittern wie bei

Kupfer und seinen Legierungen oder austenitischen Stählen. Zwillingskristalle entstehen, wenn eine Korngrenze sich in <111> - Richtung bewegt, dabei auf einen Stapelfehler trifft und bei der weiteren Bewegung die Atome in veränderter Stapelfolge in das Gitter eingebaut werden. Das Ende des Wachstums ist gegeben, wenn die ursprüngliche Stapelfolge wieder vorliegt. Rekristallisationszwillinge stellen stets einen Indikator für vorangegangenes Kornwachstum dar.

Während der primären und sekundären Rekristallisation bilden sich Rekristallisationstexturen (mehr oder weniger große geordnete Orientierungs-verteilungen der Kristalle) aus, die bei manchen Metallen mit der Verformung-stextur übereinstimmen. Die Ursache für die Texturen kann auf die unter-schiedliche Beweglichkeit bestimmter Korngrenzenarten zurückgeführt werden bzw. auf die innere Energie, die im verspannten Gefüge gespeichert ist.

4.4 Sintervorgänge

Sintern ist ein Teilprozess eines Herstellungsverfahrens, bei dem aus pulver-förmigem Ausgangsmaterial Formteile oder Halbzeuge hergestellt werden. Gesintert werden i.Allg. Metalle und Keramiken. Die Pulverteilchen werden in einem ersten Schritt dicht aufeinandergepresst. Der Zusammenhalt im Pressling resultiert aus den Adhäsionskräften; die Annäherung der Teilchen ist dabei nicht so groß, dass chemische Bindungskräfte wirken. Zur Steigerung der geringen Festigkeit der Rohlinge werden diese nach der Formgebung gesintert, d.h. sie werden wärmebehandelt. Die Temperatur liegt bei Einstoffsystemen in der Größenordnung von 2/3 bis 4/5 der Schmelztemperatur des Metalls, bei Mehrstoffsystemen oft oberhalb des Schmelzpunkts der niedrigstschmelzenden Komponente.

Durch die Wärmezufuhr werden an den Berührungsflächen der einzelnen Teilchen Diffusionsvorgänge ausgelöst. Bereits unterhalb der üblichen Sinter-temperatur setzt eine Wanderung der Atome in den Oberflächenschichten ein, die zu einer Vergrößerung der Berührungsfläche führt. Bei Erreichen der Sinter-temperatur ist die Gitterdiffusion der bestimmende Vorgang. Bei dieser Temperatur ist die Atombeweglichkeit dann so groß, dass sich neue Kristalle mit günstigerer Gitterlage bilden können. Bei den Diffusionsvorgängen werden auch Konzentrationsunterschiede in Pulverteilchen unterschiedlicher Zusammensetzung ausgeglichen.

Schmilzt ein Gefügebestandteil beim Sintern auf, dann spricht man von Flüssigphasensintern. Durch die sprunghafte Erhöhung des Diffusionskoeffi-zienten am Schmelzpunkt und der Umverteilung der Schmelze durch Kapillar-und Druckwirkungen werden die Transportvorgänge und damit der Sintervorgang erheblich beschleunigt.

Maßgebend für den Sinterprozess ist die Oberflächenenergie des Pulvers. Diese ist erheblich höher als die Energie des kompakten Werkstoffs und steigt mit dem Feinheitsgrad. Durch den Sinterprozess wird die Gesamtoberfläche und damit auch der Energiegehalt des Werkstoffs reduziert.

Beim Sintern entsteht ein meist poriger Skelettkörper mit einer deutlich besseren Festigkeit als der reine Pulverpressling. Porige Körper haben für bestimmte technische Einsatzgebiete eine große Bedeutung erlangt, z.B. selbst-schmierende Gleitlager, Filter oder Hochtemperaturteile. Mit Zunahme der Sinterzeit und Sintertemperatur, sowie Abnahme der Korngröße nimmt die Dichte des mit der Sintertechnik hergestellten Stoffs zu. Folglich sind die für einen bestimmten Einsatzzweck benötigten Porositätsgrade gezielt einstellbar, vergleiche Tabelle 4.2.

Tabelle 4.2. Porositätsgrad für beispielhafte Anwendungen

Porenraum	Anwendung
bis 60%	Filter
bis 30%	ölgetränkte Gleitlager
bis 20%	Bauteile
bis 5%	Bauteile mit hoher Festigkeit

Beim Sintervorgang kommt es durch die Diffusionsvorgänge zum Zusammen-schluss der Partikel. Dabei diffundieren Atome zu Kontaktstellen, bilden Brücken und füllen Poren aus, Abb. 4.14.

Wird während des Sinterns noch gleichzeitig Druck aufgebracht (Druck-sintern), so kann die Porosität wesentlich abgesenkt werden. Besonders gute Ergebnisse, mit Porositäten von annähernd Null, erhält man beim heißiso-statischen Pressen (HIP), da bei diesem Verfahren der Druck allseitig aufgebracht wird.

Um eine Oxidation des Werkstoffs zu verhindern, findet der Sinterprozess in der Regel in Schutzgasatmosphäre oder im Vakuum statt. Üblicherweise kommen Durchlauföfen, in denen das Sintergut auf Transportbändern oder in Transport-kästen befördert wird, zum Einsatz.

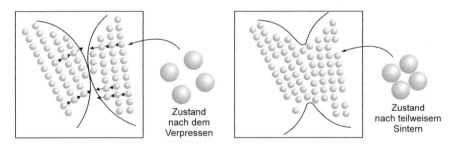

Abb. 4.14. Diffusion bei Sinterprozessen [Ask96]

Fragen zu Kapitel 4

1.   Was ist ein thermisch aktivierter Vorgang?

2.   Mit welchem Gesetz lässt sich die Ablaufgeschwindigkeit eines thermisch aktivierten Vorgangs (Reaktionsgeschwindigkeit v) beschreiben?

3.   Nennen Sie bedeutsame thermisch aktivierte Vorgänge.

4.   Wie lassen sich die Konzentrationen in Abhängigkeit von Zeit und Ort bestimmen?

5.   Nennen Sie bedeutende technische Diffusionsbehandlungen.

6.   Welche Defekte in Übergleichgewichtskonzentrationen werden durch Verformung oder Abschrecken von hohen Temperaturen erzeugt?

7.   Wodurch unterscheidet sich die Rekristallisation von der Kristallerholung?

8.   Unter welchen Voraussetzungen erhält man Grobkornbildung bei der Rekristallisation?

9.   Was versteht man unter Sintern?

10. Über welche Maßnahmen kann man die Porosität beim Sintern einstellen

5 Mechanische Eigenschaften

5.1 Einleitung

Festigkeit und Verformbarkeit (Plastizität, Bildsamkeit) sind makroskopische mechanische Eigenschaften. Sie bestimmen einerseits die Widerstandsfähigkeit gegenüber der Einwirkung äußerer Kräfte und Momente und sind andererseits die entscheidenden Parameter für die Verarbeitung (Schmieden, Walzen, Pressen, Ziehen, usw.) der Werkstoffe zu Halbzeugen oder Formteilen.

Die Festigkeit (Formänderungswiderstand) und Verformungsfähigkeit metallischer Werkstoffe werden durch das Gefüge, d.h. durch Art, Größe und Form der Kristalle, sowie deren Realstruktur (Art und Dichte von Gitterdefekten) bestimmt. Bei Kunststoffen hängen sie wesentlich von der Anordnung der Makromoleküle ab. Mit Hilfe der Theorie der Versetzungen, als wichtigste Kristallbaufehler, lassen sich verständliche Modelle für die Erklärung der plastischen Verformbarkeit und zur Deutung des Bruchverhaltens von Metallen entwickeln.

Spröde, unter den üblichen Bedingungen nicht plastisch verformbare Werkstoffe wie z.B. Grauguss, haben trotz möglicher hoher Zugfestigkeit R_m nur eingeschränkte Verformungseigenschaften. Deshalb dürfen spröde Werkstoffe nur für Konstruktionsteile verwendet werden, deren Versagen keine größere Gefährdung für Menschen oder Umwelt darstellen. In diesen Anwendungsbereichen kann die Ausfallwahrscheinlichkeit durch hohe Sicherheitsbeiwerte gegen Bruch gering gehalten werden. Sie schlägt sich aber in großer Wanddicke und hohem Gewicht nieder.

Da es keine starren Körper gibt, haben äußere Kräfte und Momente in den Festkörpern Formänderungen zur Folge. Bruch tritt ein, wenn die Bindungskräfte zwischen Atomen, Ionen oder Molekülen überwunden werden. Folgende globale Einteilung ist dabei möglich:

- *reversible Verformung* liegt vor, wenn die Formänderungen beim Entlasten unmittelbar oder mit einer zeitlichen Verzögerung wieder verschwinden (elastisches, kautschukelastisches und anelastisches Verhalten).
- *irreversible Verformung* hat bleibende Formänderungen zur Folge. Die bleibenden Formänderungen sind bei duktilen Werkstoffen wesentlich größer als die elastischen.

- *Bruch* bedeutet makroskopische Trennung unter der wirkenden Last. Ein Bruch kann im Anschluss an die reversible (Sprödbruch) oder irreversible Verformung (Zähbruch) eintreten.

5.2 Reversible Verformung

5.2.1 Elastische Verformung

Elastisches Verhalten tritt in allen Werkstoffen im Bereich niedriger Temperaturen auf. Durch die äußere Krafteinwirkung werden im Körperinnern Reaktionskräfte erzeugt, die mit den äußeren Kräften im Gleichgewicht stehen. Die auf die Flächeneinheit bezogene Reaktionskraft bezeichnet man als Spannung.

Zunächst sollen einige Grundlagen der Elastizitätstheorie an dem einfachen Fall der Zugbeanspruchung einer zylindrischen Probe (einachsiger Spannungszustand) verdeutlicht werden.

Die an der Probe anliegende Spannung σ_0 erhält man als Quotient aus der Zugkraft F und dem Querschnitt S_0:

$$\sigma_0 = \frac{F}{S_0} \tag{5.1}$$

Betrachtet man eine Querschnittsfläche S unter dem Winkel φ zu S_0, so lässt sich F in eine Normalkomponente F_N und eine Tangentialkomponente F_T zerlegen, Abb. 5.1.

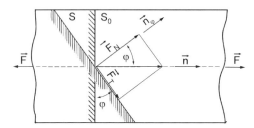

Abb. 5.1. Kraftzerlegung bei einachsiger Beanspruchung

Entsprechend Gleichung 5.1 erhält man als Normalspannung σ und Schubspannung τ:

$$\sigma = \frac{F_N}{S} = \frac{F\cos\varphi}{\dfrac{S_o}{\cos\varphi}} = \frac{1}{2}\sigma_o(1+\cos 2\varphi) \tag{5.2}$$

$$\tau = \frac{F_T}{S} = \frac{F\sin\varphi}{\dfrac{S_o}{\cos\varphi}} = \frac{1}{2}\sigma_o\sin 2\varphi \tag{5.3}$$

Fasst man Gl. 5.2 und Gl 5.3 unter Elimination von φ zu einer Gleichung zusammen, so erhält man:

$$\left(\sigma - \frac{1}{2}\sigma_o\right)^2 + \tau^2 = \left(\frac{1}{2}\sigma_o\right)^2 \tag{5.4}$$

Dies ist die Gleichung des Mohr'schen Kreises für den einachsigen Spannungszustand, Abb. 5.2.

Trägt man σ und τ als kartesische Koordinaten auf, so ist Gl. 5.4 für alle (σ, τ)-Paare auf dem Mohr'schen Kreis erfüllt. Für jede Querschnittsfläche im Bereich $-90° < \varphi < +90°$ lassen sich Normalspannung σ und Schubspannung τ ablesen. Die Ebene maximaler Schubspannung ist jede unter $\varphi = 45°$ zur Zugrichtung orientierte Ebene. Aus Gl. 5.3 folgt dann:

$$\tau_{max} = \frac{1}{2}\sigma_o \tag{5.5}$$

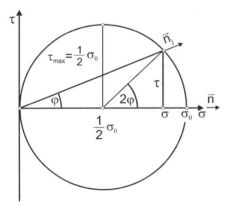

Abb. 5.2. Mohr'scher Spannungskreis für einachsige Beanspruchung

5.2.1.1 Hooke'sches Gesetz - elastische Konstanten

Betracht wird ein kleiner Würfel der Kantenlänge a, der mit einer Zugspannung σ_y in y- und kantenparallelen Schubspannungen τ_{xy} belastet ist, Abb. 5.4.

Die Normalspannung σ hat eine Längenänderung Δy zur Folge, Abb. 5.5. Die elastische Dehnung $\varepsilon = \Delta y/a_0$ bewirkt eine Volumenänderung und ist zur Spannung σ proportional (Hooke'sches Gesetz), siehe Abb. 5.3:

$$\sigma = E \cdot \varepsilon \qquad (5.6)$$

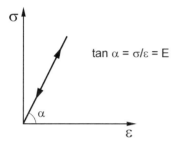

Abb. 5.3. Linear-elastisches Verhalten (Hooke'sches Gesetz)

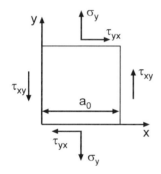

Abb. 5.4. Allgemeine Belastung an einem Würfel der Kantenlänge a_0

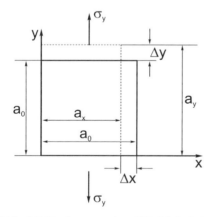

Abb. 5.5. Verformung eines Würfels bei einachsiger Beanspruchung

Die Proportionalitätskonstante E wird Elastizitätsmodul oder kurz E-Modul genannt und ist eine Materialkonstante mit der Dimension einer Spannung (MPa).

In Tabelle 5.1 sind einige Beispiele für Elastizitätsmoduli von unterschiedlichen Werkstoffen aufgeführt.

Tabelle 5.1. Elastizitätsmoduli für verschiedene Werkstoffe bei Raumtemperatur

Werkstoff	Elastizitätsmodul
Eisen	210 000 MPa
Kupfer	110 000 MPa
Fensterglas	70 000 MPa
Blei	18 000 MPa
Polyäthylen	2 000 MPa
Gummi	100 MPa

Die Schubspannung τ bewirkt eine Winkeländerung $\gamma = \gamma_1 + \gamma_2$, die im dimensionslosen Bogenmaß angegeben wird, Abb. 5.6. Diese Winkeländerung wird als Schiebung bezeichnet. Die elastische Schiebung γ ist proportional zur Schubspannung:

$$\tau = G \cdot \gamma \tag{5.7}$$

Die Proportionalitätskonstante G wird Schubmodul genannt und ist wie der E-Modul eine Materialkonstante mit der Dimension einer Spannung (MPa). Schubspannungen bewirken Winkeländerungen, jedoch keine Volumenänderung.

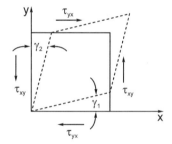

Abb. 5.6. Verformung eines Würfels bei reiner Schubbeanspruchung

Die im elastischen Bereich durch Normalspannungen bewirkte Volumenänderung besteht aber nicht nur in einer Längenänderung in Richtung der Normalspannung ($\varepsilon_l = \Delta y/a$), sondern auch in der dazu senkrechten Richtung (Querkontraktion $\varepsilon_q = \Delta x/a$). Die Querkontraktionszahl wird definiert als:

$$\mu = -\frac{\varepsilon_q}{\varepsilon_l} = \frac{E}{2G} - 1 \tag{5.8}$$

Mit Gl. 5.8 lässt sich nun der Zusammenhang zwischen Schubmodul G und dem Elastizitätsmodul E angeben.

$$G = \frac{E}{2(1 + \mu)} \qquad (5.9)$$

Elastische Verformungen werden durch eine begrenzte Entfernung der Atome aus der Ruhelage hervorgerufen. Zwischen zwei benachbarten Gitteratomen bestehen Anziehungskräfte und Abstoßungskräfte, die vom interatomaren Abstand abhängig sind, Abb. 5.7. In der Ruhelage (interatomarer Abstand r_o) sind diese Kräfte im Gleichgewicht. Die Steigung der Summenkurve aus Anziehungs- und Abstoßungskraft an der Stelle r_o ist proportional zum Elastizitätsmodul. Werkstoffe mit einem hohen Schmelzpunkt weisen i.Allg. einen höheren Elastizitätsmodul auf, was durch die Bindungskräfte erklärt werden kann.

Die metallischen Werkstoffe mit ihrer dichten Kugelpackung und starker Bindung im Kristallgitter können nur kleine elastische Verformungen (< 1%) ertragen. Demgegenüber sind bei ungeordneten Strukturen von Hochpolymeren mit den wesentlich lockereren Bindungen größere elastische Verformungen bei kleinem Elastizitätsmodul möglich.

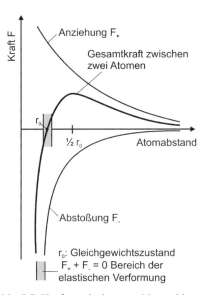

Abb. 5.7. Kräfte zwischen zwei benachbarten Atomen im Kristallgitter

5.2.1.2 Einfluss der Legierungselemente auf den Elastizitätsmodul

Der Elastizitätsmodul E, die wichtigste elastische Kenngröße technischer Legierungen, beschreibt gemäß Gl. 5.6 den Zusammenhang zwischen Spannung und Dehnung im elastischen Bereich und ist von verschiedenen Faktoren abhängig. Bei einer Legierung mit konstanter Zusammensetzung ändert sich der E-Modul bei Gefügeänderungen i.Allg. nicht. Lediglich Effekte wie Ausscheidungshärtung, eutektoider Zerfall, Kaltverformung oder andere Behandlungen, die zu inneren Spannungen führen, bewirken eine meist geringfügige Verminderung. Eine Erhöhung des E-Moduls kann durch Einbringen einer Textur in das Material erzielt werden, allerdings nur in einer Richtung. In diesem Fall liegt eine Anisotropie, d.h. eine richtungsabhängige Eigenschaft vor, Abb. 5.8. Wenn Werkstoffeigenschaften in allen Richtungen gleich, also richtungsunabhängig sind, spricht man von Isotropie.

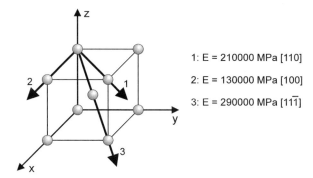

Abb. 5.8. Abhängigkeit des Elastizitätsmoduls von der kristallographischen Orientierung bei Eisen

Bei metallischen Werkstoffen sind aufgrund des Aufbaus aus einer sehr großen Zahl von anisotropen Kristallen verschiedener Gitterlagen die Eigenschaften i.Allg. nicht richtungsabhängig, man bezeichnet dies als Quasiisotropie. Ausnahmen bilden die bereits erwähnten Texturen, bei denen eine Ausrichtung der Einzelkristalle in eine Vorzugsrichtung vorhanden ist.

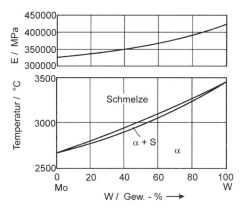

Abb. 5.9. Abhängigkeit des Elastizitätsmoduls von der Legierungszusammensetzung beim Zweistoffsystem Mo-W [Guy76]

Der E-Modul ist von der Zusammensetzung einer Legierung annähernd linear und stetig abhängig, Abb. 5.9 und Abb. 5.10. Dies ist jedoch nur der Fall, solange keine intermetallische Phase auftritt, was bei Systemen mit vollständiger oder auch teilweiser Löslichkeit im festen Zustand zutrifft. Bei Systemen mit Verbindungsbildung (intermetallische Phase) ist der Verlauf des E-Moduls über der Konzentration unstetig, Abb. 5.11.

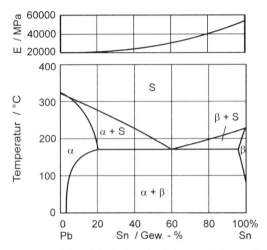

Abb. 5.10. Abhängigkeit des Elastizitätsmoduls von der Legierungszusammensetzung beim Zweistoffsystem Pb-Sn [Guy76]

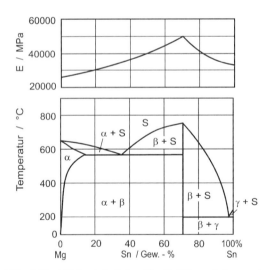

Abb. 5.11. Abhängigkeit des Elastizitätsmoduls von der Legierungszusammensetzung beim Zweistoffsystem Mg-Sn [Guy76]

5.2.2 Hyperelastisches Verhalten

Keine lineare Spannungs-Dehnungs-Beziehung, Abb. 5.12, besteht vor allem für bestimmte Hochpolymere wie Kautschuk oder Gummi oberhalb der Einfrier-temperatur im Zustand der unterkühlten Schmelze. Durch die wirkende Zugspannung wird die ineinander verschlungene Molekülkette ausgerichtet. Infolge des Rückstellvermögens stellt sich nach Wegnahme der Spannung die ursprüngliche Anordnung wieder ein. In Abb. 5.12 geben die Pfeile die Belastungs- und Entlastungsrichtung an. Das Hooke'sche Gesetz ist aufgrund der Nichtlinearität nicht anwendbar.

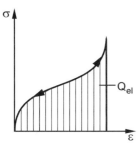

Abb. 5.12. Elastische Verzerrungsenergie bei hyperelastischer Verformung

5.2.3 Anelastische Verformung

Bei der anelastischen Verformung ist das Hooke'sche Gesetz nicht mehr erfüllt. Der Spannungs-Dehnungs-Verlauf ist eine Hystereseschleife, Abb. 5.13.

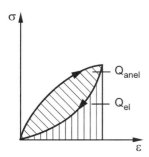

Abb. 5.13. Energieverlust Q_{anel} bei anelastischer Verformung

Die entsprechenden Flächen unter der Kurve zeigen, dass beim Be- und Entlasten ein Energieverlust Q_{anel} auftritt. Dieser Energiebetrag geht in Form von Wärme durch die sogenannte „innere Reibung" auf den verformten Werkstoff über. Die „innere Reibung" bewirkt außerdem, dass sich die Dehnung bei

Belastung oder Entlastung mit zeitlicher Verzögerung einstellt. Dies bezeichnet man als elastische Nachwirkung ε_n, Abb. 5.14.

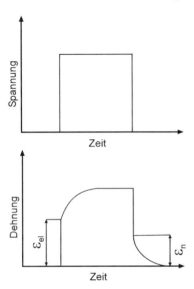

Abb. 5.14. Elastische Nachwirkung bei elastischer Verformung

5.3 Irreversible Verformung

Bei der irreversiblen Verformung wird zwischen plastischer und viskoser Verformung unterschieden. Plastische Verformung liegt vor, wenn vorher elastische Verformung aufgetreten war, also ein Grenzwert (Fließspannung, Streckgrenze) überschritten werden musste. Bei viskoser Verformung gibt es diesen Grenzwert nicht.

5.3.1 Plastische Verformung

Bei kristallinen Werkstoffen ist die Möglichkeit zur plastischen Verformung durch Gitterfehler gegeben (Realstruktur). Plastische Verformungen bedeuten eine Veränderung der Realstruktur, die durch die Bewegung von Versetzungen erklärt werden kann. Bei metallischen Werkstoffen gelingt es mit relativ geringen Kräften, große Verformungen zu erzeugen. Dagegen können Ionenkristalle der keramischen Werkstoffe unter den üblichen Bedingungen nicht verformt werden, d.h. es gelingt nicht, Versetzungsbewegungen auszulösen. Die Werkstoffe verhalten sich deshalb spröde.

Die plastische Verformung lässt sich auf das Abgleiten von Kristallbereichen parallel zu Atomschichten des Kristallgitters zurückführen. Jedes Kristallgitter besitzt bevorzugte Gleitebenen und Gleitrichtungen (sog. Gleitsysteme). Im Allgemeinen erfolgt die Abgleitung auf den am dichtesten mit Atomen besetzten Gleitebenen längs der dichtest gepackten Gitterrichtungen (siehe Abschnitt 2.3.3.3).

Welches Gleitsystem tatsächlich aktiviert wird, hängt wesentlich von der jeweils wirksamen Schubspannung ab. Für einen glatten Stab, der unter einachsigem Zug steht, erhält man bei vorgegebener Gleitebene und Gleitrichtung für die tatsächlich wirkende Schubspannung (in Gleitrichtung), Abb. 5.15:

$$\tau = \frac{F \cdot \cos \psi}{S_o / \cos \varphi} = \sigma_o \cos \psi \cdot \cos \varphi . \tag{5.10}$$

Dies ist das Schmid'sche Schubspannungsgesetz, wobei $\cos \psi \cdot \cos \varphi$ als sog. Orientierungsfaktor bzw. Schmidfaktor bezeichnet wird.

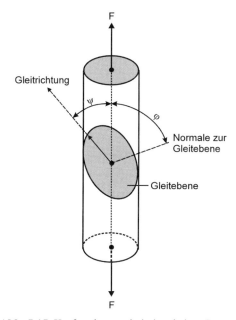

Abb. 5.15. Kraftzerlegung bei einachsiger Beanspruchung [Guy76]

Die Abgleitung setzt zunächst auf dem Gleitsystem ein, welches unter den möglichen Systemen den größten Schmidfaktor besitzt. Die maximale Schubspannung $\tau = \tau_{max} = 0{,}5 \, \sigma_o$ ergibt sich für $\psi = \varphi = 45°$ (vgl. Mohr'scher Spannungskreis, Abschnitt 5.2.1).

Plastische Verformung durch Abgleitung kann erst einsetzen, wenn die Schubspannung einen kritischen Wert, die sog. kritische Schubspannung (τ_{krit}) überschreitet. Sie ist abhängig von der Temperatur, der Verformungsgeschwindigkeit, vom Kristallgittertyp und verschiedenen Werkstoffparametern (Mischkristall-zustand, Ausscheidungszustand).

Würden die Atome einer Schicht beim Abgleiten gleichzeitig verschoben, so müsste die theoretische Schubfestigkeit aus den atomaren Bindungskräften über-wunden werden. Es ergibt sich näherungsweise für Metalle eine theoretische Bruchschubspannung:

$$\tau_{th} \approx \frac{G}{30} . \tag{5.11}$$

Die tatsächliche kritische Schubspannung ist i. Allg. deutlich kleiner. Daraus wird deutlich, dass eine plastische Verformung nicht durch gleichzeitige Abglei-tung der Atome in der Gleitebene erfolgt. Vielmehr findet die Abgleitung durch Bewegung von Versetzungen statt, so dass die Atome nacheinander um einen Atomabstand versetzt werden (Teppichmodell).

Plastische Verformung ist auch durch den Mechanismus der sog. Zwillingsbil-dung möglich. Dabei wird ein Kristallbereich in die Zwillingsstellung umgeklappt, welche sich durch Spiegelung an einer Gitterebene ergibt. Die Zwillingsbereiche besitzen ein unverzerrtes Gitter, die Atome haben also ihren normalen Abstand.

Die durch Zwillingsbildung erreichbare plastische Verformung ist wesentlich geringer als durch Abgleitung und ist von besonderer Bedeutung für Kristallgitter mit beschränkten Gleitmöglichkeiten, z.B. hexagonale Kristalle.

5.3.1.1 Zugversuch

Die in der Festigkeitsberechnung verwendeten Festigkeitskennwerte (Dehn- und Bruchgrenzen) werden in genormten Versuchen ermittelt. Der mit Abstand wichtigste Versuch für die experimentelle Untersuchung des Verhaltens metalli-scher Werkstoffe ist der Zugversuch nach DIN EN 10 002 (bzw. DIN 50 125). Dabei wird eine zylindrische Probe in einer Prüfmaschine unter stetig zunehmen-der Last bis zum Bruch belastet. Für Werkstoffe mit ausgeprägter Streckgrenze erhält man im Spannungs-Dehnungs-Diagramm den typischen Verlauf mit linear-elastischem Bereich, Fließbereich, Verfestigung, Höchstlastpunkt, Lastabfall und schließlich Bruch, Abb. 5.16. Für zähe Werkstoffe ohne ausgeprägte Streckgrenze erhält man einen kontinuierlichen Übergang zwischen elastischem und plastischem Bereich. Im Zugversuch werden für zähe Werkstoffe die Festigkeits-kennwerte Streckgrenze R_e (bzw. Ersatzstreckgrenze $R_{p0,2}$) und Zugfestigkeit

R_m ermittelt. Die Zugfestigkeit entspricht der technischen Spannung (Last bezogen auf Ausgangsquerschnitt) im Höchstlastpunkt, ermöglicht jedoch bei zähen Werkstoffen keine Aussage über den Bruch der Probe. Bei spröden Werk-stoffen zeigt sich hingegen keine wesentliche plastische Verformung.

Für die Sicherheitsbetrachtung eines Bauteils sind neben den Festigkeitskenn-werten noch weitere Eigenschaften des Werkstoffs wichtig, die ebenfalls im Zug-versuch ermittelt werden. Hierzu gehören insbesondere die Verformungsfähigkeit des Werkstoffs mit den Kenngrößen Bruchdehnung A, und Brucheinschnürung Z.

Ein weiterer Kennwert ist die sog. Gleichmaßdehnung A_{gt}, sie kennzeichnet die gesamte Dehnung bei erreichen der Höchstlast.

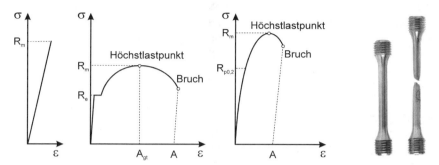

Abb. 5.16. Fließkurve eines spröden Werkstoffes sowie von zwei duktilen Stählen mit ausgeprägter Streckgrenze (niederfest) und ohne ausgeprägter Streckgrenze (höherfest). Rechts Zugprobe aus duktilem Werkstoff.

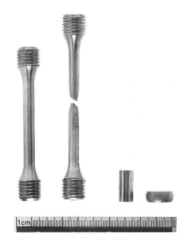

Abb. 5.17. Zugprobe und Druckprobe vor und nach Versuch

Dabei ist die Brucheinschnürung Z unter Verwendung des Ausgangsquerschnittes S_0 und des nach dem Versuch ermittelten Endquerschnitts S_u definiert als

$$Z = \frac{S_o - S_u}{S_o} \cdot 100 \ \% \tag{5.12}$$

und die Bruchdehnung A (L_0: Ausgangslänge, L_u: Endlänge der Probe), siehe Abb. 5.17

$$A = \frac{L_u - L_0}{L_0} = \frac{\Delta L}{L_0} \cdot 100 \ \% \ . \tag{5.13}$$

Im Allgemeinen werden bei metallischen Werkstoffen die Festigkeitskennwerte aus dem Zugversuch bestimmt. Prinzipiell können die Festigkeitswerte auch mit Versuchen, die andere Beanspruchungsarten aufweisen, bestimmt werden. Die dort ermittelten Festigkeitskennwerte können teils durch theoretische Beziehungen über die Festigkeitshypothesen, teils durch empirisch gewonnene Zusammenhänge ineinander umgerechnet werden (Tabelle 5.2).

Tabelle 5.2. Werkstoffkennwerte

Kennwerte bei statischer Beanspruchung und Raumtemperatur		
Versuch	Werkstoffkennwert	Zusammenhang mit Zugversuch
Zugversuch	R_e (bzw. $R_{p0,2}$), R_m	————
Druckversuch	$R_{d0,2}$, σ_{dB}	$R_{d0,2} \approx R_{p0,2}$
Biegeversuch	$R_{b0,2}$, R_m	$R_{b0,2} \approx R_{p0,2}$
Torsionsversuch	τ_F, τ_B	$\tau_F \approx 0{,}58 \cdot R_{p0,2}$,
		$\tau_B \approx 0{,}8 \div 1{,}0 \cdot R_m$

Fließkurven

Bei der technischen Spannung wird die wirkende Kraft F auf den Ausgangsquerschnitt S_0 bezogen:

$$\sigma = \frac{F}{S_0}. \tag{5.14}$$

Bei Verformung ist allerdings die Querschnittsfläche S nicht konstant. Wird die Kraft F auf die tatsächliche Fläche S bezogen, so ergibt sich die wahre Spannung σ_w:

$$\sigma_w = \frac{F}{S}. \tag{5.15}$$

Die bei mehrachsigen Spannungszuständen aus den wahren Spannungen abgeleitete Vergleichsspannung wird als Formänderungsfestigkeit oder Fließspannung k_f bezeichnet:

$$k_f = \sigma_{V(SH)} = \sigma_{max} - \sigma_{min} \tag{5.16}$$

($\sigma_{V(SH)}$: Vergleichsspannung nach der Schubspannungshypothese)
Alle drei Spannungen sind von der Temperatur und Verformungsgeschwindigkeit abhängig. Für kleine Dehnungen (elastischer Bereich) gilt:

$$\sigma \approx \sigma_w = k_f. \tag{5.17}$$

Oberhalb der Streckgrenze bis zur Höchstlast (einachsiger Spannungszustand) gilt:

$$\sigma \neq \sigma_w = k_f \qquad (\sigma_{min} = 0,\ \sigma_{max} = F/S) \qquad (5.18)$$

Für den mehrachsigen Spannungszustand gilt:

$$\sigma \neq \sigma_w \neq k_f \qquad (5.19)$$

Beim einachsigen Zugversuch gilt für die Formänderung:

$$d\varphi = \frac{dL}{L} \qquad (5.20)$$

$$\varphi = \int_{L_0}^{L_1} \frac{dL}{L} = \ln\left(\frac{L_1}{L_0}\right) \qquad (5.21)$$

Bislang wird die Dehnung

$$\varepsilon = \frac{L_1 - L_0}{L_0} = \frac{\Delta L}{L_0} \qquad (5.22)$$

angewendet. Es gilt folgende Umrechnung unter der Bedingung einer gleichmäßigen Verformung in der Messlänge, d.h. bis zur Gleichmaßdehnung (bzw. Zugfestigkeit):

$$\varepsilon = e^{\varphi} - 1 \quad \rightarrow \quad \varphi = \ln(1 + \varepsilon) \qquad (5.23)$$

Für kleine Verformungen, wie sie bis zur Streckgrenze im linearelastischen Bereich auftreten ist $\varepsilon \approx \varphi$.

Im Druckversuch tritt diese Mehrachsigkeit nicht auf, da keine Einschnürung entsteht, siehe Abb. 5.17. Bei entsprechender Berücksichtigung der Mehrachsigkeit ist die Fließkurve des Zugversuchs annähernd deckungsgleich mit der des Druckversuchs. Dies zeigt, dass damit das Fließverhalten des Werkstoffes richtig beschrieben wird.

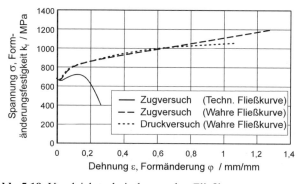

Abb. 5.18. Vergleich technische – wahre Fließkurve

Um das Verformungsverhalten von Werkstoffen zu vergleichen und zu bewerten, wird deshalb zweckmäßigerweise die Formänderungsfestigkeit über der Formänderung φ aufgetragen, die sich zur Beschreibung großer plastischer Verformungen besonders eignet, Abb. 5.18 und Abb. 5.19.

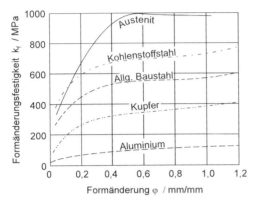

Abb. 5.19. Wahre Fließkurven unterschiedlicher Werkstoffe

5.3.1.2 Härteprüfverfahren

Allgemeines

Mit der Härteprüfung wird der Widerstand eines Werkstoffs gemessen, den er dem Eindringen eines härteren Objektes in seine Oberfläche entgegensetzt.

Die technische Bedeutung der Härte liegt z.B. darin, die Verschleißfestigkeit beurteilen zu können. Vor allem im Getriebebau und beim Einsatz von Mahlwerkzeugen werden hohe Anforderungen an die Verschleißfestigkeit des Werkstoffes gestellt, welche im direkten Zusammenhang mit der Oberflächenhärte steht.

Im Allgemeinen weisen vor allem keramische Werkstoffe eine sehr hohe Härte auf, während Polymere eher weich sind. Metalle sind größtenteils zwischen diesen Werkstoffgruppen angesiedelt.

Es gibt verschiedene Prüfverfahren zur Härteprüfung. In der Praxis werden die Verfahren nach Rockwell und Brinell am häufigsten verwendet.

Die üblichsten Härteprüfverfahren

Beim Härteprüfverfahren nach Brinell wird eine harte Stahlkugel (gebräuchlichster Durchmesser ist 10 mm) in die Oberfläche des Werkstoffes eingedrückt (Abb. 5.20). Anschließend wird der Durchmesser des Eindruckes gemessen (üblicherweise 2-6 mm) und nach folgender Formel die Brinellhärte (Abkürzung: HB) bestimmt:

$$\text{Brinellhärte} = \frac{2F}{\pi\,D\,(D - \sqrt{D^2 - d^2}\,)} \qquad (5.24)$$

F: Eindrucklast / kg
D: Durchmesser der Prüfkugel / mm
d: Durchmesser des Eindrucks / mm

Ein weiteres wichtiges Verfahren ist die Härteprüfung nach Rockwell (Abb. 5.20). Hierbei werden ebenfalls Stahlkugeln und bei besonders harten Werkstoffen Diamantkegel eingesetzt. Die für den Versuch relevante Eindrucktiefe wird von der Prüfapparatur automatisch gemessen und in die Rockwellhärte umgerechnet.

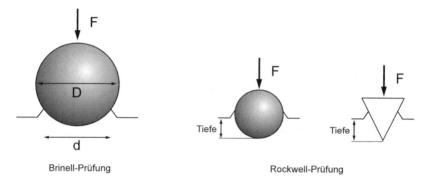

Brinell-Prüfung   Rockwell-Prüfung

Abb. 5.20. Härteprüfung nach Brinell und Rockwell

Einen Überblick über diese und weitere übliche Härteprüfverfahren, z.B. Vickers gibt Tabelle 5.3.

Tabelle 5.3. Vergleich verschiedener Härteprüfverfahren

Verfahren	Abkür-zung	Prüfkörper	Last / kg	Anwendung
Brinell	HB	10 mm-Stahlkugel	3000	Gusseisen und Stahl
Brinell	HB	10 mm-Stahlkugel	500	NE-Metalle
Rockwell A	HRA	Diamantkegel	60	Sehr harte Werkstoffe
Rockwell B	HRB	1/16 in.-Stahlkugel	100	Weicher Stahl, Messing
Rockwell C	HRC	Diamantkegel	150	Harte Stähle
Rockwell D	HRD	Diamantkegel	100	Harte Stähle
Rockwell E	HRE	1/8 in.-Stahlkugel	100	Sehr weiche Werkstoffe
Rockwell F	HRF	1/16 in.-Stahlkugel	60	Aluminium, weiche Werkstoffe
Vickers	HV	Diamantpyramide	10	Harte Werkstoffe
Knoop	HK	Diamantpyramide	0,5	Universell einsetzbar

Die Methode nach Vickers mit reduzierter Prüflast wird zusätzlich in der Mikrohärteprüfung eingesetzt.

Außerdem stehen die ermittelten Härtewerte in unmittelbarer Korrelation zu anderen Werkstoffeigenschaften.

Über eine Näherungsbeziehung kann über die Härte auf die Zugfestigkeit geschlossen werden:

$$R_m = 3,5 \cdot HB \qquad (5.25)$$

5.3.1.3 Kerbschlagbiegeversuch

Allgemeines

In zahlreichen Fällen hat es sich gezeigt, dass vor allem krz-Werkstoffe, die bei der üblichen Festigkeitsprüfung im (statischen) Zugversuch die Anforderungen erfüllen, in der Praxis z.B. bei mehrachsiger Beanspruchung und tieferen Temperaturen durch Sprödbruch versagen können. Wegen des Auftretens mehrachsiger und/oder schlagartiger Beanspruchung in der technischen Praxis ist es notwendig, neben Bruchdehnung und Brucheinschnürung, die im Zugversuch bestimmt werden, das Werkstoffverhalten auch unter Bedingungen zu untersuchen, die z.B. Sprödbruchbedingungen begünstigen. Dies geschieht mit dem Kerbschlagbiegeversuch.

Versuchsdurchführung

Dieser Versuch nach Charpy und Izod ist eine Methode zur Erfassung des Einflusses schlagartiger, d.h. dynamischer Belastungen in Verbindung mit einem mehrachsigen Spannungszustand, der durch eine Kerbe erzeugt wird.

Hierbei wird eine gekerbte Probe mit quadratischem Querschnitt (i.Allg. 100 mm²) in einem Schlagwerk mit dem Pendelhammer (Abb. 5.21) schlagartig beansprucht. Der Pendelhammer fällt aus der Höhe h auf die Probe. Nach dem Durchschlagen der Probe erreicht der Hammer die Höhe h′. Aus der Differenz der beiden Höhen lässt sich die potenzielle Energie ermitteln, die der beim Durchschlagen der Probe umgesetzten Schlagenergie entspricht.

Einfluss der Kerbe

Die Kerbe bewirkt eine Spannungserhöhung im Kerbgrund, die vom Kerbradius abhängig ist. Je schärfer die Kerbe ist, desto größer ist die Spannungserhöhung im Kerbgrund. Die Verformung konzentriert sich auf einen kleineren Bereich und erhöht die Verformungsgeschwindigkeit im Kerbgrund. Die Kerbe bewirkt außerdem einen dreiachsigen Spannungszustand, wodurch ein sprödes Bruchverhalten des Werkstoffs begünstigt wird.

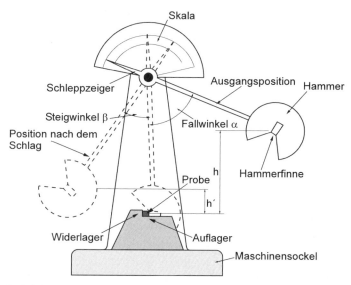

Abb. 5.21. Prinzip des Kerbschlagbiegeversuches [Cal94]

Einfluss der Temperatur

Standardmäßig wird als Qualitätskriterium bei Werkstoffen der Kerbschlagbiegeversuch bei 20 °C durchgeführt. Allerdings ist das Verfahren auch besonders
gut dafür geeignet, das Werkstoffverhalten bei verschiedenen Temperaturen zu
charakterisieren und somit den Übergang von duktilem zu sprödem Verhalten zu
ermitteln.

Die bei verschiedenen Temperaturen ermittelte Kerbschlagarbeit eines gleichen
Werkstoffs wird in einem $K_v - T$ Schaubild aufgetragen (Abb. 5.22).

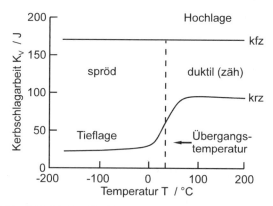

Abb. 5.22. Kerbschlagbiegekurven für krz- und kfz-Werkstoffe

Werkstoffe mit kubisch-raumzentrierter und hexagonaler Gitterstruktur zeigen über der Temperatur eine signifikante Änderung in der Kerbschlagarbeit. Dieser Übergang vom duktilen (zähen) zum spröden Verhalten erfolgt ja nach Werkstoff in einem mehr oder weniger ausgeprägten Temperaturbereich, der durch die Übergangstemperatur charakterisiert wird. Werkstoffe mit kubisch-flächenzentrierter Gitterstruktur zeigen dieses Übergangsverhalten nicht, sie sind auch bei tiefen Temperaturen duktil.

5.3.2 Verformungstexturen

Stähle, die in der Regel eine Reihe von Verarbeitungsschritten durchlaufen, weisen Verformungstexturen auf. Diese treten in polykristallinen Werkstoffen nach großer plastischer Verformung auf, Abb. 5.23 als

- Verformungsgefüge durch Veränderung der Kornform
- Verformungstextur nach Vorzugsorientierung in den Kristallen
  - Ziehtextur
  - Walztextur
  - Schmiedetextur

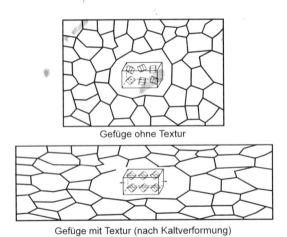

Gefüge ohne Textur

Gefüge mit Textur (nach Kaltverformung)

Abb. 5.23. Verformungstexturen in einem polykristallinen Werkstoff

Textur bedeutet Richtungsabhängigkeit oder Anisotropie der physikalischen und mechanischen Eigenschaften des Kristallverbandes, ähnlich wie beim Einkristall. Verformungstexturen lassen sich durch eine entsprechende Wärmebehandlung (Rekristallisation, siehe Abschnitt 4.3.2) aufheben, dies gilt jedoch nicht für verformte Ausscheidungen und Einschlüsse. Hierbei muss der Effekt des anomalen Kornwachstums nach Kaltverformung beachtet werden.

5.3.3 Eigenspannungen

Eigenspannungen sind Spannungen die in einem Bauteil vorhanden sind, ohne dass äußere Kräfte und Momente wirken oder Temperaturdifferenzen vorhanden sind. Sie müssen deshalb in jeder Schnittebene im Gleichgewicht sein.

5.3.3.1 Entstehung von Eigenspannungen

Eigenspannungen entstehen beispielsweise infolge örtlicher plastischer Verformung, als thermische Eigenspannungen oder Schrumpfspannungen beim Abkühlen als Folge von Temperaturdifferenzen sowie als Schrumpfspannungen oder Umwandlungsspannungen bei Phasenänderungen.

Nach Macherauch werden Eigenspannungen entsprechend ihrer Verteilung im Makro- bzw. Mikrobereich eines Bauteils in Eigenspannungen I., II. und III. Art unterteilt.

- *I. Art:* Eigenspannungen sind über größere Werkstoffbereiche, homogen verteilt (Makroeigenspannungen).
- *II. Art:* Eigenspannungen sind über kleinere Werkstoffbereiche homogen verteilt, d.h. über einzelne Kristalle (Mikroeigenspannung).
- *III. Art:* Eigenspannungen sind über kleinste Werkstoffbereiche (im atomaren Bereich) homogen verteilt (Nanoeigenspannungen).

Veränderungen des Gleichgewichtszustandes der Eigenspannungen, z.B. durch Materialabtrag im Zuge der Bearbeitung,

- führen bei Eigenspannungen I. Art zu makroskopischen Verformungen
- können bei Eigenspannungen II. Art zu makroskopischen Verformungen führen
- führen bei Eigenspannungen III. Art zu keinen makroskopischen Verformungen

Eine scharfe Abgrenzung der einzelnen Arten gegeneinander ist in aller Regel nicht möglich. Im Sinne einer ingenieurmäßigen Betrachtung sind hierbei vor allem die Makroeigenspannungen von Bedeutung.

Im Betrieb überlagern sich Eigenspannungen mit den durch die äußere Belastung hervorgerufenen Spannungen, Bild 5.24, und müssten in Sicherheitsanalysen berücksichtigt werden, sofern keine Maßnahmen zum Abbau der Eigenspannungen vorgenommen wurden.

Betriebsspannungen + Eigenspannungen = Gesamtspannungen

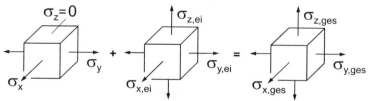

Abb. 5.24. Überlagerung Betriebsspannungen mit Eigenspannungen

Die Überlagerung der Eigenspannungen mit den Betriebsspannungen beeinflusst das Festigkeitsverhalten von Bauteilen, und zwar

- positiv im Bereich der Druckeigenspannungen, durch Reduktion der wirkenden Beanspruchung
- negativ im Bereich der Zugeigenspannungen, durch Erhöhung der wirkenden Beanspruchung

Die Messung von Eigenspannungen ist möglich

- zerstörend durch Messung der Formänderungen bei Materialabtrag, z.B. sequentielles Ausbohren
- zerstörungsfrei mittels Röntgenfeinstrukturuntersuchung

5.3.3.2 Abbaumöglichkeiten von Eigenspannungen

Eigenspannungen können durch wärmetechnische und mechanische Verfahren abgebaut werden.

Das Prinzip der wärmetechnischen Verfahren beruht auf der mit steigender Temperatur abnehmenden Streckgrenze. Das heißt, dass durch Erwärmen die Eigenspannungen auf die zur jeweiligen Temperatur gehörende Streckgrenze durch plastische Verformung abgebaut werden. Das Spannungsarmglühen nach dem Schweißen erfolgt bei Stählen i.Allg. bei 550 °C bis 650 °C.

Bei den mechanischen Verfahren werden die Bereiche hoher Eigenspannungen durch eine Überlastung plastifiziert. Da bei dieser einachsigen Zusatzbelastung die Spannung auf die Streckgrenze begrenzt ist, bleibt nach dem Entlasten eine geringere Eigenspannung zurück.

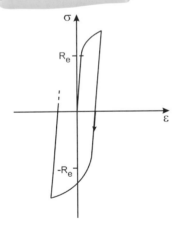

Abb. 5.25. Bauschinger-Effekt

Ein Beispiel für die Wirkung von Eigenspannungen stellt der *Bauschinger-Effekt* dar, Abb. 5.25. Nach vorheriger plastischer Verformung durch Zugbeanspruchung (Fließbeginn bei R_e) wird bei Belastung im Druckbereich der negative Wert der

Zugstreckgrenze nicht mehr erreicht. Das Material beginnt schon bei Spannungen, die betragsmäßig kleiner sind als -R_e, zu fließen.

5.3.4 Viskose Verformung

Rein viskose Verformung ist nur im flüssigen Schmelzzustand möglich. Unter viskoser Verformung versteht man einen irreversiblen Vorgang, bei dem sich Moleküle oder Molekülgruppen gegeneinander bewegen. Hierbei lösen sich einige Nebenvalenzbindungen. Die Moleküle verschieben sich gegeneinander und in der neuen Position entstehen wieder neue Nebenvalenzbindungen.

Die bleibende Dehnung hängt von der wirkenden Spannung, der Haltezeit unter Spannung sowie der Viskosität η, die mit zunehmender Temperatur abnimmt, ab:

$$\varepsilon = \frac{1}{\eta} \cdot t \cdot \sigma \tag{5.26}$$

Die Verformung amorpher Werkstoffe tritt vielfach als Überlagerung von ideal-elastischem und ideal-viskosem Verhalten auf.

Hochpolymere zeigen im Gegensatz zu Gläsern vor dem Bruch einen nochmaligen Spannungsanstieg, Abb. 5.26a. Diese Verfestigung zeigt sich infolge Streckung der Knäuelstruktur der Molekülstränge, die schließlich im gestreckten Zustand nur noch elastisch verformbar sind (Änderung der Atomabstände und Valenzwinkel), Abb. 5.26b.

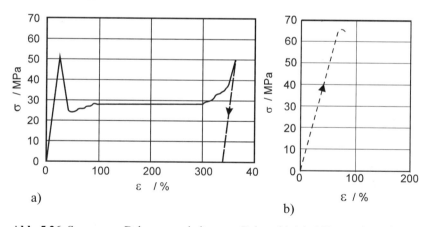

a)   b)

Abb. 5.26. Spannungs-Dehnungsverhalten von Polyamid a) bei Verstreckung b) nach Verstreckung

Eine Zusammenfassung der elastischen und der plastischen Verformungsmöglichkeiten ist in Abb. 5.27 dargestellt.

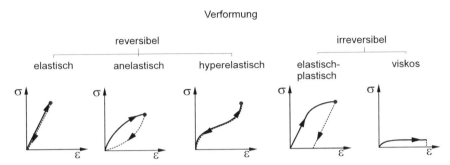

Abb. 5.27. Zusammenstellung reversibler und irreversibler Verformungsvorgänge

5.3.5 Superplastizität

Die üblicherweise verwendeten metallischen Werkstoffe ertragen im Zugversuch Bruchdehnungen von weniger als 50%, bei Brucheinschnürungen bis zu 70% und mehr. Demgegenüber zeigen superplastische Legierungen keine örtlichen Einschnürungen. Ihre Gleichmaßeinschnürung bzw. Gleichmaßdehnung ist sehr groß. Es können Dehnungen bis zu mehreren hundert Prozent auftreten.

Voraussetzung für die Superplastizität sind kleine Korngrößen (1 bis 10 µm), eine globulare Kornform und Temperaturen oberhalb $0,5 \cdot T_S$ bei niedriger Verformungsgeschwindigkeit (ca. 10^{-2} min^{-1} bis 10^{-5} min^{-1}). Die Superplastizität wurde zwar bisher nur an relativ wenigen einphasigen und mehrphasigen Werkstoffen mit etwa gleichen Phasenmengen beobachtet, jedoch lässt sich vermuten, dass Superplastizität ein Werkstoffzustand ist, in den alle Legierungen überführt werden können (spezifischer Gefügezustand bei angepassten Verformungsbedingungen). Daher muss es viele superplastische Legierungen geben, die auf eutektischen oder eutektoiden binären Systemen mit annähernd gleichem Schmelzpunkt aufbauen.

Die plastische Verformbarkeit keramischer Stoffe (kleine Korngröße, hohe Temperatur) kann ebenfalls zur Superplastizität gezählt werden.

Bei der Superplastizität wirken drei atomistische Mechanismen, die einzeln oder kombiniert wirksam werden:

- Korngrenzengleiten
- Spannungsinduzierte Leerstellenbewegung (viskose Verformung)
  a) durch das Gitter
  b) entlang der Korngrenzen
- Dynamische Erholung durch ständige Rekristallisation.

Die Spannung, bei der superplastisches Fließen stattfindet, wird als Fließspannung σ_F bezeichnet. Diese Fließspannung steigt bei zunehmender Dehngeschwindigkeit $\dot{\varepsilon}$ an, Abb. 5.28. Der Zusammenhang von σ_F und $\dot{\varepsilon}$ kann mit folgender Näherungsformel beschrieben werden:

$$\sigma_F = A \cdot \dot{\varepsilon}^m \ , \qquad\qquad (5.27)$$

wobei A eine Konstante zur Beschreibung der Werkstoffzähigkeit ist und m als sogenannte Geschwindigkeitsempfindlichkeit bzw. strain-rate-sensitivity (Steigung der $\sigma - \dot{\varepsilon}$-Kurve) bezeichnet wird, Abb. 5.29. Superplastizität tritt nur dann auf, wenn die Geschwindigkeitsempfindlichkeit m > 0,3 ist.

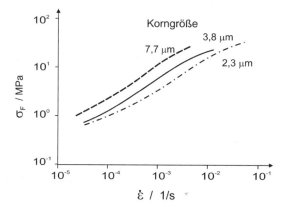

Abb. 5.28. Abhängigkeit der Fließspannung von der Umformgeschwindigkeit einer eutektischen Cu-Al-Legierung bei 520 °C

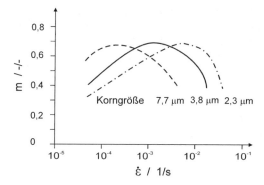

Abb. 5.29. Abhängigkeit der Geschwindigkeitsempfindlichkeit m von der Umformgeschwindigkeit einer eutektischen Cu-Al-Legierung bei 550 °C

5.3.6 Kriechen

Bei den bisher betrachteten Verformungsvorgängen blieb der Einfluss der Zeit weitgehend unberücksichtigt, d.h. die Verformung ist nur von der Belastungshöhe abhängig. Bleibt die Belastung konstant, ergibt sich keine Zunahme der Verformung: Belastung und die sich einstellende Verformung sind im Gleichgewicht.

Streng genommen existiert dieses Gleichgewicht auch bei niedrigen Temperaturen nicht, da der Werkstoff „kriecht", d.h. sich auch unter konstanter Last in Abhängigkeit von der Zeit stetig plastisch verformt. Mit zunehmender Temperatur wird der Verformungswiderstand der Werkstoffe gegen „Kriechen" herabgesetzt, so dass diese Vorgänge i.Allg. ab einer Temperatur $T > 0,4 \cdot T_s$ (T_s: absolute Schmelztemperatur) technisch relevant werden. Dieser Vorgang des Kriechens wird in der Werkstoffprüfung über die im Zeitstand- oder Kriechversuch ermittelten Kennwerte quantifiziert. Eine Probe wird bei einer Temperatur, bei der technisch relevantes Kriechen auftritt, einer konstanten Belastung ausgesetzt. Die dabei auftretende Verlängerung wird ebenso wie die Zeit bis zum Bruch gemessen.

Die Vorgänge in der Mikrostruktur, die zum Kriechen führen, sind von der Temperatur beeinflusst und hängen von der Natur des Werkstoffes ab. Zu den wichtigsten Kriechvorgängen zählen:

- Viskose Verformung bei amorphen und teilkristallinen Werkstoffen, wie z.B. Kunststoffe
- Plastische Verformung bei kristallinen Werkstoffen über
    - Bewegungen von Versetzungen im Kristallgitter
    - Gleitungen längs Korngrenzen
    - Diffusion von Leerstellen,

wobei der Anteil der Versetzungsbewegung bei werkstofftypischen Anwendungstemperaturen dominant ist.

Die gemessene Zeit-Dehnkurve wird zur Charakterisierung des Kriechverhaltens des Werkstoffs herangezogen und liefert zusammen mit der Bruchzeit wichtige Informationen zur technischen Verwendung des Werkstoffs.

Bei metallischen Werkstoffen lassen sich im lastkontrollierten Zeitstandversuch grundsätzlich drei verschiedene Bereiche unterscheiden, Abb. 5.30.

I.   Übergangskriechen (Primäres Kriechen),
II.   Stationäres Kriechen (Sekundäres Kriechen),
III. Tertiäres Kriechen.

- Bereich I:
  Im Bereich des Übergangskriechens nimmt die Kriechgeschwindigkeit dε/dt von anfänglich sehr großen Werten (nach Aufbringen der Last) mit der Zeit ab. Insbesondere bei etwas tieferen Temperaturen ist das Übergangskriechen vorherrschend, während es bei hohen Temperaturen relativ schnell vom stationären bzw. tertiären Kriechen abgelöst wird.
  Das Übergangskriechen wird im Wesentlichen von verfestigenden Vorgängen bestimmt, wie z.B. dem Aufstau von Versetzungen vor Hindernissen.
- Bereich II:
  Der Bereich des stationären Kriechens ist durch ein dynamisches Gleichgewicht von verfestigenden und entfestigenden Verformungsmechanismen charakterisiert, so dass sich eine konstante Kriechgeschwindigkeit einstellt. Die

Verfestigung entsteht - wie im Bereich I - durch Versetzungsaufstau und gegenseitige Behinderung der Versetzungsbewegung, während Quergleitung von Schraubenversetzungen und Klettern von Stufenversetzungen zur Entfestigung beitragen.

Das stationäre Kriechen kann bei höheren Temperaturen einen beträchtlichen Teil der Lebensdauer von Bauteilen bzw. Proben einnehmen und stellt daher für die langzeitige Beanspruchung warmfester Werkstoffe eine wichtige Größe dar.

Gegen Ende des sekundären Kriechbereichs treten irreversible Kriechschädigung in Form von Poren auf. Darüber hinaus ergeben sich je nach Höhe der Versuchstemperatur und Dauer des Versuchs Änderungen in der Mikrostruktur wie z.B. Vergröberung von Ausscheidungen, Bildung von neuen Ausscheidungen, Zerfall von Ausscheidungen bzw. Gefügephasen. Diese Vorgänge können den Widerstand des Werkstoffs gegen Kriechen deutlich herabsetzen.

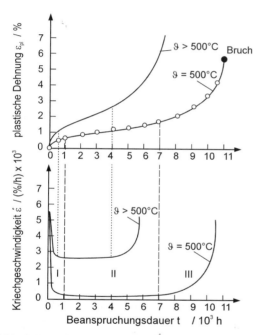

Abb. 5.30. Kriechkurven des Stahls 13CrMo4-4 bei einer Belastung von 180 MPa

- Bereich III:
  Der Bereich des tertiären Kriechens zeigt eine mit der Beanspruchungsdauer progressiv zunehmende Kriechdehnung und endet mit dem Zeitstandbruch. Die gegen Ende des sekundären Bereich sich entwickelnde Schädigung schreitet weiter fort über die Bildung von Porenketten und Mikrorissen, die bevorzugt an den Korngrenzen auftreten und die unter der Einwirkung der äußeren Beanspruchung wachsen. Die Änderungen in der Mikrostruktur sowie die

spannungserhöhenden Effekte der sich einstellenden Kriechdehnung (Verringerung des Probenquerschnitts der Zeitstandprobe) und der Schädigung durch Risse und Mikroporen bewirken eine starke Zunahme der Kriechgeschwindigkeit. Der typische Kriechbruch ist gekennzeichnet durch geringe Verformungswerte (Einschnürung, Dehnung) und einen interkristallinen Bruchverlauf.

Die oben erwähnten Kriechbereiche treten im Prinzip auch an technischen Bauteilen auf. Es ist jedoch zu beachten, dass die Ausbildung der tertiären Phase im Allgemeinen weniger deutlich ist, als im Versuch mit Probestäben.

Um genaue Aufschlüsse über das Zeitstand- bzw. Kriechverhalten eines Werkstoffes zu erhalten, müssen Kriechkurven bei verschiedenen Lasten und Temperaturen erstellt werden, Abb. 5.31. Zur Auslegung von Bauteilen, die einer hohen Temperatur ausgesetzt sind, werden unter anderem folgende Werkstoffkennwerte verwendet:

Zeitdehngrenze: $R_{p1/10^5/\vartheta}$

Spannung, die bei gegebener Prüftemperatur ϑ nach 10^5 Stunden ($= 11,4$ Jahre) eine bleibende Dehnung von 1% hervorruft.

Zeitstandfestigkeit: $R_{m/10^5/\vartheta}$

Spannung, die bei gegebener Prüftemperatur ϑ nach 10^5 Stunden zum Bruch führt.

Zur Ermittlung dieser Werkstoffkennwerte sind langzeitige Versuche notwendig, um sichere Aussagen über das Langzeit-Kriechverhalten der unterschiedlichsten Werkstoffe zu gewinnen.

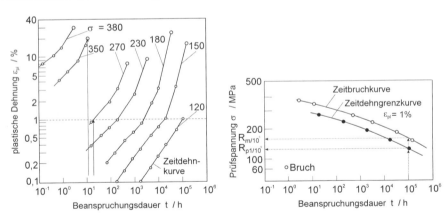

Abb. 5.31. Ermittlung der Dehngrenzlinie und der Zeitbruchlinie (13CrMo4-4 bei $\vartheta = 550\ °C$)

Wichtige technische Prozesse laufen bei hohen bis sehr hohen Temperaturen ab (z.B. in Verbrennungsmotoren, Gas- und Dampfturbinen, Crackanlagen der Petrochemie). Die hierbei eingesetzten Bauteile sind über lange Betriebszeiten hohen Beanspruchungen ausgesetzt. Zu beachten ist, dass die bei metallischen Werkstoffen bekannten Mechanismen zur Festigkeitssteigerung (siehe Kapitel 5.4)

- Verformungsverfestigung
- Feinkornhärtung (Kornverfeinerung)
- Mischkristallverfestigung
- Teilchenhärtung

den Widerstand gegen Kriechen nur eingeschränkt beeinflussen. Kriechfestigkeit wird erreicht über die Optimierung der chemischen Zusammensetzung in Verbindung mit der Wärmebehandlung zur Erzielung eines thermodynamisch möglichst stabilen Gefügezustandes mit feindispersen Ausscheidungen. Dadurch werden Versetzungsbewegungen und Korngrenzengleiten behindert. Da neben der Temperatur in diesen Prozessen auch aggressive Medien auftreten, müssen die eingesetzten Werkstoffe neben der Kriechfestigkeit auch eine Oxidations- bzw. Korrosionsbeständigkeit aufweisen.

5.3.7 Relaxation

Im Relaxationsversuch wird eine Probe einer Verformung ausgesetzt, die während der Belastung konstant gehalten wird. Die Umlagerung elastischer Dehnungen in plastische Dehnungen wird als Relaxation bezeichnet. Eine Folge dieser Umlagerung ist ein Abfall der Prüfkraft. Relaxationsvorgänge sind temperaturabhängig: Bei hohen Temperaturen sind die Vorgänge ausgeprägter. Die im Relaxationsversuch ermittelte Relaxationsspannung ist eine wichtige Größe für die Bemessung von Schraubenverbindungen.

5.4 Schwingfestigkeitsuntersuchung

5.4.1 Grundlagen

Die Mehrzahl der technischen Bauteile unterliegt im Betrieb einer zeitabhängigen Belastung. Im allgemeinen Fall tritt eine regellose Folge von Lastschwankungen unterschiedlicher Größe auf, die häufig einer quasistatischen oder zeitlich veränderlichen Mittelspannung überlagert sind. Wird von einigen Gebieten, in denen der Leichtbau eine entscheidende Rolle spielt (z.B. Flugzeug-, Fahrzeugbau) abgesehen, bei denen eine statistische Analyse der auftretenden Belastungen und Versuche mit möglichst betriebsnaher Beanspruchung erforderlich ist, dann genügt für übliche Schwingfestigkeitsuntersuchungen eine idealisierte Schwingbelastung in Form einer Sinusschwingung um eine statische Mittellast.

Die zur Einordnung der Schwingbeanspruchung wichtigen Bezeichnungen sind in grafisch dargestellt und in den folgenden Beziehungen angegeben:

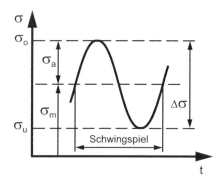

Abb. 5.32. Zeitlicher Verlauf der Spannung bei schwingender Beanspruchung

$$\text{Spannungsamplitude } \sigma_a = \frac{\sigma_o - \sigma_u}{2}, \tag{5.28}$$

$$\text{die Mittelspannung} \quad \sigma_m = \frac{\sigma_o + \sigma_u}{2}, \tag{5.29}$$

$$\text{und das Spannungsverhältnis} \quad R = \frac{\sigma_u}{\sigma_o}. \tag{5.30}$$

Je nach Lage der Ober- und Unterspannung wird in Beanspruchungen im Zugschwell-, im Wechsel- und im Druckschwellbereich, Abb. 5.33 unterschieden. Sonderfälle sind die reine Zugschwellbeanspruchung ($\sigma_u = 0$, $R = 0$), die reine Wechselbeanspruchung ($\sigma_u = -\sigma_o$, $R = -1$) und die reine Druckschwell-beanspruchung ($\sigma_o = 0$, $R = -\infty$).

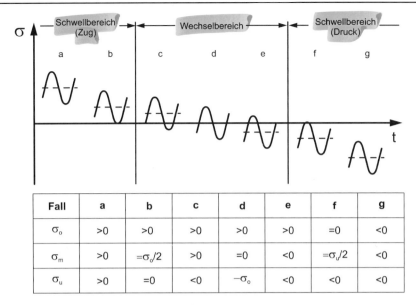

Fall	a	b	c	d	e	f	g
σ_o	>0	>0	>0	>0	>0	=0	<0
σ_m	>0	$=\sigma_o/2$	>0	=0	<0	$=\sigma_u/2$	<0
σ_u	>0	=0	<0	$-\sigma_o$	<0	<0	<0

Fall b: reine Zugschwellbeanspruchung
Fall d: reine Wechselbeanspruchung
Fall f: reine Druckschwellbeanspruchung

Abb. 5.33. Einteilung schwingender Beanspruchungen

Ebenso wie bei der statischen Beanspruchung müssen auch bei schwingender Beanspruchung Werkstoffkennwerte ermittelt werden, wobei bei schwingender Beanspruchung zwischen den Versagensarten Anriss und Schwingungsbruch eines Bauteils unterschieden werden muss.

Bei der Durchführung des Schwingversuches werden entweder die Lastgrenzen (Spannungsgrenzen) oder die Dehnungsgrenzen konstant gehalten. Im ersten Fall spricht man von einem spannungskontrollierten Versuch, da der sich einstellende Dehnungsausschlag vom Werkstoffverhalten abhängt. Der zweite Fall wird als dehnungskontrolliert bezeichnet, wobei dann die Spannungsamplitude eine Funktion des Werkstoffverhaltens ist. Die Abb. 5.34 zeigt den Spannungs-Dehnungsverlauf während eines Belastungszyklus, wie er bei hohen Spannungsamplituden ($\sigma_a > R_e$) auftritt. Dieser Verlauf wird auch als Hysteresisschleife bezeichnet, deren Inhalt (Hysteresisfläche) der in der Probe umgesetzten irreversiblen Formänderungsarbeit entspricht. Der Abstand der Umkehrpunkte beträgt $2 \cdot \varepsilon_{a,t}$.

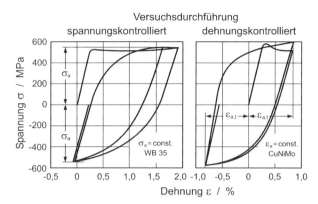

Abb. 5.34. Spannungs- und dehnungskontrollierte Schwingversuche

5.4.2 Spannungskontrollierter Versuch (Wöhlerversuch)

Für schwingend beanspruchte Bauteile ist der grundlegende Versuch der Dauerschwingversuch in dem die Proben in der Regel durch eine sinusförmig wechselnde Last in konstanten Lastgrenzen (spannungskontrollierter Versuch) beansprucht werden. Versuchstechnisch wird aus zahlreichen Dauerschwing-versuchen die Wöhlerlinie gewonnen, die den Zusammenhang zwischen einer bestimmten Spannungsamplitude σ_A und der zum Schwingungsbruch führenden zugehörigen Schwingspielzahl N_B liefert. Zur Bestimmung des Wöhler-diagramms prüft man Proben eines Werkstoffs mit einheitlicher Oberflächen-beschaffenheit bei konstanter Mittelspannung mit unterschiedlichen Spannungs-amplituden bis zum Bruch. Die auf diese Weise ermittelten Wertepaare trägt man in ein (N_B, σ_A) – Diagramm ein, in dem üblicherweise beide Achsen logarith-misch aufgetragen werden.

Bei den Wöhlerkurven sind in der Regel im Temperaturbereich, in dem Kriechvorgänge noch nicht auftreten, zwei typische Kurvenverläufe zu beobachten, Abb. 5.35. Bis etwa 10 Schwingspiele erstreckt sich der quasi-statische Bereich, an den sich das Zeitfestigkeitsgebiet mit stetig abnehmender ertragbarer Spannungsamplitude anschließt. Beim Kurventyp I sinkt die ertragbare Spannungsamplitude im Dauerfestigkeitsgebiet mit steigender Schwingspielzahl nicht mehr weiter ab, während Kurventyp II auch bei sehr hohen Schwing-spielzahlen keinen horizontalen Verlauf zeigt. Ferritisch-perlitische Stähle (krz) und heterogene Nichteisenmetall-Legierungen weisen häufig Typ I, austenitische Stähle und andere kfz-Legierungen (z. B. Aluminiumlegierungen) Typ II auf.

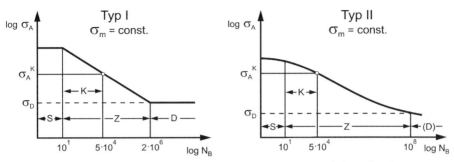

S: statische Festigkeit, K: Kurzzeitfestigkeit, Z: Zeitfestigkeit, D: Dauerfestigkeit

Abb. 5.35. Schematische Darstellung der Wöhlerkurven (Typ I und Typ II)

Der Eckpunkt der Zeitfestigkeitsgeraden bei Werkstoffen vom Typ I liegt meistens bei 10^6 bis 10^7 Schwingspielen. Es genügt somit, Proben aus Werkstoffen mit ausgeprägter Dauerfestigkeit bis maximal 10^7 Schwingspiele zu prüfen. Die Spannungsamplitude, die ein Werkstoff bis zu dieser Eckschwingspielzahl N_D ohne Bruch erträgt, wird als Dauerfestigkeit σ_D bzw. im Spezialfall der rein wechselnden Belastung als Wechselfestigkeit σ_W bezeichnet. Bei Werkstoffen des Typs II nimmt man ersatzweise die bis 10^8 Schwingspiele ertragbare Spannungsamplitude als Dauerfestigkeitswert an, muss sich aber bewusst sein, dass kein wirklicher Dauerfestigkeitskennwert vorliegt.

5.4.3 Dehnungskontrollierter Versuch (Anrisskennlinie)

Beim dehnungskontrollierten Versuch wird die Schwingbreite der Verformungen, d. h. die Dehnungsschwingbreite, konstant gehalten. Der dehnungskontrollierte Versuch eignet sich insbesondere für Untersuchungen im Zeitfestigkeitsbereich bei elastisch-plastischen Wechselverformungen, bei denen die Größe der bleibenden Dehnungen als Maß für die Werkstoffschädigung gilt. Die Zeitfestigkeit wird weiter unterteilt in einen Bereich der Kurzzeitfestigkeit. Dieser Bereich der Kurzzeitfestigkeit wird auch als „Low Cycle Fatigue" (LCF)-Bereich bezeichnet, weil das Versagen aufgrund größerer plastischer Verformungen schon bei relativ wenig Schwingspielen eintritt. Der Übergang von der Kurzzeitfestigkeit zur Zeitfestigkeit ist fließend, i. Allg. wird als Grenzwert eine Schwingspielzahl von ca. $5 \cdot 10^4$ oder eine Spannungsamplitude von $\sigma_A^K \approx 0{,}5 \cdot R_{p0,2} \cdot (1 - R)$ angenommen. Der Anteil der Zeitfestigkeit mit einer Schwingspielzahl $> 5 \cdot 10^4$ wird als „High Cycle Fatigue" (HCF)-Bereich bezeichnet.

Als Versagenskriterium bei dehnungskontrollierten Versuchen gilt üblicherweise das Anreißen der Probe. Somit wird anstelle der Bruchschwingspielzahl N_B wie im Wöhlerversuch die Schwingspielzahl N_A beim Anriss ermittelt. Die Ergebnisse der dehnungskontrollierten Versuche werden üblicherweise als Ermüdungskurven mit der fiktiv-elastischen Spannungsschwingbreite $2 \cdot \sigma_a = 2 \cdot E \cdot \varepsilon_{a,t}$ als Funktion von der Anrissschwingspielzahl N_A dargestellt. In doppeltlogarithmischer Auftragung ergeben sich dabei als Anrisskennlinien näherungsweise Geraden.

Wird während eines Belastungszyklus die Spannung über der Dehnung aufgetragen, erhält man bei überelastischer Beanspruchung eine Hysteresisschleife. Im dehnungskontrollierten Versuch kann sich dabei der Spannungsausschlag σ_a im Lauf der Zeit ändern, Abb. 5.36.

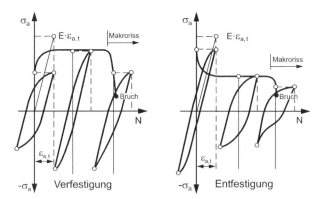

Abb. 5.36. Zyklisches Werkstoffverhalten

Diese Ver- bzw. Entfestigungsvorgänge sind von der Art und Zustand des Werkstoffs, von der Temperatur sowie von der Beanspruchungshöhe abhängig. Weiche und niedriglegierte Stähle verfestigen, höherlegierte entfestigen sich in der Regel. Weiterhin neigen geglühte Werkstoffe zur Verfestigung und kaltverformte oder vergütete Werkstoffe zur Entfestigung.

Wird die im Versuch ermittelte Schwingbreite der Gesamtdehnung $\varepsilon_{a,t}$ in einen elastischen $\varepsilon_{a,el}$ und in einen bleibenden Anteil $\varepsilon_{a,r}$ unterteilt, gemäß

$$2 \cdot \varepsilon_{a,t} = 2 \cdot \varepsilon_{a,el} + 2 \cdot \varepsilon_{a,r} \tag{5.31}$$

überwiegt bei kleinen Schwingspielzahlen der Anteil der bleibenden Dehnung an der Gesamtdehnung, während für große Schwingspielzahlen im Bereich der Dauerfestigkeit die rein elastische Verformung deutlich überwiegt und somit die Gesamtdehnung proportional zur Spannung ist, Abb. 5.37.

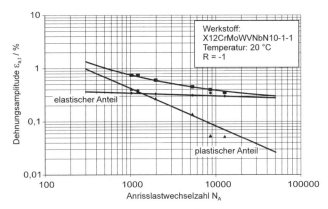

Abb. 5.37. Rein wechselnd ermittelte Anrisskennlinie für den Werkstoff
X12CrMoWVNbN10-1-1

Außer vom Werkstoffverhalten und dem Betrag der Dehnungsschwingbreite
wird das Dehnungswechselverhalten vorwiegend durch die Temperatur beeinflusst. Mit steigender Temperatur nimmt die ertragbare Dehnungsschwingbreite
ab. Dies gilt gleichermaßen für die Anrissschwingspielzahl mit konstanter
Dehnungsschwingbreite. Anhand von Versuchsergebnissen für zwei Werkstoffe
für die Anwendung bei hohen Temperaturen sind diese Zusammenhänge beispielhaft in Abb. 5.38 dargestellt.

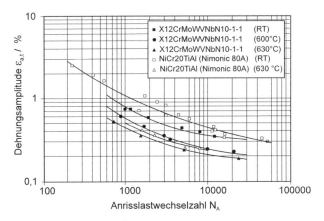

Abb. 5.38. Anrisskennlinien für die Werkstoffe X12CrMoVNbN10-1-1 und NiCr20TiAl
(Nimonic 80A) für unterschiedliche Prüftemperaturen

Häufig werden Bauteile im Betrieb bis zu einer Maximalbeanspruchung
belastet (Anfahren), dann bestimmte Zeit in diesem Zustand gehalten (Haltezeit
im Betrieb) und anschließend wieder teilweise oder ganz entlastet (Abfahren).
Diese Art der Belastung ist typisch für Komponenten in der Anlagentechnik,
wobei die Haltezeit teilweise bis zu mehreren Monaten dauern kann. Da hier die
mechanische Beanspruchung durchweg bei hohen Temperaturen auftritt, kommt

es zu Kriech- und Relaxationsvorgängen, die die Lebensdauer eines Bauteils herabsetzen. Dieser Einfluss wird durch Dehnungswechselversuche mit zwischengeschalteten Haltezeiten unterschiedlicher Länge im Zug- und Druckbereich erfasst. Der Einfluss der Haltezeit auf die ertragbare Gesamtdehnungsschwingbreite in Abhängigkeit von der Anrisslastspielzahl ist bei der Bauteilbewertung zu berücksichtigen. Für einen 1% CrMoV-Stahlguss ergibt sich bei einer Temperatur von 530 °C im Vergleich zur Anrisskennlinie ohne Haltezeit bei betragsmäßig großen Dehnungsschwingbreiten nur ein geringer Einfluss, während Haltezeiten bei betragsmäßig kleinen praxisrelevanten Dehnungsschwingbreiten die Anrissschwingspielzahl erheblich herabsetzen, Abb. 5.39.

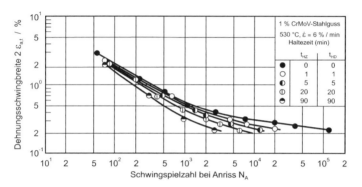

Abb. 5.39. Anrisskennlinien mit Haltezeit

Bedingt durch Werkstoffinhomogenitäten und Abweichungen in der Oberflächenbeschaffenheit, Wärmebehandlung des Werkstoffs usw. streuen Schwingfestigkeitswerte sehr stark. Aus diesem Grund sollten mehrere Versuche für denselben Beanspruchungshorizont durchgeführt werden. Mit Hilfe von statistischen Methoden lassen sich auf diese Weise Wöhlerlinien für bestimmte Bruchwahrscheinlichkeiten berechnen.

5.4.4 Einflussgrößen auf die Dauerfestigkeit

Schwingfestigkeitskennwerte sind von zahlreichen Einflussfaktoren abhängig. Wesentliche Bedeutung haben dabei insbesondere
- Mittelspannung,
- Beanspruchungsart,
- Oberflächenbeschaffenheit,
- Umgebungseinflüsse (Korrosion, Temperatur, ...),
- Größeneinfluss,
- Kerbwirkung.

Einer der am ausgiebigsten untersuchten Einflüsse auf die Schwingfestigkeit ist der Mittelspannungseinfluss. Dieser Zusammenhang ist durch die Dauerfestigkeitsschaubilder (DFS) in der Darstellung nach Smith (Abb. 5.40) bzw. Haigh (Abb. 5.41) gegeben.

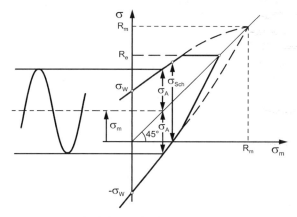

Abb. 5.40. Dauerfestigkeitsschaubild nach Smith

Im DFS nach Smith wird die ertragbare Ober- und Unterspannung über der Mittelspannung σ_m aufgetragen. Eine im Prinzip äquivalente Darstellung liefert das Dauerfestigkeitsschaubild nach Haigh. Hier wird direkt die ertragbare Spannungsamplitude über der Mittelspannung aufgetragen. Ausgezeichnete Punkte der DFS ergeben sich durch die reine Wechselbeanspruchung $(\sigma_m = 0,\ \sigma_A = \sigma_W)$ sowie durch die reine Schwellbeanspruchung $(\sigma_u = 0,\ \sigma_m = \sigma_{Sch}/2,\ \sigma_A = \sigma_{Sch}/2)$.

Häufig werden die Grenzkurven der ertragbaren Spannungsamplituden für zähe Werkstoffe durch die Oberspannung $\sigma_o = R_e$ begrenzt. Dabei wird berücksichtigt, dass (statisches) Versagen durch Fließen eintritt, wenn die Oberspannung (bzw. Vergleichsoberspannung bei mehrachsiger Beanspruchung) die Streckgrenze erreicht.

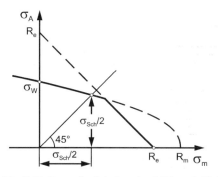

Abb. 5.41. Dauerfestigkeitsschaubild nach Haigh

Die experimentelle Ermittlung der Dauerfestigkeitsschaubilder ist recht auwändig. Aus diesem Grund werden in der praktischen Anwendung häufig

Nährungskonstruktionen eingesetzt, bei denen die Grenzkurven durch einfache Funktionen wie Geraden, Ellipsen oder Parabeln approximiert werden. Ersatzweise können auch die folgenden Näherungsformeln zur Berechnung der ertragbaren Spannungsamplituden verwendet werden.

$$\left.\begin{aligned} \sigma_A &= \sigma_W \sqrt{1 - \frac{\sigma_m}{R_m}} \\ \tau_A &= \tau_W \sqrt{1 - \left(\frac{\tau_m}{\tau_B}\right)^2} \end{aligned}\right\} \text{zähe Werkstoffe} \qquad (5.32)$$

$$\left.\begin{aligned} \sigma_A &= \sigma_W \cdot \left(1 - \frac{\sigma_m}{R_m}\right) \\ \tau_A &= \tau_W \cdot \left(1 - \frac{|\tau_m|}{\tau_B}\right) \end{aligned}\right\} \text{spröde Werkstoffe} \qquad (5.33)$$

Die Schwingfestigkeitskennwerte werden im Zug-, Druck-, Biege- und Torsionsschwingversuch ermittelt. Näherungsweise können diese Werte auch mittels einer Relation zur Zugfestigkeit R_m berechnet werden. Die in untenstehender Berechnungstafel, Abb. 5.42, angegebenen Umrechnungsverhältnisse gelten für Proben mit polierten Oberflächen, wie sie üblicherweise in Schwingversuchen verwendet werden.

Näherungswerte der Verhältnisse von		$\dfrac{\text{Dauerschwingfestigkeit}}{\text{Zugfestigkeit}}$		
Kennwert	Zeichen	Stahl	Gusseisen	Leichtmetall
Zug/Druck-Wechselfestigkeit	σ_{zdW}	0,3 ÷ 0,45	0,2 ÷ 0,3	0,2 ÷ 0,35
Biege-wechselfestigkeit	σ_{bW}	0,4 ÷ 0,55	0,3 ÷ 0,4	0,3 ÷ 0,5
Torsions-wechselfestigkeit	τ_W	0,2 ÷ 0,35	0,25 ÷ 0,35	0,2 ÷ 0,3
Zug-Schwellfestigkeit	σ_{Sch}	0,5 ÷ 0,6	0,3 ÷ 0,4	———
Biege-schwellfestigkeit	σ_{bSch}	0,6 ÷ 0,7	0,4 ÷ 0,55	———
Torsions-schwellfestigkeit	τ_{Sch}	0,3 ÷ 0,4	0,4	0,3

Bemerkung: Die Näherungswerte sind für polierte Oberflächen gültig. Für hohe Zugfestigkeiten sind die kleineren Werte zu verwenden, für niedrigere die größeren.

Abb. 5.42. Schwingfestigkeitskennwerte in Abhängigkeit der Zugfestigkeit R_m

Von großem Einfluss auf die Schwingfestigkeit, besonders bei Werkstoffen höherer Festigkeit, ist die Beschaffenheit der Oberfläche. In der Festigkeitsberechnung wird dieser Zusammenhang durch den  Oberflächenfaktor f berücksichtigt, der die Abminderung der ertragbaren Spannungsamplitude gegenüber der polierten Probe angibt.

Der Oberflächenfaktor ist von der Zugfestigkeit R_m des Werkstoffs sowie von der Art der Oberfläche abhängig und wird mit empirisch gewonnenen Diagrammen bestimmt, Abb. 5.43. Die Wechselfestigkeit einer Probe mit beliebiger Oberfläche berechnet sich damit zu

$$\sigma_W = f_0 \cdot \sigma_{W,pol} . \tag{5.34}$$

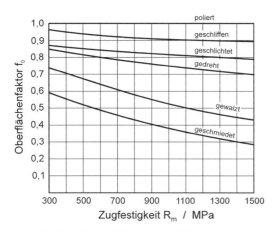

Abb. 5.43. Oberflächenfaktor f in Abhängigkeit der Zugfestigkeit R_m

Bei Korrosionseinfluss gehen die Wöhlerlinien auch bei sehr hohen Schwingspielzahlen nicht mehr in einen horizontalen Verlauf über. Dies bedeutet, dass keine ausgeprägte Dauerfestigkeit auftritt, sondern vielmehr auch bei niedrigen Spannungsamplituden schließlich mit einem Schwingungsbruch zu rechnen ist. Bei schwingender Beanspruchung unter Korrosion muss zusätzlich der Einfluss der Zeit, d. h. der Schwingspielfrequenz auf die ertragbare Schwingspielzahl in Betracht gezogen werden. Dies gilt insbesondere bei Betriebsbeanspruchungen unter höheren Temperaturen im Zeitstandbereich, wenn mit Kriechvorgängen gerechnet werden muss.

Schwierig rechnerisch zu erfassen ist der Größeneinfluss bei schwingender Beanspruchung. Generell gilt, dass Schwingfestigkeitskennwerte, die an Kleinproben ermittelt wurden höher sind als diejenigen an größeren Proben oder Bauteilen. Eine isolierte Betrachtung dieses Effektes ist jedoch sehr aufwändig, da häufig weitere Einflussgrößen (z. B. Fertigungsverfahren oder Wärmebehandlung) eine Rolle spielen. In Abb. 5.44 sind experimentelle Ergebnisse zum Größeneinfluss dargestellt, aus denen die Abminderung gemäß $\sigma_W = f_d \cdot \sigma_W (d = 10 \, \text{mm})$ quantitativ bestimmt werden kann.

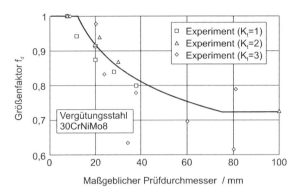

Abb. 5.44. Einfluss der Probengröße auf die Dauerfestigkeit

5.5 Verfestigungsmechanismen

Besteht das Gefüge eines Werkstoffes statt aus einem Kristall aus einem polykristallinen Haufwerk, so besitzt es eine höhere Streckgrenze. Die Steigerung der Streckgrenze R_e lässt sich auf die verschiedenen Verfestigungsmechanismen zurückführen:

- Kaltverfestigung
- Mischkristallverfestigung
- Ausscheidungshärtung
- Kornverfeinerung

Die Streckgrenze kann näherungsweise nach folgender Beziehung berechnet werden:

$$R_e = \sigma_P + \Delta\sigma_V + \Delta\sigma_M + \Delta\sigma_A + \Delta\sigma_K \tag{5.35}$$

σ_P : Peierl-Spannung (Spannung, die benötigt wird, um eine Versetzung in einem Einkristall mittlerer Orientierung zu bewegen)

V : Kaltverfestigung (Verfestigung durch Erzeugung von Versetzungen)

M : Mischkristallverfestigung

A : Ausscheidungshärtung

K : Kornverfeinerung

Die einzelnen Teilbeträge lassen sich mit Hilfe von Proportionalitätsbeziehungen abschätzen:

$$\Delta\sigma_v \sim \sqrt{\rho} \text{ , mit } \rho\text{: Versetzungsdichte} \tag{5.36}$$

$$\Delta\sigma_M \sim \sqrt{c} \text{ , mit c: Konzentration der gelösten Elemente} \tag{5.37}$$

$$\Delta \sigma_A \sim \frac{1}{D} \text{ , mit D: Teilchenabstand} \qquad (5.38)$$

$$\Delta \sigma_K \sim \frac{1}{\sqrt{d}} \text{ , mit d: Korngröße} \qquad (5.39)$$

5.5.1 Kaltverfestigung

Zum Erreichen einer makroskopischen plastischen Verformung ist eine sehr große Anzahl von Versetzungen erforderlich. Bereits in einem unverformten Metalleinkristall wurden Versetzungsdichten von 10^6 - 10^7 cm^{-2} festgestellt, Abb. 5.45.

Die Versetzungen müssen während der plastischen Verformung ständig neu gebildet werden, ihre Dichte kann dabei auf 10^{12} cm^{-2} ansteigen. In einem ungestörten Kristallgitter können Versetzungen durch die Wirkung von Schubspannungen der üblichen Größe nicht spontan entstehen. Dazu müssen vielmehr Störungen vorhanden sein, wie Korngrenzen oder Versetzungen, die praktisch in jedem Kristall bereits von der Erstarrung her zu finden sind.

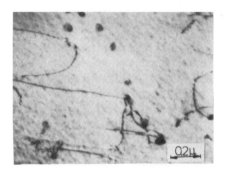

Abb. 5.45. Gewölbte Versetzungen in einem geschmiedeten Feinkornbaustahl, 20MnMoNi5-5, Transmissionselektronen - Mikroskop (TEM)

Einer der bekanntesten Vervielfachungsmechanismen ist der sog. Frank-Read-Mechanismus, Abb. 5.46. Die Versetzungsquelle besteht aus einer Versetzungslinie 0, die in der Gleitebene des Kristalls liegt und in den Punkten A und B verankert ist. Unter einer Schubspannung wölbt sich das Versetzungssegment in der Gleitebene aus. Mit zunehmender Auswölbung treffen die beiden Versetzungsbögen an der Stelle C zusammen, annihilieren dort und spalten den Ring 6b ab. Das Segment 6a geht in die Ausgangsposition zurück und der Quellenmechanismus kann erneut beginnen. Auf diese Weise können theoretisch beliebig viele Versetzungsringe abgespalten werden, von denen jeder eine Abgleitung b (Burgersvektor) bewirkt.

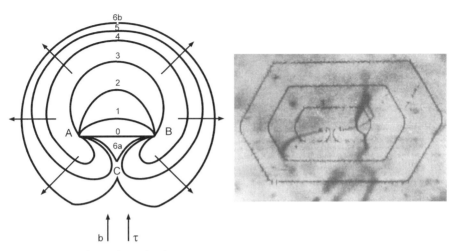

Abb. 5.46. Frank-Read-Mechanismus

Die Kaltverfestigung beruht darauf, dass sich die Versetzungen infolge gegenseitiger Anziehung bzw. Abstoßung beim Gleiten behindern. Je höher die Versetzungsdichte ist, um so größer muss die äußere Spannung sein, um die Versetzungen aneinander vorbei zu bewegen. Außerdem werden die Versetzungen vor Hindernissen wie z.B. unbeweglichen Versetzungen, Ausscheidungen oder Korngrenzen aufgestaut. Die aufgestauten Versetzungen und ihre Spannungsfelder beeinflussen wiederum die Neubildung von Versetzungen. Wenn das durch die Versetzungen induzierte Spannungsfeld größer als das von außen aufgebrachte Spannungsfeld ist, wird die Versetzungsbildung gestoppt.

Die bei Raumtemperatur erzielte Verfestigung (Kaltverformung) geht bei hohen Temperaturen durch Erholungs- und Rekristallisationsvorgänge wieder verloren.

5.5.2 Mischkristallverfestigung

Mischkristalle haben i.Allg. eine höhere Streckgrenze als reine Metalle. Dies weist darauf hin, dass die Versetzungsbewegung im Mischkristallgitter erschwert ist, Abb. 5.47 und Abb. 5.48. Dies kann einmal dadurch hervorgerufen werden, dass die Atome der zulegierten Elemente vom Grundgitter abweichende Atomdurchmesser aufweisen, welche das Gitter mehr oder weniger stark verzerren. Zum andern können sich an den Versetzungen Fremdatome anreichern („Cottrell-Wolke") und so die Versetzungen behindern, Abb. 5.49. Diese Vorstellung hilft auch bei der Erklärung der oberen und unteren Streckgrenze. Die durch die Hindernisse erhöhte (obere) Streckgrenze sinkt auf die untere, sobald sich die Versetzungen von der „Cottrell-Wolke" losgerissen haben.

Auch der Vorgang der Reckalterung kann durch Diffusion der Kohlenstoff- und Stickstoffatome an die Versetzungen erklärt werden, Abb. 5.49. Wenn bei dynamischer Reckalterung die Geschwindigkeiten von Diffusions- und Versetzungsbewegung übereinstimmen, ist eine erhöhte Fließspannung zu beobachten (Blausprödigkeit zwischen 200 und 350 °C).

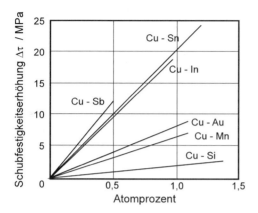

Abb. 5.47. Mischkristallverfestigung in Abhängigkeit von der Konzentration für verschiedene Kupferlegierugen

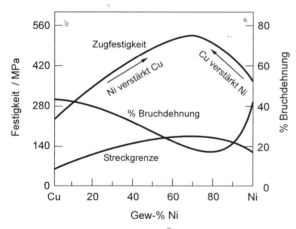

Abb. 5.48. Mischkristallverfestigung in Abhängigkeit von der Konzentration bei Cu-Ni-Legierungen

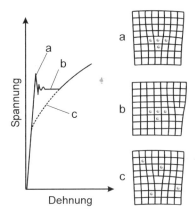

Abb. 5.49. Entstehung der oberen Streckgrenze durch die "Cottrell-Wolke"

5.5.3 Ausscheidungshärtung

Die Hinderniswirkung der Fremdatome im Mischkristall wird wesentlich erhöht, wenn sich diese zu einer Ausscheidung zusammenlagern, Abb. 5.50. Dabei werden Bereiche anderer chemischer Zusammensetzung und häufig auch anderer Kristallstruktur gebildet. Die Ausscheidungshärtung beruht auf der Versetzungsbehinderung beim Schneiden oder Umgehen der Ausscheidungen, wobei eine Verteilung vieler feiner Ausscheidungen am wirkungsvollsten ist.

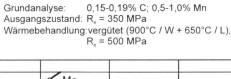

Grundanalyse: 0,15-0,19% C; 0,5-1,0% Mn
Ausgangszustand: R_e = 350 MPa
Wärmebehandlung:vergütet (900°C / W + 650°C / L),
                      R_e = 500 MPa

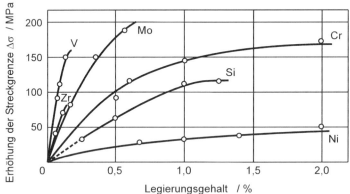

Abb. 5.50. Einfluss von Legierungselementen auf die Streckgrenze bei Stahl

5.5.4 Verfestigung durch Kornverfeinerung

Die Kornverfeinerung liefert einen erheblichen Beitrag zur Festigkeitssteigerung. Je kleiner die Korngröße wird, d.h. je mehr Korngrenzen vorhanden sind, desto größer wird der Widerstand gegen die Versetzungsbewegung, Abb. 5.51. Es gilt die sogenannte *Hall-Petch-Beziehung*.

$$R_e = \sigma_0 + k/\sqrt{d} \ . \tag{5.40}$$

σ_0 Streckgrenze für ein unendlich großes fehlerbehaftetes Korn
d   mittlerer Korndurchmesser
k   Konstante (Korngrenzenstruktur)
Da jeder Kristallit eine andere Gleitsystemorientierung zur Beanspruchungs-richtung aufweist, werden zunächst die günstig orientierten Kristalle gleiten (Mikroplastizität). Erst beim Wirksamwerden von mehreren (mindestens fünf) voneinander unabhängigen Gleitsystemen bleibt das derartig beanspruchte Volumen an der Verformung beteiligt.

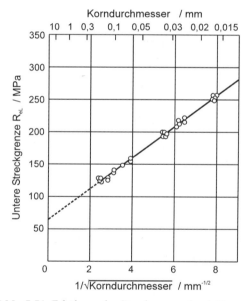

Abb. 5.51. Erhöhung der Streckgrenze durch Kornverfeinerung

5.6 Bruchvorgänge und Bruchmechanik

Als Bruch wird derjenige Vorgang bezeichnet, bei dem die Verformung eines Werkstoffes in lokale oder globale Trennungen übergeht. D.h. der Bruch tritt ein, wenn die Bindungskräfte zwischen den Atomen, Ionen oder Molekülen überwunden werden. Der Bruch kann dabei durch Normalspannungen (i.Allg. spröde Werkstoffe) oder durch Schubspannungen (zähe Werkstoffe) hervorgerufen werden. Zur Bruchentstehung gehören grundsätzlich die Bildung und Ausbreitung von Rissen in submikroskopischen, mikroskopischen und schließlich makroskopischen Größenordnungen. Man unterscheidet zum einen nach dem Bruchmechanismus Spalt-, Scher- und Dauerbruch und zum andern nach dem Gefüge zwischen interkristallinem und transkristallinem Bruch.

Zur Quantifizierung und Beurteilung des Festigkeits- und Verformungsverhaltens von Bauteilen mit Rissen in den einzelnen Zähigkeitsbereichen wird im Gebiet niedriger Werkstoffzähigkeit die *linear-elastische Bruchmechanik (LEBM)*, im Bereich höherer Werkstoffzähigkeit die *elastisch-plastische Bruchmechanik (EPBM)* angewendet.

Eine strenge Abgrenzung der Anwendungsbereiche in Abhängigkeit von der Werkstoffzähigkeit ist nicht möglich, aber auch nicht notwendig, da die Verfahren einerseits fließend ineinander übergehen, andererseits durch Modifikation, wie z.B. durch die Berücksichtigung begrenzter plastischer Zonen vor der Rissspitze in der LEBM, deren Anwendungsbereich erweitert werden kann.

Die Bruchmechanik stellt den mathematischen Zusammenhang zwischen der Nennspannung im Bauteil, der Größe und Konfiguration einer rissartigen Fehlerstelle im Werkstoff und dem Widerstand des Werkstoffes gegen Risserweiterung als spezifischer Materialeigenschaft her. Die Versagensbedingung als Gleichgewicht zwischen wirkender und ertragbarer Beanspruchung lautet:

$$K = K_R \ . \tag{5.41}$$

Die Größe K, die die risstreibende Beanspruchung an der Rissspitze kennzeichnet, lässt sich bei bekannter Belastung (σ) und Bauteil-/Rissgeometrie (a) meist ausreichend genau berechnen. Der Widerstand des Werkstoffes gegen Risserweiterung, der sogenannte Reißwiderstand K_R, ist als Werkstoffkennwert nur im Versuch ermittelbar und ist im Wesentlichen vom Werkstoff und von Umgebungseinflüssen abhängig, Abb. 5.52.

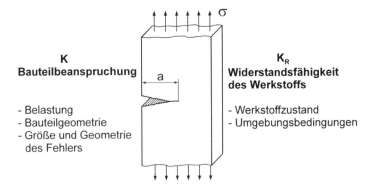

Abb. 5.52. Einflussgrößen auf das Risswachstum

5.6.1 Verformungsloser Bruch (Sprödbruch, Spaltbruch)

Wenn der dem Bruch vorausgegangene mikroskopische bzw. makroskopische Riss sich in einer weitgehend elastisch verformten Umgebung ausbreitet, spricht man von Sprödbruch. Der Sprödbruch ist dadurch gekennzeichnet, dass bei der Werkstofftrennung keine bzw. nur unbedeutende, lokal begrenzte, plastische Verformungen auftreten. Die beim Bruch verbrauchte Energie ist gering. Das Risswachstum verläuft i.Allg. instabil. Die Bruchflächen sind metallisch glänzend. Der Bruch kann entlang der Korngrenzen, Abb. 5.53 und Abb. 5.54, als interkristalliner Bruch oder durch die Körner hindurch, Abb. 5.55 und Abb. 5.56, als transkristalliner Bruch erfolgen.

Die wesentlichen Einflussgrößen, die einen Sprödbruch begünstigen, sind:
* ungünstiger Werkstoffzustand (aus Herstellung oder aus Betrieb)
* tiefe Temperaturen (bei ferritischen Stählen)
* mehrachsige Zugspannungszustände, häufig verbunden mit unerkannten Rissen
* hohe Beanspruchungsgeschwindigkeit

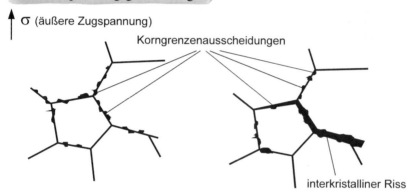

Abb. 5.53. Schematische Darstellung eines interkristallinen Bruches

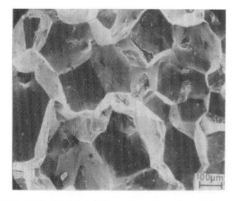

Abb. 5.54. Interkristalliner Sprödbruch, 20NiMoCr3-7, REM-Aufnahme

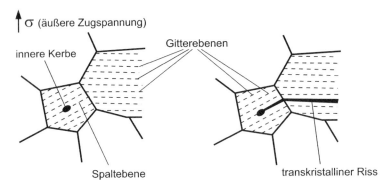

Abb. 5.55. Schematische Darstellung eines transkristallinen Bruches

Abb. 5.56. Transkristalliner Spaltbruch, 19MoV6-3, REM-Aufnahme

Die Art und Weise der Risserweiterung, wird durch die Relativbewegung der beiden Rissflächen zueinander, dem Bruchmodus, gekennzeichnet, Abb. 5.57.

Die räumliche gegenseitige Verschiebung der Rissflächen lässt sich in die Komponenten u, v, w zerlegen, die wie folgt definiert sind:

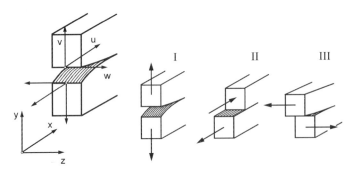

Abb. 5.57. Rissöffnungsmodi

Modus I: Die Rissflächen bewegen sich in y-Richtung voneinander weg und öffnen den Riss.

Modus II: Die Rissflächen gleiten in x-Richtung aufeinander ab. Es liegt eine reine Scherbeanspruchung in x-Richtung vor.

Modus III: Die Rissflächen gleiten in z-Richtung aufeinander ab. Es liegt eine reine Scherbeanspruchung in z-Richtung vor.

Der Rissöffnungsmodus I ist der technisch wichtigste Fall, da sich hier die Bruchflächen - in Form einer Trennung des Stoffzusammenhanges - senkrecht zur größten positiven Hauptspannung aufspalten. Dies entspricht einem Trennbruch, wie er bei spröden Werkstoffen zu beobachten ist. Es wird deshalb im Folgenden nur der Modus I behandelt.

Um den mathematischen Aufwand zu beschränken, wird von einem möglichst einfachen Modell ausgegangen. Im Weiteren wird eine dünne Scheibe unendlicher Ausdehnung mit einem Innenriss der Länge 2a (Griffith-Riss) unter allseitigem Zug betrachtet, Abb. 5.58. Unter Verwendung komplexer Spannungsfunktionen ergeben sich für die Spannungen folgende Beziehungen:

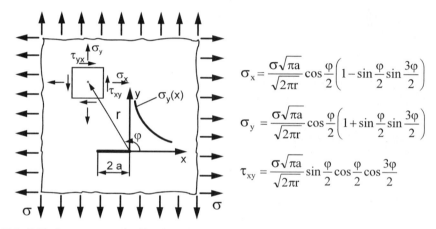

$$\sigma_x = \frac{\sigma\sqrt{\pi a}}{\sqrt{2\pi r}}\cos\frac{\varphi}{2}\left(1-\sin\frac{\varphi}{2}\sin\frac{3\varphi}{2}\right)$$

$$\sigma_y = \frac{\sigma\sqrt{\pi a}}{\sqrt{2\pi r}}\cos\frac{\varphi}{2}\left(1+\sin\frac{\varphi}{2}\sin\frac{3\varphi}{2}\right)$$

$$\tau_{xy} = \frac{\sigma\sqrt{\pi a}}{\sqrt{2\pi r}}\sin\frac{\varphi}{2}\cos\frac{\varphi}{2}\cos\frac{3\varphi}{2}$$

Abb. 5.58. Spannungsverlauf in einer dünnen unendlichen Scheibe mit Riss unter allseitigem Zug

Von besonderer Bedeutung für die Beanspruchung an der Rissspitze ist die Spannung σ_y senkrecht zur Rissfläche, speziell die Spannungen in der Rissebene $(\varphi = 0)$. Da für $r = 0$ die Spannung σ_y unendlich groß wird, liegt an der Rissspitze offensichtlich eine Singularität vor. Auch wird die Gleichgewichtsbedingung in x-Richtung an der Rissspitze verletzt ($\sigma_x = \infty$). In genügend großem Abstand vom Riss würde man erwarten, dass sich die Spannung in y-Richtung der Nennspannung σ nähert, was nicht der Fall ist. Dies zeigt, dass die Gleichungen nur in der Nähe der Rissspitze, jedoch nicht an ihr selbst, gültig sind.

Der Ausdruck $\sigma\sqrt{\pi a}$ ist für gegebene Werte von σ (äußere Belastung) und a (im Beispiel halbe Risslänge) konstant. Er ist ein Maß für die Intensität des Spannungszustandes im Bereich der Rissspitze und wird deshalb als Spannungsintensitätsfaktor K_I bezeichnet. Die Dimension des Spannungsintensitätsfaktors ist $MPa\sqrt{m} = \sqrt{1000} \cdot N/mm^{3/2}$.

$$K_I = \sigma \cdot \sqrt{\pi \cdot a} \qquad (5.42)$$

Der Index I bezeichnet den Rissöffnungsmodus I. Steigert man die Belastung σ und berücksichtigt die jeweilige Risslänge 2a, so nimmt auch der Spannungsintensitätsfaktor K_I zu.

Zur Bestimmung des K_I-Wertes für praxisrelevante Geometrien stehen Handbücher zur Verfügung, in denen entsprechende Beziehungen angegeben sind. Der Spannungsintensitätsfaktor wird hierzu um einen die Formfunktion f erweitert.

$$K_I = \sigma \cdot \sqrt{\pi \cdot a} \cdot f(\text{Geometrie}) \qquad (5.43)$$

Ein verformungsarmer Bruch tritt ein, wenn K_I einen kritischen Wert K_{Ic} erreicht. Dieser Wert, der einen Werkstoffkennwert darstellt, wird als *Bruchzähigkeit* bezeichnet.

Ermittlung der werkstoffabhängigen Bruchzähigkeit K_{Ic}

Die Ermittlung von Werkstoffkennwerten kann nur in experimentellen Untersuchungen erfolgen. Hierzu werden in der Regel genormte Proben eingesetzt, um die Vergleichbarkeit der Versuchsergebnisse zu gewährleisten. Im Bereich der Bruchmechanik ist die weitaus am häufigsten eingesetzte Probe die Kompakt-Zugprobe (CT-Probe, Compact Tension), die in der amerikanischen Norm ASTM E 399 genormt ist und deren Abmessungen proportional zur Probendicke sind, Abb. 5.59. Dies wird durch die Probenbezeichnung gekennzeichnet, CT25 bedeutet Probendicke 25 mm.

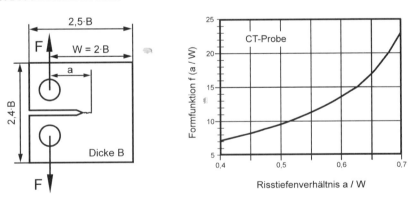

Abb. 5.59. Kompakt-Zugprobe (CT-Probe), Abmessungen und Formfunktion

Die Probe, die einen durch Anschwingen erzeugten scharfen Anriss enthält, wird mit stetig zunehmender Last F bis zum Bruch belastet. Der hierbei aufgezeichnete F-V_L-Verlauf ist bei sprödem Werkstoffverhalten bis zum Bruch näherungsweise linear. Dabei ist V_L die im Versuch ermittelte Aufweitung der Probe in der Lastangriffslinie. Die Spannungsintensität einer CT-Probe berechnet sich zu:

$$K_I = \frac{F}{B\sqrt{W}} \cdot f\left(\frac{a}{W}\right),$$

(5.44)

wobei $f(a/W)$ die Formfunktion der CT-Probe darstellt, Abb. 5.59. Der kritische Spannungsintensitätsfaktor bei Bruch wird als Bruchzähigkeit K_{Ic} bezeichnet, Abb. 5.60.

$$K_I(\text{Bruch}) = K_{Ic}$$

(5.45)

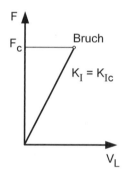

Abb. 5.60. Kraft-Aufweitungs-Diagramm zur K_{Ic}-Ermittlung

5.6.2 Verformungsbruch

Der Verformungs- oder Zähbruch ist im Gegensatz zum Sprödbruch durch seine zum Teil sehr hohen plastischen Verformungen gekennzeichnet. Die beim Bruch vom Werkstoff aufgenommene Energie ist wesentlich höher, als die beim spröden Bruch. Das Risswachstum kann stabil oder instabil verlaufen. Im Allgemeinen verläuft der zähe Bruch transkristallin.

Die mikromechanischen Vorgänge bei der Zähbruchentstehung werden im Wesentlichen vom Mikrogefüge bestimmt. Besondere Bedeutung kommt dabei den Ausscheidungen und Einschlüssen zu.

In fast allen technischen Metallen und Metalllegierungen sind derartige Phasen vorhanden.

Untersuchungen zeigen, dass bei Metalllegierungen, die derartige Phasen aufweisen, die mikromechanischen Vorgänge, die zur Bruchentstehung führen, in drei Stadien aufgegliedert werden können, Abb. 5.61.

Das Wachstum und die Koaleszenz von Hohlräumen führt zu der für den zähen Bruch charakteristischen wabenartigen Bruchfläche, Abb. 5.62 und Abb. 5.63. In den Waben sind oft die zur Hohlraumbildung führenden Einschlüsse zu erkennen.

Neue Werkstoffmodelle beschreiben mit Hilfe kontinuumsmechanischer Ansätze die im Werkstoff beim Bruch ablaufenden mikromechanischen Vorgänge. Diese sogenannten Schädigungsmodelle versuchen mit geometrie- und größenunabhängigen, also mit rein werkstoffabhängigen Kenngrößen, den Versagensablauf (Hohlraumentstehung, Hohlraumwachstum und Hohlraumkoaleszenz) zu beschreiben, um daraus das makroskopische Verformungs- und Versagensverhalten zu berechnen.

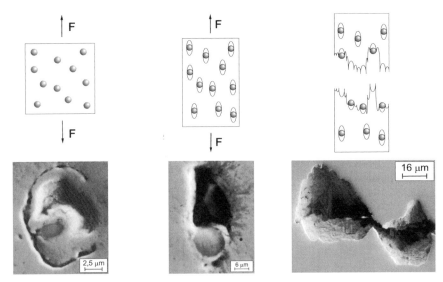

Abb. 5.61. Stadien des zähen Bruchs, 20MnMoNi5-5, Rasterelektronen – Mikroskop (REM)

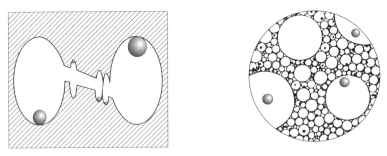

Abb. 5.62. Entstehung der Waben beim zähen Bruch

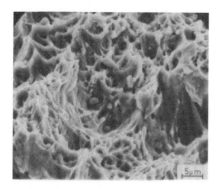

Abb. 5.63. Zäher Wabenbruch, 20MnMoNi5-5, REM-Aufnahme

Außerdem existieren zahlreiche bruchmechanische Modelle, die spezielle Teil-vorgänge der Bruchentstehung mathematisch beschreiben. Bei vorhandenen Kerben und Rissen führt die hohe Spannungskonzentration an der Rissspitze in Abhängigkeit von der Werkstoffzähigkeit zu mehr oder weniger ausgeprägten plastischen Verformungen. Die Rissbildung bei zähem Werkstoffverhalten wird durch folgende, nacheinander ablaufende Stadien bestimmt, siehe Abb. 5.64.
- Plastifizierung und Abstumpfung der Rissspitze („Blunting")
- Risseinleitung (Beginn des stabilen Rissfortschritts) („Crack Initiation")
- Stabiles Risswachstum („Stable Crack Growth")
- Instabilität (instabiler Rissfortschritt) („Unstable Crack Growth")

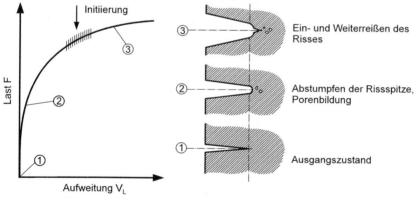

Abb. 5.64. Rissentstehung beim Zähbruch

5.6.3 Ermittlung des J-Integrals (Bauteilcharakteristik)

Zur Charakterisierung des Spannungs- und Verschiebungsfeldes im Bereich der Rissspitze ist das J-Integral geeignet. Das J-Integral ist ein Maß für die zur Riss-ausbreitung zur Verfügung stehende Energie und kann numerisch oder experimentell bestimmt werden. Zur numerischen Berechnung eignet sich die Formulierung nach Rice als Linienintegral, das bei bekannter Spannungs- und Verschiebungsverteilung durch Integration längs eines Weges Γ um die Rissspitze den Wert des J-Integrals liefert, mit der Dimension N/mm.

$$J = \oint_{\Gamma} (W \, dy - T_i \, \frac{\partial u_i}{\partial x} \, ds) \tag{5.46}$$

Die Formänderungsenergiedichte W und der Spannungsvektor T_i lassen sich nach den elementaren Grundgesetzen der Technischen Mechanik berechnen.

$$W = \int_0^{\varepsilon_{mn}} \sigma_{ij} \, d\varepsilon_{ij} \quad \text{und} \quad T_i = \sigma_{ij} \, n_j \tag{5.47}$$

Es lässt sich zeigen, dass unter bestimmten Voraussetzungen der Wert des J-Integrals wegunabhängig ist. Für die Anwendung ist dies von Bedeutung, da das Spannungs- und Verschiebungsfeld an der Rissspitze in der Regel nicht oder nur unzureichend genau bekannt ist. Damit kann der Wert des Linienintegrals nach Rice anhand eines beliebigen Integrationsweges bestimmt werden. Voraussetzung hierfür ist allerdings, dass keine Entlastungen auftreten und der plastische Dehnungsanteil auf mäßige Verformungen beschränkt bleibt. Weiterhin wird ein eindeutiger Zusammenhang zwischen Spannung und Dehnung gefordert. Dies ist lediglich für linearelastisches und hyperelastisches Werkstoffverhalten erfüllt. Da die meisten technischen Werkstoffe elastisch-plastisches Verhalten zeigen, führt dies zu Einschränkungen der Gültigkeit des J-Integrals, insbesondere bei Entlastungsvorgängen.

Bei linearelastischem Werkstoffverhalten lässt sich ein Zusammenhang zwischen dem J-Integral und dem Spannungsintensitätsfaktor angeben.

$$J = \frac{K_I^{\,2}}{E} \text{ (ebener Spannungszustand)} \tag{5.48}$$

$$J = \frac{K_I^{\,2}}{E} \cdot \left(1 - \mu^2\right) \text{ (ebener Dehnungszustand)} \tag{5.49}$$

Zur experimentellen Ermittlung des J-Integrals wird die Interpretation als Energiefreisetzungsrate nach Begley und Landes verwendet.

$$J = -\frac{1}{B} \frac{\partial U}{\partial a} \tag{5.50}$$

5.6.4 Ermittlung der zähbruchmechanischen Werkstoffkennwerte

In der EPBM ist der Kennwert der Wert des J-Integrals bei Beginn des stabilen Rissfortschritts.

Aus fertigungs- und messtechnischen Gründen werden auch hier überwiegend CT- und TPB-Proben (Drei-Punkt-Biegeproben) eingesetzt. Zur Anwendung kommen dabei zahlreiche Verfahren, die sich hinsichtlich Versuchsdurchführung, Messtechnik und nicht zuletzt in ihrer werkstoffmechanischen Begründung unterscheiden. Dabei liegt die Hauptschwierigkeit darin, den Beginn des Rissfortschritts korrekt zu erfassen.

Basis der Kennwertermittlung nach ASTM E 1820 ist die Kenntnis der Risswiderstandskurve $(J = J(\Delta a) - \text{Kurve})$ des Werkstoffes. Der Wert des J-Integrals wird dabei als Summe eines elastischen und eines plastischen Anteils bestimmt.

$$J = J_{el} + J_{pl} \tag{5.51}$$

Der elastische Anteil kann durch Berechnung des Spannungsintensitätsfaktors K_I nach ASTM E 399 bestimmt werden. Für den ebenen Dehnungszustand (EDZ) ergibt sich der elastische Anteil zu

$$J_{el} = \frac{K_I^{\,2}}{E} \cdot \left(1 - \mu^2\right). \tag{5.52}$$

Der plastische Anteil lässt sich aus der Last-Verschiebungskurve nach Bestimmung der plastischen Formänderungsenergie U_{pl} ermitteln. Für eine CT-Probe ergibt sich der plastische Anteil des J-Integrals näherungsweise zu

$$J_{pl} = \eta \cdot \frac{U_{pl}}{B\,(W - a)} \tag{5.53}$$

$$\text{mit } \eta = 2 + 0{,}522 \cdot \frac{(W - a)}{W}. \tag{5.54}$$

Bei der Einprobentechnik lässt sich die $J(\Delta a) - $ Kurve aus einer einzigen Probe bestimmen. Dabei macht man von der Tatsache Gebrauch, dass sich die Nachgiebigkeit (Compliance) der Probe mit der Risserweiterung vergrößert. Die Compliance wird anhand der Steigung während einer Teilentlastung ermittelt und damit die zugehörige Risserweiterung Δa berechnet. Die Risswiderstandskurve wird nach ASTM durch eine Potenzfunktion angenähert.

$$J = C_1 \cdot \left(\Delta a\right)^{C_2} \tag{5.55}$$

Die Konstanten C_1 und C_2 werden durch Anpassung an Versuchsergebnisse bestimmt. Die scheinbare Risserweiterung durch das Abstumpfen der Rissspitze aufgrund der Plastifizierung wird in der ASTM-Vorschrift durch die Blunting Line berücksichtigt, einer Ursprungsgerade im $(\Delta a, J) - $ Koordinatensystem mit der Steigung $2 \cdot \sigma_{fl}$ gemäß

$$J = 2 \cdot \sigma_{fl} \cdot \Delta a = \left(R_e + R_m\right) \cdot \Delta a \; . \qquad (5.56)$$

Parallel zur Blunting Line durch $\Delta a = 0,2\,\text{mm}$ verläuft die $0,2\,\text{mm}$ – Offset Line, deren Schnittpunkt mit der Risswiderstandskurve den Wert des J-Integrals im Bereich der beginnenden stabilen Risserweiterung angibt. Bei Erfüllung weiterer Kriterien entspricht dieser Wert dem Kennwert J_{Ic} der amerikanischen Prüfvorschrift ASTM E 1820, Abb. 5.65.

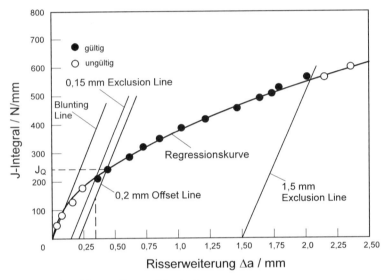

Abb. 5.65. Risswiderstandkurve ($J - \Delta a$)

Zum Vergleich mit den linear-elastischen Kennwerten lassen sich auch die Kennwerte der EPBM umrechnen, gemäß Gl. 5.48 und 5.49. Für den Sonderfall von rein elastischer Beanspruchung entspricht dies dabei der Bruchzähigkeit K_{Ic}.

$$K_{Ic} = \sqrt{J_{Ic} \cdot E} \; \text{(ESZ) bzw.} \; K_{Ic} = \sqrt{\frac{J_{Ic} \cdot E}{1 - \mu^2}} \; \text{(EDZ)} \qquad (5.57)$$

Für elastisch-plastisches Werkstoffverhalten lässt sich analog hierzu die Pseudo-Bruchzähigkeit K_{IJ} bestimmen. Die Aussagekraft dieser Kenngröße ist jedoch beschränkt.

5.6.5 Zeitstand- bzw. Kriechbruch

Der Zeitstand- oder Kriechbruch tritt in Bauteilen auf, die eine Betriebstemperatur aufweisen, die i.Allg. größer als das 0,4-fache des absoluten Schmelzpunktes ist. Die Beanspruchung ist weitgehend konstant und liegt in der Höhe unterhalb der

Warmstreckgrenze. Als Folge einer Kriechverformung stellt sich in metallischen Werkstoffen eine Schädigung ein, die folgenden zeitlichen Ablauf hat. Gegen Ende des sekundären Kriechbereichs bilden sich im Anschluss an die Kriechverformungen Kriechporen, die bevorzugt an Korngrenzen senkrecht zur Hauptbeanspruchungsrichtung auftreten. Diese vereinigen sich zu interkristallinen Mikrorissen. Da Korngrenzen, die mit Kriechporen oder Mikrorissen belegt sind, keine Spannungen mehr übertragen können, ergibt sich eine Spannungserhöhung, die bei Erreichen einer kritischen Größe zu einem Bruch führt.

Im metallografischen Schliff eines kriechbeanspruchten Rohres aus einem ferritischen Stahl nach langzeitiger Betriebsbelastung stellt die Kriechpore einen Hohlraum dar, wobei prinzipiell die Verwechslungsgefahr mit herausgelösten nichtmetallischen Einschlüssen besteht, Abb. 5.66.

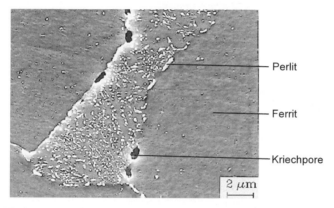

Abb. 5.66. Kriechporen an den Korngrenzen, 13CrMo4-4, REM-Aufnahme (geätzter Schliff)

Im fraktographischen Bruchbild, Abb. 5.67, ergibt sich die beginnende Kriechschädigung in Form von Kriechporen als interkristalline Korngrenzenfacette mit Verformungsanteilen zwischen den einzelnen Hohlräumen.

Der Anteil des interkristallinen Kriechbruchs in der Bruchfläche hängt von den auftretenden Kriechmechanismen bzw. Werkstoff, Höhe der Temperatur und Spannung ab. In einem Temperatur-Spannungsbereich, in dem die Bewegung von Versetzungen in einem Kristallgitter dominant ist, werden sich vergleichsweise wenige Poren bilden. Der Bruch weist die phänomenologische Erscheinung eines Verformungsbruchs auf. Hingegen tritt im Bereich, in dem Gleitungen längs Korngrenzen sowie Diffusion von Leerstellen zu beobachten ist, bevorzugt Porenbildung auf.

Da Korngrenzengleiten bzw. Diffusion von Leerstellen keine großen Beiträge zur Verformung liefert, handelt es sich in diesem Fall um einen spröden Bruch. Es muss jedoch darauf hingewiesen werden, dass der Werkstoff selbst nicht „spröd" ist (wie z.B. beim Vorhandensein von Korngrenzenausscheidungen) und deshalb bei zügiger Beanspruchung durchaus hohe Verformungswerte aufweist. Das Versagen durch Kriechen ist bei allen Bauteilen, die im Kriechbereich betrieben werden, eine Größe, die sowohl in der Auslegung als auch in der Überwachung des Bauteils während des Betriebs beachtet werden muss.

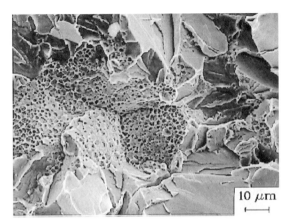

Abb. 5.67. Kriechporen, 13CrMo4-4, REM-Aufnahme (in einer durch Abkühlung in flüssigem Stickstoff und Sprödbruch erzeugten Bruchfläche mit interkristalliner Kriechschädigung, eingebettet in transkristallinen Spaltbruch)

5.6.6 Zeit- und Dauerbruch

Ursache eines Zeit- bzw. Dauerbruchs ist die im Zuge der wiederholten Beanspruchung anwachsende Werkstoffschädigung. Diese ist komplexer Natur. Man kann vier Stadien unterscheiden:

- Verfestigung, neutrales Verhalten, Entfestigung
- Anrissbildung
- Risswachstum
- Restbruch

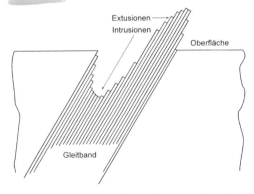

Abb. 5.68. Schematische Darstellung der Entstehung von Auswölbungen (Extrusionen) und Einsenkungen (Intrusionen) in schwingungsbeanspruchten metallischen Werkstoffen

Die ersten drei Stadien sind in Wirklichkeit jeweils überlagert. Die wiederholte Beanspruchung bewirkt eine inhomogene Verteilung der Versetzungen und demzufolge ein Entstehen von Gleitbändern an der Oberfläche mit stufenförmigen Auswölbungen und Einsenkungen (*Extrusionen* und *Intrusionen*) als Vorstufen feiner Anrisse, Abb. 5.68 und Abb. 5.69.

Abb. 5.69. Extrusionen an der Oberfläche einer Probe aus AlCuMg2 nach 10000 Lastwechseln, REM-Aufnahme

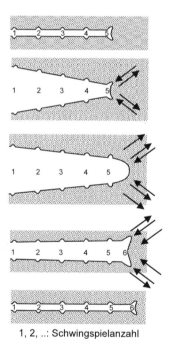

1, 2, ..: Schwingspielanzahl

Abb. 5.70. Schematische Darstellung der Entstehung von Schwingstreifen

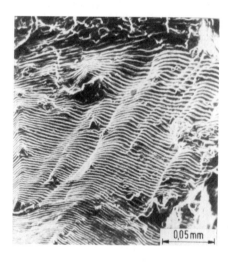

Abb. 5.71. Schwingungsbruch einer Nickelbasislegierung (Nimonic 80 A) [Eng74]

Makroskopisch gesehen ist die eigentliche Dauerbruchfläche verhältnismäßig glatt und verläuft ähnlich dem Sprödbruch senkrecht zur größten Normalspannung. Die Restbruchfläche zeigt das Erscheinungsbild eines Gewaltbruchs. *Rastlinien* sind das Kennzeichen für ungleichmäßig verlaufendes Risswachstum (Stillstandzeiten, Lastüberhöhungen, Korrosion). Bei mikrofraktographischer Untersuchung im Rasterelektronenmikroskop kann man eine Feinstruktur von Furchen, sogenannten *Schwingstreifen* feststellen, deren Abstand in etwa einem Lastwechsel entspricht, Abb. 5.70 und Abb. 5.71.

Das Risswachstum bei angerissenen Bauteilen wird auch bei schwingender Belastung im Wesentlichen durch die aufgebrachte Spannungs- oder Dehnungsamplitude und die Rissgröße bestimmt. Der Spannungszustand an der Rissspitze wird durch den Spannungsintensitätsfaktor charakterisiert. Demnach muss auch die Risswachstumsgeschwindigkeit vom Spannungsintensitätsfaktor beeinflusst werden. Als Beziehung zwischen der Risswachstumsgeschwindigkeit da/dN, die die Zunahme der Risslänge da mit der Lastspielzahl dN und der Schwingbreite des Spannungsintensitätsfaktors ΔK beschreibt, wird häufig die Beziehung

$$\frac{da}{dN} = C_0 (\Delta K)^n \qquad (5.58)$$

verwendet. Diese wird auch als Rissausbreitungsgesetz bezeichnet. Mit dieser Formulierung wird in doppellogarithmischer Darstellung der über einen weiten Bereich lineare Zusammenhang (II) zwischen ΔK und da/dN beschrieben, Abb. 5.72. Die Konstanten C_0 und n sind vom Werkstoffzustand und den Betriebsbedingungen abhängig und müssen experimentell ermittelt werden.

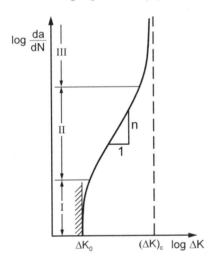

Abb. 5.72. Risswachstumskurve bei zyklischer Belastung

5.7 Zerstörungsfreie Prüfung

Die Herstellung völlig fehlerfreier Bauteile ist nach wie vor schwierig. Dabei hat Fehlerfreiheit die Bedeutung einer technischen Fehlerfreiheit. Technisch fehlerfrei heißt, die Prüfverfahren sind nicht in der Lage diese Fehler zu entdecken. Für die Praxis bedeutet dies die Fertigung von Komponenten mit ausreichender Qualität, also mit definierten Anforderungen, die vom Konstrukteur vorgegeben werden oder in Normen geregelt sind. Die wesentlichen Abweichungen von den spezifizierten Eigenschaften des Bauteils sind Fehler in Form von Werkstoffungänzen oder -trennungen. Dies sind beispielsweise Risse, Poren, Schlacken, Lunker oder Bindefehler sowie weitere werkstoff- und bauteilspezifische Fehlerbildungen. Zum Nachweis solcher Ungänzen sind die Verfahren der zerstörungsfreien Prüfung (ZfP) geeignet. Zerstörungsfrei bedeutet hierbei, dass durch die vorgenommenen Prüfungen die Gebrauchseigenschaften des Bauteils nicht beeinträchtigt werden. Zerstörungsfreie Prüfungen werden in praktisch allen Bereichen der Industrie durchgeführt, wobei die Haupteinsatzgebiete der Behälter- und Rohrleitungsbau, der Flugzeug-, Schiffs- und Fahrzeugbau sowie die Kraftwerkstechnik sind. Neben einer Kontrolle der Fertigungsqualität spielt vor allem im Chemie- und Kraftwerksbereich sowie in der Luftfahrt die regelmäßige Überprüfung auf betrieblich entstandene Fehlerbildungen eine bedeutende Rolle, um die Sicherheit eines Bauteils zu gewährleisten.

Die Verfahren der ZfP machen sich die Wechselwirkung von Wellen, Feldern oder Teilchen mit dem zu prüfenden Material zu Nutze. Die gängigsten ZfP-Verfahren sind:

- Sichtprüfung
- Durchstrahlungsprüfung
- Ultraschallprüfung
- Wirbelstromprüfung
- Magnetpulverprüfung
- Farbeindringprüfung
- Schallemissionsprüfung
- Thermische Prüfung .
- Replika-Methode.

Je nach Einsatzbereich und Anwendungsfall wurden für alle Verfahren eine Vielzahl von Varianten entwickelt, die den teils sehr speziellen Anforderungen gerecht werden.

Eine Übersicht zu den ZfP-Standardverfahren ist in Tabelle 5.4 wiedergegeben.

Tabelle 5.4. Übersicht zu den ZFP-Standardverfahren

Verfahren	Basis	Grundbegriffe	Anwendbarkeit	Haupteinsatzbereiche	Moderne Entwicklungen
Durchstrahlungsprüfung	Röntgenstrahlung, einige keV bis einige MeV, meist 50 - 400 keV	DIN EN 1330-3, DIN EN 444	Alle Werkstoffe	Guss- und Schweißnahtprüfung. Praktisch alle Industriebereiche	Computertomografie, filmlose Radiografie
Ultraschallprüfung	Mechanische Wellen, etwa 100 kHz bis 2 GHz, meist 1 bis 5 MHz	DIN EN 1330-4, DIN EN 583-1	Schallbare Werkstoffe	Halbzeug- und Schweißnahtprüfung. Stahlindustrie, Kraftwerke, Fahrzeugtechnik	mechanisierte Prüfungen, Gruppenstrahlerprüfköpfe, Signalverarbeitung, Computersimulation
Wirbelstromprüfung	Hochfrequenter Wechselstrom, einige Hz bis einige MHz, meist 10 kHz bis 1 MHz	DIN EN 1330-5, DIN EN 12084	Elektrisch leitende Werkstoffe	Halbzeugprüfung, Flugzeugwartung, Wärmetauscherrohre. Stahlindustrie, Luftfahrt, Kraftwerke	computerunterstützte Mehrfrequenzprüfung, automatische Auswertesysteme, Sensor-Arrays, SQUID, MOI
Magnetpulverprüfung	Magnetische Gleich- oder Wechselfelder (50 Hz)	DIN EN ISO 9934-1	Ferromagnetische Werkstoffe, Oberflächenprüfung	Halbzeug- und Schweißnahtprüfung. Kleinteile. Kraftwerke, Automobilindustrie	Automatische Auswertesysteme (Serienprüfung)
Farbeindringprüfung	Eindringmittel (Kapillarwirkung)	DIN EN 571-1	Alle Werkstoffe, außer porösen Materialien, Oberflächen	Schweißnahtprüfung. Kleinteile, praktisch alle Industriebereiche	Automatische Auswertesysteme (Serienprüfung)

Bei der Durchstrahlungsprüfung wird die Durchdringungsfähigkeit kurzwelliger elektromagnetischer Strahlung (Röntgen-, γ-Strahlung) ausgenutzt. Das Prinzip der Prüfung ist in Abb. 5.73 schematisch dargestellt. Die Strahlung wird mittels Röntgenröhren oder radioaktiven Isotopen erzeugt. Sie durchdringt das Prüfobjekt und wird dabei entsprechend den Dicken- und Dichteverhältnissen geschwächt. Das so entstandene „Strahlungsprofil" wird mit einem geeigneten Detektor (Röntgenfilm, Leuchtschirm, digitale Detektoren) aufgenommen.

In Abb. 5.74 ist als Beispiel die Aufnahme (Röntgenfilm) einer rissbehafteten Schweißnaht wiedergegeben. Der fehlerbehaftete Bereich wird dabei als dunklerer Bereich wiedergegeben, da hier die Strahlung weniger geschwächt wird.

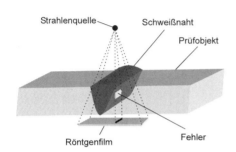

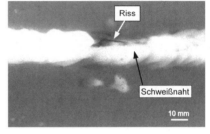

Abb. 5.73. Prinzip der Durchstrahlungsprüfung

Abb. 5.74. Röntgenaufnahme einer Schweißnaht mit Riss

Bei der Ultraschallprüfung wird die Reflexion von Schallwellen an Grenzflächen ausgenutzt. Das Prinzip der Prüfung ist in Abb. 5.75 schematisch dargestellt. Der Ultraschall (MHz-Bereich) wird mittels piezokeramischen Materials erzeugt, indem durch Anlegen einer elektrischen Spannung (kurzer Impuls) z.B. ein Quarzplättchen zum Schwingen angeregt wird. Die Detektion der, beispielsweise von einer Fehlerstelle, reflektierten Schallwellen erfolgt nach dem gleichen Prinzip, da der piezoelektrische Effekt umkehrbar ist. Es werden also die empfangenen mechanischen Schwingungen in elektrische Impulse umgesetzt und können gemessen werden. Bei bekannter Schallgeschwindigkeit im Prüfobjekt lässt sich über eine Laufzeitmessung auch die Lage der Fehlerstelle ermitteln.

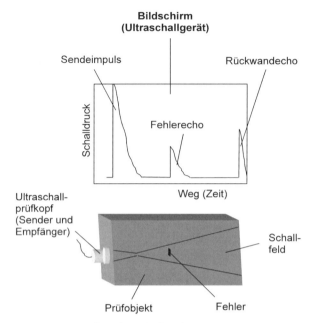

Abb. 5.75. Prinzip der Ultraschallprüfung

Die Wirbelstromprüfung beruht auf der Veränderung des Wechselstrom-widerstands fehlerbehafteter Bauteilbereiche. Das Prinzip der Prüfung enthält Abb. 5.76. Mit Hilfe einer von hochfrequentem Wechselstrom (kHz bis MHz-Bereich) durchflossenen Spule werden im elektrisch leitenden Prüfgegenstand Wirbelströme erzeugt. Treten bei der Prüfung Änderungen der elektrischen Leitfähigkeit, der Permeabilität oder Geometrie auf, so verändert sich auch die Wirbelstromverteilung im Prüfgegenstand und damit das Magnetfeld der Wirbelströme. Dieses überlagert sich dem erzeugenden Spulenfeld und kann somit messtechnisch erfasst werden. Wegen der geringen Eindringtiefe der Wirbel-ströme aufgrund des Skineffekts ist die Wirbelstromprüfung in erster Linie zur Prüfung von Oberflächenbereichen oder dünnwandigen Bauteilen geeignet.

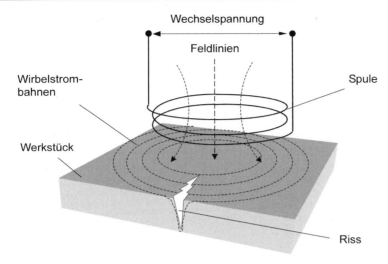

Abb. 5.76. Prinzip der Wirbelstromprüfung

Das klassische Oberflächenprüfverfahren für ferromagnetische Werkstoffe ist das Magnetpulververfahren. Das Prinzip der Prüfung ist in Abb. 5.77 wiedergegeben. Es wird im Prüfbereich ein magnetisches Feld (gleich oder wechselnd), beispielsweise mittels eines Jochmagneten eingebracht. Ist z.B. ein Oberflächenriss im Prüfgegenstand vorhanden, entsteht dort aufgrund der großen Permeabilitätsunterschiede ein magnetischer Streufluss. In die Nähe solcher Streufelder gebrachte, feinverteilte magnetisierbare Partikel („Magnetpulver") werden dort festgehalten und zeigen somit die Fehlerstelle an.

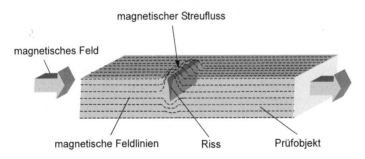

Abb. 5.77. Prinzip der Magnetpulverprüfung

Die Farbeindringprüfung kann zur Detektion von oberflächenoffenen Fehlern in allen Werkstoffen, mit Ausnahme poröser Materialien, Anwendung finden. Das Prinzip der Prüfung ist in Abb. 5.78 dargestellt. Zunächst wird das sogenannte Eindringmittel aufgebracht, eine gefärbte Flüssigkeit mit niedriger Viskosität, die aufgrund der Kapillarwirkung auch in sehr enge Risse eindringen kann. Nach einer Zwischenreinigung der Oberfläche wird eine saugfähige Schicht, der sogenannte Entwickler, aufgebracht. Dieser saugt das Eindringmittel aus den Trennungen heraus und macht damit die Fehlstellen sichtbar.

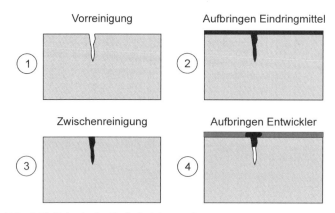

Abb. 5.78. Prinzip der Farbeindringprüfung

Replika-Methode

Die immensen Fortschritte der Computertechnik in den letzten beiden Jahrzehnten haben auch die ZfP deutlich beeinflusst. Neben dem Bau von modernen computer-unterstützten Geräten für die Standardanwendungen, wurden auch neue fortschritt-liche Prüftechniken entwickelt, z.B.:

- Durchstrahlungs-Computertomografie (2D-, 3D-CT) und filmlose Radiografie
- Einsatz von Signalverarbeitungstechniken bei mechanisierten Ultraschall- und Wirbelstromprüfungen (Echotomografie, synthetische Aperturverfahren, Mehr-frequenzverknüpfungen)
- Verwendung von Gruppenstrahlerprüfköpfen (phased-arrays) bei der Ultra-schallprüfung und von Sensor-Arrays, supraleitende Detektoren (SQUID) oder bildgebender magnetooptischer Einrichtungen (MOI) bei der Wirbelstrom-prüfung
- Anwendung von Computersimulationen.

Die Nachweissicherheit der Verfahren spielt allgemein eine wichtige Rolle, ist aber in sensiblen Bereichen wie Luftfahrt- oder Kerntechnik von besonderer Bedeutung. Durch umfangreiche Untersuchungen an Testkörpern können für konkrete Prüffälle Fehlerauffindwahrscheinlichkeiten bestimmt werden. Neben der jeweiligen Prüfaufgabe und der angewendeten Prüftechnik ist hierbei auch die Ausbildung der Prüfer von wesentlichem Einfluss.

Die Bewertung aufgefundener Fehlerstellen erfolgt meist über Regelwerke. Eine detaillierte Aussage, beispielsweise mit bruchmechanischen Methoden, macht eine möglichst genaue Kenntnis der Fehlerabmessungen erforderlich. Eine Bewertung aufgefundener Anzeigen sowie beanspruchungs- und bauteilspezifische Vorgaben für die erforderliche Detektionsgenauigkeit erfolgen mit bruchmechanischen Methoden.

Die zukünftige Entwicklung der ZfP wird wohl hauptsächlich durch die weiteren Fortschritte in der Mikroelektronik und Automatisierungstechnik bestimmt werden. Durch die Kombination verschiedener Prüfverfahren und den Einsatz von Multisensoren werden schnellere und aussagefähigere Prüfungen ermöglicht. Schließlich ergeben sich bereits heute durch das Internet vielfältige Möglichkeiten des Daten- und Wissentransfers, die auch auf dem Gebiet der ZfP genutzt werden.

Fragen zu Kapitel 5

1. Geben Sie die Gleichung des Hooke'schen Gesetzes an. In welchem Bereich ist es gültig?

2. Welcher Spannungszustand ist mit dem Mohr'schen Spannungskreis charakterisierbar?

3. Erklären Sie die Begriffe Anisotropie und Isotropie.

4. Nennen Sie die Unterschiede zwischen einer technischen und wahren Fließkurve.

5. Was versteht man unter dem Begriff „Eigenspannungen"?

6. Beschreiben Sie den Unterschied zwischen einer Zeitstand- und einer Relaxationsbeanspruchung. Welche Voraussetzung muss bei diesen Beanspruchungen erfüllt sein?

7. Nennen Sie verschiedene Verfestigungsmechanismen.

8. Geben Sie zwei grundsätzlich unterschiedliche Bruchmechanik-Konzepte an. Wann werden diese eingesetzt?

9. Mit welchem Gesetz kann das Risswachstum bei zyklischen Beanspruchungen berechnet werden? Geben Sie dieses an.

6 Eisenwerkstoffe

6.1 Gewinnung und Verarbeitung von Eisen

Um aus mineralischen Eisenerzen technisch verwertbares Eisen in Form von Stahl herzustellen, sind mehrere Verfahrensschritte notwendig, Abb. 6.1. Zuerst wird das aufbereitete Erz durch Reduktion von seiner mineralischen in die metallische Form (Roheisen) überführt. Roheisen enthält aber noch Verunreinigungen, die entfernt werden müssen. Nach der gezielten Zugabe von Legierungselementen wird Rohstahl erhalten, welcher anschließend, je nach Qualitätsanforderungen, noch weiter gereinigt und veredelt wird.

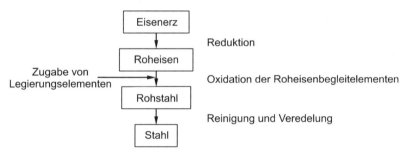

Abb. 6.1. Prozessschritte vom Eisenerz zum Stahl

6.1.1 Erze und Erzaufbereitung

Reines Eisen kommt in der Natur praktisch nicht vor. In Verbindungen ist Eisen dagegen weit verbreitet, z.B. als Oxide, Karbonate, Sulfide, Silikate. Man bezeichnet diese Verbindungen als Erze. Die folgenden Eisenerze haben die größte wirtschaftliche Bedeutung: Magneteisenstein (Magnetit, Fe_3O_4), Roteisenstein (Hämatit, Fe_2O_3), Brauneisenstein (Limonit, $Fe_2O_3nH_2O$) und Spateisenstein (Siderit, $FeCO_3$).
Zu Beginn der Aufbereitung dieser Erze steht das Zerkleinern (Brechen). Anschließend wird das Erz von einem großen Teil der Gangart (nicht eisenhaltiges Gestein) getrennt (Anreichern des Erzes).

6.1.2 Roheisengewinnung

6.1.2.1 Roheisengewinnung im Hochofen

Die aufbereiteten Erze werden im Hochofen, Abb. 6.2, bei Temperaturen bis zu 2000 °C zu Eisen reduziert. Der Hochofen ist bis zu 40 m hoch und hat einen Durchmesser von bis zu 15 m an der breitesten Stelle. Sein Nutzraum beträgt bis zu 5000 m^3. Seine Wände bestehen aus feuerfesten Schamottsteinen, die von einem Stahlmantel umgeben sind. Täglich können bis zu 12000 t Roheisen mit einem Hochofen erzeugt werden. Man betreibt Hochöfen Tag und Nacht ununterbrochen.

Der oberste Teil des Hochofens, die Gicht, ist durch eine Glockenschleuse abgeschlossen, die die Gase des Hochofens (Gichtgase) H_2, CH_4, CO, CO_2 zurückhält. Die Gicht kann zur Beschickung des Hochofens geöffnet werden. Es wird abwechselnd eine Ladung Koks und eine Ladung Möller eingebracht. Koks dient als Reduktionsmittel, Brennstoff und Aufkohlungsmittel. Möller ist ein Gemisch aus Eisenerzen, mit darin noch enthaltener Gangart, also den nicht metallhaltigen Begleitelementen der Eisenerze und Zusatzmitteln, welche die Gangart in niedrigschmelzende Schlacke überführen.

An die Gicht schließt sich der Schacht an. Im oberen Teil des Schachtes, der Vorwärmzone, wird das Eisenerz getrocknet. In der unteren Schachtzone finden Reduktions- und Kohlungsvorgänge statt. Bei ca. 600 °C beginnt die Reduktionszone. Bei dieser Temperatur läuft die exotherme Reduktion des Eisens mittels CO ab. Erst ab 700 °C entsteht metallisches Eisen. Die Reduktion mittels C ist endotherm und läuft nur bei hohen Temperaturen im unteren Schachtbereich und im darunter gelegenen Kohlensack ab.

Im Bereich der unteren Rast wird in den Hochofen Heißwind eingeblasen. Dabei wird dem Heißwind oft noch Erdgas oder Heizöl zur Verbrennung zugesetzt, um Koks zu sparen. Koks und Möller gleiten langsam gegen die heißen aufsteigenden Gase nach unten durch die Gicht, den Ofenschacht und den Kohlensack.

In der Rast finden die in Abb. 6.2 beschriebenen Schmelz- und Verbrennungsvorgänge statt. Außerdem reagiert der Sauerstoff des Heißwindes aus den Winderhitzern im Bereich der Rast stark exotherm mit dem Kohlenstoff des Kokses zu CO_2, wodurch ein Großteil der Wärme im Hochofen erzeugt wird.

Das CO_2 steigt auf und reagiert mit dem Kohlenstoff des Kokses zu CO. Das CO reduziert wiederum die Eisenoxide des Möllers und oxidiert zu CO_2, bis es durch die nächste Schicht an Koks wieder reduziert wird. Im unteren Teil des Schachtes und im oberen Bereich der Rast findet Aufkohlung durch Diffusion statt.

Durch die Kohlenstoffaufnahme verringert sich die Schmelztemperatur von 1535 °C auf etwa 1150 °C. Das Eisen tropft dann im Bereich der Rast durch den glühenden Koks und sammelt sich im Gestell. Das Eisen nimmt neben Kohlenstoff auch noch Phosphor, Silizium und Mangan auf, das durch Reduktion der

Eisenerze entstanden ist. Auch durch diese Elemente wird der Schmelzpunkt von Eisen herabgesetzt.

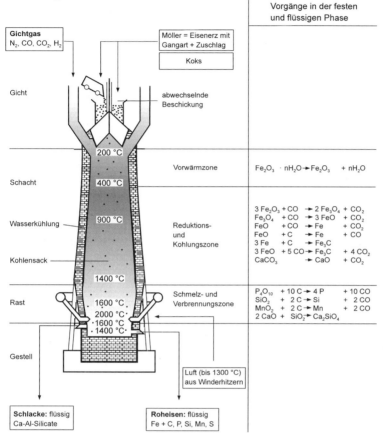

Abb. 6.2. Schnitt durch einen Hochofen

Im Bereich der Rast entsteht die Schlacke (hauptsächlich Calcium-Aluminium-silikate) aus Zersetzungsprodukten der Zuschläge, Bestandteilen der Gangart sowie Koksasche. Die Schlacke sammelt sich im Gestell über dem Roheisen und schützt dieses vor erneuter Oxidation durch den Heißwind. Im Gestell sind zwei Abflüsse, einer für den Schlackenabstich, der andere für den Roheisenabstich.

Der Roheisenabstich ist meist noch sehr schwefelhaltig, da im Koks Schwefel enthalten ist. Man setzt deshalb dem Eisenabstich Soda zu, um den Schwefelgehalt zu verringern.

Entschwefelung:

$$FeS + Na_2CO_3 + 2C \quad \rightarrow \quad Na_2S + Fe + 3CO \qquad (6.1)$$

Das Natriumsulfid ist im Roheisen nicht löslich. Es sammelt sich an der Oberfläche und wird abgeschöpft.

6.1.2.2 Roheisengewinnung als Eisenschwamm

Roheisen kann auch im Eisenschwammverfahren durch Direktreduktion gewonnen werden, d.h. die Reduktion erfolgt ohne Verflüssigung der Erze. Das reduzierte Eisen erinnert in seinem Aussehen an einen Schwamm.

Man unterscheidet die Direktreduktionsverfahren bezüglich des Reduktionsmittels in zwei Verfahren:

- *Gasreduktionsverfahren:* Als Reduktionsgase werden Kohlenmonoxid-Wasserstoff-Mischungen verwendet, die oft aus Erdgas gewonnen werden.
- *Feststoffreduktionsverfahren:* Als Reduktionsmittel wird körnige Kohle verwendet.

6.1.3 Roheisenweiterverarbeitung zu Stahl (Frischen)

Um aus Roheisen Stahl zu gewinnen, müssen verschiedene Begleitelemente oxidiert werden, welche entweder ausgasen oder verschlackt werden. Elemente wie Phosphor, Silizium und Mangan werden fast vollständig oxidiert und verschlackt. Der Gehalt an Kohlenstoff wird dagegen von 3% - 5% auf maximal 2% abgesenkt. Der gesamte Prozess aus Oxidation und Verschlackung heißt Frischen.

Sämtliche Frischreaktionen mit elementarem Sauerstoff und die meisten Frischreaktionen mit Eisen(III)-Oxid verlaufen exotherm, so dass die Temperatur der Schmelze während des Frischens von etwa 1250 °C auf 1620 °C ansteigt. Durch diesen Temperaturanstieg ist gewährleistet, dass die Schmelze nicht erstarrt.

Die Schmelztemperatur von Stahl liegt bei 1450 °C - 1500 °C.

- Frischreaktionen mit Sauerstoff (exotherm):

$$2\,C + O_2 \quad\rightarrow\quad 2\,CO$$
$$Si + O_2 \quad\rightarrow\quad SiO_2$$
$$4\,P + 5\,O_2 \quad\rightarrow\quad P_4O_{10}$$
$$2\,Mn + O_2 \quad\rightarrow\quad 2\,MnO$$

- Exotherme Frischreaktionen mit Eisenoxiden:

$$3\,Mn + Fe_2O_3 \quad\rightarrow\quad 2\,Fe + 3\,MnO$$
$$12\,P + 10\,Fe_2O_3 \quad\rightarrow\quad 20\,Fe + 3\,P_4O_{10}$$
$$3\,Si + 2\,Fe_2O_3 \quad\rightarrow\quad 4\,Fe + 3\,SiO_2$$

Die gebildeten Oxide gehen in die Schlacke über und können so entfernt werden.

Um zu vermeiden, dass die Temperatur im Frischbad zu hoch wird, sorgt man durch Zugabe von Schrott (evtl. auch Eisenerz) für den Ablauf einer endothermen Reaktionen von Kohlenstoff mit Eisen(III)-Oxid.

6.1.3.1 Windfrischverfahren

Die Verarbeitung von Roheisen zu Stahl durch das sogenannte Windfrischen erfolgt in einem birnenförmigen Konverter (Abb. 6.3). Sein Fassungsvermögen kann 50 bis 500 t Roheisen betragen.

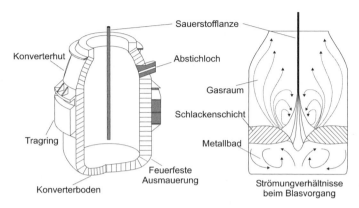

Abb. 6.3. Sauerstoffblas-Verfahren; Konverter und Strömungsverhältnisse beim Blasvorgang [Vde89]

Phosphorarmes Roheisen wird im sogenannten *LD-Verfahren* (benannt nach den österreichischen Stahlwerken *L*inz u. *D*onawitz) verarbeitet. Hierbei wird durch eine wassergekühlte Lanze Sauerstoff auf das Metallbad geblasen. Es entsteht eine Wirbelströmung, die garantiert, dass der Sauerstoff mit allen Bereichen des Bades in Berührung kommt. Der Blasvorgang dauert bei einem Fassungsvermögen von 200 t rd. 20 Minuten. Durch Zugabe von Legierungselementen, Ferromangan, Ferrosilizium und Aluminium wird die vorgeschriebene Stahlzusammensetzung erzielt.

Phosphorreiches Roheisen wird im sogenannten *LDAC-Verfahren* (benannt nach *L*inz, *D*onawitz und *A*rbed, Luxemburg, *C*entre National de Recherches Métallurgiques, Belgien) verarbeitet. Es wird Sauerstoff mit gebranntem staubförmigen Kalk auf die Schmelze geblasen. Der Blasvorgang ist in zwei Schritte unterteilt. Im ersten Abschnitt (2/3 der Blaszeit) wird hauptsächlich Phosphor entfernt. Die phosphorreiche Schlacke wird am Ende des ersten Abschnitts entfernt. Im zweiten Abschnitt wird hauptsächlich Kohlenstoff entfernt.

Beim sogenannten *OBM-Verfahren* (*O*xygen-*B*odenblasen-*M*axhütte) erfolgt das Einblasen des Sauerstoffs und eines Kühlgases (z.B. Erdgas, Propan oder Butan) durch eine Düse im Konverterboden. Die Kühlwirkung basiert auf der Zersetzung der Gase. Hierbei wird eine verbesserte Entschwefelung des Roheisens erreicht, da in den Sauerstoffstrom gebrannter Kalk gebracht werden kann. Das OBM-Verfahren hat den Vorteil, dass kürzere Blaszeiten infolge besserer Durchmischung ausreichen und weniger Rauch entsteht.

Die modernen Stahlherstellungsverfahren bestehen in der Regel aus einer Kombination der Aufblas- und Bodenblasverfahren.

6.1.3.2 Elektrostahlherstellung

Die Wärme zur Erschmelzung des Stahles wird bei diesem Verfahren mit elektrischem Strom erzeugt. Es entstehen keine Verbrennungsrückstände. Deshalb können die Zusätze und Begleitelemente (C, Cr, Ni, Mo) sehr genau dosiert werden. Man verwendet daher das Verfahren zur Erzeugung von Qualitäts- und Edelstählen.

Mehr als 90% der Elektrostahlherstellung erfolgt im *Lichtbogenofen.*

Im Lichtbogenofen geht ein Lichtbogen von den Graphitelektroden auf das Schmelzbad über und erzeugt so die nötige Wärme. Mit diesem Verfahren ist die Erschmelzung verschiedenster Stahlsorten unabhängig vom Einsatz (Schrott, Eisenschwamm, Roheisen) möglich. Mit einem Leistungsverbrauch von bis zu 1000 kVA/t ist dieses Verfahren sehr energieintensiv.

Der Sauerstoff, der zum Frischen benötigt wird, stammt aus den Eisenoxiden des Schrotts oder wird zusätzlich in das Bad eingeblasen. Der Einsatz des Elektrostahlverfahrens hat in den letzten Jahren deshalb zur Stahlerzeugung aus Schrott stark zugenommen.

6.1.4 Verfahren der Nachbehandlung des Stahles

Zur weiteren Verbesserung der Stahlqualität schließt sich in der Regel die sogenannte Pfannenmetallurgie an die Frischeverfahren an. In der sogenannten Gießpfanne wird die Stahlschmelze durch weitere Verfahrensschritte von Gasen und ungewollten Verunreinigungen getrennt.

6.1.4.1 Desoxidation

In der Stahlschmelze ist Sauerstoff gelöst, der bei der Erstarrung frei wird und sich mit Kohlenstoff zu Kohlenmonoxid verbindet. Durch die starke Entstehung von Gasblasen wird das Schmelzbad durchmischt (Kochen der Schmelze). Der Stahl erstarrt unberuhigt. Es entstehen Blasen im oberflächennahen Bereich und im Inneren sind Entmischungen (Seigerungen), speziell von P und S, zu beobachten.

Um das Kochen der Schmelze zu verhindern wird der verbleibende Sauerstoff durch Desoxidation entfernt. Es werden Stoffe zugesetzt, die leicht oxidieren, wie z.B. Ferrosilizium, Mn und Al. Die Reaktionsprodukte bleiben in der Schmelze oder werden in Schlacke überführt. Durch Desoxidationsmittel wird die Bildung von CO weitgehend verhindert. Es kommt nicht zum Kochen. Der Stahl erstarrt beruhigt. Es entstehen keine Seigerungen.

Nach dem Grad der Oxidation unterscheidet man unberuhigten, halbberuhigten, beruhigten und besonders beruhigten Stahl. Die Wahl richtet sich nach dem Verwendungszweck.

6.1.4.2 Entkohlung

Ein Teil des Kohlenstoffs wird durch die Blasverfahren beim Frischen schon entfernt. Kohlenstofftiefstwerte werden durch eine anschließende Teilmengen-Vakuumentgasung eingestellt. Durch das Vakuum wird das Entweichen von Gasen aller Art begünstigt, so auch von CO und CO_2.

6.1.4.3 Entschwefelung

Obwohl der größte Teil des Schwefels schon in der Roheisenentschwefelung entfernt wird, bleiben im Stahl nach dem Frischen immer noch zu hohe Mengen an Schwefel, die in einem gesonderten Prozess, der Nachentschwefelung des flüssigen Stahles, entfernt werden. Wie bei der Roheisenentschwefelung werden Elemente, die leicht mit Schwefel reagieren zugesetzt, z.B. Soda, Magnesium- und Calciumverbindungen. Damit können Schwefelgehalte von unter 0,001% erreicht werden.

6.1.4.4 Entphosphorung

Die Entphosphorung sollte weitestgehend mit Abschluss der Schmelzprozesse abgeschlossen sein. Geringe Phosphorgehalte lassen sich nachträglich durch Vermischung von synthetischer Schlacke mit Rührgas einstellen.

6.1.4.5 Entfernung von Wasserstoff

Die Entfernung von Wasserstoff erfolgt durch eine Vakuumbehandlung unter intensivem Rühren.

6.1.5 Elektro-Schlacke-Umschmelzverfahren (ESU)

Die bisher besprochenen Nachbehandlungsverfahren kommen zum Einsatz, bevor der Stahl erkaltet ist. Im Gegensatz dazu wird der Stahl beim ESU-Verfahren zunächst in Blöcke vergossen und erneut wieder aufgeschmolzen.

Der Schmelzvorgang findet in einer Kokille statt. Am Kokillenboden sammelt sich der flüssige Stahl. Darüber liegt eine Schicht aus flüssiger Schlacke. Der umzuschmelzende Stahlblock taucht mit einem Ende in die Schlackeschicht. Ein starker Strom, der durch die Kokille und das Bad fließt, hält die Schlacke auf hoher Temperatur. Das eingetauchte Ende des Stahlblocks schmilzt ab und tropft durch das Schlackebad, wodurch der Stahl gereinigt wird. Durch die langsame Zuführung des flüssigen Metalls verläuft die Erstarrung gerichtet von oben nach unten. Das Gefüge verbessert sich deutlich, höchste Reinheit kann erreicht werden und dadurch verbessern sich technologische Eigenschaften. Unter anderem wird das Verfahren zur Entschwefelung eingesetzt. Der Nachteil ist, dass das Verfahren relativ teuer ist.

Abwandlungen des ESU-Verfahrens bestehen im Umschmelzen unter Überdruck oder unter Schutzgasatmosphäre.

6.2 Eisen-Kohlenstoff-Legierungen

6.2.1 Eisen-Kohlenstoffdiagramm

Metastabiles und stabiles System

Das (binäre) Eisen-Kohlenstoff-Diagramm ist gültig für den Gleichgewichtszustand von Eisen und Kohlenstoff bei langsamer Abkühlung, Abb. 6.4. Je nach Ausscheidungsform des Kohlenstoffs unterscheidet man das

- Stabile Fe-C-System und das
- Metastabile Fe-Fe$_3$C-System.

Wie aus Abb. 6.4 ersichtlich, unterscheiden sich die Phasengrenzlinien beider Systeme nicht wesentlich. Unterhalb des Zustandsbildes befindet sich das Gefügeanteil-Diagramm für Raumtemperatur.

Von technischer Bedeutung ist vor allem das metastabile Fe-Fe$_3$C-Diagramm. Man unterscheidet Stahlteile mit einem Kohlenstoffgehalt < 2% von Gusseisenteilen mit einem Kohlenstoffgehalt > 2%.

Beim metastabilen System liegt der Kohlenstoff in Form von Fe$_3$C vor. Durch Glühen wird die stabile Form, nämlich Eisen und Kohlenstoff (Graphit) erreicht.

$$\text{Fe}_3\text{C} \qquad \rightarrow \qquad 3\,\text{Fe} + \text{C}$$

Fe$_3$C	→	3 Fe + C
metastabil	Glühen	stabil

Das Fe $-$ Fe$_3$C -Diagramm weist eine vollständige Löslichkeit im flüssigen und eine teilweise Löslichkeit im festen Zustand auf. Es setzt sich aus folgenden Grundtypen zusammen, Abb. 6.5.

1. Linsendiagramm   ⓐ
2. eutektisches System (V-Diagramm)   ⓑ
3. peritektisches System   ⓒ

Der technische Anwendungsbereich von Eisen-Kohlenstoff-Legierungen reicht bis zu einem Kohlenstoffgehalt von 6,67%, entsprechend 100% intermetallischer Phase Fe$_3$C.

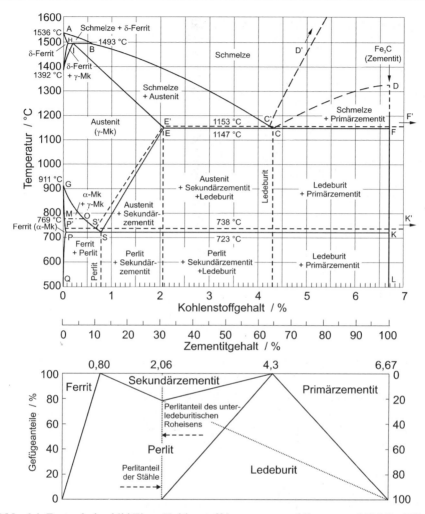

Abb. 6.4. Zustandschaubild Eisen-Kohlenstoff (—— metastabil; - - - stabil) [Guy76]

6.2.2 Phasenbildungen

Die einzelnen Phasen sind im Fe-Fe$_3$C-Diagramm Abb. 6.5 eingetragen. Die Beständigkeit der Phasen hängt von der Temperatur und dem Kohlenstoffgehalt ab. Die wichtigsten Phasengrenzlinien sind GS, die mit A$_{c3}$ (A$_3$), PSK, die mit A$_{c1}$ (A$_1$) und NH, die mit A$_{c4}$ (A$_4$) bezeichnet werden.

Im Wesentlichen unterscheidet man die nachstehend aufgeführten Phasen:

- δ - MK = δ - Ferrit, Gittertyp: krz, bei RT nicht beständig. Die maximale Löslichkeit von Kohlenstoff im δ-MK beträgt 0,1% bei rd. 1500 °C.

- γ - MK = Austenit, (Abb. 6.6) Gittertyp: kfz, Austenit ist bei RT nicht beständig. Die maximale Löslichkeit von Kohlenstoff beträgt bei 1147 °C 2,06%.

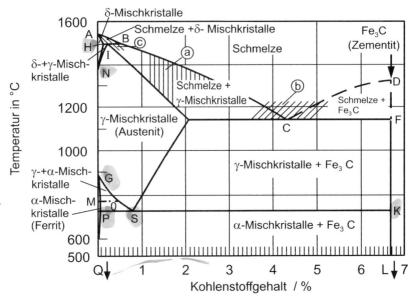

Abb. 6.5. Zustandsfelder im System Fe –Fe$_3$C (metastabiles System)

- α - MK = Ferrit, (Abb. 6.7) Gittertyp: krz, die Härte von Ferrit beträgt rd. 80 HV, ist also sehr gering. Ferrit ist bei RT beständig, die maximale Löslichkeit von Kohlenstoff beträgt bei 723 °C 0,02%.
- Fe$_3$C = Zementit, Gittertyp: rhombisch. Zementit ist eine Verbindung aus Eisen und Kohlenstoff (Eisenkarbid), HV 0,1 = 1000, der Kohlenstoffgehalt beträgt 6,67%. Das bedeutet, wenn man das System Fe-Fe$_3$C betrachtet, entsprechen 100% Fe$_3$C gleich 6,67% C.

Je nach Ausscheidungszeitpunkt unterscheidet man:

- *Primärzementit:* Bildung von Fe$_3$C aus der Schmelze (Fe-Legierung mit 4,3% bis 6,67% C), Abb. 6.8. Primärzementit ist als grobnadliger weißer Gefügebestandteil in einer meist ledeburitischen Grundmasse erkennbar.
- *Sekundärzementit:* Bildung von Fe$_3$C aus γ–MK (Fe-Legierung mit 0,8% bis 4,3% C), Abb. 6.9. Bei Legierungen mit C > 0,8% kann der Sekundärzementit als hellere Phase entlang den Korngrenzen von Perlit erkannt werden. Diese Ausscheidung wird auch als Schalenzementit, der aufgrund seiner versprödenden Wirkung unerwünscht ist, bezeichnet.
- *Tertiärzementit:* Bildung Fe$_3$C aus α–MK bei Abkühlung unterhalb von A$_1$ (723 °C). Die metallographische Unterscheidung der einzelnen Zementitarten ist teilweise sehr schwierig oder gar nicht möglich. Tertiärzementit bei C < 0,02% scheidet sich an den Korngrenzen ab. Tertiärzementit im Bereich 0,02% < C < 0,8% kristallisiert am bereits vorhandenen Zementit des

Perlits, ebenso Tertiärzementit, der aus dem Ferrit des Perlits ausgeschieden wird, und kann daher nicht identifiziert werden, Abb. 6.10.

Abb. 6.6. Austenit (γ - MK)

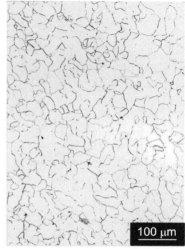

Abb. 6.7. Ferrit (α - MK)

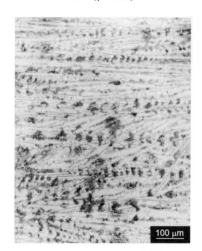

Abb. 6.8. Nadeliger Primärzementit (Fe-Legierung mit 5,5% C)

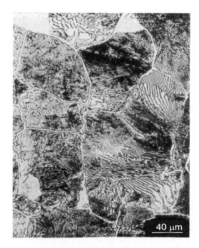

Abb. 6.9. Sekundärzementit an den Korngrenzen des Perlit-Ferritischen Gefüges (Fe-Legierung mit 1,3% C)

- *Perlit* = Fe_3C + α–MK = Eutektoid bei 0,8% C, Abb. 6.11

Perlit ist das Eutektoid, das sich aus dem Zerfall der γ–MK bei 723 °C bildet und besteht aus zwei Phasen: α–MK und Fe_3C. Die Entstehung erfolgt durch schichtweise Diffusion von Kohlenstoff in γ–MK, so dass Lamellen mit sehr kleinem (α –MK) bzw. relativ großem Kohlenstoffgehalt (Fe_3C) entstehen. Bei einer metallographischen Betrachtung erscheint Perlit als perlmuttartig reflektierendes, bei großer Vergrößerung als streifiges schwarz-weißes Gefüge.

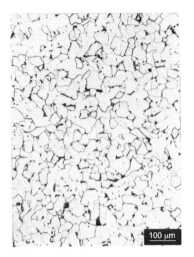 

Abb. 6.10. Tertiärzementit (Fe-Legierung mit 0,02% C)

Abb. 6.11. Perlit (Fe-Legierung mit 0,8% C, ca. 250 HV 30)

- *Ledeburit* = Eutektikum bei 4,3% C, Abb. 6.12
  Besteht beim Zeitpunkt der Erstarrung aus Primärzementit und γ–MK. Beim Abkühlen scheidet sich aus den γ–MK Sekundärzementit aus. Unter 723 °C zerfallen die γ–MK mit 0,8% Kohlenstoff in reinen Perlit. Untereutektoidische Stähle weisen ein Gefüge aus Ferrit und Perlit, übereutektoidische Stähle ein Gefüge aus Perlit und Zementit auf. Metallographisch tritt Ledeburit als geordnete schwarze Inseln in weißer Grundmasse in Erscheinung. Die Inseln sind oft streifenförmig angeordnet.

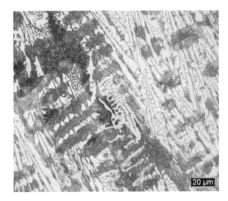

Abb. 6.12. Ledeburit (Fe-Legierung mit 5,5% C, ca. 600 HV 30)

Anhand einiger Beispiele soll das Eisen-Kohlenstoff-Diagramm detaillierter erklärt werden (Abb. 6.13 bis Abb. 6.16).

Beispiel 1: C = 0,01% (untereutektoid), Abb. 6.13.

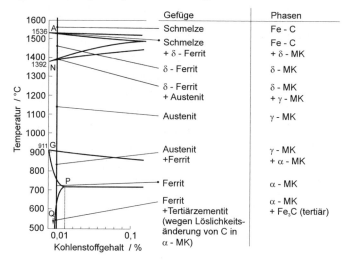

Abb. 6.13. Beispiel 1; C = 0,01%

Beispiel 2: C = 0,4% (untereutektoid), Abb. 6.14

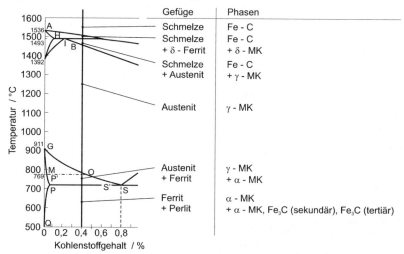

Abb. 6.14. Beispiel 2; C = 0,4%

Beispiel 3: 3% C, Abb. 6.15

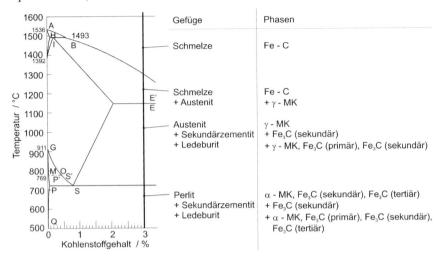

Abb. 6.15. Beispiel 3; C = 3,0%

Beispiel 4: 5,5% C, Abb. 6.16

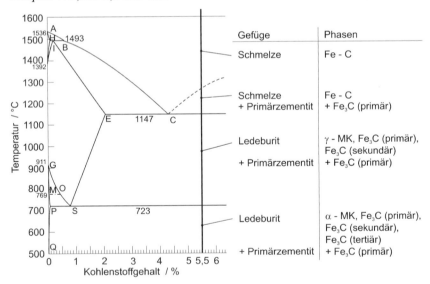

Abb. 6.16. Beispiel 4; C = 5,5%

6.3 Legierungen

6.3.1 Stahl

Stahl wird definiert als ein Werkstoff, dessen Kohlenstoffgehalt i.Allg. kleiner als 2% ist. Bei Kohlenstoffgehalten oberhalb von 2% C wird von Gusseisen gesprochen.

6.3.1.1 Stahlbegleiter und Spurenelemente

Die chemische Zusammensetzung des Stahls in Verbindung mit der Wärmebehandlung sowie der Verarbeitung ist entscheidend für seine (Verwendungs-) Eigenschaften. Die Elemente, die im Stahl enthalten sind, werden als Stahlbegleiter (z.B. Si, Mn, S, P, O, N und H) oder Spurenelemente (z.B. Sn, Cu, Nb, As, Sb) bezeichnet. Legierungselemente hingegen stellen alle bewusst zur Erzeugung von gewünschten Eigenschaften zugegebene Elemente dar. Stahlbegleiter bzw. Spurenelemente stammen aus den Erzen und Zuschlagstoffen bzw. dem zugesetzten Schrott. Ihr Gehalt wird, soweit technisch-wirtschaftlich vertretbar, auf ein Minimum beschränkt, um ihren Einfluss auf die gewünschten Eigenschaften zu begrenzen. Der Gehalt an Spurenelementen kann i.Allg. nur mit sehr hohem technischem Aufwand reduziert werden.

Signifikante Auswirkungen von Stahlbegleitelementen/Spurenelementen sind:

- *Schwefel*
  Bildet Sulfide: z.B. FeS, das spröde ist und einen niedrigen Schmelzpunkt hat. Es scheidet sich an Korngrenzen aus. Ein bekannter Effekt ist die Warm- bzw. Rotbrüchigkeit beim Warmumformen des Stahls: im Temperaturbereich 800 bis 1000 °C brechen die Sulfide an den Korngrenzen. Bei Temperaturen > 1200 °C schmelzen die Sulfide. Beim Schweißen können Heißrisse entstehen. Daher die Bestrebungen, den Schwefelgehalt zu begrenzen bzw. z.B. über Mn zu MnS abzubinden. Allerdings stellt sich dann beim Walzen eine Textur der MnS in Verformungsrichtung ein. Bei Automatenstählen, die zerspanend bearbeitet werden, ist die Ausbildung der spröden MnS-Phase hingegen aufgrund der damit verbundenen kurzen Spanbildung erwünscht.
- *Phosphor*
  Reichert sich während der Erstarrung in der Restschmelze an und verdrängt bei der γ–α–Umwandlung den Kohlenstoff, so dass sich Ferritzeilen in C-armen und P-Zeilen in C-reichen Gebieten bilden. Die Folge ist eine Herabsetzung der Zähigkeit bzw. Förderung der Anlassversprödung (siehe Kapitel 6.6.1.2).
- *Stickstoff*
  Stickstoff fördert die Alterung durch Hemmung der Versetzungsbewegungen (siehe Kapitel 6.6.1.1). Dieser Effekt tritt besonders bei kaltverformten (versetzungsreichen) Stählen bei Temperaturen um 300 °C („Blausprödigkeit") auf.

Stickstoff wird i.Allg. mit Al abgebunden. Beim Nitrieren will man durch die Diffusion von N in den Stahl eine verschleißfeste Oberfläche erzielen (siehe Abschnitt 6.4.2.10.2).

- *Sauerstoff*
  Bildet Oxide, wirkt stark versprödend und verursacht wie Phosphor Rotbruch beim Umformen.

- *Wasserstoff*
  Durch Rekombination von Wasserstoffatomen und Anreicherung dieser Wasserstoffmoleküle in bestimmten Gefügebereichen, kann der Wasserstoffpartialdruck so ansteigen, dass es zu einer Riss- und Porenbildung kommt.

6.3.1.2 Legierungselemente

Legierungselemente werden dem Stahl absichtlich in definierten Gehalten zugefügt, die eine erwünschte Änderung von Eigenschaften erzeugen. Sie gehen ganz oder teilweise mit Fe und anderen Elementen Verbindungen ein, die wiederum die Eigenschaften beeinflussen. Legierungselemente verändern die Löslichkeit der Eisenmodifikationen für Kohlenstoff, so dass sich die Gleichgewichtslinien und –punkte im Eisenkohlenstoffdiagramm verschieben. Auch die zeitliche Abhängigkeit der Phasenbildung wird über Legierungselemente gezielt beeinflusst. Das Zeit-Temperatur-Umwandlungsschaubild (ZTU, vgl. Abschnitt 6.4.2) ist immer nur für eine bestimmte Legierungszusammensetzung gültig und gibt an, zu welchem (Abkühlungs-)Zeitpunkt eine Gefügephase entsteht.

Während eine geringe Zugabe von Legierungselementen, wie bereits erwähnt, die Grenzen innerhalb des EKDs bzw. ZTU-Schaubildes verschiebt, kann eine massive Zugabe von bestimmten Legierungselementen dazu führen, dass ein Mischkristallgebiet abgeschnürt bzw. erweitert wird. Dies bezieht sich auf das α–Mischkristallgebiet (Ferrit) und das γ–Mischkristallgebiet (Austenit).

6.3.1.2.1 Ferritstabilisierende Legierungselemente

Durch die Zugabe von Cr, Mo, V, Si, Al, P, S, Sn, B wird das α–Mischkristallgebiet erweitert und im Extremfall das γ–Mischkristallgebiet abgeschnürt, Abb. 6.17. Dies wird technisch in besonderen Fällen, z.B. bei rost- und säurebeständigen Stählen mit Cr-Gehalten > 15% und reduziertem C-Gehalt < 0,1% relevant. Da das Gefüge vom Beginn der Erstarrung bis RT keine Phasenumwandlung mehr erfährt, sind die genannten Stähle nicht härtbar. Es ist zu beachten, dass dies bei ferritischen Stählen einen Sonderfall darstellt. Im Allgemeinen sind ferritische Stähle härtbar – im Gegensatz zu den nachfolgenden austenitischen Stählen. Die über unterschiedliche Härteverfahren bzw. Wärmebehandlungen (siehe Abschnitt 6.4) erzielten Gefügezustände (Martensit, Bainit, Perlit) können nur an ferritischen Stählen eingestellt werden.

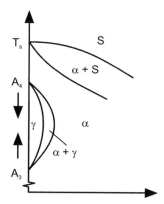

Abb. 6.17. α-stabilisierende Elemente: Cr, Mo, V, Si, Al, P, S, Sn, B

6.3.1.2.2 Austenitstabilisierende Legierungselemente

Bei ausreichenden Gehalten von γ-stabilisierenden Elementen, wie C, Mn, Ni, Cu, N, Co, Zn, wird das Austenitgebiet bis herab zur Raumtemperatur und darunter erweitert, Abb. 6.18. Die größte Gruppe der austenitischen Stähle sind die nicht-rostenden austenitischen Chrom-Nickel- und Chrom-Nickel-Molybdän-Stähle.

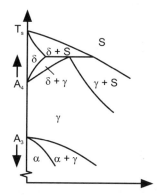

Abb. 6.18. γ-stabilisierende Elemente: C, Mn, Ni, Cu, N, Co, Zn

Nickel als starker Austenitbildner führt in Verbindung mit Chrom ab Gehalten von ≈ 18% Ni und ≈ 8% Cr zu einer Stabilisierung des Austenits bis Raumtemperatur. Bei Chrom- und Nickelgehalten an der unteren Grenze sind diese Stähle dem Martensit-Austenit-Gebiet benachbart, d.h. der Austenit ist instabil und kann sich bei Abkühlung auf tiefe Temperaturen oder durch Kaltverformung bei Raumtemperatur teilweise in Martensit umwandeln. Bei höheren Chrom- und niedrigeren Nickelgehalten (sowie mit zunehmenden Molybdängehalten) sind die Stähle dem Austenit-Ferrit-Gebiet benachbart, d.h. sie können auch geringe Ferritmengen enthalten.

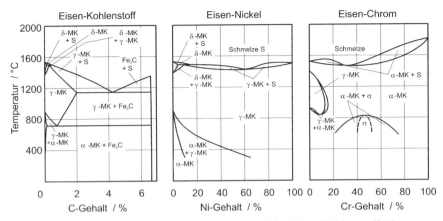

Abb. 6.19. Einfluss der Elemente Nickel und Chrom auf das Eisen-Kohlenstoff-Diagramm

Da die Löslichkeit von C in Austenit mit fallender Temperatur abnimmt, wird er bei rascher Abkühlung mit Kohlenstoff übersättigt. Bei einer Wiedererwärmung auf 500 °C bis 800 °C wird der gelöste Kohlenstoff als Chromkarbid an den Korngrenzen ausgeschieden. Dies bewirkt außer einer gewissen Versprödung der Korngrenzen eine Sensibilisierung für interkristalline Korrosion. Weitere Versprödungen und Herabsetzungen des Korrosionswiderstands können sich ergeben durch die Bildung der σ-Phase (FeCr) aus dem Ferrit, (weniger und bei höherer Temperatur) dem Austenit oder auch durch partielle Martensitbildung, siehe Abb. 6.19. In gleicher Weise wie Nickel vermindern auch die Austenitbildner C, N und Mn die σ-Phasenbildung.

6.3.1.2.3 Schaefflerdiagramm

Von Schaeffler wurde auf empirischer Basis ein Diagramm aufgestellt, mit dem bei bekannter chemischer Zusammensetzung eine quantitative Voraussage der Gefügeausbildung von nichtrostenden Chrom-, Chrom-Nickel- und Chrom-Molybdän-Stählen für den Grundwerkstoff ermöglicht wird. Insbesondere gelingt eine ungefähre Voraussage der Gefügeausbildung beim Verschweißen unterschiedlicher Stähle mit austenitischen Elektroden, d.h. es stellt eine Basis dar zur

- Elektrodenauswahl
- Abschätzung des sich unter schweißtypischen Abkühlbedingungen einstellenden Gefüges

Die hierzu erforderlichen Beziehungen sind an den Achsen des Schaefflerdiagramms in Abb. 6.20 aufgetragen.

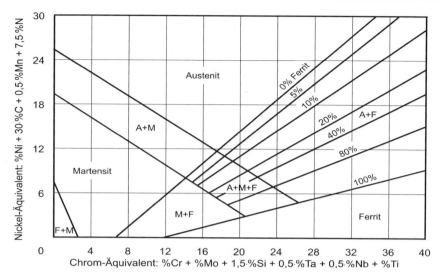

Abb. 6.20. Schaefflerdiagramm

6.3.2 Bezeichnungssysteme der Stähle

Die Bezeichnung von Stählen erfolgt mittels Kennbuchstaben oder –zahlen. Die Regeln hierfür sind in der europäischen Norm EN 10027 wiedergegeben. Nachfolgend wird auf die Fassung Oktober 2005 Bezug genommen, die von der DIN EN 1560 bezüglich Gusseisen ergänzt wird.

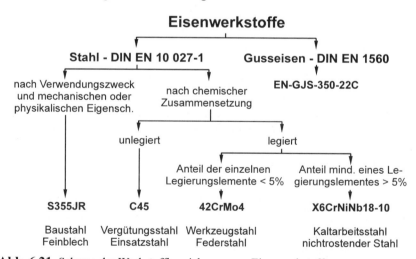

Abb. 6.21. Schema der Werkstoffbezeichnung von Eisenwerkstoffen

- Die DIN EN 10027-1 kennzeichnet Stahl mittels Kennbuchstaben und Zahlen, wobei dieser Teil der Norm zwei Bezeichnungsvarianten definiert. Kurznamen, die Hinweise auf die Verwendung und die mechanischen oder physikalischen Eigenschaften enthalten oder solche, die Hinweise auf die chemische Zusammensetzung enthalten. Welche der Varianten sinnvoll ist, wird durch den Verwendungszweck des Stahles bestimmt, der generelle Aufbau der Bezeichnung bleibt jedoch gleich und ist in Abb. 6.22 schematisch dargestellt.

Bei der Verwendung von Werkstoffnummern nach der DIN EN 10027-2 wird diese Unterscheidung nicht gemacht.

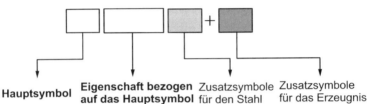

Hauptsymbol   **Eigenschaft bezogen** Zusatzsymbole Zusatzsymbole
                  auf das Hauptsymbol für den Stahl für das Erzeugnis

Abb. 6.22. Schematischer Aufbau der Stahlbezeichnung nach DIN EN 10027-1

Die Systematik der Stahlkurznamen soll an den folgenden Beispielen erläutert werden:
- Stahl S235J0, ein allgemeiner Baustahl:
  Der Buchstabe S bezeichnet die Gruppe Stähle für den Stahlbau (= Verwendung). Die Ziffern 235 geben die Mindeststreckgrenze (R_e) in MPa an (= mechanische Eigenschaft). J0 steht für eine Kerbschlagarbeit von 27 J bei 0 °C Prüftemperatur (= mechanische Eigenschaft).
- Stahl P265GH, ein warmfester Baustahl:
  Der Buchstabe P bezeichnet die Gruppe Druckbehälterstähle (= Verwendung). Die Ziffern 265 geben die Mindeststreckgrenze (R_e) in MPa an (= mechanische Eigenschaft). G weist auf andere Merkmale hin, H steht für Hochtemperatur (= Verwendung).
  Weitere Buchstaben sind in Tabelle 6.1. aufgelistet:

Tabelle 6.1. Hauptsymbole bei der Kennzeichnung nach mech. oder phys. Eigenschaften

Abkürzung	Stahlbezeichnung
L	Leitungsrohre
E	Maschinenbaustähle
B	Betonstähle
Y	Spannstähle
R	Schienenstähle
H(T)	Kaltgewalzte Flacherzeugnisse aus höherfestem Stahl zum Kaltumformen
D	Flacherzeugnisse zum Kaltumformen
T(H)	Verpackungsblech und -band
M	Elektroblech und -band

Die Buchstaben C, G, X, HS oder eine Zahl am Anfang der Werkstoffbezeichnung kennzeichnen die Kurznamen, die auf der chemischen
Zusammensetzung basieren.

- Stahl C16E, ein unlegierter Einsatzstahl:
  Der Buchstabe C bezeichnet die Gruppe unlegierter Stähle mit mittlerem Mn-
  Gehalt ≤ 1%, außer Automatenstähle (= chem. Zusammensetzung). Die
  Ziffern 16 nach dem Buchstaben, dividiert durch 100 ergeben den mittleren C-
  Gehalt (= chem. Zusammensetzung). E weist auf einen vorgeschriebenen S-
  Gehalt hin (= chem. Zusammensetzung).

- Stahl G17CrMo9-10, Stahlguss für Druckbehälter:
  Der Buchstabe G steht für Stahlguss (wenn erforderlich). Die Ziffern 17 nach
  dem Buchstaben, dividiert durch 100 ergeben den mittleren C-Gehalt (= chem.
  Zusammensetzung). Die Ziffer 9 nach dem Legierungselement Cr, dividiert
  durch 4 ergibt den mittleren Cr-Gehalt (= chem. Zusammensetzung). Die
  Ziffern 10 nach dem Legierungselement Mo, dividiert durch 10 ergeben den
  mittleren Mo-Gehalt (= chem. Zusammensetzung).
  Allgemein ergibt sich folgende Bewertung:
  - Cr, Co, Mn, Ni, Si, W: Divisionsfaktor 4
  - Al, Be, Cu, Mo, Nb, Pb, Ta, Ti, V, Zr: Divisionsfaktor 10
  - Ce, N, P, S: Divisionsfaktor 100
  - B: Divisionsfaktor 1000

- Stahl X5CrNi18-10, ein legierter austenitischer Stahl:
  Der Buchstabe X steht für legierte Stähle (außer Schnellarbeitsstähle) sofern
  der mittlere Gehalt zumindest eines der Legierungselemente > 5% beträgt.
  Die Ziffer 5 nach dem Buchstaben, dividiert durch 100 ergibt den mittleren C-
  Gehalt (= chem. Zusammensetzung). Die durch Bindestriche getrennten Zahlen
  geben den mittleren, auf die nächste ganze Zahl gerundeten Gehalt der
  vorstehenden Elemente an. Hier: 18% Cr, 10% Ni.

- Stahl HS2-9-1-8
  Die Buchstaben HS bezeichnen die Gruppe der Schnellarbeitsstähle (= Verwendung). Die Zahlen, die durch Bindestriche getrennt sind, geben den prozentualen Gehalt der Legierungselemente in der Reihenfolge: Wolfram – Molybdän – Vanadin – Kobalt an. Zusatzsymbole sind bei dieser Gruppe nicht vorgesehen.

Die Systematik der Stahlgruppennummern soll an den folgenden Beispielen
erläutert werden:

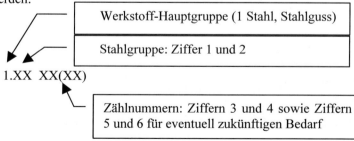

| Werkstoff-Hauptgruppe (1 Stahl, Stahlguss) |
| Stahlgruppe: Ziffer 1 und 2 |

1.XX XX(XX)

| Zählnummern: Ziffern 3 und 4 sowie Ziffern 5 und 6 für eventuell zukünftigen Bedarf |

Bei den Werkstoff-Hauptgruppen (siehe Abschnitt 6.3.3) wird unterschieden in:
- *Unlegierte Stähle* mit den Gruppen 00 bis 07, 90 bis 97 für Qualitätsstähle; 10 bis 19 für Edelstähle
- *Legierte Stähle* mit den Gruppen 08 bis 09 und 98 bis 99 für Qualitätsstähle; 20 bis 89 für Edelstähle mit den Unterscheidungen; 20 bis 29 für Werkzeugstähle; 30 bis 39 für verschiedene Stähle (z.B. Schnellarbeitsstähle, Wälzlagerstähle); 40 bis 49 chemisch beständige Stähle; 50 bis 89 Bau-, Maschinenbau- und Behälterstähle
- *Beispiele:*
  1.3501 ist ein Wälzlagerstahl mit dem Kurznamen 100Cr2
  1.0114 ist ein allgemeiner Baustahl mit dem Kurznamen S235J0
  1.7259 ist ein druckwasserbeständiger Cr-Mo Stahl mit dem Kurznamen 26CrMo7

6.3.3 Einteilung und Verwendung von Stählen

Die Bezeichnung Qualitätsstahl bzw. Edelstahl hat ihren Ursprung in der Gewährleistung von Güteanforderungen. Die DIN EN 10020 unterscheidet zwischen folgenden Stahlsorten:
- Unlegierte, nichtrostende und andere legierte Stähle nach der chemischen Zusammensetzung
- Hauptgüteklassen definiert nach Haupteigenschafts- oder Anwendungsmerkmalen der unlegierten, nichtrostenden oder anderer legierter Stähle.

6.3.3.1 Unlegierte Stähle

Bei unlegierten Stählen werden festgelegte Grenzwerte für (z.B. Cr = 0,30%, Mo = 0,08% oder Ti = 0,05%) nicht überschritten.

6.3.3.2 Nichtrostende Stähle

Der Massenanteil an Cr beträgt mindestens 10,5%, der C-Gehalt überschreitet 1,2% nicht.
Sie werden weiterhin nach folgenden Kriterien unterteilt:
- Nach dem Ni-Gehalt:
  - Gruppe mit Ni < 2,5 %
  - Gruppe mit Ni > 2,5 %

- Nach den Haupteigenschaften:
  - Korrosionsbeständig
  - Hitzebeständig
  - Warmfest

Es ist zu beachten, dass diese Eigenschaften auch auf andere legierte Stähle zutreffen können.

6.3.3.3 Andere legierte Stähle

Stahlsorten, die nicht der Definition für nichtrostende Stähle entsprechen und die bei mindestens einem Element, die in DIN EN 10020 festgelegten Grenzwerte (z.B. Cr = 0,30%, Mo = 0,08% oder Ti = 0,05%) erreichen.

6.3.3.4 Unlegierte Qualitätsstähle

Stahlsorten, für die i.Allg. festgelegte Anforderungen bestehen, wie z.B. an die Zähigkeit, Korngröße und/oder Umformbarkeit.

6.3.3.5 Unlegierte Edelstähle

Unlegierte Edelstähle weisen gegenüber unlegierten Qualitätsstählen weniger nichtmetallische Einschlüsse auf, d.h. sie müssen einen höheren Reinheitsgrad aufweisen. Um dies zu erreichen, sind besondere Maßnahmen bei der Herstellung notwendig (siehe Abschnitt 6.1.4). Diese Stähle weisen definierte Streckgrenzen- oder Härtbarkeitswerte, manchmal verbunden mit Eignung zum Kaltumformen oder Schweißen auf. Sie sind i.Allg. für besondere Verwendungszwecke vorgesehen (Vergüten oder Oberflächenhärten).

6.3.3.6 Legierte Qualitätsstähle

Legierte Qualitätsstähle sind Stahlsorten, für die Anforderungen, z.B. bezüglich der Zähigkeit, Korngröße und/oder Umformbarkeit bestehen. Sie werden i.Allg. nicht zum Vergüten oder Oberflächenhärten vorgesehen.
Typische legierte Qualitätsstähle sind z.B.:
1. Schweißgeeignete Feinkornbaustähle oder Stähle für Druckbehälter und Rohre mit festgelegten Grenzwerten für Streckgrenze und Kerbschlagzähigkeit (siehe Abschnitt 6.5)
2. Legierte Stähle für Schienen, Spundbohlen und Grubenausbau
3. Legierte Stähle für warm- oder kaltgewalzte Flacherzeugnisse für schwierige Kaltumformungen mit kornfeinenden Elementen (siehe Abschnitt 6.5)
4. Dualphasenstähle (siehe Abschnitt 6.5)

6.3.3.7 Legierte Edelstähle

Legierte Edelstähle sind Stahlsorten, mit Ausnahme der nichtrostenden Stähle, bei denen durch eine genaue Einstellung der chemischen Zusammensetzung sowie durch besondere Herstellungs- und Verarbeitungsbedingungen verbesserte Eigenschaften erzielt werden.
Folgende Stähle fallen unter diese Gruppe:
- Legierte Maschinenbaustähle
- Legierte Stähle für Druckbehälter
- Werkzeugstähle
- Schnellarbeitsstähle
- Stähle mit besonderen physikalischen Anforderungen

6.4 Verfahren zur Eigenschaftsänderung

6.4.1 Glühen von Stahl

Glühen ist eine Wärmebehandlung, bestehend aus Erwärmen auf eine bestimmte Temperatur, Halten und Abkühlen in der Weise, dass der Zustand des Werkstoffes bei Raumtemperatur dem Gleichgewichtszustand näher ist.

Da diese Definition sehr allgemein ist, empfiehlt es sich, den Zweck des Glühens genauer zu bezeichnen. Der Zweck einer Glühbehandlung ist:

- Herabsetzen von Härte und Festigkeit
- Verbesserung der Zähigkeit und Umformbarkeit
- Bildung eines homogenen Gefüges (Beseitigen von Konzentrationsunterschieden, Kornverfeinerung)
- Abbau von Eigenspannungen
- Effusion von Wasserstoff (Wasserstoffarmglühen)

Die wichtigsten Glühbehandlungen sind nachfolgend aufgeführt und in Abb. 6.23 im $Fe - Fe_3C$ - Diagramm eingetragen.

6.4.1.1 Diffusionsglühen

Erfolgt z.B. bei Stahlguss bei sehr hohen Temperaturen zwischen 1000 und 1200 °C (meist dicht unter der Solidustemperatur) und langen Haltezeiten. Zweck ist der Ausgleich von Kristallseigerungen (= örtliche Unterschiede in der chemischen Zusammensetzung). Nachteile des Verfahrens sind die Randentkohlung beim Arbeiten ohne Schutzgas und Kornvergröberungen. Blockseigerungen können nicht bereinigt werden.

6.4.1.2 Normalglühen

Der Stahl wird austenitisiert bei Temperaturen von 30 K bis 50 K oberhalb A_3 und an ruhender Luft abgekühlt. Durch die zweimalige Umkörnung erhält man ein feines, gleichmäßiges Gefüge mit Perlit. Grobkörniges Ausgangsgefüge, z.B. eine Gussstruktur, wird dadurch weitgehend beseitigt. Ebenso wird bei stark zeiligen Ferrit-Perlit-Gefügen untereutektoider Stähle eine Homogenisierung erreicht. Übereutektoide Stähle werden nicht normalgeglüht, da sich hier ein grobes Austenitkorngefüge ausbildet. Statt dessen werden solche Stähle weichgeglüht.

6.4.1.3 Grobkorn- (oder Hochglühen)

Grobkorn- (oder Hochglühen) wird bei untereutektoiden Stählen bei Temperaturen weit oberhalb A_3, jedoch unterhalb vom Diffusionsglühen durchgeführt. Bei untereutektoiden Stählen werden beispielsweise Temperaturen von etwa 950°C eingestellt, mit dem Ziel, ein für die Zerspanung günstiges grobkörniges Gefüge zu erzeugen. Die Abkühlung muss bis zur Perlitumwandlung langsam erfolgen. Die Glühtemperatur liegt meist beträchtlich oberhalb A_3, jedoch noch unterhalb des Diffusionsglühens. Um grobes Korn zu erzielen, muss diese ausreichend lang gehalten werden.

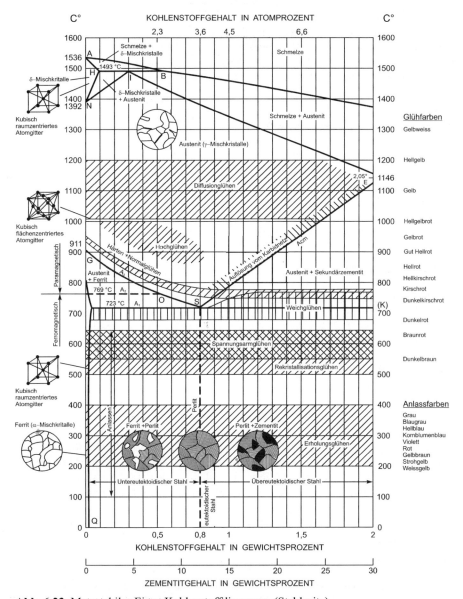

Abb. 6.23. Metastabiles Eisen-Kohlenstoffdiagramm (Stahlseite)

6.4.1.4 Weichglühen

Weichglühen ist eine Wärmebehandlung zum Vermindern der Härte eines Werkstoffes auf einen vorgegebenen Wert. Weichglühen erfolgt bei Temperaturen knapp unter A_1 (untereutektoide Stähle) - bzw. mit Pendeln um A_1 (übereutektoide Stähle) - mit anschließendem langsamem Abkühlen. Dieses Verfahren wird insbesondere für Vergütungs- und Werkzeugstähle angewendet. Das Ziel ist ein für spezielle Verarbeitungszwecke, wie spanlose Umformung und Zerspanung, günstiges Gefüge zu erzielen. Beim Weichglühen entsteht körniger Perlit, der durch die Einformung der Zementitlamellen in kugelige Karbide gebildet wird. Das neue Gefüge ist weich (kugelige Zementitkörner in ferritischer Grundmasse) und weitgehend spannungsfrei.

6.4.1.5 Spannungsarmglühen

Spannungsarmglühen wird hauptsächlich zum Abbau innerer Spannungen (ohne wesentliche Änderungen des Gefüges) - bis auf das Niveau der Warmstreckgrenze der jeweiligen Glühtemperatur – insbesondere nach dem Schweißen durchgeführt. Geglüht wird bei Stählen meist bei 550 bis 650 °C mit langsamem Abkühlen.

6.4.1.6 Rekristallisationsglühen

Rekristallisationsglühen ist eine Wärmebehandlung bei 500 bis 650 °C mit dem Ziel, durch Keimbildung und Wachstum ohne Phasenveränderung eine Kornneubildung in einem *kaltumgeformten* Werkstück zu erreichen (siehe Abschnitt 4.3.2).

6.4.1.7 Lösungsbehandeln

Lösungsbehandeln ist ein Wärmebehandeln mit dem Ziel, ausgeschiedene Phasen in feste Lösung zu bringen und zu halten.

6.4.1.8 Erholungsglühen

Erholungsglühen ist eine Wärmebehandlung eines kaltumgeformten Werkstückes, um die vor dem Kaltumformen vorhandenen physikalischen Eigenschaften zumindest teilweise wiederherzustellen, ohne das Gefüge nennenswert zu ändern. Die Behandlungstemperatur liegt unterhalb der des Rekristallisationsglühens (siehe Abschnitt 4.3.1).

6.4.1.9 Effusionsglühen

Effusionsglühen ist eine Wärmebehandlung zum Wasserstoffarm- oder Wasserstofffreiglühen. Dadurch können Werkstoffe behandelt werden, um der Wasserstoffversprödung entsprechend Kapitel 12.2.2.4 vorzubeugen.

Allgemein muss bei einer Glühbehandlung jedoch darauf geachtet werden, dass sich bestimmte Eigenschaften nicht in unerwünschtem Maße ändern. Gegebenenfalls sind entsprechende experimentelle Voruntersuchungen durchzuführen.

Die Glühbehandlungen sind in Tabelle 6.2 noch einmal zusammengefasst.

Tabelle 6.2. Glühbehandlungen von Stählen

Glühbehandlung	Temperatur
Diffusionsglühen	1000 - 1200 °C
Normalglühen	A_3 + 50 K
Grobkorn- oder Hochglühen	ca. 950 °C (bei untereutektoiden Stählen)
Weichglühen	700 – 750 °C
Spannungsarmglühen	550 – 650 °C
Rekristallisationsglühen	500 – 650 °C
Erholungsglühen	200 – 400 °C
Effusionsglühen	100 – 250 °C

6.4.2 Härten und Vergüten von Stahl

Ziel und Zweck des Härtens ist:
- Erzeugung einer harten, verschleißbeständigen Oberfläche
- Erhöhung der statischen und dynamischen Festigkeit

Voraussetzung für eine technisch relevante Härtung ist ein Mindestkohlenstoffgehalt von 0,2 - 0,3% bei unlegierten Stählen. Stähle, die aufgrund ihrer chemischen Zusammensetzung nicht ohne weiteres geeignet sind, können durch besondere Maßnahmen, die noch besprochen werden, ebenfalls gehärtet werden.

Das Härten läuft in zwei Stufen ab:
1. Erhitzen und Halten auf Härtetemperatur = Austenitisieren
2. Abkühlen = Abschrecken

6.4.2.1 Austenitisierung

Die Austenit-Mischkristallbildung ist ein diffusionsgesteuerter Vorgang, der im Gleichgewichtsfall, also bei sehr langsamer Erwärmung untereutektoider Stähle, bei A_1 beginnt und bei A_3 abgeschlossen ist. Damit ist aber noch nicht gewährleistet, dass auch der Kohlenstoffgehalt innerhalb der gebildeten Mischkristalle ausgeglichen und gleich groß ist. Diese für das Härten gewünschte Austenithomogenität ist dann noch abhängig von der Kohlenstoffverteilung im Ausgangsgefüge und von der Temperatur sowie Zeitdauer der Austenitisierung.

Erst wenn ein Konzentrationsausgleich innerhalb des Austenits vollzogen ist, wird bei der oberen kritischen Abkühlgeschwindigkeit auch ein homogener martensitischer Zustand erreicht. Im Falle einer Hochfrequenz- bzw. Kurzzeithärtung, kann durch entsprechende Erhöhung der Austenitisierungs-(Härtungs-)temperatur die Diffusion so beschleunigt werden, dass trotz der verkürzten Austenitisierungszeit homogene Härtungsgefüge - und zwar ohne Grobkornbildung - erreicht werden.

Erfasst ist dieses Geschehen in den Zeit-Temperatur-Austenitisierungs-Schaubildern (ZTA). Abb. 6.24 zeigt ein Beispiel für C53G (1.1213), normalisiert und vergütet, im Vergleich zum Eisenkohlenstoff-Schaubild. Mit sinkender Aufheizzeit (steigender Aufheizgeschwindigkeit) werden die Haltepunkte A_1 und A_3 zu höheren Temperaturen verschoben. Die zur Erreichung eines homogenen Austenits notwendigen Austenitisierungstemperaturen müssen beim normalgeglühten Zustand wesentlich höher sein als beim vergüteten Zustand. Die Ursache hierfür liegt in den unterschiedlichen Zementitausscheidungen begründet. So sind bei der perlitischen Gefügestruktur aufgrund der massiven Zementitlamellen viel größere Diffusionswege als bei den feindispersen Ausscheidungen vom Vergütungsgefüge notwendig, um eine homogene Kohlenstoffkonzentration im austenitischen Gefüge einzustellen.

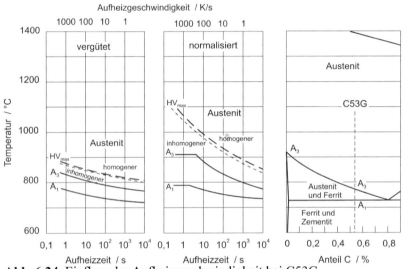

Abb. 6.24. Einfluss der Aufheizgeschwindigkeit bei C53G

6.4.2.2 Abschrecken

Abschrecken ist ein Wärmebehandlungsschritt, bei dem ein Werkstück mit größerer Geschwindigkeit als an ruhender Luft abgekühlt wird.

Es wird empfohlen, die Abschreckbedingungen genau anzugeben, z.B. Abschrecken im Luftstrom, Abschrecken in Wasser (Wasserabschrecken) oder gestuftes Abschrecken.

Aus dem veränderten Umwandlungsverhalten ergeben sich folgende Zusammenhänge, Tabelle 6.3.

Tabelle 6.3. Einfluss der Abkühlungsgeschwindigkeit auf das Umwandlungsverhalten

Abkühlgeschwindigkeit	Umwandlungsverhalten
Normale Abkühlgeschwindigkeit (< 1 K/s)	Perlitpunkt (S, 723 °C), vergrößerter Perlitanteil, reduzierter Ferritanteil
Abkühlgeschwindigkeit (1 bis 50 K/s)	Erweiterung des Perlitpunktes zu einem Bereich
Abkühlgeschwindigkeit (50 - 200 K/s); Rekaleszenz (freiwerdende Umwandlungswärme)	feinlamellarer Perlit, Perlitbildung verläuft bis zum Ende
Abkühlgeschwindigkeit höher als untere kritische Abkühlgeschwindigkeit (200 K/s); keine Rekaleszenz; unvollständige Perlitumwandlung; Restaustenit wandelt sich bei Abkühlung in Zwischenstufe und Martensit um	feinlamellarer Perlit + Zwischenstufe + Martensit
Abkühlgeschwindigkeit (200 - 500 K/s)	Zwischenstufe + Martensit
Abkühlgeschwindigkeit höher als (obere) kritische Abkühlgeschwindigkeit (> 500 K/s; abhängig vom C-Gehalt)	Martensit

Diejenige Abkühlungsgeschwindigkeit wird als untere kritische Abkühlungsgeschwindigkeit definiert, bei der sich zuerst Martensit bildet, als obere diejenige, bei der ausschließlich Martensit gebildet wird, Abb. 6.25.

Martensit ist das eigentliche Härtungsgefüge, Abb. 6.26. Die Abkühlung, die zur Umwandlung in der Martensitstufe führt, verläuft so rasch, dass Diffusionsvorgänge nicht mehr ablaufen können. Dadurch kommt es zu einem Umklappen des γ-Gitters (kfz) in ein tetragonales verzerrtes α-Gitter (Martensit), dessen Orientierung mit der des Austenits zusammenhängt, Abb. 6.27 und Abb. 6.28.

Das Umklappen in Martensit erfolgt nicht für alle Kristalle gleichzeitig bei einer bestimmten Temperatur, sondern - da die Stabilität einzelner Austenitkristalle unterschiedlich ist - als Anlaufvorgang in einem Temperaturbereich, dessen Lage vom Kohlenstoffgehalt abhängig ist.

Die Temperatur bei beginnender Martensitbildung wird Martensitpunkt (M_s = Beginn (start) der Martensitbildung), die Temperatur, bei der die Martensitbildung abgeschlossen ist, wird M_f = Ende (finish) genannt.

Mit dem Umklappvorgang ist eine legierungsabhängige Volumenvergrößerung von ca. 1% verbunden, die im Dilatometerversuch sichtbar gemacht wird, siehe Abb. 6.29.

Die große Härte des Martensits ist vor allem auf Mischkristallhärtung zurückzuführen, die der in hoher Übersättigung vorliegende Kohlenstoff verursacht. Zusätzlich wirken noch die hohe Gitterfehlerdichte (viele Versetzungen) und die inneren Verspannungen (verursacht durch die Volumenzunahme beim Umklappvorgang) härtesteigernd.

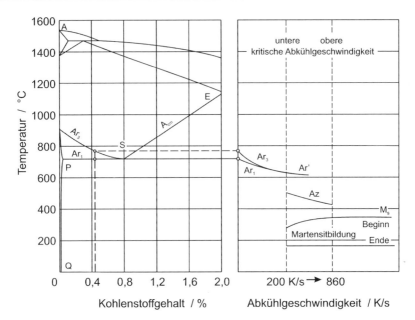

Abb. 6.25. Einfluss der Abkühlgeschwindigkeit auf die Werkstoffstruktur

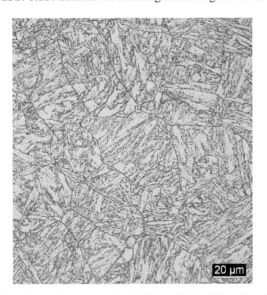

Abb. 6.26. Martensitisches Gefüge (Ck45), lichtmikroskopische Aufnahme

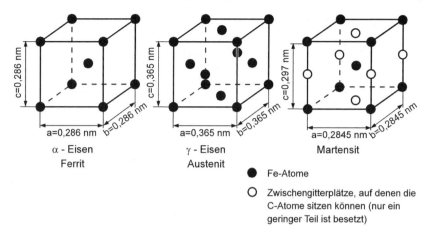

Abb. 6.27. Kubisch-raumzentrierte Elementarzelle von α-Eisen und kubisch-flächenzentrierte Elementarzelle von γ-Eisen

Abb. 6.28. Tetragonal verzerrte α–Elementarzelle von Martensit

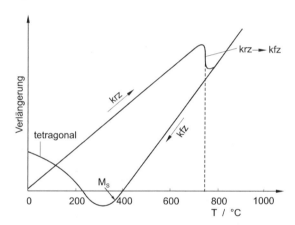

Abb. 6.29. Längenänderung bei der Martensitumwandlung

Praktisch erreichbare Härtewerte sind abhängig vom Kohlenstoff- und Martensitgehalt, Abb. 6.30.

Das Ende der Martensitbildung bei RT wird bei C-Gehalten über 0,6% (für unlegierte Stähle) nicht erreicht, so dass ein bestimmter Anteil an Restaustenit im Gefüge verbleibt, was niedrigere Härtewerte zur Folge hat, Abb. 6.31.

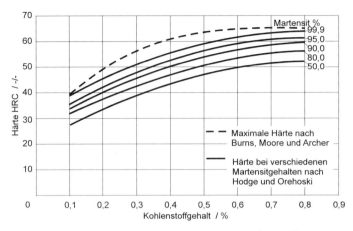

Abb. 6.30. Maximale Härte in Abhängigkeit vom Kohlenstoff- und Martensitgehalt

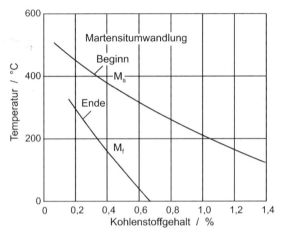

Abb. 6.31. Einfluss des Kohlenstoffgehalts auf Martensitfinish- (M_f) und Martensitstart-temperatur (M_S)

Um eine Stabilisierung und bessere Alterungsbeständigkeit bei nur teilweise in Martensit umgewandelten Gefügen zu erreichen, können diese auf Temperaturen unterhalb der Raumtemperatur abgekühlt werden. Auf diese Art und Weise kann der Restaustenit beim Unterschreiten der M_f-Temperatur vollständig in die martensitische Struktur umklappen. Wird der Werkstoff im Anschluss wieder auf Raumtemperatur erwärmt bleibt das martensitische Gefüge vollständig erhalten.

Bei Abkühlgeschwindigkeiten, die zwischen der unteren und der oberen kritischen Abkühlgeschwindigkeit liegen, erfolgt die sogenannte Bainitbildung (Zwischenstufe). Im Gegensatz zum Perlit, der sich durch Diffusion direkt aus dem Austenit bildet, ist in der Zwischenstufe durch die schnellere Abkühlung die Diffusion des Kohlenstoffs im Austenit stark erschwert. Es klappen, meist von

Korngrenzen ausgehend, kleinere Austenitbereiche in ein verzerrtes α-Gitter um. In Abb. 6.32 ist eine bainitische Struktur dargestellt.

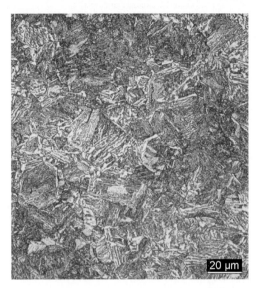

Abb. 6.32. Bainitisches Gefüge (42CrMo4), lichtmikroskopische Aufnahme

Die Umwandlungscharakteristik von Stählen in Abhängigkeit von den Abkühlungsverhältnissen unter technischen Bedingungen wird durch das ZTU-Schaubild (Zeit-Temperatur-Umwandlung) beschrieben, da das Fe-Fe$_3$C-Diagramm nur für („unendlich") langsame Abkühlung gültig ist. Man unterscheidet zwischen dem ZTU-Schaubild für isotherme Umwandlung, Abb. 6.33, und für kontinuierliche Abkühlung, Abb. 6.34.

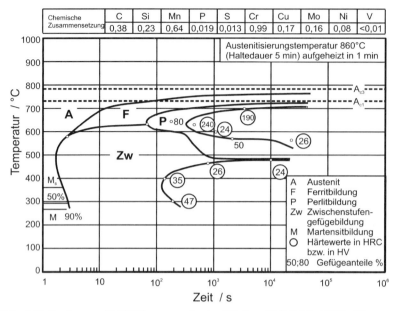

Abb. 6.33. Isothermes ZTU-Diagramm für den Werkstoff 42CrMo4 [Vde61]

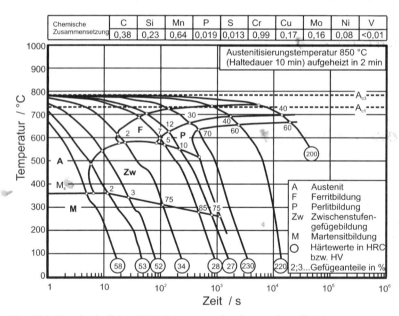

Abb. 6.34. Kontinuierliches ZTU-Diagramm für den Werkstoff 42CrMo4 [Vde61]

Das isotherme ZTU-Diagramm ist parallel zur Zeitachse zu lesen. Aus diesem ZTU-Diagramm können Zeitpunkte, bei denen eine Umwandlung beginnt und endet, für eine bestimmte Haltetemperatur abgelesen werden.

Das kontinuierliche ZTU-Schaubild ist längs der eingezeichneten Abkühl-kurven zu lesen. Gefügebestandteile werden mit Abkürzungen (F = Ferrit, M = Martensit, Zw = Zwischenstufe bzw. Bainit, P = Perlit), die zugehörigen Härtewerte meist in Kreisen angegeben und die prozentualen Gefügeanteile eingetragen. Es ist zu beachten, dass jeder Stahl ein charakteristisches ZTU-Schaubild aufweist.

Die wichtigsten Härtemethoden sind nachstehend aufgeführt, Abb. 6.35:

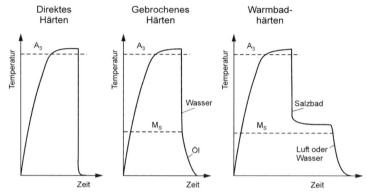

Abb. 6.35. Wichtige Härtemethoden

6.4.2.3 Direktes Härten

Direkthärten ist das Härten eines i.Allg. aufgekohlten Werkstückes mit direktem Abschrecken. Im Allgemeinen wird diese Behandlung aus einer für das Härten des Werkstückes am besten geeigneten Temperatur durchgeführt.

6.4.2.4 Gebrochenes Härten

Bei der gebrochenen Härtung wird der Stahl zunächst in Wasser abgeschreckt, bis die Rotglut verschwunden ist, und dann wird in einem milderen Mittel (z.B. Öl) zu Ende gehärtet. Die Wasserabschreckung hat den Zweck, die Perlit- bzw. Bainit-bildung zu verhindern. Wenn diese Stufe einmal unterdrückt ist, kann die weitere Abkühlung langsamer verlaufen, da die Martensitbildung selbst und damit die erreichbare Härte unabhängig von der Abkühlungsgeschwindigkeit bei niedrigen Temperaturen ist, siehe ZTU-Diagramm. Das mildere Abschreckmittel verringert die durch die Abkühlung hervorgerufene Wärmespannungen, welche durch die Wechselwirkung mit der martensitischen Phasenumwandlung einen für den Werkstoff besonders kritischen Zustand schaffen können. Besonders kritisch sind niedriglegierte Baustähle, bei denen der Bereich der Blausprödigkeit ebenfalls in den Bereich der martensitischen Umwandlung fällt.

6.4.2.5 Warmbadhärten

Warmbadhärten ist eine Wärmebehandlung, bestehend aus Austenitisieren, anschließendem gestuftem Abschrecken auf eine Temperatur dicht oberhalb M_s mit solcher Geschwindigkeit, dass die Bildung von Ferrit, Perlit oder Bainit vermieden wird, und einem ausreichend langen Halten bei dieser Temperatur, um einen Temperaturausgleich über den Querschnitt zu erzielen. Die anschließende Abkühlung erfolgt in der Regel an Luft, wobei die Martensitbildung über den Querschnitt annähernd gleichzeitig eintritt.

Die Haltezeit oberhalb der M_s-Temperatur darf nicht zu lang sein, um Bainit-Bildung zu verhindern. Ist die M_s-Temperatur unterschritten, kann die weitere Abkühlung zur Martensitbildung langsam erfolgen. Durch Halten im Warmbad werden die thermischen Spannungen ausgeglichen und beim weiteren Abkühlen die Umwandlungsspannungen, wegen mehr oder weniger gleichzeitiger Umwandlung über den ganzen Querschnitt, weitgehend reduziert und damit die Härterissgefahr eingeschränkt.

Anwendung: Rissempfindliche Teile, stark unterschiedliche bzw. dicke Querschnitte aus Kaltarbeitsstählen, Warmarbeitsstählen sowie Schnellarbeitsstählen.

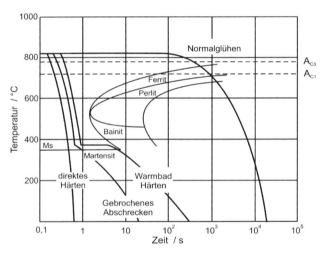

Abb. 6.36. Wichtige Wärmebehandlungen im ZTU-Diagramm

6.4.2.6 Einflussgrößen auf das Härten

6.4.2.6.1 Härtetemperatur und Härtezeit

Härtetemperatur und -zeit werden entsprechend der chemischen Zusammensetzung des Ausgangszustandes, der Erwärmungsgeschwindigkeit und des Endzustandes gewählt. Ein homogener Austenit wird nicht immer erreicht, da keine homogene Karbidverteilung vorhanden ist, Karbide nur schwer auflösbar oder

Diffusionswege zu groß sind. Manchmal ist eine vollständige Auflösung auch nicht erwünscht. Die hierzu erforderlichen Parameter sind den Zeit-Temperatur-Austenitisierungsschaubildern (ZTA) zu entnehmen, Abb. 6.37.

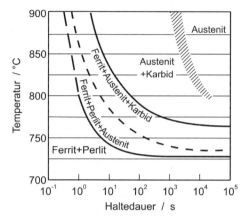

Abb. 6.37. Isothermes ZTA-Schaubild für C45E [Vde73]

Die Härtetemperatur darf jedoch nicht zu hoch gewählt werden, da mit steigender Temperatur die Korngröße zunimmt. Schon bei einer Kurzzeitüberhitzung nimmt die Austenitkorngröße stark zu, wenn die Austenitisierungstemperatur von 900 auf 1100 °C erhöht wird. Bei schneller Abkühlung des grobkörnigen austenitischen Gefüges bildet sich grobkörniger Martensit mit einer Härte, je nach C-Gehalt, von bis zu 600 HV 10, die weit über der Härte feinkörniger Gefüge liegt. Mit zunehmender Härtetemperatur und somit Kornvergröberung fällt nach schneller Abkühlung die Kerbschlagarbeit gegenüber dem normalisierten Zustand beträchtlich ab, Abb. 6.38.

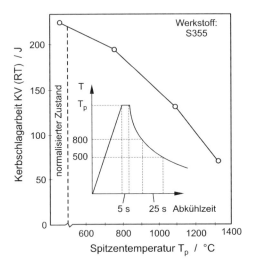

Abb. 6.38. Einfluss der Härtetemperatur auf die Kerbschlagarbeit

Die ungünstige Gefügeausbildung nach hohen Austenitisierungstemperaturen resultiert aus den erschwerten Diffusionsbedingungen in grobkörnigen Gefügen und daraus, dass die als Keime wirkenden Gefügebestandteile (z.B. Karbide, Nitride) gelöst sind und somit nicht mehr als Keimbildner wirksam werden. Beide Eigenschaften verringern die Neigung des Austenits umzuwandeln, so dass bei gleicher Abkühlgeschwindigkeit höhere Restaustenitanteile vorliegen.

Zu niedrige Härtetemperaturen bewirken eine unvollständige Auflösung der Karbide, siehe ZTA-Schaubild, die bei der folgenden Abkühlung als Keime die Umwandlung in der Perlitstufe (anstatt in der Martensitstufe) begünstigen, Abb. 6.39. Außerdem ergibt sich durch den geringeren Gehalt an gelöstem Kohlenstoff eine niedrigere Härte des Martensits. Bei nicht vollständiger Austenitisierung untereutektoider Stähle (zwischen A_1 und A_3) bleibt der nicht umgewandelte Ferrit als weicher Gefügebestandteil erhalten (Weichfleckigkeit).

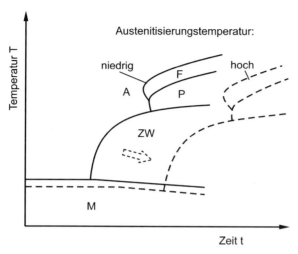

Abb. 6.39. Einfluss der Austenitisierungstemperatur auf die Phasenumwandlungen

6.4.2.6.2 Chemische Zusammensetzung und Abmessungen

Die Härtbarkeit eines Stahles wird mit der Aufhärtbarkeit und der Einhärtbarkeit beschrieben. Die gewünschten Gebrauchseigenschaften werden u.a. nur erreicht, wenn Werkstoffe eine den Abmessungen und Wärmebehandlungsbedingungen gemäße ausreichende Härtbarkeit aufweisen. Die Aufhärtbarkeit gibt die höchste erreichbare Härte an und wird überwiegend vom Kohlenstoffgehalt bestimmt. Mit zunehmendem Kohlenstoffgehalt nehmen einerseits die kritischen Abkühlungs-geschwindigkeiten für die Martensitbildung ab, Abb. 6.40, andererseits nimmt die Härte des Gefüges zu.

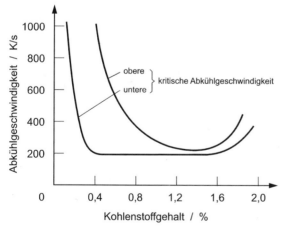

Abb. 6.40. Kritische Abkühlgeschwindigkeiten in Abhängigkeit vom Kohlenstoffgehalt

Bei der unteren kritischen Abkühlgeschwindigkeit erfolgt erstmals eine teilweise Umwandlung in der Martensitstufe. Ab der oberen kritischen Abkühlgeschwindigkeit wird eine vollständige Umwandlung erreicht. Da ab einem Kohlenstoffgehalt von rd. 0,6% die M_f-Temperatur unterhalb 0 °C liegt, nimmt die erreichbare Härte der Stähle mit C > 0,6% beim Abschrecken selbst bis herunter auf ± 0 °C infolge des nicht umgewandelten Restaustenits wieder ab, Abb. 6.41.

Für C-Gehalte zwischen 0,15% und 0,60% lässt sich bei vollständiger Martensitumwandlung die maximal erreichbare Härte HV_{max} nach der folgenden (empirischen) Beziehung abschätzen:

$$HV_{max} = 802 \cdot C + 305 \qquad [C \text{ in } \%]$$

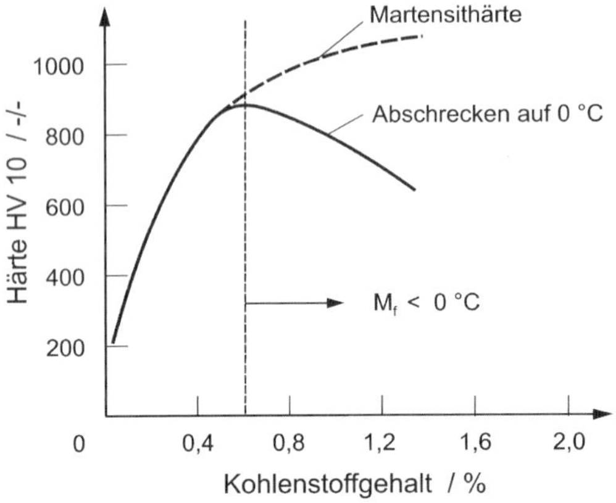

Abb. 6.41. Maximale Härte in Abhängigkeit vom Kohlenstoffgehalt

Eine völlige Durchhärtung von unlegierten Kohlenstoffstählen ist auch bei schroffster Abschreckung nur bei kleinen Abmessungen möglich. Ein Rundstab aus C45 ist beispielsweise bis zu einem Durchmesser von 10 mm durchhärtbar. Bei größeren Abmessungen wird im Inneren die obere kritische Abkühlgeschwindigkeit nicht mehr erreicht. Die martensitische Umwandlung findet wegen der langsameren Abkühlung in den einzelnen Bauteilzonen nur teilweise oder gar nicht statt.

Die Einhärtungstiefe nach dem Randschichthärten Rht ist nach DIN 50190 der Abstand von der abgeschreckten Oberfläche, bis zu der Tiefe, bei welcher die Grenzhärte = 0,8x"Mindesthärtewert der Oberfläche" erreicht wird. Beim Einsatzhärten wird als Grenzhärte für die Einsatzhärtungstiefe Eht im Regelfall ein Wert von 550 HV 1 herangezogen, Abb. 6.42.

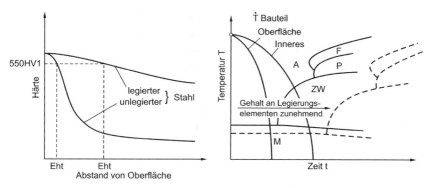

Abb. 6.42. Einfluss von Legierungselementen (Ni, Cr, Mn und Mo) auf die Einhärtbarkeit

Abb. 6.43. Einfluss von Legierungselementen auf die Phasenumwandlung

Bor, das im Austenit bei 900 °C mit rund 29 ppm gelöst ist, steigert trotz dieser geringen Menge die Einhärtbarkeit ganz erheblich. Dies geht aus Tabelle 6.4 über die benötigte Menge an Legierungselementen hervor, die Stählen der angegebenen Grundzusammensetzung dieselbe Härtbarkeit bei kleinen Abmessungen wie ein Borzusatz von 0,0006% verleihen.

Bor verschiebt die Umwandlung zu längeren Abkühlzeiten, Abb. 6.43.

Borgehalte von mehr als 0,003% erhöhen die Härtbarkeit nicht weiter, es bilden sich allerdings grobe Borkarbide an den Korngrenzen. Für die Schmiedbarkeit sind höhere Borgehalte infolge Bildung eines Eutektikums unerwünscht.

Tabelle 6.4. Äquivalent zum Legierungszusatz von 0,0006% Bor zum Erreichen derselben Härtbarkeit

Grundzusammensetzung / %		Legierungselemente / %			
C	Mn	Mn	Ni	Cr	Mo
0,2		0,85	2,4	0,45	0,35
0,6	0,75	0,45	1,2	0,20	0,15
0,8		0,15	0,4	0,07	0,05

6.4.2.6.3 Abkühlmittel

In Abb. 6.44 sind die Abkühlmittel nach steigender Abkühlgeschwindigkeit geordnet: Luft, Pressluft, Salzschmelzen, Metallschmelzen, Öle, Ölemulsionen, Wasser, Eiswasser, wässerige NaOH. Je größer die Oberfläche des Werkstückes im Verhältnis zum Volumen ist, desto schneller erfolgt die Abkühlung.

Bei der Härtung von Konstruktionsteilen ist darauf zu achten, dass die dabei entstehenden Eigenspannungen zum Verzug oder zu Rissen führen können. Eigenspannungen beim Härten entstehen als

1. thermisch bedingte Eigenspannungen aufgrund von Temperaturdifferenzen über Werkstückquerschnitte, die eine örtliche plastische Verformung zur Folge haben,

2. Spannungen, bedingt durch ungleichartige Gefügeumwandlungen und die damit verbundenen örtlich unterschiedlichen spezifischen Volumina.

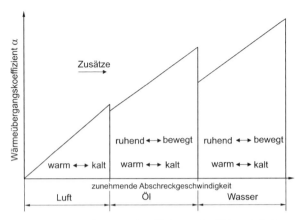

Abb. 6.44. Wärmeübergangskoeffizient α in Abhängigkeit vom Abkühlmittel

6.4.2.7 Anlassen

Wärmebehandlung, die i.Allg. nach einem Härten oder einer anderen Wärmebehandlung durchgeführt wird, um gewünschte Werte für bestimmte Eigenschaften zu erreichen.

Sie besteht aus ein- oder mehrmaligem Erwärmen auf vorgegebene Temperatur ($< A_{c1}$), Halten auf dieser Temperatur und anschließendem zweckentsprechendem Abkühlen.

Das Anlassen führt i.Allg. zu einer Verringerung der Härte, in bestimmten Fällen jedoch zu einer Härtesteigerung.

Vorgänge beim Anlassen (Anlassstufen):

Die durch Martensitbildung entstandene Sprödigkeit des Stahles kann durch Anlassen vermindert werden, Abb. 6.45, was sich in der Abnahme der inneren Spannungen und somit auch der Härte und Festigkeit und in einer Steigerung der Zähigkeit mit steigender Anlasstemperatur und -zeit auswirkt. Auch Restaustenit wandelt sich beim Anlassen um. Den Anlassvorgängen liegen eine Diffusion der C-Atome und Karbidausscheidungen zugrunde. Wegen der Volumenunterschiede lassen sich die einzelnen Anlassstufen z.B. anhand eines Stahles mit rd. 1,3% Kohlenstoff (abgeschreckt von 1150 °C / Wasser und dadurch mit relativ hohem Anteil an Restaustenit) im Dilatometerversuch darstellen, Abb. 6.46.

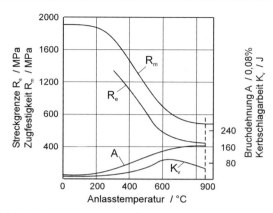

Abb. 6.45. Einfluss einer Anlassbehandlung auf Festigkeits- u. Verformungseigenschaften

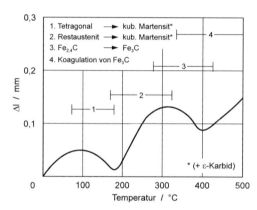

Abb. 6.46. Anlassbehandlung im Dilatometerversuch [Guy76]

1. Die Längenänderungen in den Bereichen 1 bis 4 können folgendermaßen erklärt werden. Verkleinerung der Messlänge verursacht durch Übergang des tetragonalen Martensits (Gitterkonstanten $a = b \neq c$) in den kubischen (Gitterkonstanten $a = b = c$) aufgrund der Ausscheidung von $Fe_{2,4}C$ (ε-Karbid). Kubischer Martensit ist leichter anätzbar und erscheint im Lichtmikroskop dunkel (schwarzer Martensit). Die Härte fällt dadurch kaum ab, jedoch wird eine nicht unbedeutende Entspannung erreicht.

2. Aufgrund der weiteren Ausscheidung von ε-Karbid destabilisiert sich der noch vorhandene Restaustenit und wandelt sich hauptsächlich in kubischen Martensit um, wodurch es zu einer weiteren Ausdehnung des Werkstoffes kommt. Ab einer Temperatur von etwa 250 °C beginnt sich das ε-Karbit über mehrere Zwischenschritte in den Zementit Fe_3C umzuwandeln.

3. Verkleinern der Messlänge infolge Ausscheidens nahezu des gesamten Kohlenstoffgehaltes des kubischen Martensits unter Bildung von Fe_3C, wodurch ein ferritisches Gefüge mit eingelagerten sehr feinen Karbiden entsteht. Die nadelige Struktur des Gefüges bleibt jedoch erhalten.

4. Koagulation (Zusammenwachsen des Fe$_3$C zu größeren Körnern). Das Gefüge nähert sich dem des weichgeglühten Zustandes. Die ursprüngliche nadelige Struktur wird bei diesen Temperaturen durch die Rekristallisation aufgelöst. In legierten Stählen mit genügend großem Gehalt an karbidbildenden Elementen (wie Cr, W, V, Mo) bilden sich bei hohen Temperaturen eine Reihe stabiler Mischkarbide, die eine Ausscheidungshärtung (Sekundärhärtung) bewirken. Beim Anlassen ist vielfach mit Versprödungserscheinungen zu rechnen, siehe Abschnitt 6.6.

6.4.2.8 Vergüten

Vergüten beinhaltet die Arbeitsschritte Härten und Anlassen bei höherer Temperatur, um die gewünschte Kombination der mechanischen Eigenschaften, insbesondere hohe Zähigkeit, zu erreichen.

Die beim Vergüten nach dem Härten durchgeführte Anlassbehandlung ist annähernd identisch mit der 4. Anlassstufe. Sie bewirkt im wesentlichen eine Koagulation von Fe$_3$C sowie die Bildung stabiler Sonderkarbide. Die Folgen können sein:

- Härteabnahme bzw. Erweichung
- Zunahme der Zähigkeit
- Ausscheidungshärtung, die dem Zweck des Vergütens an sich zuwiderläuft

Eigenschaften von Vergütungsstählen sind in Tabelle 6.5 zusammengefasst.

Tabelle 6.5. Werkstoffkennwerte bei Raumtemperatur von Vergütungsstählen, Querschnitte d < 16 mm oder t < 8 mm (Gewährleistung nach DIN EN 10083-1)

Kurzbezeichnung			Streckgrenze $R_{eH}/R_{p0,2}$ MPa	Zugfestigkeit R_m MPa	Bruchdehnung A %
C30EN	normalgeglüht	1.1178	300	550	18
C30EQT	vergütet	1.1178	400	600 - 750	18
C45EN	normalgeglüht	1.1191	340	620	14
C45EQT	vergütet	1.1191	490	700 - 850	14
C60EN	normalgeglüht	1.1221	380	710	10
C60EQT	vergütet	1.1221	580	850 – 1000	11
28Mn6	normalgeglüht	1.1170	345	630	17
28Mn6	vergütet	1.1170	590	800 - 950	13
41Cr4	vergütet	1.7035	800	1000 - 1200	11
42CrMo4	vergütet	1.7225	900	1100 - 1300	10
30CrNiMo8	vergütet	1.6580	1050	1250 - 1450	9

6.4.2.9 Randschichthärten

Unter dem Randschichthärten wird ein auf die Werkstoffoberfläche beschränktes Austenitisieren mit anschließender Abschreckung verstanden.

Anmerkung: Es ist zweckmäßig, den Begriff durch die Art des Wärmens zu kennzeichnen, z.B. Flammhärten, Induktionshärten, Elektronenstrahlhärten, Laserstrahlhärten.

Beim Randschichthärten mit hoher Wärmeenergiedichte, Abb. 6.47 und Abb. 6.48, wird nur ein oberflächennaher Bereich eines Werkstückes (in der Regel aus Vergütungsstahl, z.B. Cf53, 42CrMo4) austenitisiert, unmittelbar danach abgeschreckt und dadurch gehärtet. Dadurch lassen sich durchaus ähnliche Wirkungen erzielen wie beim Einsatzhärten in Bezug auf Härte, Verschleißwiderstand und Eigenspannungszustand (Druckeigenspannungen im Bereich der Martensitbildung), wobei der Härteverzug wesentlich geringer ist.

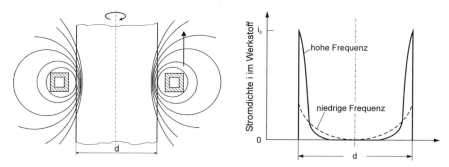

Abb. 6.47. Induktionserwärmung [Eck72]   **Abb. 6.48.** Stromdichte-Temperaturverlauf im Bauteil [Eck72]

In vielen Fällen (z.B. Kurbelwellenzapfen, Zahnräder u.a.) wird dadurch
- ein möglichst günstiger Eigenspannungszustand (Druck in der Randzone)
- ein möglichst harter verschleißbeständiger Oberflächenbereich in Kombination mit
- einem möglichst zähen Kern erreicht, Abb. 6.49.

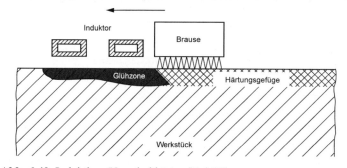

Abb. 6.49. Induktives Vorschubhärten [Eck72]

6.4.2.10 Einsatzhärten

Voraussetzung für die (übliche) Stahlhärtung ist i.Allg. ein Mindest-C-Gehalt von rund 0,3%. Bei den Einsatzstählen, die einen darunter liegenden C-Gehalt von 0,05 bis 0,20% haben, muss erst durch ein besonderes Verfahren - Aufkohlen der Randzone - ein ausreichender C-Gehalt zur Verfügung gestellt werden, um diese Stähle ebenfalls härten zu können. Dadurch wird ein „Verbund" zwischen einer harten, verschleißbeständigen und dauerfesten Oberflächenschicht und einem zähen Kern erreicht. Die erhöhte Dauerfestigkeit wird hauptsächlich verursacht durch Druckeigenspannungen in der martensitischen Randzone und kommt insbesondere bei ungleichförmiger Spannungsverteilung, z.B. bei Biegung oder Torsion, zum Tragen. Einsatzstähle werden deshalb zur Herstellung von z.B. Zahnrädern, Wellen, Nockenwellen, Bolzen, Zapfen, Hebeln, Spindeln verwendet.

Es ist allerdings zu beachten, dass durch das Aufkohlen auch die Schweißbarkeit der Stähle stark beeinträchtigt wird. So wird ab einem Kohlenstoffgehalt von ca. 0,22% eine Wärmevor- bzw. -nachbehandlung notwendig. Da jedoch nicht nur Kohlenstoff die Schweißeignung von Stählen reduziert, sondern auch viele andere Legierungselemente, wurde ein Kohlenstoffäquivalent $C_{äq}$ eingeführt, welches einen oberen Grenzwert für eine problemlose Schweißung angibt, siehe Kap. 6.5.2.

Das Einsatzhärten ist eine thermo-chemische Behandlung.

6.4.2.10.1 Aufkohlen

Thermochemisches Behandeln eines Werkstückes im austenitischen Zustand zum Anreichern der Randschicht mit Kohlenstoff, der dann im Austenit in fester Lösung vorliegt. Das aufgekohlte Werkstück wird anschließend gehärtet (unmittelbar oder nach Wiedererwärmen).

Das Mittel, in dem aufgekohlt wird, ist anzugeben, z.B. Aufkohlen in Gas: Gasaufkohlen, Aufkohlen in Pulver: Pulveraufkohlen, Aufkohlen in Plasma: Plasmaaufkohlen.

Als kohlenstoffabgebende Mittel werden feste Stoffe (z.B. Holzkohle, Braunkohlenkoks mit Aktivierungsmitteln), flüssige Salzschmelzen aus Alkalizyanid mit Zusatz von Erdalkalichloriden und gasförmige Stoffe (Trägergas, bestehend aus einem Gemisch von Wasserstoff, Kohlenmonoxid und Stickstoff, mit Kohlungsgas, z.B. Propan) verwendet.

Anwendung der Aufkohlungsmittel:
1. Pulver, Granulat: Für Einzelstücke und bei gelegentlicher Einsatzhärtung
2. Salzbad: Für kleinere Teile mit kleiner Einhärtungstiefe (Eht), reproduzierbarere Ergebnisse als mit Pulver, kleinere Einsatzzeiten, Serienfertigung
3. Gas: Massenfertigung in Durchstoß- oder Kammeröfen

Die Aufkohlung erfolgt durch Diffusion des an der Stahloberfläche durch Zersetzung kohlenstoffhaltiger Gase (insbesondere von Kohlenmonoxid) entstehenden Kohlenstoffes. Sie wird bei einer Temperatur dicht oberhalb der A_3-Linie, üblicherweise in einem Temperaturbereich von 880 bis 950 °C durchgeführt. Das

Gefüge des Stahles hat in diesem austenitischen Zustand (γ-Gebiet) die größte Aufnahmefähigkeit für Kohlenstoff. Damit die Bildung von Restaustenit und Korngrenzenzementit beim Härten vermieden wird, sollte die eutektoide Konzentration von rd. 0,8% C im Rand nicht überschritten, sondern ein C-Gehalt von 0,6 bis 0,8% angestrebt werden. Die mit einem C-Gehalt von 0,6% erreichbare Härte von 60 bis 65 HRC ist für viele Fälle bereits ausreichend. Die Aufkohlungstiefe ist außer vom Aufkohlungsmedium von der Temperatur und Zeit abhängig, Abb. 6.50.

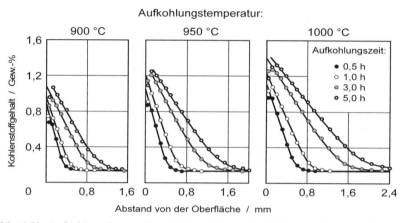

Abb. 6.50. Aufkohlungskurven des Stahls 16MnCr5 (1.7131) nach Salzbadaufkohlung bei 900, 950 und 1000 °C

Ein flacheres C-Gefälle ist günstiger, da sonst ein schroffer Übergang zwischen Martensitgefüge und ungehärtetem Kerngefüge mit hohen Spannungen entsteht, was die Gefahr des Abplatzens in sich birgt. Bei zu hoher Aufkohlungstemperatur und/oder zu hohem C-Pegel besteht die Gefahr, dass sich Restaustenit bildet, der Kohlenstoffgehalt im Rand die eutektoide Konzentration überschreitet und sich an den Korngrenzen Sekundärzementit ausscheidet, wodurch der Randbereich versprödet. Übereutektoider C-Gehalt lässt sich durch Diffusionsglühen verringern. Die Zielwerte für die Regelung der Aufkohlung sind der Randkohlenstoffgehalt und die Aufkohlungstiefe. Überhitzung sowie Überzeitung (zu lange Zeiten) können stahlabhängig noch zu einer mehr oder weniger starken Kornvergrößerung führen. Die Mo-haltigen Einsatzstähle sind weniger überhitzungsempfindlich.

Für eine Aufkohlungstiefe von 0,8 mm bei 930 °C beträgt die Aufkohlungsdauer beim Salzbadaufkohlen ca. 3 h, beim Gasaufkohlen rd. 4 h und beim Pulveraufkohlen etwa 8 h. Die Dicke der Einsatzschicht wird normalerweise auf 3 mm begrenzt.

Das Aufkohlen selbst führt bereits zu einer Härtesteigerung. An Stellen, die nicht aufgekohlt werden sollen, kann eine Härteschutzpaste (in der Regel borsäurehaltige Pasten) oder eine ca. 10-15 μm dicke Kupferschicht angebracht werden.

Die hohe Härte in der Oberflächenschicht wird durch das anschließende Härten bewirkt, das auf die unterschiedlichen C-Gehalte zwischen Rand und Kern, den jeweiligen Werkstoff und die Bauteilabmessung abgestimmt sein muss. Die Wärmebehandlung kann deshalb wie beim normalen Härten auf verschiedene Arten vorgenommen, Abb. 6. 51 und Abb. 6. 52.

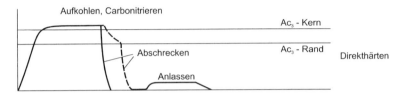

Abb. 6.51. Zeit-Temperatur-Schaubilder verschiedener Härteverfahren

Beim Direkthärten wird nach dem Aufkohlen unmittelbar von der Aufkohlungstemperatur abgeschreckt. Dieses Verfahren wird hauptsächlich bei der Gasaufkohlung in der Serien- und Massenfertigung angewandt. Die Temperatur von 900 bis 950 °C bei der Aufkohlung setzt die Verwendung von Feinkornstählen voraus, um das Kornwachstum bei diesen Temperaturen zu begrenzen, andernfalls kommt das Verfahren nur für Teile mit mittleren Qualitätsansprüchen in Betracht. Als Abschreckmedium wird, je nachdem ob unlegierter oder niedriglegierter Werkstoff vorliegt, Wasser oder Öl, evtl. auch Warmbad, verwendet. Außerdem sind Modifikationen entsprechend dem gebrochenen Härten oder dem Warmbadhärten möglich

Das *Doppelhärten*, Abb. 6.52, wird zur optimalen Wärmebehandlung angewandt, wenn hohe Zähigkeit vom Kern und hohe Härte vom Rand gefordert werden. Nach dem Aufkohlen wird von der höheren Härtetemperatur des Kerns abgeschreckt ①. Anschließend wird auf die Härtetemperatur der Randschicht erwärmt und abgeschreckt ②. Diese Maßnahme bedeutet für den Kern eine Anlasstemperatur größer A₁, was als Weichglühen bei etwas erhöhter Temperatur angesehen werden kann; dies ist erfahrungsgemäß ohne praktische Nachteile. Die Verzugsneigung ist infolge der mehrmaligen Härtung am größten, liefert aber die besten Gefügeeigenschaften. Nach dem Härten erfolgt ein Niedrigtemperatur-Anlassen bei 150 bis 180 °C für unlegierte und bei 170 bis 210 °C für legierte Einsatzstähle ③. Die Neigung zur Bildung von Schleifrissen wird dadurch verringert. Die Härte nimmt hierbei in der Randzone nur geringfügig ab.

Als Abschreckmedien kommen je nach der Legierungszusammensetzung und den Bauteilabmessungen Wasser, Öl und Warmbäder in Frage. Vorzugsweise wird Öl zum Abschrecken verwendet. Komplizierte Teile sollten im Warmbad von 160 - 250 °C abgeschreckt werden, an das sich eine Luftabkühlung anschließt. Wasserabschreckung wird für einfache und unempfindliche Werkstücke gewählt.

Der Härteverlauf stellt sich entsprechend dem Konzentrationsgefälle des Kohlenstoffes ein.

Die bei der Einsatzhärtung ablaufenden Gefügeumwandlungen bewirken relativ starke Form- und Maßänderungen im Vergleich zu Verfahren, bei denen der Kern

bei der Wärmebehandlung praktisch kalt bleibt, wie Flammhärten und Induktionshärten.

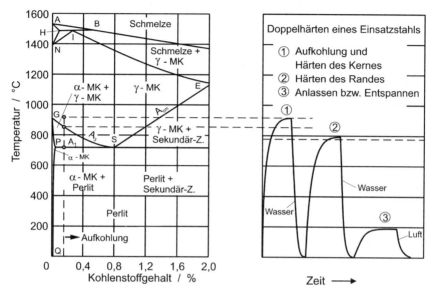

Abb. 6.52. Doppelhärten

6.4.2.10.2 Nitrieren

Thermochemisches Behandeln zum Anreichern der Randschicht eines Werkstückes mit Stickstoff.

Erfolgt diese Behandlung in einem Mittel, dem ein nennenswerter Anteil an
Sauerstoff zugefügt wurde, wird von Oxinitrieren gesprochen.

Das Mittel, in dem nitriert wird, ist anzugeben, z.B. Nitrieren in Gas:
Gasnitrieren, Nitrieren im Plasma: Plasmanitrieren.

Vorgang:

Beim Nitrieren erfolgt ein Härten der Oberflächenschicht von Stählen, wobei
Stickstoffatome aufgrund ihres im Vergleich zu Eisen kleineren Atomdurch-
messers relativ leicht in Eisen eindiffundieren und dabei mit Eisen und
Legierungsbestandteilen zu Nitriden reagieren. Die aufgestickte Randschicht lässt
sich in zwei Bereiche aufteilen:

- in eine äußere stickstoffreichere Verbindungsschicht, die γ'- (Fe_4N) und/oder ε-
  Nitride (Fe_2N) enthält, welche im Schliff weiß erscheinen
- in eine sich anschließende Diffusionszone

In der sich anschließenden Diffusionsschicht wird Stickstoff erst beim
langsamen Abkühlen als grobe γ'-Eisennitride ausgeschieden und bewirkt dadurch
die Härtesteigerung. Die Härte selbst hängt von der Art der Nitride ab. Da die
Nitriertemperatur relativ niedrig und kein Abschrecken erforderlich ist, bleibt der

Verzug sehr gering. Je nachdem wie der Stickstoff mit dem Stahl zur Reaktion gebracht wird, unterscheiden sich Nitrierzeit, Nitrieraufwand und Nitrierschicht.

Der Zweck ist eine Erhöhung
- der Oberflächenhärte
- des Verschleißwiderstandes
- der Dauerfestigkeit (durch höhere Festigkeit und wegen des Aufbaues von Druckeigenspannungen infolge Aufstickung)
- der Korrosionsbeständigkeit

Ein Vergleich mit dem Einsatzhärten zeigen die Abb. 6.53 und Abb. 6.54.

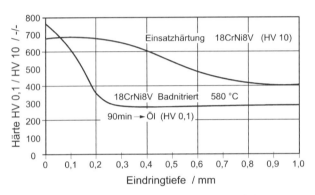

Abb. 6.53. Vergleich von Einsatzhärtung und Badnitrierung

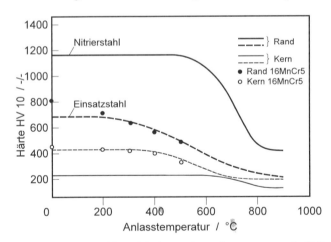

Abb. 6.54. Härte in Abhängigkeit von der Anlasstemperatur bei Nitrier- und Einsatzstahl

6.4.3 Ausscheidungshärtung

Neuere Entwicklungen auf dem Gebiet der Legierungstechnik messen der Ausscheidungshärtung wachsende Bedeutung zu. Eine entsprechende Wärmebehandlung bei Stahl, das „Anlassen mit dem Ziel der Dispersionshärtung" wird zum Zwecke der Festigkeitssteigerung durchgeführt. Es erfolgt hierbei ein Anlassen durch Erwärmung des Stahles auf eine bestimmte Temperatur mit Halten zum Zwecke des Zerfalls der übersättigten festen Lösung und der Ausscheidung disperser intermetallischer Phasen sowie von Nitriden, Karbiden und Karbonitriden.

Von Einfluss auf das Ausscheidungsgeschehen sind:
- Anzahl und Verteilung der strukturellen Gitterfehler (Leerstellen, Versetzungen u.a.)
- Abschrecktemperatur und –geschwindigkeit.

Für die Erzielung der Eigenschaften des dispersionsverfestigten Zustandes sind
- Größe und Form,
- Anzahl und Verteilung

der ausgeschiedenen Teilchen von Bedeutung.

6.5 Stähle für besondere Anforderungen

6.5.1 Stähle für den Kraftwerks- und Anlagenbau

Die in diesem Anwendungsbereich maßgebenden Beanspruchungen ergeben sich aus der Funktion z.B. Innendruck bei Druckbehältern und Rohrleitungen, Fliehkräfte bei Wellen und Turbinenschaufeln. Da in vielen Fällen die Prozesse bei hohen Temperaturen ablaufen, ist die Temperaturbeständigkeit eine wesentliche Voraussetzung für die Werkstoffbewährung. Zusätzlich treten jedoch auch mediumsbedingte Reaktionen in Form von Korrosion, z.B. Arbeitsmedien der chemischen Industrie oder Rauchgase auf.

Die Anforderungen an die Werkstoffe für den Kraftwerks- und Anlagenbau sind vor allem:
- hohe Zeitstandfestigkeit bei hohen Temperaturen
- hohe Streckgrenze und Zugfestigkeit
- ausreichende Verformungsfähigkeit und Zähigkeit in allen Temperaturbereichen
- gute Verarbeitbarkeit (Schweißen, Umformen)
- hohe Wärmeleitfähigkeit, geringer Wärmeausdehnungskoeffizient
- gute Oxidations- und Korrosionsbeständigkeit.

In diesem Technikbereich kommen folgende Stähle zum Einsatz:

- Hochfeste Feinkornbaustähle mit ferritisch-perlitischer bzw. bainitischer Gefügestruktur
- Mikrolegierte Feinkornbaustähle mit ferritisch-perlitischer Gefügestruktur
- Legierte Stähle für Druckbehälter und große Schmiedestücke mit bainitischer Gefügestruktur
- Legierte Stähle für Druckbehälter und große Schmiedestücke mit martensitischer Gefügestruktur
- Nichtrostende Stähle für Druckbehälter mit austenitischer Gefügestruktur

6.5.2 Hochfeste Feinkornbaustähle (FK-Stähle)

Bedingt durch den erhöhten Kohlenstoffgehalt können die für genietete und geschraubte Konstruktionen eingesetzten unlegierten Baustähle mit höherer Festigkeit (z.B. E355 und E360) nicht für Schweißverbindungen eingesetzt werden. Um leichtere Konstruktionen realisieren zu können, müssen bei der Entwicklung höherfester schweißgeeigneter Feinkornbaustähle drei wesentliche Forderungen erfüllt werden:

- möglichst hohe Streckgrenze und Festigkeit als entscheidende Gebrauchseigenschaft
- günstiges Verhalten beim Schweißen als wichtige Verarbeitungseigenschaft
- ausreichende Zähigkeit / Sprödbruchsicherheit

Die Basis zu der Realisierung der Vorgaben war die Erkenntnis, dass die zu erwartenden Gebrauchseigenschaften nicht durch Anheben des Kohlenstoffs über Gehalte von maximal 0,2% hinaus erzielbar sind. Ausgehend von S355 J2G3 (R_e = 355 MPa) konnte im Laufe der Jahre durch eine Reihe von Maßnahmen die Mindeststreckgrenze bis auf 500 MPa erhöht und gleichzeitig die Sprödbruchsicherheit (Erniedrigung der Übergangstemperatur) verbessert werden.

Die Entwicklung der hochfesten Feinkornbaustähle war durch reine Mischkristallverfestigung nicht möglich. Eine Kombination verschiedener festigkeitssteigender Mechanismen wird zur Erhöhung der Streckgrenze und der Erniedrigung der Übergangstemperatur benutzt, siehe Abb. 6.55.

Die besonders beruhigt vergossenen Feinkornbaustähle sind durch ihren geringen Gehalt an Legierungselementen gekennzeichnet, der nur einige hundertstel bis zehntel Prozent beträgt. Diese sogenannten mikrolegierten Feinkornbaustähle weisen feinverteilte Nitride und/oder Karbonitride auf, die erst bei höheren Temperaturen ($\geq$ 1000 °C) in Lösung gehen.

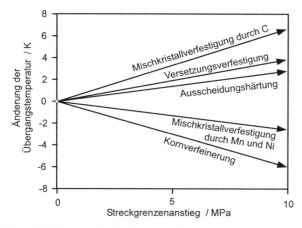

Abb. 6.55. Einfluss des Festigkeitssteigerungsmechanismus auf die Übergangstemperatur

Durch mischkristallbildende Elemente wie z.B. Mn, Si und Ni kann eine begrenzte Festigkeitssteigerung erreicht werden. Der Kohlenstoffgehalt als wesentlicher Träger der Festigkeit in normalgeglühten Stählen ist im Hinblick auf die Schweißeignung nach oben begrenzt. Bedingt durch die Gefahr des Aufhärtens sind lediglich Stähle bis 0,22% C (S235 und S275) ohne besondere Vorkehrungen, wie z.B. Vorwärmung, schweißbar. Zur Beurteilung der Schweißeignung wird üblicherweise das Kohlenstoffäquivalent (Werte in %)

$$C_{äq} = C + \frac{Mn}{6} + \frac{Cr + Mo + V}{5} + \frac{Ni + Cu}{15} \leq 0,4 \qquad (6.2)$$

herangezogen, für das in den Normen einzuhaltende Maximalwerte angegeben sind.

Durch Aluminium, das bei der Stahlherstellung zur Desoxidation beigegeben wird, wird beim Normalglühen im Bereich um 900 °C der Stickstoff abgebunden. Die feindispers verteilten Nitride, die dabei entstehen, führen zu einer Ausscheidungshärtung und machen den Stahl weitgehend unempfindlich gegen Alterung. Mikrolegierungselemente (V, Nb, Ti, Zr) führen darüber hinaus zu Karbidausscheidungen, die zu einer Ausscheidungshärtung führen, und zusätzlich bei der γ-α-Umwandlung als Keime für ein feinkörniges Gefüge (Härtung durch Kornverfeinerung) wirken. Durch Kornverfeinerung, Ausscheidungshärtung und Versetzungsverfestigung können bei Stählen im normalgeglühten Zustand Mindeststreckgrenzen von 500 MPa und mehr erzielt werden. Abb. 6.56 zeigt den Einfluss der verschiedenen Legierungselemente auf die Streckgrenze in Abhängigkeit von ihrer Konzentration.

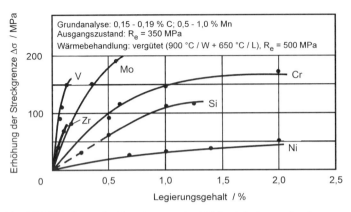

Abb. 6.56. Erhöhung der Streckgrenze in Abhängigkeit vom Legierungsgehalt

Der Kohlenstoff-Mangan-Stahl kann auch als Ausgangspunkt für hochfeste Feinkornbaustähle gelten, die bei Temperaturen bis 350 °C eingesetzt werden können. Durch Nickel, Molybdän und Vanadium lässt sich in normalgeglühtem Zustand eine beträchtliche Steigerung der Warmstreckgrenze erzielen.

Zusammenfassend wird in Abb. 6.67 der Einfluss verschiedener Gefügemerkmale auf mechanisch-technologische Eigenschaften des Werkstoffs dargestellt. Besonders gut ist der positive Effekt der Kornverfeinerung auf die Werkstoffeigenschaften zu erkennen.

	Perlitgehalt	Mischkristall-bildung	Aushärtung	Kornverfeinerung	Beeinflussung durch Einschlüsse
Streckgrenze	▲	▲	▲	▲	–
Kaltumformbarkeit	▽	▽/–	▽	▲/–	▲
Sprödbruchsicherheit	▽	E	▽	▲	–
Schweißbarkeit	▽	▽	▽/–	–	–/▲

▲ Verbesserung
▽ Verschlechterung
– Kein Einfluss
E Abhängig vom Element

Abb. 6.57. Einfluss verschiedener Gefügemerkmale auf Werkstoffeigenschaften

Bei Reduzierung des C-Gehaltes ($\leq 0,10\%$) kann das Streckgrenzenniveau des Stahles S355 aufrecht erhalten werden, wenn z.B. der Mangangehalt auf $> 1,5\%$ erhöht und ein Zusatz von 0,05 % Nb gegeben wird. Ein temperaturgeregeltes Walzen mit nachfolgendem Normalglühen führt in diesem Fall (nioblegierte Stähle) zu einem besonders günstigen Werkstoffzustand (hohe Streckgrenze, niedrige Übergangstemperatur, gutes Schweißverhalten).

Über die normalgeglühten Stähle hinausgehend werden in zunehmendem Maße Baustähle mit wesentlich höheren Mindeststreckgrenzen verlangt. Die Forderung nach hoher Festigkeit bei gleichzeitig guter Zähigkeit lässt sich erfüllen, wenn niedriglegierter Stahl wasser- oder ölvergütet wird. Die Steigerung der Festig-

keitseigenschaften auf dem Wege der Beeinflussung des Gefüges durch Wärmebehandlung hat den Vorteil, dass gleichzeitig die Zähigkeitseigenschaften verbessert werden.

Arbeitsprozesse beim Vergüten:
- Erwärmen auf Austenitisierungstemperatur (ca. 900 °C)
- Hochdruckwasserabschrecken auf Raumtemperatur zur Bildung von Martensit
  bzw. unterer Zwischenstufe (Bainit)
- Anlassen bei 600 bis 720 °C

Dem Wasservergüten muss in der chemischen Zusammensetzung durch einen
Mindestgehalt an Legierungselementen Rechnung getragen werden und zwar zur
Gewährleistung der Durchhärtung und Durchvergütung. Die Gruppe der wasser-
vergüteten Stähle umfasst Güten mit Mindeststreckgrenzen im Bereich von etwa
400 bis etwa 1000 MPa. Höchstfeste Feinkornbaustähle wie S960QL und S1100Q,
werden z.B. im modernen Kranbau eingesetzt. Die Feinkornstruktur aus C-armem
Martensit und Bainit entspricht der Korngrößenklasse 10 bis 11 nach ASTM.

6.5.2.1 Perlitarme, mikrolegierte Feinkornbaustähle

Lieferformen der thermomechanisch behandelten Feinkornbaustähle:
- Kontinuierlich gewalztes Warmbreitband
- Kaltgewalztes oder verzinktes Band
- Profilstahl
- Grobbleche in mittlerer und geringerer Dicke
- Warmgewalzte Flacherzeugnisse aus Stählen mit hoher Streckgrenze zum Kalt-
  umformen (Dicke ≤ 20 mm).

Anwendungsgebiete:
- geschweißte Rohre (Großrohre)
- Stähle für den Fahrzeugbau

Definition „thermomechanisch behandelt" (TM):
Flacherzeugnisse sind als thermomechanisch behandelt zu bezeichnen, wenn sich
durch ein Normalglühen ihre Eigenschaften erheblich ändern würden. Die durch
eine TM-Behandlung erreichten Stahleigenschaften sind bei gegebener Legierungszusammensetzung nicht durch ein Normalglühen zu erreichen.

Die wichtigsten Einflussgrößen auf die Streckgrenze und Übergangstemperatur
sind:
- Definierte Brammentemperatur und damit Lösungsglühtemperatur
- Definierte Verformung bei bestimmten Temperaturen
- Definierte Abkühlgeschwindigkeiten während und nach dem Walzprozess

Die Abhängigkeit der Streckgrenze und der Übergangstemperatur von Verar-
beitungsparametern ist in Abb. 6.58. dargestellt. Um die gewünschten Werkstoffeigenschaften zu erhalten, müssen die benötigten Parameter, wie die Abkühlgeschwindigkeit, Walzenend- oder Haspeltemperatur (Temperatur beim Auf-
wickeln des gewalzten Stahls) eingehalten werden. Für die Einhaltung der

gewünschten Prozessparameter erweist sich der Temperatur-Zeitverlauf bei der Herstellung von Warmbreitbandstahl auf der Warmbreitbandstraße als günstig.

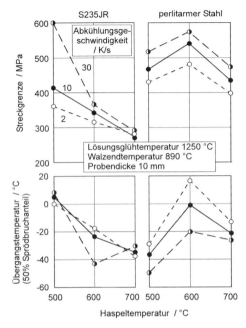

Abb. 6.58. Einfluss von Bearbeitungsparametern auf mechanische Kennwerte

Durch das Auswalzen des Stahles entsteht neben der gewünschten Kornverfeinerung auch eine starke Anisotropie der Zähigkeitseigenschaften, was sich bei der Kerbschlagzähigkeit in einem Unterschied von bis zu 40% niederschlagen kann. Daher kommen verschiedene Arten der Sulfidformbeeinflussung zur Anwendung. Auf diese Weise können neben günstigeren Querwerten auch die Eigenschaften senkrecht zur Erzeugnisoberfläche verbessert werden. Besonders günstige Senkrecht-Eigenschaften infolge eines guten sulfidischen Reinheitsgrades erreicht man über eine gute Entschwefelung in der Pfanne durch Ca und durch ein Elektro-Schlacke-Umschmelzen des Stahles (siehe Abschnitt 6.1.5).

Neben den technischen Vorteilen, wie z.B. der Einstellung eines günstigen Faserverlaufs, lassen sich durch diese kontinuierliche Verarbeitung auch wirtschaftliche Vorteile nutzen. Allerdings ist die derzeit durch Walzen erreichbare Dicke begrenzt, da sonst die für die Ausscheidungsvorgänge im Ferrit erforderlichen Temperatur-Zeit-Bedingungen nicht mehr eingehalten werden können.

Charakteristisch für die perlitarmen Stähle ist zunächst die chemische Zusammensetzung. Der Maximalkohlenstoffgehalt von 0,12% bewirkt eine erhebliche Verbesserung der Kerbschlagzähigkeit und der Sprödbruchsicherheit sowie der Schweißbarkeit. Zur Kompensation des niedrigen C-Gehaltes werden einmal erhöhte Mangangehalte zur Festigkeitssteigerung durch Mischkristallverfestigung, zum anderen geringe Mengen von z.B. Nb und/oder V bzw. Ti zulegiert, siehe Abb. 6.59.

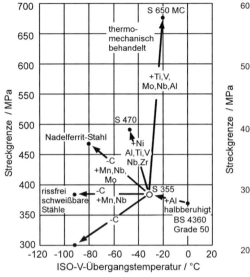

Abb. 6.59. Einfluss von Legierungselementen auf mechanische Kennwerte

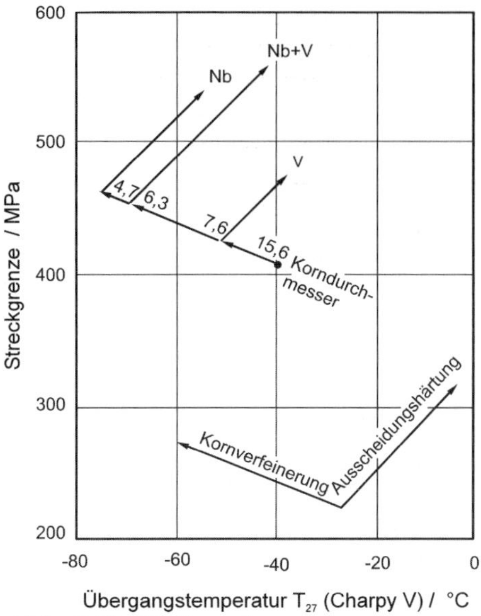

Abb. 6.60. Einfluss der Legierungselemente V und Nb auf mechanische Kennwerte (Übergangstemperatur: Temperatur bei 27J Kerbschlagarbeit)

Die letztgenannten Elemente bewirken eine Kornverfeinerung und Ausscheidungshärtung, die jedoch nur unter einer thermomechanischen Behandlung (kontrollierte Walzbedingungen) optimal ablaufen. Neben den genannten Verbesserungen wird jedoch die Hochlage der Kerbschlagzähigkeit erniedrigt.

Abb. 6.60. zeigt den Einfluss der Legierungselemente V und Nb auf die Übergangstemperatur und die Streckgrenze eines Stahls. Aus der Länge der Vektoren kann abgeleitet werden, dass bei reinen Vanadiumstählen der Einfluss der Ausscheidungshärtung überwiegt. Bei den Stählen, die nur Nb enthalten, ist die Kornverfeinerung der maßgebende festigkeitssteigernde Mechanismus. Die Eigenschaften des Stahles mit einem kombinierten V-Nb-Zusatz werden dagegen zu gleichen Teilen durch Kornverfeinerung und Ausscheidungshärtung bestimmt. Eigenschaften von Feinkornbaustählen sind in Tabelle 6.6 zusammengefasst.

Tabelle 6.6. Werkstoffkennwerte bei Raumtemperatur von Feinkornbaustählen (Gewähr-leistungswerte nach DIN EN 10025, außer *)

Kurzbezeichnung		Streckgrenze $R_{eH}/R_{p0,2}$ MPa	Zugfestigkeit R_m MPa	Bruchdehnung A_5* %
S235JR	1.0037	235	340 - 470	21 - 26
S275ML	1.8819	275	370 - 510	24
S355ML	1.8834	355	470 – 630	22
S420ML	1.8836	420	520 - 680	19
S460QL	1.8908	460	550 - 720	17
S500QL	1.8924	500	590 - 770	17
S550QL	1.8926	550	640 - 820	16
S620QL	1.8927	620	700 - 890	15
S690QL	1.8928	690	770 - 940	14
S890QL	1.8983	890	940 - 1100	12
S960QL	1.8933	960	980 - 1150	12
S1100QL*	1.8942	1100	1200 - 1500	8

6.5.3 Warmfeste legierte Stähle für Druckbehälter und Schmiede-stücke

Die martensitische Gefügestruktur weist gegenüber der bainitischen bzw. ferritischen Gefügestruktur ein höheres Potential an Zeitstandfestigkeit auf. Dies ist in der besonderen Ausbildung der Mikrostruktur begründet. Ein Optimum an Zeitstandfestigkeit mit gleichzeitiger Steigerung der Einsatztemperatur kann durch eine Optimierung der chemischen Zusammensetzung erreicht werden. Moderne 9-11% Cr-Stähle weisen gegenüber dem herkömmlichen 12% Cr-Stahl (X20CrMoV12-1) eine Absenkung des Cr - Gehaltes auf 9% bis 11% sowie die Zulegierung von rd. 0,05% N, 0,05% Nb und teilweise von bis zu 0,01% B und bis zu 1% W auf. Zusätzlich wurde eine Feinabstimmung der Anteile von C, Cr, Mo und V vorgenommen, um das Ausscheidungsgefüge zu optimieren. Kennzeichnend für diese Stähle ist die Mischkristallverfestigung durch die langsam diffundierenden Elemente Mo und W, die Ausscheidungsverfestigung durch Karbide des Typs $M_{23}C_6$ und die während der Hochtemperaturbeanspruchung zunehmend auftretenden feindispers verteilten vanadin- und niobreichen Karbonitride.

Die obere Temperatur-Einsatzgrenze liegt bei 600 °C (Stahl X11CrMoWVNb9-1-1) bzw. 620 °C für Legierungstypen 10% CrMo(W)VNb(N)B, Entwicklungen zum Einsatz bis 650 °C sind im Gange, Abb. 6.61. Für höhere Einsatztemperaturen sind martensitische Stähle grundsätzlich nicht geeignet, da die Anlasstemperatur nach dem Härten mit rd. 750 °C einen zu geringen Abstand zur Betriebstemperatur aufweist. In diesem Fall kommen austenitische Stähle bzw. bei 700 °C Nickelbasislegierungen zur Anwendung.

Bei den jeweiligen Einsatztemperaturen weisen die neuentwickelten Stähle, im Vergleich zum herkömmlichen Werkstoff X20CrMoV12-1, aufgrund des reduzierten Cr-Gehalts eine verminderte Oxidationsbeständigkeit auf.

Der Einfluss der Temperatur auf die Streckgrenze und Zeitstandfestigkeit ist in Abb. 6.62 dargestellt.

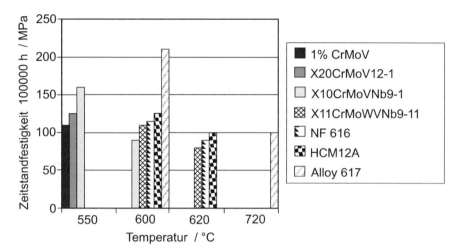

Abb. 6.61. Vergleich der Zeitstandfestigkeit für 100000 h bei unterschiedlichen Einsatztemperaturen von bainitischen Stählen (1%CrMoV), herkömmlichen martensitischen 12%Cr-Stählen (X20CrMoV12-1) mit neuentwickelten martensitischen 9-11%Cr-Stählen (Europa: X10CrMoVNb9-1, X11CrMoWVNb9-1-1, Japan: NF616, HCM 2A) sowie einer Nickelbasislegierung Alloy 617.

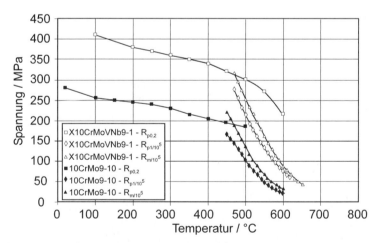

Abb. 6.62. Festigkeitskennwerte in Abhängigkeit von der Temperatur und Zeit für die Werkstoffe 10CrMo9-10 (P22) und X10CrMoVNb9-1 (P91)

6.5.4 Hochfeste Stähle für den Automobilbau

Um dem Anforderungsprofil der Industrie im Hinblick auf den Leichtbau mit Stahl gerecht zu werden, wurden in den letzten Jahren höherfeste Stähle entwickelt. Diese zeichnen sich durch eine Kombination von hoher Festigkeit bei sehr guter Verformungsfähigkeit aus. Die Entwicklung der höherfesten Stähle ist in den letzten Jahren besonders durch die Complex-Phasen (CP) und Martensit-Phasen-Stähle (TMS) sowie die TRIP-Stähle (Transformation Induced Plasticity), die TWIP-Stähle (Twinning Induced Plasticity) und die tiefstentkohlten höherfesten IF-Stähle (Interstitiell Free) geprägt. Ein erster Überblick über die Eigenschaften dieser höherfesten Stähle ist in Abb. 6.63 gegeben.

Die mechanischen Eigenschaften der Stähle für den Automobilbau decken heute ein weites Eigenschaftsspektrum mit Zugfestigkeiten zwischen 300 MPa bis über 1000 MPa ab, wobei die unterschiedlichen physikalischen Möglichkeiten zur Festigkeitssteigerung für Anwendungen im Automobilbau differenziert zu bewerten sind.

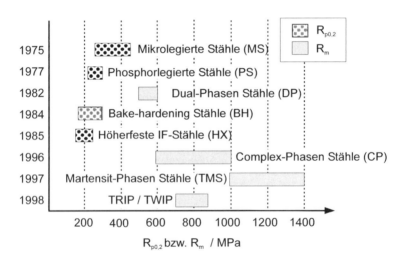

Abb. 6.63. Entwicklung von höherfesten Stählen

Eine Festigkeitssteigerung durch Kaltverfestigung ist wegen der damit verbundenen Duktilitätseinbuße nicht attraktiv. Die Mischkristallverfestigung, bspw. durch das Legierungselement P oder die Ausscheidungsverfestigung durch geringe Zugaben der Mikrolegierungselemente Ti oder Nb, wird heute in großem Umfang genutzt. Beispiele hiefür sind die mikrolegierten (MS) und die phosphorlegierten Stähle (PS).

Eine neuere Entwicklung ist, durch gezielte Steuerung der Gefügeumwandlung eine attraktive Kombinationen von Zugfestigkeit und Verformbarkeit einzustellen, hier haben sich zum Beispiel bainitische Stähle oder Stähle mit Dual-Phasen Gefüge bewährt.

Die Dualphasenstähle sind untereutektoide Stähle mit 0,02% - 0,1% Kohlenstoffgehalt. Durch eine besondere Glühung liegt bei Raumtemperatur statt des üblichen ferritisch-perlitischen Gefüges eine Mischung aus ferritischen und martensitischen Bestandteilen vor. In der ferritischen Grundmasse sind kleine Martensitinseln gleichmäßig verteilt, die keine Verbindung miteinander besitzen. Der Martensitanteil darf höchstens 30 Vol.-% betragen, da sich sonst größere zusammenhängende Martensitgebiete bilden und diese die Verformbarkeit beeinträchtigen, siehe Abb. 6.64.

Hergestellt werden derartige Stähle durch eine „interkritische" Glühung im Zweiphasengebiet zwischen A_1 und A_3. Im schematischen Fe-Fe$_3$C-Diagramm und ZTU-Diagramm wird diese Glühbehandlung verdeutlicht, siehe Abb. 6.65.

In einem kaltgewalzten Stahl mit ferritisch-perlitischem Gefüge, der von Raumtemperatur aus auf die Temperatur T_{DP} erwärmt wird, wandelt sich beim Überschreiten der eutektoidalen Linie (A_1-Linie) der Perlit in Austenit (γ-Mischkristall) um, während sich der Ferrit erst mit steigender Temperatur allmählich umwandelt. Bei T_{DP} ist neben Austenit also noch Ferrit vorhanden. Das Mengenverhältnis beider Phasen kann aus dem Fe-Fe$_3$C-Diagramm nach dem „Gesetz der abgewandten Hebelarme" bestimmt werden. Wird nun der Stahl rasch genug abgeschreckt, klappt der Austenitanteil in Martensit um, während der Ferrit erhalten bleibt.

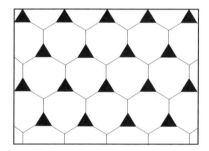

Abb. 6.64. Schematische Gefüge eines Dualphasenstahls

Bei den mechanischen Eigenschaften der DP-Stähle ist insbesondere das extrem niedrige Streckgrenzenverhältnis $R_{p0,2}/R_m$ von etwa 0,5 hervorzuheben (niedrige Ersatzstreckgrenze bei hoher Zugfestigkeit). Mit Bruchdehnungen von 20 - 40% werden ähnlich hohe Dehnungswerte wie bei unlegierten Stählen niedrigerer Festigkeit, aber deutlich höhere Werte als bei mikrolegierten Stählen ähnlicher Festigkeit erreicht.

Eine Weiterentwicklung der Dualphasenstähle sind die Mehrphasenstähle (CP). Die Entwicklung der Familie der Mehrphasenstähle ist in Abb. 6.66 schematisch anhand der Gefügebilder dargestellt.

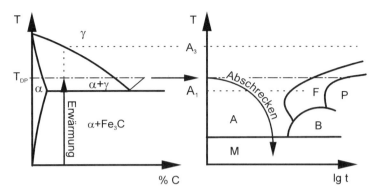

Abb. 6.65. Darstellung der „interkritischen" Glühung im Fe-C- und ZTU-Diagramm

Die Festigkeitssteigerung wird in diesen Werkstoffen erzielt, indem harte Phasen in die weichen Phasen des Gefüges eingebracht werden. Je nach Art und Verhältnis der Phasen zueinander lässt sich die vorher schon gezeigte Bandbreite der Festigkeiten zusammen mit wesentlich verbesserten Umformbarkeiten einstellen.

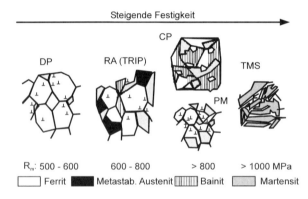

Abb. 6.66. Schematische Gefügedarstellung bei Mehrphasenstählen

Dabei unterscheidet man die Dual-Phasen Stähle (DP), die Stähle mit Restaustenit (RA bzw. TRIP-Stähle), die Complex-Phasen Stähle (CP) oder die partiell-martensitischen Stähle (PM) sowie als höchstfeste Variante die Martensit-Phasen-Stähle (TMS).

Die höchsten Festigkeiten bis derzeit maximal 1400 MPa lassen sich mit den Martensit-Phasen-Stählen erreichen.

Die TRIP-Stähle besitzen eine ferritisch-bainitische Grundmatrix, die einen Anteil an Restaustenit enthält. Beim Umformen wandelt sich dieser Austenit in harten Martensit um. Dadurch werden örtliche Verformungen durch lokale Verfestigungen begrenzt und eine gleichmäßige Verformung über den gesamten

Querschnitt sichergestellt. Diese Vorgänge werden auch als TRIP Effekt bezeichnet. Man spricht dabei auch von induzierter Plastizität.

Die Entwicklung von Stählen mit induzierter Plastizität steht noch am Anfang, hier sind noch bedeutende Steigerungsmöglichkeiten bezüglich Festigkeit und Umformbarkeit zu erwarten. Eine Weiterentwicklung sind die sogenannten TWIP (Twinning Induced Plasticity)-Stähle, die vor allem durch sehr hohe Mangan-Gehalte (25 bis 30% Massenanteil) gekennzeichnet sind. Bei der Umformung werden Zwillingsversetzungen gebildet, die eine vorzeitige lokale plastische Formänderung verhindern. Beispielhaft für eine lokale Formänderung ist das Einschnüren zu nennen. Das hohe Umformvermögen von TWIP-Stählen wird in Abb. 6.67 gezeigt.

Bei relativ weichen Tiefziehstählen haben sich die Bake-Hardening-Stähle, die bereits zu den höherfesten Stählen zählen, bewährt. Dabei wird die Abschreckalterung durch den gelösten Kohlenstoff zur Festigkeitssteigerung ausgenutzt, siehe Abb. 6.68. Beim Bake-Hardening erfahren fertig umgeformte Bauteile durch die Wärmeeinbringung bei einer automobiltypischen Lackeinbrenn-Behandlung einen Streckgrenzenanstieg von mindestens 40 MPa. Dabei kommt es zur Diffusion von Kohlenstoff an Versetzungen. Dieser Vorgang kann durch entsprechende legierungs- und verfahrenstechnische Maßnahmen gezielt kontrolliert werden.

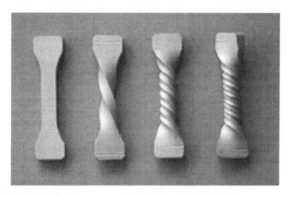

Abb. 6.67. Torsionsversuch an einem TWIP-Stahl

Die isotropen Stähle, d.h. Stähle mit einem richtungsunabhängigen Umform-verhalten, liegen im Festigkeitsniveau der Bake-Hardening Stähle. Die Erhöhung der Streckgrenze wird vorwiegend durch die Feinkörnigkeit des Gefüges erreicht. Das sehr gute Verfestigungsvermögen dieser Stähle beruht auf Feinstausscheidungen, wobei die Isotropie von der zugegebenen Menge an Ti und dem Kalt-walzgrad abhängt. Aufgrund der lediglich geringfügig niedrigeren Verformbarkeit und der höheren Verfestigung verhalten sich die isotropen Stähle bei der Umformung ähnlich wie die Bake-Hardening Stähle.

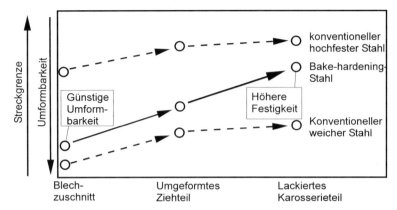

Abb. 6.68. Schematische Darstellung der Zunahme der Bauteilfestigkeit durch den Bake-Hardening Effekt

In dynamischen Beanspruchungsfällen ist es erforderlich, dass die positiven mechanischen Eigenschaften wie die Verformungsfähigkeit auch bei hohen Umformgeschwindigkeiten wie z.B. beim Crash sichergestellt sind. Die Mehrphasenstähle weisen starke Verfestigungen bei großen Gesamtverformungen auf, aus denen ein entsprechend hohes Energieabsorptionsvermögen resultiert, siehe Abb. 6.69. Eigenschaften von Vergütungsstählen sind in Tabelle 6.7 zusammengefasst.

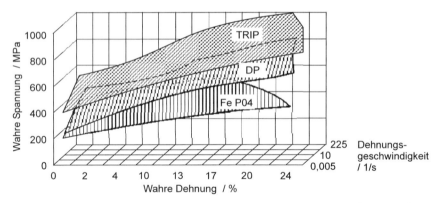

Abb. 6.69. Einfluss der Dehngeschwindigkeit auf das Festigkeits- und Umformverhalten (Fe P04: Feinblech)

Tabelle 6.7. Werkstoffkennwerte bei Raumtemperatur für höherfeste Stahlbleche (ThyssenKrupp)

Kurzbezeichnung		Streckgrenze $R_{eH}/R_{p0,2}$ MPa	Zugfestigkeit R_m MPa	Bruchdehnung A_5 ($^*A_{80}$) %
S330MC	Ferrit-Bainitphasenstahl	330	450 - 550	28
S455MC	Ferrit-Bainitphasenstahl	445	580 - 670	20
S680MC	Complexphasenstahl	680	800 – 980	12
S695MC	Complexphasenstahl	695	880 – 1050	12
S720MC	Complexphasenstahl	720	950 - 1130	12
HT450X	Dualphasenstahl	250 – 330	450	27*
HT500X	Dualphasenstahl	290 – 370	500	24*
HT600X	Dualphasenstahl	330 – 410	600	21*
HT800X	Dualphasenstahl	420 – 550	780	15*
HT1000X	Dualphasenstahl	550 - 700	980	10*
HT600T	TRIP-Stahl	380 – 480	600	26*
HT700T	TRIP-Stahl	410 – 510	700	24*
HT800T	TRIP-Stahl	440 - 560	780	22*
HT1000T	TRIP-Stahl	keine Angabe	980	18*
HT600C	PM-Stahl	350 - 470	600	16*
HT800C	PM-Stahl	500 – 640	780	10*
HT900C	PM-Stahl	580 – 740	880	8*
HT1000C	PM-Stahl	660 – 860	980	6*

6.6 Versprödungserscheinungen an Stählen

Versprödungsvorgänge werden durch ungünstige Beanspruchungs- und Werkstoffzustände hervorgerufen. Die Angabe, ein Werkstoff sei versprödet, besagt zunächst nur wenig. Bekannt sein müssen stets die Gebrauchsbedingungen, bei denen ein technisches Produkt spröde bzw. verformungsarm bricht, oder, wenn man an den prüftechnischen Nachweis spröden Werkstoffzustandes denkt, die Prüfbedingungen.

Das Gefährliche am spröden Werkstoffzustand ist die mögliche Auslösung von Sprödbrüchen, die unter anderem aus nachfolgenden Gründen besonders gefürchtet sind:

- Sie treten ohne vorherige plastische Verformung ein (keine Vorwarnung).
- Bei spröden Brüchen kommt es zu hohen Rissfortpflanzungsgeschwindigkeiten, die der Grund für die Entstehung von Brüchen großer Länge sind. Somit ist die Gefahr totaler Zerstörung und Splitterwirkung besonders groß.
- Die Sprödigkeit des Werkstoffes kann i.Allg. nur durch zerstörende Werkstoffprüfung festgestellt werden. Die Methoden der zerstörungsfreien Werkstoffprüfung sind für praktische Zwecke noch ungeeignet.
- Spröde Brüche können bereits bei niedrigen, durch äußere Beanspruchung verursachte Lastspannungen entstehen, also bei Beanspruchungen, die über die

konventionelle Festigkeitsberechnung als abgedeckt gelten (Niedrigspannungsbrüche).

- Die in vielen Bauteilen und vor allem in geschweißten Konstruktionen zusätzlich zu den Lastspannungen vorhandenen Eigenspannungszustände können das Entstehen von Sprödbrüchen fördern.

- Die Sprödigkeit eines Bauteils oder Werkstoffes tritt normalerweise erst beim Schadensfall (Rissbildung, Bruch) zutage. Bei vielen Schadensfällen stellte sich bei im Anschluss durchgeführten Untersuchungen heraus, dass mangelndes Verformungsvermögen des Werkstoffes zumindest an der Bruchausgangsstelle für den Schaden maßgeblich mitverantwortlich war.

6.6.1 Diffusions- und Ausscheidungsvorgänge

6.6.1.1 Alterung

Unter Alterung versteht man eine zeitbedingte, meist unerwünschte Änderung von Werkstoffeigenschaften nach vorangegangener Kaltverformung.

Bei Stahl äußert sich dies im Zugversuch in einer Erhöhung von Streckgrenze und Zugfestigkeit (Härte) und einer Verminderung der Brucheinschnürung und Bruchdehnung sowie beim Kerbschlagbiegeversuch in einer Abnahme der Kerbschlagarbeit bzw. einer Verschiebung der Übergangstemperatur der K-T- (Kerbschlagarbeits-Temperatur-) Kurve zu höheren Temperaturen, Abb. 6.70.

Im Stahl gelöste Stickstoff- und Kohlenstoffatome können sich an vorhandenen Versetzungen anlagern und deren Gleitbewegungen behindern, wodurch sich die erwähnten Eigenschaftsänderungen ergeben. Weiterhin kann sich ein Teil des bei höheren Temperaturen im Ferrit in Lösung befindlichen Stickstoffs (590 °C, N-Löslichkeit = 0,1%), der bei Abkühlung zum großen Teil nicht mehr gelöst werden kann (Raumtemperatur, N-Löslichkeit = $0,2 \cdot 10^{-4}$%), auch als Eisennitrid ausscheiden und, wie oben erwähnt, die Versetzungen blockieren. Ein ähnlicher Mechanismus verursacht die Blausprödigkeit im Temperaturbereich von 200 °C bis 350 °C, siehe Abschnitt 5.5.2.

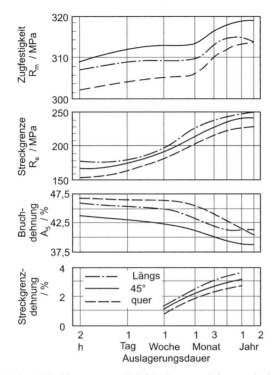

Abb. 6.70. Alterung von Feinblech aus weichem unlegiertem Stahl bei Raumtemperatur nach 1,2% Kaltverformung

6.6.1.2 Anlassversprödung (reversibel)

Die „reversible Anlassversprödung" - oder auch „500 °C Versprödung" genannt - tritt hauptsächlich in niedrig legierten Mn-, Cr-, Cr-Mn- und Cr-Ni-Stählen auf, die gleichzeitig P, Sn, As oder Sb enthalten und entweder im Temperaturbereich zwischen 350 und 600 °C wärmebehandelt bzw. betrieben werden oder dieses Temperaturgebiet bei der langsamen Abkühlung durchlaufen, Abb. 6.71 und Abb. 6.72.

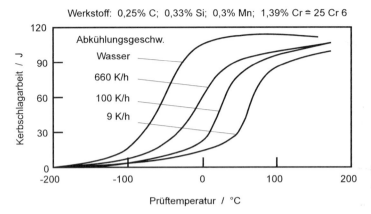

Abb. 6.71. Einfluss der Abkühlgeschwindigkeit bei einem für Anlasssprödigkeit empfindlichen Stahl

Bei einer nachfolgenden Glühbehandlung oberhalb dieses Temperaturbereiches, jedoch unterhalb der A_1-Temperatur, mit anschließender schneller Abkühlung, kann die Versprödung wieder rückgängig gemacht werden. Bei erneutem Glühen im kritischen Temperaturbereich tritt die Versprödung wieder auf und kann erneut mit derselben Glühbehandlung beseitigt werden, d.h. der Vorgang ist reversibel. Dies ist charakteristisch für die Anlassversprödung. Verursacht wird diese Versprödungserscheinung durch eine Mikroseigerung vor allem der Verunreinigungselemente an den Korngrenzen, wodurch die Kohäsionskräfte entlang den ehemaligen Austenitkorngrenzen geschwächt werden.

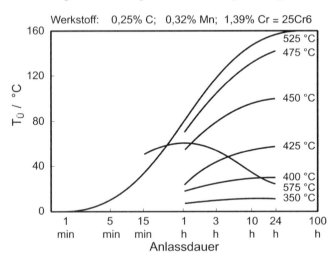

Abb. 6.72. Einfluss von Anlasstemperatur und -dauer auf die Übergangstemperatur ($T_{\ddot{U}}$ entspricht der Temperatur, bei der der Sprödbruchanteil 50% der Bruchfläche der Kerbschlagprobe beträgt)

In einem Zeit-Temperatur-Versprödungs-Diagramm weisen Kurven gleichen Versprödungsgrades bei gleichbleibender Mikrostruktur und Korngröße ein C-förmiges Verhalten auf. Glühungen bei Temperaturen oberhalb der „Nasen" dieser C-Kurven mit nachfolgendem Abschrecken bewirken eine Aufhebung der Versprödung, Abb. 6.73. Kornvergröberung und daraus resultierende Verringerung der Kornoberfläche ergeben eine lineare Erhöhung der Anlassversprödung bei gleichbleibendem Gehalt von Elementen (z.B. As und Sn), die an die ehemaligen Austenit-Korngrenzen diffundieren.

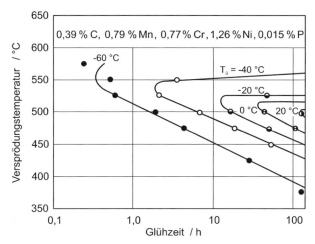

Abb. 6.73. Zeit-Temperatur-Versprödungsdiagramm

6.6.1.3 Relaxationsversprödung (dehnungsinduzierte Versprödung)

Bei vielen Mn-, Cr-, Mo-, Ni-Stählen besteht die Neigung zu Relaxationsversprödung, sofern die Werkstoffe durch Schweißen eine Überhitzung (Bildung einer Grobkornzone) und anschließende Spannungsarmglühung erfahren haben. Häufig ist die Relaxationsversprödung mit Mikro- und Makrorissbildung verbunden. Voraussetzung für Relaxationsversprödung ist eine Auflösung der Karbide der Legierungselemente, wie sie bei Überhitzungstemperaturen oberhalb 1200 °C auftritt. Die Karbide bleiben nach schneller Abkühlung weitgehend gelöst und werden beim Spannungsarmglühen wieder ausgeschieden. Der Ausscheidungszustand ist infolge der geringeren benötigten Aktivierungsenergie der Korngrenzenbereiche dort weiter fortgeschritten als im Korninneren. Als Folge liegen im Korninneren kohärent verspannte Ausscheidungen vor, die von „weicheren", mit inkohärenten Ausscheidungen belegten Korngrenzen umgeben sind. Die im Zuge des Spannungsarmglühens auftretenden plastischen Verformungen gehen demzufolge über die Korngrenzen und können dabei zu einer zunehmenden Erschöpfung des Dehnvermögens bis zur interkristallinen Rissbildung (Dehnungserschöpfung) führen.

Das an simulierten Proben bestimmte Zeitstanddehnungsvermögen kann sehr
gering sein. Die zunehmende Dehnungserschöpfung in den Korngrenzenbereichen
führt zu einer zunächst geringen und dann stärkeren Zähigkeitsabnahme.
Dehnungserschöpfung und Rissbildung treten umso eher auf, je niedriger das
Zeitstanddehnvermögen ist. Dabei ist zu beachten, dass schon weit vor dem
Auftreten erster interkristalliner Mikrorisse eine deutliche Abnahme der Zähigkeit
auftritt.

Entsprechende Zustände werden im Schweißsimulationsversuch erzeugt,
Abb. 6.74. Sofern neben Cr und Mo stark ausscheidungshärtende Elemente wie V,
Nb in geringeren Gehalten im Stahl vorhanden sind, kann schon die Bildung
vereinzelter kleiner Mikrorisse im Korngrenzenbereich zu spontanem Bruch der
Simulationsproben führen. Dieser Sachverhalt bestätigt sich auch an Bauteilen.

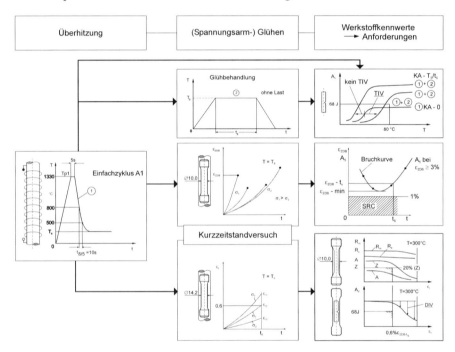

Abb. 6.74. Prüfung auf Relaxationsversprödung (TIV = temperaturinduzierte Versprödung;
DIV = dehnungsinduzierte Versprödung; SRC = Relaxationsrisse (Stress Relief Cracking);
ε_{ZDB} = Bruchdehnung)

6.6.1.4 Zeitstandkerbversprödung

Metallische Werkstoffe, insbesonders Stähle, zeigen unter der Wirkung einer
langandauernden Kriechbeanspruchung deutlich geringere Bruchverformungs-
kennwerte. So werden bei niedriglegierten Turbinenbaustählen des Typs
1%CrMoV im Temperaturbereich > 450 °C bei Zeitstandproben, die eine Bruch-

zeit größer als 10000 h aufweisen, Bruchdehnungen im Bereich von < 10% gemessen. Höher belastete Proben mit kürzeren Bruchzeiten hingegen weisen Bruchdehnungen > 20% auf. Der Rückgang der Verformungsfähigkeit im Zeitstandversuch im Bereich langer Versuchszeiten ist eine Folge der Änderungen in der Mikrostruktur, die Kriechmechanismen wie Korngrenzengleiten und Leerstellendiffusion begünstigen, die Versetzungsbeweglichkeit hingegen benachteiligen. Als Folge ergibt sich eine Schädigung durch interkristalline Kriechporen und Mikrorisse. Der Zusammenhang zwischen Verformungsfähigkeit im Zeitstandversuch und der sich einstellenden Kriechschädigung ist aus Abb. 6.75 ersichtlich.

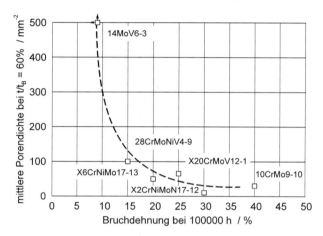

Abb. 6.75. Porendichte nach 60% der Bruchzeit in Abhängigkeit von der Bruchdehnung nach 100000 h für verschiedene Werkstoffe

Da in Bauteilen konstruktive Kerben unvermeidlich sind, stellt der Rückgang der Bruchverformungswerte unter Kriechbeanspruchung für diese Bereiche in Hochtemperaturbauteilen ein besonderes Auslegungsproblem dar. Die Empfindlichkeit gegen Zeitstandkerbversprödung wird daher an einer genormten gekerbten Zeitstandprobe überprüft. Weisen die gekerbten Zeitstandproben kürzere Bruchzeiten als die glatten Proben auf, spricht man von Kerbversprödung, Abb. 6.76.

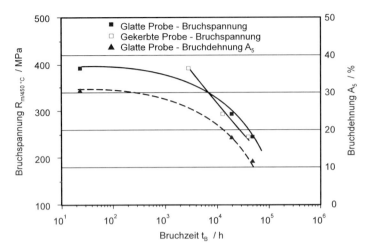

Abb. 6.76. Zeitstandbruchlinien von glatten und gekerbten Proben aus dem Stahl 15Mo3 bei 450 °C. Die Spannung ist auf den jeweiligen Nettoprobenquerschnitt bezogen.

Im Bereich 10000 h unterschreitet die Bruchkurve der gekerbten Proben die der glatten Proben – die Schmelze weist eine Empfindlichkeit gegen Zeitstandkerbversprödung auf.

Der Effekt der Zeitstandkerbversprödung ist i.Allg. die Folge einer ungünstigen Wärmebehandlung, die einen Gefügezustand erzeugt, in dem wie bereits ausgeführt, Versetzungsbewegungen nur eingeschränkt möglich sind. Zusätzlich können sich Effekte der Anlass- und Langzeitversprödung überlagern. Hierbei ergibt sich eine Anreicherung von Verunreinigungs- und Spurenelementen wie z.B. P und Zn auf den Korngrenzen bei langzeitiger Auslagerung im Bereich erhöhter Temperaturen über 350 °C. Das Potenzial von Korngrenzengleiten wird dadurch reduziert, es entstehen Spannungsspitzen an den Korngrenzen, die die Bildung von Kriechporen fördern.

6.7 Eisengusswerkstoffe

Gusseisen oder Roheisen stellen Fe-C-Legierungen dar, die mehr als 2,06% C (in technisch gebräuchlichen Legierungen zwischen 2,5 und 5% C) aufweisen. Diese Werkstoffe können nicht geschmiedet werden. Ihr Einsatzbereich konzentriert sich auf die kostengünstige Herstellung kompliziert geformter Bauteile. Die Gießtemperatur ist allgemein geringer als die von Stahlguss. Ein weiterer Vorteil ist das gute Formfüllungsvermögen und die geringe Schwindung bei der Erstarrung.

Gusseisen stellt eine technische Alternative zu „modernen" Werkstoffen wie Aluminium dar: Neben den technischen Vorteilen (Festigkeit, E-Modul) liegt ein wesentlicher Vorteil in der kostengünstigen Herstellung von Bauteilen.

6.7.1 Einteilung

Gusseisen wird nach der Erstarrungsform des Kohlenstoffs unterschieden. Beim weißen Gusseisen (Farbe der Bruchfläche metallisch hell) wird über karbidstabilisierende Elemente wie Mn eine Ausscheidung des Kohlenstoffs in der chemisch gebundenen Form als Karbide (Fe_3C) erreicht. Die harte und spröde Phase Fe_3C im weißen Gusseisen bringt zwar eine hohe Verschleißbeständigkeit mit sich, die hohe Sprödbruchanfälligkeit eröffnet jedoch nur ein geringes Anwendungspotential.

Weißes Gusseisen hat demzufolge technisch als Werkstoff eine untergeordnete Bedeutung; es stellt jedoch ein Zwischenprodukt bei der Stahlherstellung dar. Temperguss, nach nichtentkohlendem Glühen in neutraler Atmosphäre und Zerfall des Fe_3C in α-Eisen und Graphit (= schwarzer Temperguss, Bezeichnung nach DIN EN 1562 z.B. EN-GJMB-350-10: Mindestzugfestigkeit 350 MPa, 10% Bruchdehnung) stellt eine Form des grauen Gusseisens dar. Weißer Temperguss (Bezeichnung nach DIN EN 1562 z.B. EN-GJMW-350-4: Mindestzugfestigkeit 350 MPa, 4% Bruchdehnung bei 12 mm Probendurchmesser) ergibt sich beim entkohlenden Glühen in oxidierender Atmosphäre, das Fe_3C wird in α-Eisen und CO_2 in Abhängigkeit von der Wanddicke umgewandelt.

Das Anwendungspotential von Gusseisen kann gesteigert werden über die Bildung von Graphit anstelle von Zementit bzw. Zersetzung des Zementits in Eisen und Graphit mit verbessertem Sprödbruchverhalten. Die Ausscheidung des C in Form von Graphit nach dem stabilen Fe-C-System kann durch eine langsame Erstarrung der Schmelze bei gleichzeitig ausreichendem Gehalt an graphitisierenden Elementen (Si, Al) erreicht werden. Eine Einteilung des Gusseisens zeigt Abb. 6.77.

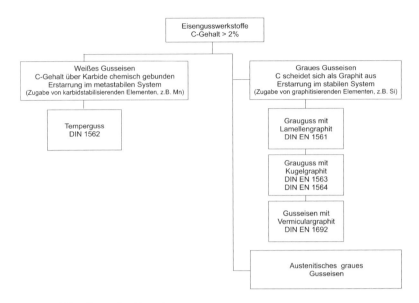

Abb. 6.77. Einteilung des Gusseisens

Neben den Extremzuständen stabil (C liegt als Graphit vor) – metastabil (C liegt als Zementit Fe_3C vor) können beliebige Zwischenformen auftreten. Darüber hinaus gibt es noch folgende Sonderformen.

Weißes Gusseisen als Hartguss oder Schalenhartguss, der für spezielle Zwecke, z.B. bei Walzen Verwendung findet.

Austenitisches Gusseisen mit Kugelgraphit weist einen Zusatz von bis zu 36%Ni auf. Das Gefüge ist vollaustenitisch. Die Graphitausbildung erfolgt globular oder lamellar. Der Werkstoff wird als Pumpen- oder Ventilgehäuse oder im höheren Temperaturbereich (Abgaskrümmer) unter korrosiven Medien eingesetzt.

6.7.2 Gusseisen mit Lamellengraphit (GJL)

Das Gefüge von Gusseisen mit Lamellengraphit besteht aus einem ferritischen bis hin zu einem perlitischen Grundgefüge. Die Einstellung des Grundgefüges erfolgt durch den C-Gehalt und durch die Steuerung der Abkühlgeschwindigkeit. Die Ausbildung des Graphits ist lamellen- oder rosettenartig, Abb. 6.78. Die frühere Bezeichnung lautete GGL.

Die Festigkeit kann bis zu 400 MPa (perlitische Matrix) betragen. Nach EN 1561 werden Bezeichnungen nach Kenngrößen angewendet:

- bei der Verwendung der Zugfestigkeit gibt es die Gruppen 150, 200, 250, 300 und 350 – Beispiel EN-GJL-150 bezeichnet eine Gusseisensorte mit einzuhaltenden Werten von 150 bis 200 MPa.

- bei der Verwendung der Brinellhärte HB werden Einteilungen in 20er Schritten von 155 bis 255 vorgenommen – Beispiel EN-GJL-HB195 ist eine Sorte mit zwingend vorgeschriebenen Werten HB30 von 120 bis 195.

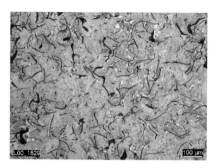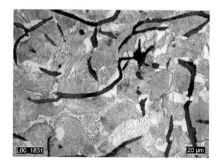

Abb. 6.78. Lamellares Gusseisen

Da die Gefügeausbildung stark von den Abkühlbedingungen bestimmt wird, liegt eine Wanddickenabhängigkeit der Zugfestigkeit bzw. der Härte vor. Die Zugfestigkeit kann an Proben, die aus getrennt gegossenen oder aus angegossenen Probestücken oder dem Gussstück selbst entnommen wurden, bestimmt werden. Letztere sind keine Normwerte, sondern nur Erwartungswerte.

Härte und Zugfestigkeit von bestimmten Sorten von Gusseisen mit Lamellengraphit können nach DIN EN 1691 in einen empirischen Zusammenhang gebracht werden.

$$HB = RH \cdot \left(100 + 0,44 \cdot R_m\right)$$

RH stellt die relative Härte dar, wobei Schwankungsbreiten von 0,8 bis 1,2 durch die schmelzmetallurgischen Bedingungen bei der Fertigung bestimmt werden und über entsprechende Streuungsanalysen und Regressionen eingegrenzt werden müssen.

Gusseisen mit Lamellengraphit zeigt wegen des steilen Spannungsgradienten an der Graphitlamelle, der geringen Verformbarkeit der metallischen Matrix sowie der Verringerung des tragenden Querschnittes (Graphit als weiche Phase trägt nicht zur Festigkeit bei) eine inhärente Kerbempfindlichkeit bei statischer und zyklischer Zugbeanspruchung. Demgegenüber kann die Druckfestigkeit nahezu den dreifachen Wert der Zugfestigkeit annehmen. Es weist gute Dämpfungseigenschaften auf, der E-Modul ist geringer als der von Stahl, aber größer als der von Aluminium. Aufgrund der Spannungsabhängigkeit wird der E-Modul in der Regel als Tangentenmodul, das ist die Steigung der Spannungs-Dehnungskurve, angegeben.

Tabelle 6.8 gibt einen Überblick über Kennwerte ausgewählter Sorten von Gusseisen mit Lamellengraphit.

Tabelle 6.8. Eigenschaften von Gusseisen mit Lamellengraphit bei Raumtemperatur nach DIN EN 1561

Merkmal	Werkstoffbezeichnung EN-GJL-		
	150	250	350
Grundgefüge	Ferritisch-perlitisch	perlitisch	
Zugfestigkeit R_m / MPa	150 bis 250	250 bis 350	350 bis 450
Druckfestigkeit σ_{dB} / MPa	≥600	≥840	≥1080
0,1%-Dehngrenze $R_{p0,1}$ / MPa	98 bis 165	165 bis 228	228 bis 285
Elastizitätsmodul E / GPa	78 bis 103	103 bis 118	123 bis 143
Bruchdehnung A / %		0,8 bis 0,3	
Zug-Druck-Wechselfestigkeit σ_{zdW} / MPa	$\sigma_{zdW} \approx 0,26\ R_m$		
Therm. Ausdehnungskoeffizient α (20° - 200°C) / µm/(mK)	11,7		

Verwendung: Gusseisen mit Lamellengraphit wird für Bauteile für Kraftfahrzeuge, Werkzeugmaschinen sowie für Pumpen und Verdichter eingesetzt.

6.7.3 Gusseisen mit Kugelgraphit (GJS)

6.7.3.1 Ferritisch-perlitisches Grundgefüge

Der erwähnte Nachteil des Gusseisens mit Lamellengraphit - die hohe Sprödigkeit – kann durch die Änderung der geometrischen Ausscheidungsform des Graphits verbessert werden. Durch Beigabe von Magnesium oder Cer kurz vor dem Gießen („Impfen") scheidet sich der Graphit in überwiegend kugeliger Form aus, Abb. 6.79. Gusseisen mit Kugelgraphit (frühere Bezeichnung GGG) – auch Sphäroguss – besitzt dem Stahl ähnliche Zähigkeitseigenschaften. Die Zugfestigkeit liegt in Abhängigkeit von dem Grundgefüge zwischen 350 und 900 MPa. Das Grundgefüge der niederen Festigkeitsklassen ist ferritisch, die Sorten mit hoher Zugfestigkeit weisen ein perlitisches Gefüge auf.

Nach DIN EN 1563 wird Gusseisen mit Kugelgraphit in folgende Sorten aufgeteilt:

- nach einzuhaltenden Werten der Festigkeit in Verbindung mit vorgeschriebenen Werten der Kerbschlagzähigkeit und der Bruchdehnung – zum Beispiel EN-GJS-350-22-LT ist eine Sorte mit einer Mindestzugfestigkeit von 350 MPa, einer Bruchdehnung ≥ 22% sowie mit einer über ISO-V Proben nachgewiesenen Kerbschlagarbeit ≥ 9 J (Einzelwerte) bzw. ≥ 12 J (Mittelwert). Alle Kennwerte werden an Proben, die aus getrennt gegossenen Probestücken herausgearbeitet werden, ermittelt.
- nach ihrer Brinellhärte - zum Beispiel EN-GJS-HB150 ist eine Sorte im Härtebereich 130 bis 175.

Nach DIN EN 1563 werden die Festigkeitseigenschaften an getrennt gegossenen oder angegossenen Probestücken ermittelt. Es besteht die Möglichkeit, dass Besteller und Hersteller vereinbaren, die mechanischen Eigenschaften an Proben, die dem Gussstück entnommenen wurden, zu ermitteln.

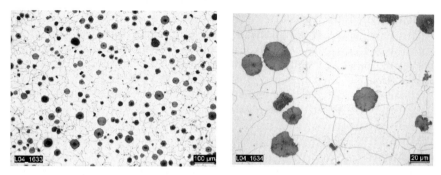

Abb. 6.79. Gusseisen mit Kugelgraphit

Tabelle 6.9 gibt einen Überblick über Kennwerte ausgewählter Sorten von Gusseisen mit Kugelgraphit.

Tabelle 6.9. Eigenschaften von Gusseisen mit Kugelgraphit bei Raumtemperatur (U = angegossene Proben sonst getrennt gegossene Proben) nach DIN EN 1563

Merkmal	Werkstoffbezeichnung EN-GJS-			
	350-22U-LT	350-22-LT	400-18-RT	HB265
Zugfestigkeit R_m / MPa	≥330 [3]	≥350	≥400	≥700 [4]
0,2%-Dehngrenze $R_{p0,2}$ / MPa	≥210 [3]	≥220	≥250	≥420 [4]
Bruchdehnung A / %	≥18 [3]	≥22	≥18	[5]
Kerbschlagarbeit J	≥12 [1,3]	≥12 [1]	≥14 [2]	[5]
Härte HB30	[5]	[5]	[5]	225 bis 300
Druckfestigkeit σ_{dB} / MPa			≥700	≥1000
Elastizitätsmodul E / GPa		169		176
Therm. Ausdehnungskoeffizient α (20° - 400°C) / μm/(mK)			12,5	

[1] bei –40°C, Mittelwert, [2] bei RT, Mittelwert, [3] maßgebende Wanddicke 30 < t ≤ 60 [4] nur informativ, [5] in DIN EN 1563 nicht angegeben

Gusseisen mit Kugelgraphit findet Verwendung im Kraftfahrzeug- und Pumpenbau.

6.7.3.2 Bainitisches Grundgefüge

Höherfeste Güten bei gleichzeitiger guter Zähigkeit lassen sich über eine Wärmebehandlung über Austenitisieren, Abkühlen und isothermes Halten im Bereich 250°C<T<400°C im Salz- oder Ölbad erzielen. Es stellt sich ein ferritisch-austenitisches Grundgefüge aus nadligem Ferrit und kohlenstoffgesättigtem Restaustenit ein. Nach DIN EN 1564 wird für diesen Werkstoff der Begriff „Bainitisches Gusseisen mit Kugelgraphit" verwendet. Die bisher verwendeten Begriffe: bainitisch-austenitisches Gusseisen mit Kugelgraphit, zwischenstufenvergütetes Gusseisen mit Kugelgraphit, Austempered Ductile Iron (ADI), austenitisch-ferritisches Gusseisen mit Kugelgraphit fallen weg bzw. werden durch DIN EN 1564 abgedeckt.

Die Einteilung von bainitischem Gusseisen erfolgt nach den mechanischen Eigenschaften der Werkstoffsorten, die an Proben aus getrennt gegossenen oder aus angegossenen Probestücken ermittelt werden.

Die Zugfestigkeiten erreichen Werte bis zu 1400 MPa.

Tabelle 6.10 gibt einen Überblick über Kennwerte ausgewählter Sorten von bainitischem Gusseisen mit Kugelgraphit.

Tabelle 6.10. Eigenschaften von Gusseisen mit Kugelgraphit bei Raumtemperatur nach DIN EN 1564

Merkmal	Werkstoffbezeichnung EN-GJS-	
	800-8S-RT	1400-1
Zugfestigkeit R_m / MPa	$\geq$800	$\geq$1400
0,2%-Dehngrenze $R_{p0,2}$ / MPa	$\geq$500	$\geq$1100
Bruchdehnung A / %	$\geq$8	$\geq$1
Kerbschlagarbeit J	$\geq$10 [1]	(8,6)
Härte HB30	260 bis 320	380 bis 400
Druckfestigkeit σ_{dB} / MPa	(1200)	(2275)
Elastizitätsmodul E / GPa	164	156
Therm. Ausdehnungskoeffizient α (20°-200°C) / μm/(mK)	14,6	13,8

[1] bei RT, Mittelwert
Klammerwerte = Anhaltswerte

Wegen seiner Zähigkeit bei hoher Festigkeit wird es für hochbeanspruchte Bauteile aus der Antriebstechnik (Zahnräder) oder Umformwalzen eingesetzt.

6.7.4 Gusseisen mit Vermiculargraphit (GJV)

Gusseisen mit Vermiculargraphit (frühere Bezeichnung GGV, englisch: compacted graphit iron) ist durch eine Graphitausbildung gekennzeichnet, die in überwiegend vermicularer Form – einer Zwischenstufe zwischen lamellar und kugelig – vorliegt, Abb. 6.80. Das Grundgefüge kann ferritisch, ferritisch-perlitisch oder überwiegend perlitisch sein. Erreicht wird die Graphitausbildung über eine Schmelzenbehandlung mit Mg- und Ti-Zusatz.

Die Eigenschaften von Gusseisen mit Vermiculargraphit liegen zwischen denen von GJL und GJS. Die Festigkeit und Zähigkeit ist höher als bei Gusseisen mit Lamellengraphit, die Gießfähigkeit, thermische Leitfähigkeit und Dämpfung sind besser als bei Gusseisen mit Kugelgraphit. Die Wärmeleitfähigkeit ist als Folge der länglichen Graphitform deutlich höher als die von Gusseisen mit Kugelgraphit und entspricht der von Gusseisen mit Lamellengraphit.

Abb. 6.80. Gusseisen mit Vermiculargraphit

Die Einteilung von Gusseisen mit Vermiculargraphit erfolgt gemäß DIN-EN 1560 nach den mechanischen Eigenschaften der Werkstoffsorten, die an Proben aus getrennt gegossenen oder angegossenen Probestücken ermittelt werden.

Die Temperaturwechselbeständigkeit ist eine Folge der behinderten thermischen Ausdehnung: niedriger E-Modul, hohe Wärmeleitfähigkeit in Verbindung mit einer hohen Warmfestigkeit wirken vermindernd auf die Ausbildung lokaler Spannungen aus behinderter Wärmedehnung. Bei sich wiederholenden Lastzyklen wirkt eine hohe Dauerwechselfestigkeit und Zähigkeit der Bildung von Anrissen entgegen. Die Eigenschaften von GJV stellen einen günstigen Kompromiss zwischen diesen einander widersprechenden Forderungen dar, Tabelle 6.11.

Tabelle 6.11. Eigenschaften von Vermiculargraphit (GJV)

Merkmal	
Dauerfestigkeit und Duktilität	Nahezu identisch mit GJS
E-Modul	Geringer als GJS
Wärmeleitfähigkeit	Höher als GJS
Verzug	Geringer als GJS

Tabelle 6.12 gibt einen Überblick über Kennwerte ausgewählter Sorten von Gusseisen mit Vermiculargraphit (getrennt gegossenen Probestücke).

Tabelle 6.12. Eigenschaften von Gusseisen mit Vermiculargraphit bei Raumtemperatur nach DIN EN 1692

Merkmal	Werkstoffbezeichnung EN-GJV-		
	300	400	500
Grundgefüge	Ferrit	Ferrit/Perlit	Perlit
Zugfestigkeit R_m / MPa	≥300 bis 375	≥400 bis 475	≥500 bis 575
0,2%-Dehngrenze $R_{p0,2}$ / MPa	≥220 bis 295	≥300 bis 375	≥380 bis 455
Bruchdehnung A / %	≥1,5	≥1,0	≥0,5
Richtwert Härte HB30	140 bis 210	180 bis 240	220 bis 260
Elastizitätsmodul E / GPa	140 bis 150	150 bis 165	170 bis 200
Therm. Ausdehnungskoeffizient α (20°-200°C) / µm/(mK)		11	

Ein wichtiges Anwendungsgebiet von Gusseisen mit Vermiculargraphit ist der Bereich erhöhter Temperaturen und Bauteile, die durch Temperaturwechsel beansprucht werden. Die Oxidations- bzw. Verzunderungsbeständigkeit wird durch Zusatz von mindestens 4% Silizium verbessert.

Beispiele sind Abgaskrümmer, Turboladergehäuse, hochbeanspruchte Bremsscheiben, Zylinderköpfe und dünnwandige Getriebegehäuse, Stahlwerkskokillen und Glaspressformen.

Fragen zu Kapitel 6

1. Wie lautet der Fachbegriff für die Oxidationsprozesse mit anschließender Verschlackung?

2. Nennen Sie zwei Vorteile des Stranggusses.

3. Warum ist es technisch nicht sinnvoll, das Eisen-Kohlenstoffdiagramm für C-Gehalte über 10% darzustellen?

4. Aus welchen Phasen besteht Perlit?

5. Wie hoch ist der Kohlenstoffanteil des Werkstoffs G17CrMo9-10?

6. Welche Mechanismen bewirken die hohe Härte von Martensit?

7. Warum ist bei rissempfindlichen Teilen das Warmbadhärten sinnvoller als das gebrochene Härten?

8. Vergleichen Sie die beiden Werkstoffe 42CrMo4 und C60 bezüglich ihrer Ein- und Aufhärtbarkeit. Worauf ist die unterschiedliche Härtbarkeit zurückzuführen?

9. Was versteht man unter dem Begriff „Vergüten"?

10. Was ist Anlassversprödung?

7 Nichteisenmetalle

7.1 Kupfer und Kupferlegierungen (Buntmetalle)

7.1.1 Kupfer

7.1.1.1 Vorkommen und Aufbereitung

Gediegenes, reines Kupfer kommt nur selten vor. Die wichtigsten im Kupfererz vorkommenden Kupferverbindungen sind die Sulfide, Kupferkies $CuFeS_2$ und Kupferglanz Cu_2S. Kupfer kommt jedoch auch als Oxid (Rotkupfererz Cu_2O), als Karbonat, nämlich Malachit $(CuCO_3 \cdot Cu(OH)_2)$ und Kupferlasur $(CuCO_3 \cdot Cu(OH)_2)$ vor. Die Erze enthalten wenig Kupfer, meist nur 0,5-7,5%.

Zur Anreicherung der verhältnismäßig Cu-armen Erze wird das Flotationsverfahren angewendet. Es beruht auf der unterschiedlichen Benetzbarkeit der Kupfermineralien und Verunreinigungen. In einer Wasser-Öl-Mischung wird feingemahlenes Erz verteilt und Luft durchgepresst. Während das Wasser die Verunreinigungen benetzt, lagern sich die Kupfersulfidteilchen an die Öltropfen und Luftblasen an und bilden einen angereicherten ölhaltigen Schaum, der abgeschöpft wird.

Die sulfidischen Erze werden in einem Röstofen geröstet, d.h. in einem Luftstrom oxidiert. Durch Röstung wird nur das Eisen oxidiert, wobei Schwefeldioxid (SO_2) entweicht; das Kupfer bleibt an Schwefel gebunden. Als Röstprodukt liegt ein Gemenge vor, das aus Kupfersulfid (Cu_2S), Eisensulfid (FeS) und Eisenoxid (FeO) besteht.

7.1.1.2 Reduktion, Erschmelzung und Raffination

Das Röstprodukt wird in einem Schachtofen oder Flammofen mit Zuschlägen (Sand, Quarz, Kalk) geschmolzen. Es entsteht Kupferstein, der 40% Cu, 30% Fe und 30% S enthält. Der Kupferstein wird im Kupolofen eingeschmolzen, flüssig in einen Trommelkonverter gefüllt und darin unter Zusatz von SiO_2 mit Luft zu Rohkupfer verblasen. Rohkupfer enthält 96% bis 98% Cu (Rest Fe, S, Pb).

Rohkupfer ist stark verunreinigt, deshalb muss es einem Raffinationsprozess unterzogen werden. Dieser kann entweder durch Feuerraffination im Schmelzfluss (Polprozess) oder durch die weit wirkungsvollere elektrolytische Kupferraffination erfolgen. Hierbei werden 2 bis 5 cm dicke Platten aus Rohkupfer oder aus dem im Polprozess (s.o.) gewonnenen Kupfer als Anode (Plus-Pol) in eine Kupfersulfatlösung (Elektrolyt) eingetaucht. Die Kathode (Minus-Pol) besteht aus dünnem reinem Kupferblech. Bei einer Gleichspannung von 0,2 bis 0,35 V scheidet sich nur das reine Kupfer an der Kathode ab, die anderen Elemente gehen entweder in Lösung (unedle Metalle wie Eisen, Nickel) oder fallen als Schlamm (Edelmetalle, wie Silber, Gold, Platin) zu Boden.

Das Elektrolytkupfer enthält etwa 99,95% Cu.

Kupfer wird in folgenden Zuständen geliefert: gegossen, weichgeglüht (Knetzustand) sowie kaltverfestigt.

7.1.1.3 Eigenschaften

Die Dichte von reinem Kupfer beträgt 8,93 kg/dm^3. Kupfer kristallisiert im kubisch-flächenzentrierten System mit einer Gitterkonstante von a = 0,36 nm. Es weist nach Silber die höchste elektrische Leitfähigkeit ($\chi = 58$ m/(Ω mm^2)) aller Metalle auf. Die Wärmeleitfähigkeit $\lambda = 395$ W/(mK) übertrifft die von Eisen um das sechsfache, die von Aluminium um das zweifache. Der mittlere lineare Wärmeausdehnungskoeffizient α beträgt $17,7 \cdot 10^{-6}$ (1/K). Der Schmelzpunkt von Kupfer liegt bei 1083 °C.

Die Poissonsche Querkontraktionszahl μ beträgt bei quasiisotropem, vielkristallinem Kupfer 0,35. Richtwerte für die Mechanischen Eigenschaften von Reinkupfer (quasiisotrop, vielkristallin) sind nachstehend aufgeführt, Tabelle 7.1.

Tabelle 7.1. Eigenschaften von Kupfer

Eigenschaften	Zustand		
	Gegossen	Knetzustand (weich, normalisiert)	Kaltverfestigt
Zugfestigkeit R_m / MPa	150 bis 200	210 bis 240	300 bis 440
Streckgrenze R_e / MPa		40 bis 80	200 bis 390
E-Modul / MPa	125000	125000	125000
Querkontraktionszahl μ / -/-	0,35	0,35	0,35
Bruchdehnung A_5 / %	25 bis 15	50 bis 35	25 bis 2
Brinellhärte HB / -/-	50	40 bis 50	75 bis 90

Die Festigkeit von Kupfer lässt sich durch Kaltverformen steigern. Rekristallisationseffekte werden bereits durch Erwärmen auf 80 °C erzielt. Der übliche Temperaturbereich für Rekristallisationsglühen nach Kaltumformung liegt bei 450 °C bis 650 °C. Normalisieren erfolgt bei 650 °C, Warmumformung wird bei 800 bis 900 °C durchgeführt.

Kupfer ist auch bei tiefsten Temperaturen geschmeidig und schlagzäh. Es ist sehr gut kalt- und warmumformbar, hart- und weichlötbar sowie schweißbar.

Kupfer steht in der Spannungsreihe der Elemente auf der Seite der Edelmetalle, wird selbst aber nicht als solches bezeichnet. Es erweist sich daher als gut korrosionsbeständig. An der Atmosphäre bildet sich im Laufe der Zeit ein hellgrüner Überzug (= Patina oder Edelrost) aus $CuCO_3 \cdot Cu(OH)_2$ eventuell mit basischem Sulfat bzw. Chlorid. Einwirkung von Essigsäure unter Luftzutritt führt zur Bildung von Grünspan, einem giftigen basischen Kupfer (II)-Acetat. Es ist daher vor allem in der Lebensmittelindustrie darauf zu achten, dass bei Verwendung von kupfernen Gebrauchsgegenständen (Konserven u.a.) keine Essigsäure einwirken kann (Verzinnung von Konservendosen).

Mit Acetylen (C_2H_2) bildet Cu unter Druck hochexplosibles Kupferacetylit, daher dürfen keine Cu-Teile für C_2H_2 unter Druck verwendet werden.

7.1.1.4 Einfluss der Begleitelemente

Technisch reines Kupfer, wie es besonders in der Elektrotechnik verwendet wird, ist in seinen Eigenschaften außer vom Reinheitsgrad besonders stark auch vom Gasgehalt und damit auch von seiner Dichte abhängig.

7.1.1.4.1 Sauerstoff und Wasserstoff

Das in der Elektrotechnik verarbeitete Kupfer weist Sauerstoffgehalte bis zu 0,005% auf, Abb. 7.1. Sauerstoff setzt die elektrische Leitfähigkeit herab und erhöht die Härte. Die Festigkeitseigenschaften von warmverformtem Kupfer werden durch die meist in ellipsoid-rundlichen Formen vorliegenden Cu_2O-Partikel nur unwesentlich gestört. Kaltverformungsprozesse werden jedoch erschwert.

Beim Eindringen von atomarem Wasserstoff kommt es zu der Reaktion:

$$Cu_2O + H_2 \rightarrow 2\,Cu + H_2O \qquad (7.1)$$

Der Wasserstoff ist im festen Cu nicht löslich und es kommt daher an den Reaktionsstellen infolge der hohen Gasdrücke zu Trennungen (meist an den Korngrenzen) und Gefügelockerungen, die das Kupfer brüchig machen. Diesen Vorgang nennt man die Wasserstoffkrankheit von Kupfer.

Die im flüssigen Kupfer gelöste Wasserstoffmenge m ist der Quadratwurzel aus dem Druck p proportional:

$$m = k \cdot \sqrt{p} \ . \qquad (7.2)$$

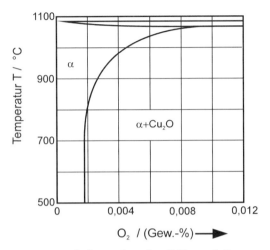

Abb. 7.1. Ausschnitt aus dem Cu_2-O-Zustandsdiagramm

Allgemein wird angenommen, dass die H-Atome auf Zwischengitterplätzen sitzen. Beim Abkühlen tritt eine sprunghafte Löslichkeitsänderung auf, wobei sich der Wasserstoff gasförmig ausscheidet. Dabei bilden sich Hohlräume, die die Dichte und damit die Eigenschaften entsprechend Abb. 7.2 beeinflussen.

7.1.1.4.2 Weitere Beimengungen

Zu den weiteren unerwünschten Beimengungen des technisch reinen Kupfers zählen die Elemente Bi, Pb, S, Se, Te und Sb. Auf diese Verunreinigungen ist es zurückzuführen, dass normales Elektrolytkupfer ein ausgesprochenes Warmsprödigkeitsgebiet im Temperaturbereich zwischen 300 und 600 °C zeigt (Rotbrüchigkeit). Die Sprödigkeit äußert sich durch interkristalline Einrisse im Gefüge. Mit steigender Reinheit des Kupfers nimmt die Sprödigkeit ab.

Hauptanwendungsgebiet von technisch reinem Kupfer ist die Elektrotechnik (50% des Weltkupferverbrauchs). Dabei wird es hauptsächlich als Leiter eingesetzt.

7.1.2 Kupferlegierungen

Die Festigkeit von technischem Kupfer ist relativ gering (bis 440 MPa); sie kann jedoch durch Legierungszusätze erheblich gesteigert werden. Die wichtigsten Legierungselemente sind: Zink, Zinn, Aluminium, Beryllium, Silber und Gold. Die technisch wichtigsten Kupferlegierungen sind in Tabelle 7.2 zusammengefasst.

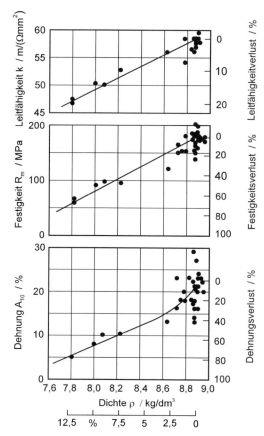

Abb. 7.2. Verlauf der Eigenschaften in Abhängigkeit von Hohlraumgröße bzw. Dichte

Tabelle 7.2. Kupferlegierungen

Legierungsgruppe	Gebräuchliche Benennung	Kurzzeichen von Legierungsbeispielen
Cu-Zn-Legierungen	Messing	CuZn37, CuZn38Pb, CuZn36Pb1
	Sondermessing	CuZn20Al, CuZn28Sn, CuZn40All
Cu-Sn-Legierungen	Zinnbronze	CuSn6, CuSn6Zn
Cu-Ni-Legierungen		CuNi5, CuNi30Fe
Cu-Al-Legierungen	Aluminiumbronze	CuAl8, CuAl8Fe

Kupfer-Zink-Legierungen

Kupfer-Zink-Legierungen mit einem Kupfergehalt größer als 50 Gew.-% werden Messinge genannt. Das Zustandsdiagramm Kupfer-Zink enthält eine Folge von 5 Peritektika, deren Umwandlungstemperaturen mit steigendem Zinkgehalt abfallen,

Abb. 7.3. Weiterhin ist eine eutektoide Umwandlung bei 558 °C und 74 Gew.-% Zn vorhanden.

Im festen Zustand treten 5 verschiedene Kristallarten (Phasen) auf:

- α-Phase: kfz wie Cu
- β-Phase: krz weist unterhalb 454-468 °C eine geordnete Verteilung von Cu- und Zn-Atomen auf den Gitterplätzen auf → β-Phase
- γ-Phase: komplex-kubisch mit 52 Atomen pro Elementarzelle
- δ-Phase: bei RT nicht beständig, kubische Elementarzelle
- ε-Phase: hexagonal dichtest gepackt
- η-Phase: hexagonal dichtest gepackt

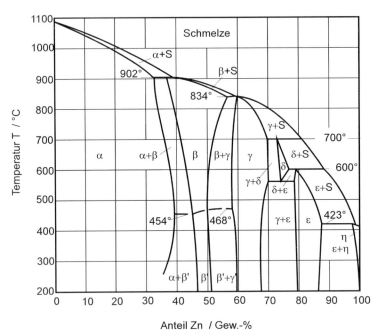

Abb. 7.3. Zustandsdiagramm Cu-Zn

Technische Kupfer-Zink-Legierungen haben einen Mindestgehalt von 50 Gew.-% Cu, wobei derzeit von den genormten Messingen CuZn 44 Pb 2 mit 54 Gew.-% Cu den kleinsten Cu-Gehalt aufweist. Die Eigenschaften von Messinglegierungen sind stark von der Gefügeausbildung abhängig. So lässt sich α-Messing gut kalt verformen, dagegen schlecht zerspanen. Bei β-Messing dagegen sind die Verhältnisse umgekehrt. Metallographisch unterscheiden sich α-Kristalle von β-Kristallen durch charakteristische Zwillingsstreifen.

In Abb. 7.4 wird der Zusammenhang zwischen dem Kupfergehalt und den Festigkeitseigenschaften von Cu-Zn-Legierungen dargestellt.

Messing mit Zusätzen von Aluminium (bis rd. 7%), Mangan (bis rd. 2,5%), Nickel (bis rd. 4%), Blei (bis rd. 2%), Zinn (bis rd. 1,3%) und Silizium (bis rd. 1,3%) wurde früher als Sondermessing bezeichnet. Es zeichnet sich durch besondere Eigenschaften aus und wird für Spezialzwecke verwendet. Allerdings ist die Eignung zum Schweißen und teilweise auch zum Hart- und Weichlöten nur noch bedingt vorhanden. Im Allgemeinen weist Sondermessing bzw. Messing mit den oben genannten Legierungselementen gegenüber Normalmessing erhöhte Festigkeitskennwerte, höhere Warmfestigkeit und oft deutlich bessere Korrosionsbeständigkeit auf.

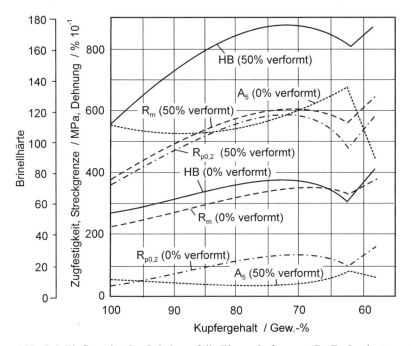

Abb. 7.4. Einfluss des Cu-Gehalts auf die Eigenschaften von Cu-Zn-Legierungen [Guy76]

Kupfer-Zinn-Legierungen

Kupfer-Zinn-Legierungen werden als Bronzen bezeichnet, wenn sie aus mehr als 60 Gew.-% Kupfer und einem oder mehreren größeren Zusätzen anderer Metalle bestehen, wovon Zink ausgenommen und Zinn das Hauptlegierungselement ist. Neben dem α-Mischkristall sind β, δ ($Cu_{31}Sn_8$), γ und ε (Cu_3Sn) die wichtigsten Phasen, Abb. 7.5.

Der α-MK ist kubisch flächenzentriert und löst bei Temperaturen zwischen 520 und 586 °C maximal 15,8% Sn. In der Praxis ist jedoch die unvollständige Einstellung des Gleichgewichts stets zu berücksichtigen, die auf die Diffusionsträgheit des Zinns zurückzuführen ist. Danach ergibt sich der gestrichelt eingezeichnete Verlauf des α-Bereichs. Demnach weisen gegossene Zinnbronzen bis zu Zinngehalten zwischen 4% bis 6% homogene α –Mischkristalle auf, während bei höheren Zinngehalten ein Gefüge aus α–Phase und α + δ–Eutektoid vorliegt. Diese Gefügezustände lassen sich durch eine Glühbehandlung wieder beseitigen, ebenso die durch den beträchtlichen Erstarrungsbereich und die schon erwähnte geringe Diffusionsgeschwindigkeit des Zinns auftretende Kristallseigerung.

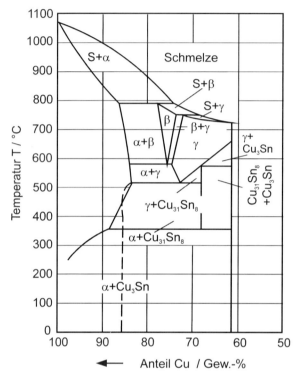

Abb. 7.5. Zustandsdiagramm von Cu-Sn-Legierungen

Der β-Mischkristall ist nur oberhalb 586 °C beständig und weist ähnlich wie das β-Messing ein kubisch raumzentriertes Gitter auf. Die δ-Phase weist eine Zusammensetzung entsprechend $Cu_{31}Sn_8$ auf. Sie besitzt eine kfz Riesenelementarzelle mit einer Gitterkonstanten von 1,79 nm. Es befinden sich $8 \cdot 52 = 416$ Atome in der Elementarzelle. Die δ-Phase ist sehr hart.

Der ε-MK (Cu_3Sn) enthält rd. 38,4% Sn und besitzt eine orthorhombische Elementarzelle. Es ist zu beachten, dass dieser letzte Zerfall bei technischen Wärmebehandlungen nicht auftritt, so dass ein Gefüge mit δ- und α-Phase vorliegt.

Wie in Abb. 7.6 dargestellt, steigert Zinn die Härte und Festigkeit (bis 15% Sn) des Kupfers, während die Bruchdehnung ab einem Zusatz von 5% Sn stark abfällt. Zinnbronzen weisen eine ausgezeichnete Korrosionsbeständigkeit, hohe Härte und Festigkeit auf. Wegen ihrer mechanischen Verschleißfestigkeit finden sie vielseitige Verwendung im allgemeinen Maschinenbau.

Kupfer-Nickel-Legierungen

Kupfer und Nickel bilden in allen Legierungsverhältnissen vollständige Mischkristalle. Die Legierungen weisen einen guten Widerstand gegen Erosion, Kavitation und Korrosion auf. Sie sind schweißbar. Die Eigenschaften sind stark vom Ni-Anteil abhängig. Die Festigkeitswerte steigen mit zunehmendem Ni-Gehalt, während die Bruchdehnung abnimmt, Abb. 7.7.

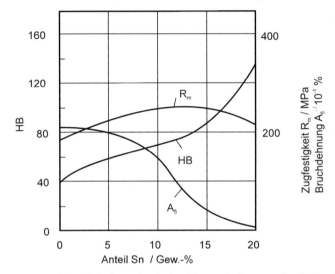

Abb. 7.6. Abhängigkeit mechanischer Eigenschaften von Cu-Sn-Legierungen vom Sn-Gehalt

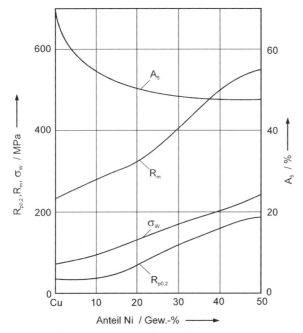

Abb. 7.7. Abhängigkeit mechanischer Eigenschaften von Cu-Ni-Legierungen

Durch Kaltverformung lassen sich Werte bis zu 700 MPa bei 7% Bruchdehnung erzielen, Abb. 7.8. Durch eine Glühbehandlung können die ursprünglichen Eigenschaften wiederhergestellt werden. Abb. 7.9 macht den Einfluss der Glühtemperatur auf die mechanischen Eigenschaften deutlich.

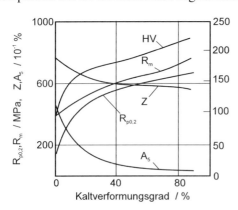

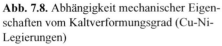

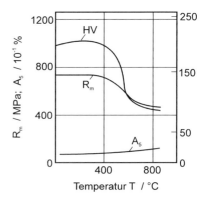

Abb. 7.8. Abhängigkeit mechanischer Eigenschaften vom Kaltverformungsgrad (Cu-Ni-Legierungen)

Abb. 7.9. Abhängigkeit mechanischer Eigenschaften von der Glühtemperatur (Cu-Ni-Blech 60% kaltverformt, 1h geglüht)

Kupfer-Zink-Nickel-Legierungen

Durch Zulegieren von Nickel in Kupfer-Zink-Legierungen erweitert sich das α-Gebiet, Abb. 7.10. In der technisch interessanten Kupferecke bilden sich wie beim System Kupfer-Zink ähnliche Phasen: α; β' und γ. Die technisch verwendeten Cu-Zn-Ni-Legierungen, die unter dem Begriff Alpacca eingeführt sind, enthalten 47% bis 65% Cu, 25% bis 12% Ni, der Rest ist Zn. Im Gusszustand bestehen diese Legierungen aus ternären, stark geseigerten α-Mischkristallen.

Durch Glühen lässt sich das Gefüge in einen homogenen Zustand überführen. Die Zugfestigkeit beträgt rd. 400 MPa bei 40% Bruchdehnung.

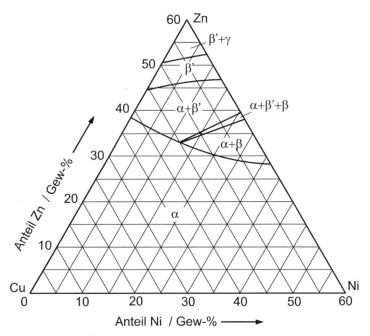

Abb. 7.10. Dreistoffsystem Cu-Zn-Ni

Kupfer-Aluminium-Legierungen

Die Bezeichnung Aluminiumbronze für Cu-Al-Legierungen wird nicht mehr angewandt. Bei den Kupfer-Aluminium-Legierungen ist das Hauptlegierungselement Kupfer; Al wird bis zu etwa 15% zulegiert. Hauptsächlich treten die Phasen α (bis 9,4% Al), β (10% bis 15% Al) und γ auf. Die α–Phase hat eine kubisch-flächenzentrierte Struktur. Dabei ändert sich der Gitterparameter mit dem Al-Gehalt. Die β-Phase weist ein krz-Gitter mit einem Gitterparameter a = 0,205 nm bei 600 °C auf. Die γ-Phase teilt sich in die intermetallischen Verbindungen $γ_1$ und $γ_2$ auf, a beträgt in diesem Fall 0,8704 nm. Abb. 7.11 zeigt das entsprechende Zustandsdiagramm.

Mit zunehmender Temperatur tritt eine Abnahme der Löslichkeit von Al in Cu auf. Zusammen mit der eutektoiden Umwandlung bei 565 °C ($\beta \rightarrow \alpha + \gamma_2$) werden durch die damit verbundenen Eigenschaftsänderungen technisch verwertbare Wärmebehandlungen möglich, wie Homogenisieren, Abschrecken, Abschrecken und Anlassen, Weichglühen, Stabilisieren. Die Abhängigkeit der Eigenschaften vom Al-Gehalt ist im Abb. 7.12 dargestellt.

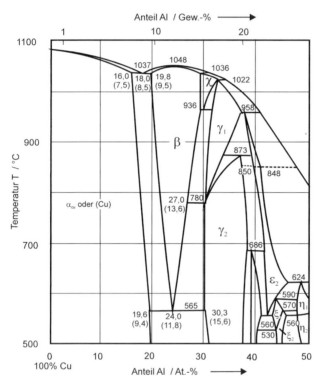

Abb. 7.11. Zustandsdiagramm von Cu-Al-Legierungen

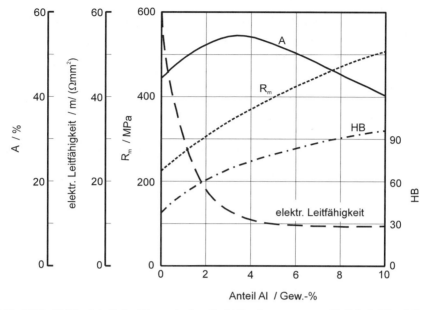

Abb. 7.12. Abhängigkeit der Eigenschaften CuAl-Legierungen vom Al-Gehalt [Guy76]

Die Verfestigungsfähigkeit durch Kaltverformung nimmt im α-Bereich mit steigendem Al-Gehalt zu. Das Verfestigungsverhalten ist insbesondere bei Legierungen mit 8% bis 10% Al von den Verarbeitungsbedingungen (Abkühlen) abhängig. Je nach Querschnittsgröße können sich infolge unterschiedlicher Abkühlungsgeschwindigkeiten verschiedenartige Gefügezustände ausbilden. Durch Kaltverformung kann die Zugfestigkeit bis auf Werte von mindestens 850 MPa gesteigert werden.

Weitere Kupfer-Legierungen

Weitere Kupferlegierungen mit technischer Bedeutung:
- Kupfer-Mangan: Widerstandswerkstoff, Widerstand nahezu temperaturunabhängig; Verwendung auch als Gusswerkstoff
- Kupfer-Silizium: gute Gießbarkeit und Korrosionsbeständigkeit

7.2 Aluminium und Aluminiumlegierungen

7.2.1 Aluminium

Aluminium ist nach Sauerstoff und Silizium das dritthäufigste chemische Element der Erdkruste. In der Natur liegt Aluminium jedoch nur chemisch gebunden in Form von Oxiden und Mischoxiden vor. Der wichtigste Rohstoff zur Aluminiumgewinnung ist Bauxit. Es enthält 55% bis 65% Al_2O_3, bis 8% SiO_2, bis 28% Fe_2O_3, 12% bis 30% Hydratwasser H_2O, ferner kleinere Mengen TiO_2. Hauptlagerstätten des im Tagebau abgebauten Minerals liegen in Australien, Südamerika, Westafrika und in der Karibik.

7.2.1.1 Herstellung

Aluminium wurde als Metall erst in der ersten Hälfte und als technischer Werkstoff in der zweiten Hälfte des 19. Jahrhunderts bekannt. Hierfür gibt es zwei Gründe:

Das in der Natur vorkommende Al_2O_3 zählt zu den stabilsten chemischen Verbindungen. Seine Reduktion erfordert einen sehr großen Energieaufwand. Die notwendigen Prozesse wurden erst im 19. Jahrhundert entwickelt.

Die in der Natur vorkommenden Rohstoffe zur Al-Gewinnung enthalten Beimengungen von leichter als Aluminium zu reduzierenden Elementen. Diese können nicht mit einer oxidierenden Raffination entfernt werden und führen zu starken Verunreinigungen des Aluminiums, so dass der Werkstoff unbrauchbar ist.

Reinaluminium

Der erste Schritt der Aluminiumgewinnung ist die Isolierung des reinen Aluminiumoxids. Zunächst wird der Bauxit von Fremdstoffen befreit, im Steinbrecher zerkleinert, im Drehofen getrocknet, fein gemahlen, anschließend unter Dampfzusatz mit heißer 50%-iger Natronlauge (NaOH) in Mischern verrührt und 2-3 Stunden bei 150-180 °C und 6 bis 8 bar im Autoklaven aufgeschlossen. Dabei entsteht Natriumaluminat ($NaAlO_2$):

$Al(OH)_3 + NaOH \Leftrightarrow NaAlO_2 + 2H_2O$

Natriumaluminat ist wasserlöslich und kann von unlöslichen Rückständen, bestehend aus Eisenoxid, Kieselsäure und Titanoxid durch Filtrieren getrennt werden. Diese Rückstände werden als Rotschlamm bezeichnet. Natriumaluminat ist nicht beständig. Es zerfällt in Natronlauge und Aluminiumhydroxid $Al(OH)_3$, welches im Drehofen bei 1300°C zu reinem Aluminiumoxid entwässert wird.

$2\ Al(OH)_3 \rightarrow Al_2O_3 + 3\ H_2O$

Die Reduktion von Al_2O_3 erfolgt mit Hilfe der Schmelzfluss-Elektrolyse. Als Elektrolyt wird ein Gemisch aus Kryolith ($Na_3[AlF_6]$), Flussspat und Aluminiumoxid verwendet. Auf diese Weise wird der Schmelzpunkt des Aluminiumoxids von 2050 °C auf 950-1000 °C verringert. Elektrolysiert wird in einem im Bodenbereich mit Kohlesteine ausgekleideten Ofen. Die Kohlesteine dienen gleichzeitig als Kathode. Die Anoden, ebenfalls aus Kohle, werden in den Elektrolyt hineingetaucht.

An der Kathode scheidet sich Reinaluminium (99,0% bis 99,9%) ab und an der Anode bildet sich Sauerstoff. Diese Sauerstoffentwicklung sorgt für eine gute Durchmischung des Bades im Bereich der Elektroden und erhöht damit die Abscheidegeschwindigkeit. Der Sauerstoff verbrennt jedoch mit dem Kohlenstoff der Anode zu CO_2 und führt zu einem stärkeren Verschleiß der Anoden. Das flüssige Aluminium sammelt sich am Boden unter dem leichteren Elektrolyten, der an der Oberfläche eine Kruste bildet und somit gegen die Atmosphäre und vor zu hohem Wärmeverlust schützt. Zur Beschickung oder zum Absaugen des Aluminiums muss diese Kruste durchstoßen werden. Zur Herstellung von 1 t Aluminium werden 4 t Bauxit, 0,4 bis 0,8 t Anodenkohle und elektrische Energie von 13000 bis 16000 kWh benötigt.

Reinstaluminium

Für verschiedene Verwendungszwecke, z.B. für eine sehr gute chemische Beständigkeit benötigt man Aluminium mit besonders hohem Reinheitsgrad (Reinstaluminium). Dies kann mit Hilfe der Dreischicht-Elektrolyse gewonnen werden. Das Elektolysebad besteht aus drei verschiedenen Schmelzen, deren Dichten so abgestimmt sind, dass sie sich scharf voneinander trennen. Die Anode ist aus Kohlenstoff, auf ihr sammelt sich das sogenannte Anodenmaterial: eine Al-Legierung mit 30% Al und einer Dichte von 2,9 kg/dm^3. Über dem Anodenmaterial befindet sich der Elektrolyt. Er besteht aus verschiedenen Fluoriden (NaF, AlF$_3$, CaF$_2$, BaF$_2$). Er weist bei der Prozesstemperatur von etwa 1000 °C eine Dichte von 2,5 kg/dm^3 auf. Darüber sammelt sich das kathodisch abgeschiedene Reinstaluminium (99,995 bis 99,999% Al) mit einer Dichte von 2,3 kg/dm^3 bei 1000 °C. Die Festigkeitswerte von Reinstaluminium sind mit $R_{p0,2} = 17$ MPa und $R_m = 55$ MPa sehr niedrig.

7.2.1.2 Eigenschaften

Aluminium weist eine kubischflächenzentrierte Elementarzellenstruktur auf und eine Schmelztemperatur von $T_S = 660\,°C$. Der Werkstoff Aluminium hat wegen einer Reihe von vorteilhaften Eigenschaften eine besondere Bedeutung auf vielen Gebieten der Technik erlangt. Diese Eigenschaften, die Aluminium in vielen Fällen zu einem geeigneten und wirtschaftlichen Werkstoff machen, sind vor allem:

Geringe Dichte

Die Dichte beträgt mit 2,6 bis 2,8 kg/dm^3 etwa ein Drittel der Dichte von Stahl. Aus der niedrigen Dichte ergeben sich wesentliche Masseverringerungen, die vor allem bei mobilen Konstruktionen wie Luft-, Land-, Wasserfahrzeugen und

Fördermitteln von Vorteil sind. Die mögliche Herabsetzung von Massenkräften führt zur Energieeinsparung und zu günstigen Betriebskosten.

Günstige Festigkeitseigenschaften

Für die verschiedenartigsten Anwendungen stehen genormte Aluminiumwerkstoffe mit optimalen Festigkeitseigenschaften (Mindestzugfestigkeiten von etwa 60 bis etwa 530 MPa) zur Verfügung.

Gute chemische, Witterungs- und Seewasserbeständigkeit

Rein- und Reinstaluminium und die kupferfreien Legierungen sind gegen sehr viele Medien beständig. Kupferfreie Aluminiumwerkstoffe werden deshalb in großem Umfang im Bauwesen, in der chemischen Industrie, der Nahrungs- und Genussmittelindustrie, im Fahrzeugbau, im Schiffsbau und auf anderen Gebieten verwendet. Bei Beanspruchung durch Seewasser und Seeluft oder leicht alkalische Medien haben sich AlMg- und AlMgMn-Werkstoffe hervorragend bewährt. Durch zusätzlichen Oberflächenschutz kann die Beständigkeit weiter verbessert werden.

Gute Umformbarkeit

Die vorzügliche Umformbarkeit ermöglicht die Herstellung von Profilen und Rohren mit nahezu beliebig komplizierten Querschnittsformen durch Strangpressen. Aber auch mit fast allen anderen üblichen Verfahren des Kalt- und Warmumformens lassen sich Halbzeuge und Formteile aus Aluminiumwerkstoffen herstellen.

Gute Zerspanbarkeit

Aluminiumwerkstoffe sind gut zerspanbar, besonders die speziellen Automatenwerkstoffe.

Gute Eignung für Verbindungsarbeiten

Alle üblichen Verfahren zum Stoffverbinden sind bei Aluminiumwerkstoffen anwendbar. Schmelzschweißen erfolgt meist mit Schutzgasschweißverfahren, Kleb- und Klemmverbindungen sind ebenfalls wichtige Verbindungsverfahren.

Hohe elektrische Leitfähigkeit

Alle Aluminiumwerkstoffe weisen eine vergleichsweise hohe elektrische Leitfähigkeit auf; diese liegt am höchsten bei Reinst- und Reinaluminium mit etwa 38 bis etwa 34 m/(Ω mm^2). Für elektrische Leiter werden Reinaluminium und AlMgSi-Werkstoffe in großem Umfang verwendet.

Hohe Wärmeleitfähigkeit

Die Wärmeleitfähigkeit genormter Aluminiumwerkstoffe liegt im Bereich von 80 bis 230 W/(mK). Die gute Wärmeleitfähigkeit wird z.B. bei Kolben, Zylindern und Zylinderköpfen für Verbrennungsmotoren und Verdichter sowie bei Wärmetauschern aller Art für viele Anwendungsgebiete vorteilhaft ausgenutzt.

Die relevanten Parameter sind nachfolgend für Reinstaluminium zusammengestellt:

E-Modul = 67000 MPa, Querdehnungszahl $\mu = 0,35$, mittlerer linearer Wärmeausdehnungskoeffizient zwischen 20 °C und 200 °C $\alpha = 24,5 \cdot 10^{-6} \, 1/K$.

Sonstige Eigenschaften

Aluminium weist eine gute Oberflächenbehandelbarkeit sowie im metallblanken Zustand gute optische Eigenschaften mit hohem Reflexionsvermögen auf und ist gesundheitlich unbedenklich.

7.2.2 Legierungen

Aluminiumlegierungen können als Knetlegierung für eine anschließende Weiterbearbeitung z.B. durch Umformung sowie als Gusslegierung vorliegen.

Der Werkstoffzustand wird bei Aluminium-Knetwerkstoffen durch nachfolgende Bezeichnungen festgelegt, die durch zusätzliche Ziffern weiter unterteilt werden können.

F: Herstellungszustand
O: Weichgeglüht
H: Kaltverfestigt
W: Lösungsgeglüht
T: Wärmebehandelt auf andere stabile Zustände als F, O oder H

Der Werkstoffzustand von Aluminium-Gusswerkstoffen wird durch folgende Abkürzungen beschrieben, die durch zusätzliche Ziffern weiter unterteilt werden können:

F: Gusszustand
O: Weichgeglüht
T: Wärmebehandelt

Die Nutzung der Vorteile des Aluminiums wurde erst durch eine Verbesserung der Festigkeitseigenschaften möglich. Bei den Al-Legierungen spielt die Festigkeitssteigerung durch Aushärten eine überragende Rolle. Aluminiumlegierungen enthalten neben dem Basismetall Al eine oder mehrere der sechs wichtigsten Legierungskomponenten: Cu, Si, Mg, Zn, Mn, Li.

In kleineren Mengen sind häufig vorhanden: Fe, Cr, Ti.

Für Sonderlegierungen werden die Elemente Ni, Co, Ag, V, Zr, Sn, Pb, Cd, Bi verwendet. Wichtige Spurenelemente sind Be, B, Na. Der Einfluss der wichtigsten Legierungselemente ist in Tabelle 7.3 dargestellt.

Tabelle 7.3. Einfluss der wichtigsten Legierungselemente

Si bis 3,5%	Verbesserung der Gießbarkeit
Mg bis 1%	Starke Festigkeitssteigerung durch Ausscheidungshärtung
Cu bis 6%	Begünstigt die Aushärtbarkeit
Zn bis 6%	Festigkeitserhöhend in Verbindung mit Mg
Mn bis 1,5%	Erhöht die Rekristallisationstemperatur
Li bis 3%	Leicht (Li: $\rho = 0{,}53 \ \mathrm{kg/dm^3}$)

In der DIN EN 573-3 sind Aluminium und Aluminiumlegierungen zusammengefasst. Dabei untergliedert man die Werkstoffe mit Hilfe der Seriennummern 1000 bis 8000.

7.2.2.1 Aushärtbare Aluminiumlegierungen

Aushärtbare Aluminiumlegierungen weisen ein besonders günstiges Festigkeit-Dichte-Verhältnis auf. Die Festigkeitssteigerung beruht überwiegend auf einer Ausscheidungshärtung. Hierbei muss eine beschränkte, mit abnehmender Temperatur sinkende Löslichkeit einer Legierungskomponente im Basismaterial vorliegen. Zunächst wird die Aluminium-Legierung geglüht (Lösungsglühen) und anschließend auf Raumtemperatur rasch abgekühlt, dadurch liegen übersättigte Al-Mischkristalle vor. Diese Ausscheidungen verspannen das Gitter, wodurch Zugfestigkeit und Streckgrenze ansteigen. Findet die Aushärtung bei Raumtemperatur statt, so nennt man diesen Vorgang Kaltaushärtung, hier liegen kohärente Ausscheidungen vor.

Bei einer erhöhten Auslagerungstemperatur (120 °C-200 °C) treten verschiedene Phasen auf, die eine vom Mischkristall abweichende Gitterstruktur aufweisen. Diese Ausscheidungen sind teilkohärent und erzeugen eine größere Festigkeitssteigerung. Längere Haltezeiten führen jedoch zu inkohärenten Ausscheidungen und damit verbunden zu einer Absenkung der Festigkeit. Dieser Vorgang wird Überalterung genannt. Beim Auslagern nähern sich die übersättigten Al-Mk dem Gleichgewichtszustand an. Dabei bilden sich Ausscheidungen bestimmter Art, Größe und Verteilung.

7.2.2.2 Nichtaushärtbare Legierungen

Diese Legierungen werden auch als naturhart bezeichnet. Eine Steigerung der Festigkeitswerte kann hier nur durch Kaltverfestigung erreicht werden.

7.2.2.3 Aluminium-Knetwerkstoffe

AlMg- und AlMgMn-Knetlegierungen

Bei den beiden Legierungen AlMg und AlMgMn handelt es sich um nicht aushärtbare Legierungen, die zusammen den Bereich von 0,5% bis 5,5% Mg, 0% bis 1,1% Mn und 0% bis 0,35% Cr nahezu abdecken. Zwischen beiden Legierungsgruppen ist der Übergang kontinuierlich, wobei Legierungen mit mehr als 5,6% Mg als Knetwerkstoffe in der Praxis keine Bedeutung haben. Zugfestigkeit und Dehngrenze nehmen mit steigendem Mg-Gehalt kontinuierlich zu, während die Bruchdehnung bis etwa 3% Mg abnimmt und anschließend wieder leicht ansteigt. Mn bewirkt darüber hinaus eine zusätzliche Festigkeitssteigerung, die deutlich höher ist als bei binären AlMn-Legierungen. Cr verhält sich ähnlich, wobei Mn und Cr sich in ihrer Wirkung addieren.

Da die Löslichkeit von Mg im Al-Mischkristall mit sinkender Temperatur erheblich abnimmt, sind (theoretisch) die meisten AlMg-Legierungen bei Raumtemperatur übersättigt. Von praktischer Bedeutung ist dies bei Legierungen mit mehr als 4% Mg, wo es durch längere Lagerung bei hohen Temperaturen, insbesondere nach vorausgegangener Kaltumformung, zur Ausscheidung der β-Phase (Al_8Mg_5) kommen kann. Im Gegensatz zu den aushärtbaren Legierungen ist die β-Ausscheidung nicht mit einer technisch nutzbaren Festigkeitssteigerung verbunden. Diese Erscheinungen sind jedoch für die Beständigkeit der höher legierten AlMg-Werkstoffe von Bedeutung. Die β-Phase ist in Bezug auf den Al-Mischkristall anodisch und neigt, wenn keine entsprechenden Vorkehrungen getroffen werden, bei niedrigen Auslagerungs-Temperaturen um 100 °C zur Bildung zusammenhängender Ausscheidungen auf den Korngrenzen, die zu einer Empfindlichkeit gegen interkristalline Korrosion führen können. Abhilfe erfolgt durch erhöhte Zusätze von Mn oder Cr, Begrenzung des Mg-Gehalts in Abhängigkeit von der Verwendungstemperatur und gezielte Ausscheidung von überschüssig gelöstem Mg in unzusammenhängender Form durch eine entsprechende Wärmebehandlung.

Anwendung finden diese Legierungen in Kraftfahrzeugbau bei Karosserieblechen.

AlMgSi-Knetlegierungen

Im Gegensatz zu den im vorhergehenden Abschnitt besprochenen Legierungen sind die AlMgSi-Legierungen aushärtbar. Die Aushärtbarkeit lässt sich auf die Phase Mg_2Si zurückführen. Die technisch interessanten Zusammensetzungen enthalten 0,30% bis 1,5% Mg, 0,20% bis 1,6% Si, neben 0% bis 1% Mn und 0% bis 0,35% Cr. Das entspricht etwa 0,40% bis 1,6% Mg_2Si und einem wechselnden Anteil von freiem Si bzw. Mg.

Durch die Bildung von Mg_2Si wird die Zugfestigkeit der Legierung erheblich erhöht. Eine bedeutende Steigerung der Festigkeit über die mit Legierungen stöchiometrischer Zusammensetzung erreichbaren Werte hinaus wird durch einen

Si-Überschuss hervorgerufen. Auch ein Mg-Überschuss wirkt festigkeitssteigernd, jedoch schwächer, u.a. weil das überschüssige Mg, im Gegensatz zu Si, die Löslichkeit von Mg_2Si verringert.

Ab etwa 1,2% Si senkt ein Mg-Überschuss die Festigkeit. Da Si ferner die Warmumformbarkeit erheblich weniger beeinflusst als Mg, wird in Europa den Werkstoffen mit Si-Überschuss der Vorzug gegeben während man in den USA vorwiegend von einer stöchiometrischen Zusammensetzung ausgeht und Cu- und Cr-Zusätze zur weiteren Festigkeitssteigerung anwendet.

Mn zwischen 0,2% und 1,0% wird bei AlMgSi-Legierungen größerer Festigkeit zugesetzt. Mn bewirkt eine Steigerung der Kerbschlagzähigkeit und beeinflusst ebenfalls das Rekristallisations- und Ausscheidungsverhalten. Zusätze von Cr sind für den selben Zweck bestimmt.

AlMgSi-Legierungen weisen eine gute Korosionsbeständigkeit auf und sind bedingt schweißbar. Sie eignen sich zum Präzisionsschmieden, bei dem nahezu einbaufertige Bauteile hergestellt werden können.

AlCuMg- und AlCuSiMn-Knetlegierungen

Legierungen mit Cu als hauptsächlichem Legierungsanteil sind aushärtbar und enthalten in der Regel 3,5% bis 5,5% Cu neben weiteren Zusätzen von Mg, Si, Mn und den stets vorhandenen Fe-Beimengungen. Sie sind anhand des Dreistoffsystems Al-Cu-Mg nur unvollständig zu beschreiben, da sich alle genannten Elemente in unterschiedlichen Phasen am Gefügeaufbau beteiligen und die Eigenschaften wesentlich mitbestimmen. Das kennzeichnende Merkmal dieser Legierungsgruppe ist eine mögliche Festigkeitssteigerung durch Aushärtung. Abhängig von der Zusammensetzung sprechen die Legierungen bevorzugt auf Kalt- oder Warmaushärtung an.

Die in den technischen Legierungen vorliegenden Fe-Beimengungen verhindern die Kaltaushärtung. Ein kleiner Mg-Zusatz ermöglicht die Kaltaushärtbarkeit wieder. Weiterhin erhöhen Mg-Zusätze bis etwa 1,5% die Festigkeit und Dehngrenze. Bei diesem Mg-Gehalt tritt der Al-Mischkristall in das Gleichgewicht mit der ternären Phase Al_2CuMg, die zusammen mit Al_2Cu das Aushärtungsgeschehen bestimmt. Mn-Zusätze steigern die Festigkeit, wobei mit Rücksicht auf die Bruchdehnung Mn auf etwa 1% beschränkt wird. Si-Zusätze von 0,5% bis 1,2% erhöhen Geschwindigkeit und Betrag der Warmaushärtung durch Bildung von Mg_2Si.

Al-Cu-Mg–Legierungen (3,5%-5,5% Cu, 0%-1,5% Mg): R_m bis 450 MPa, $Rp_{0,2} = 290$ MPa
Eigenschaften: warm- und kaltaushärtbar, mäßige Korrosionsbeständigkeit durch hohen Kupferanteil, Mg beschleunigt Aushärtung

AlZnMg-Knetlegierungen

Zn-Zusätze allein erhöhen die Festigkeit nur unbedeutend, während die Kombination Zn- und Mg-Zusatz zur Aushärtbarkeit und damit zu höherer Festigkeit führt. Wegen der Gefahr einer möglichen Spannungsrisskorrosion bei höher legierten kupferfreien AlZnMg-Legierungen wird die Summe von Zn und Mg auf 6% bis

7% begrenzt, wobei man Legierungen mit mittlerer Festigkeit erhält. Bei geeigneter Wärmebehandlung ist die Legierung hinreichend korrosionsbeständig.

Wichtig sind dabei nicht zu schnelle Abkühlung nach dem Lösungsglühen und geeignete Warmauslagerung, wobei meist eine Stufenauslagerung vorgenommen wird.

Die Einflussnahme von Zn und Mg auf die Festigkeit kaltausgehärteter AlZnMg-Legierungen zeigt Abb. 7.13. Im dargestellten Bereich hängt die Festigkeit im Wesentlichen von der Summe aus Zn + Mg ab. Dagegen wird der Aushärtungseffekt, d.h. die Erhöhung der Festigkeit durch Kaltaushärten, bei hohem Verhältnis Zn : Mg (z.B. 4 : 1) erhöht, wobei sich durch Warmauslagern die Festigkeit weiter steigern lässt.

Al-Zn-Mg–Legierungen: $R_m \approx 350$ MPa, $R_{p0,2} \approx 275$ MPa
Eigenschaften: gute Korrosionsbeständigkeit, schweißgeeignet

Al-Zn-Mg-Cu–Legierungen: $R_m \approx 530$ MPa, $R_{p0,2} \approx 450$ MPa
Eigenschaften: Höchste Festigkeit aller Al-Legierungen, mäßige Korrosionsbeständigkeit durch Cu-Anteil.

AlZnMg-Legierungen sind insbesondere als Werkstoffe für Schweißkonstruktionen geeignet. Die geringe Abschreckempfindlichkeit verbunden mit einem weiten zulässigen Temperaturbereich von 350 °C bis 450 °C für das Lösungsglühen bewirkt, dass die beim Schweißen entfestigte Wärmeeinflusszone nahezu ihre volle Aushärtungsfähigkeit wiedergewinnt. Dabei ist im Gegensatz zu anderen aushärtbaren Werkstoffen eine erneute Lösungsglühung durchzuführen. Mit Rücksicht auf die Schweißbarkeit enthalten AlZnMg-Legierungen in der Regel 0,1% bis 0,2% Zr sowie etwas Ti, während Cu-Zusätze trotz ihres günstigen Einflusses auf die Spannungsrisskorrosion vermieden werden, da sie die Schweißrissneigung erhöhen.

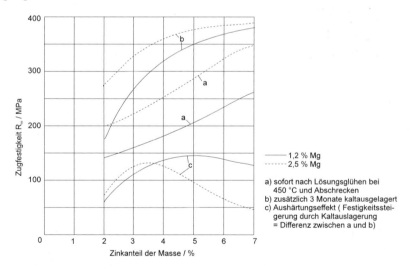

Abb. 7.13. Einfluss von Zn und Mg auf die Festigkeit und den Aushärtungseffekt von AlZnMg- Legierungen

Eine Zusammenstellung der wichtigsten Eigenschaften einiger Aluminium-Knetlegierungen enthält Tabelle 7.4.

Tabelle 7.4. Eigenschaften von Aluminium-Knetlegierungen

Werkstoffbe-zeichnung (Nummer)	Werkstoffbe-zeichnung (Kurzzeichen)	Elastizitäts-modul / MPa	Streck-grenze / MPa	Zugfestigkeit / MPa	Bruch-dehnung / %
EN AW-2014	AlCu4SiMg	70000	230-270	350-410	8-13
EN AW-3003	AlMn1Cu	70000	35	95	25
EN AW-5019	AlMg5	70000	110	250	14
EN AW-7003	AlZn6Mg0,8Zr	70000	260	310	10
EN AW-7020	AlZn4,5Mg1	70000	275-290	340-350	10

7.2.2.4 Aluminium-Gusswerkstoffe

Bei Aluminium-Gusslegierungen haben günstige Gießeigenschaften eine enorme Bedeutung, weshalb Gusslegierungen in ihrer chemischen Zusammensetzung z.T. erheblich von Knetlegierungen abweichen.

AlSi-Gusslegierungen

Gute Gießeigenschaften sind im Bereich von 5% bis über 20% Si zu finden. Hauptverantwortlich für die günstigen Gießeigenschaften ist das bei 12,5% Si liegende Al-Si-Eutektikum. Das als Beimengung vorhandene Fe bildet in Gegenwart von Si nadelige Ausscheidungen von β-AlFeSi, die Zugfestigkeit und Bruchdehnung erniedrigen. Durch einen Zusatz von Mn entsteht eine Vierstoffphase, die aufgrund ihrer globulitischen Form weniger störend ist. Am Besten ist hingegen die Begrenzung des Fe-Gehalts. Cu kommt in AlSi-Legierungen als Beimengung vor und beeinträchtigt bei Gehalten über 0,05% die chemische Beständigkeit. Zusätze von ca. 1% dienen der Erhöhung der Mischkristallhärte und verringern die Neigung zum Schmieren beim Zerspanen.

Das Legierungssystem Al-Si ist die Basis weiterer wichtiger Legierungsgruppen: G-AlSiMg, G-AlSiCu und Aluminium-Kolbenlegierungen. Vor allem bei den Kolbenlegierungen kommen übereutektische Si-Zusätze bis 25% in Betracht, bei denen Si primär erstarrt. Diese primär erstarrten Si-Kristalle vergrößern die Verschleißfestigkeit und vermindern die Wärmeausdehnung der Kolben. Zur Kornverfeinerung bei primärem Si leisten kleinste Zusätze von P einen guten Dienst.

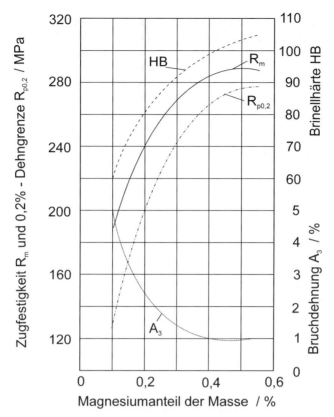

Abb. 7.14. Einfluss von Mg auf die Festigkeit einer G-AlSi-Legierung mit 9,5% Si, 0,45% Fe, 0,3% Mn, Sandguss, warmausgehärtet

AlSiMg-Gusslegierungen

Geringe Zusätze an Mg führen zu den kalt- und warmaushärtbaren G-AlSiMg-Legierungen. In der Regel werden Legierungen bis 10% Si eingesetzt.

Der günstigste Mg-Zusatz liegt im Bereich 0,2% und 0,5% und nimmt mit wachsendem Si-Gehalt etwas ab. Abb. 7.14 zeigt hierbei den Einfluss von Mg auf die Festigkeitseigenschaften von warmausgehärtetem G-AlSi10Mg. Cu kommt als Beimengung sowie bei 5% Si auch als Zusatz vor. Eine Begrenzung des Fe-Gehalts wirkt sich bei G-AlSiMg auf die Bruchdehnung ebenfalls günstig aus.

AlSiCu-Gusslegierungen

Die Legierungsgruppe des vorliegenden Abschnittes erstreckt sich über einen großen Zusammensetzungsbereich, der von etwa 4% bis 10% Si und 2% bis 4% Cu reicht. Weitere Legierungsbestandteile sind Mg bis 0,4% und Mn bis 0,6%. Zn, ursprünglich lediglich als Beimengung vorhanden, wird zunehmend als Legierungszusatz betrachtet; sein Anteil kann bis 3% betragen. Im Bereich von 4% bis 7% Si ist die Festigkeit nur wenig vom Si-Gehalt abhängig. Hier ist vorwiegend Cu von 1% bis 3% festigkeitssteigernd. Geringe Mengen an Mg bewirken in Gegenwart von Cu eine starke Festigkeitserhöhung, insbesondere im Bereich von 2% bis 4% Cu, wobei die Bruchdehnung abnimmt. Oberhalb 0,3% Mg fällt die Festigkeit wieder ab. Die Mg-haltigen AlSiCu-Legierungen sind kalt- und warmaushärtbar.

Aufgrund dieser Eigenschaften zeigen AlSiCu-Legierungen, Abb. 7.15, bereits bei 0,1% Mg im Gusszustand einen erheblichen Festigkeitsanstieg augrund von Kaltaushärtung.

Anwendungen für diesen Legierungstyp sind z.B. druckgegossene Kurbelgehäuse aus GD-AlSi9Cu3 mit Zylinderlaufflächen aus der Aluminiumlegierung AlSi24Cu4Mg mit optimierten tribologischen Eigenschaften.

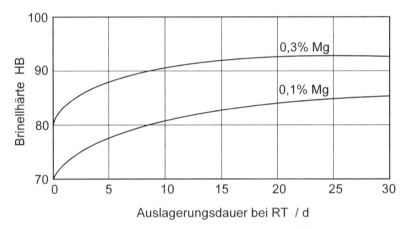

Abb. 7.15. Einfluss einer Kaltauslagerung auf die Härte von G-AlSi6Cu4

AlZnMg-Gusslegierungen

Das wichtigste Merkmal der G-AlZnMg-Legierungen ist ihre Fähigkeit zur Kalt- und Warmaushärtung im Gusszustand ohne vorausgehende Lösungsglühung. Typische Vertreter dieser Gattung enthalten ca. 4% bis 7% Zn sowie 0,3% bis 0,7% Mg. Mg hat einen entscheidenden Einfluss auf die Festigkeitseigenschaften im ausgehärteten Zustand, was in Abb. 7.16 verdeutlicht wird. Bei einer Begrenzung des Mg-Gehalts weisen G-AlZnMg-Legierungen besonders günstige Werte der Bruchdehnung auf. Zusätze von Cr von ungefähr 0,3% dienen der Verbesserung der Beständigkeit gegen Spannungsrisskorrosion. Durch Cu-Zusätze bis 0,5% wird der Ablauf der Kaltaushärtung begrenzt, so dass nach ungefähr einem Monat ein stabiler Endzustand erreicht ist. Die Kaltaushärtung durch Mg- und Zn-Zusatz ist auch bei anderen Legierungsgruppen vorhanden, die diese Werkstoff-Kombination enthalten. Der Effekt wird ferner bei G-AlSi-Sonderlegierungen mit naheutektischem Siliziumanteil benutzt, um besonders große Härte- und Abriebfestigkeit zu erzielen, weiterhin bei Lagerlegierungen.

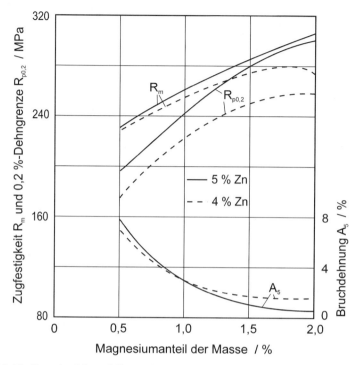

Abb. 7.16. Einfluss des Mg auf die Festigkeit von G-AlZnMg-Legierungen

Tabelle 7.5 zeigt eine Zusammenstellung der wichtigsten Eigenschaften einiger Aluminium-Gusslegierungen.

Tabelle 7.5. Eigenschaften von Aluminium-Knetlegierungen

Werkstoffbezeich-nung (Nummer)	Werkstoffbe-zeichnung (Kurzzeichen)	Elastizitäts-modul / MPa	Streck-grenze / MPa	Zug-festigkeit / MPa	Bruch-dehnung / %
EN AC-21000	AlCu4MgTi	70000	>200	>300	5
EN AC-46200	AlSi8Cu3	70000	> 90	>150	1
EN AC-51300	AlMg5	70000	> 90	>160	3

7.3 Titan und Titanlegierungen

Titan ist das vierthäufigste Metall in der Erdrinde. Es liegt in der Natur als Rutil, Anatas und Ilmenit (eisenhaltiges Erz $FeTiO_3$, welches hauptsächlich in den USA, Kanada, Australien, Skandinavien und Malaysia gefunden wird) vor.

7.3.1 Herstellung

Erst in den frühen 50er Jahren wurde ein Verfahren zur Gewinnung von Titan aus Erz entwickelt, das es erlaubte qualitativ gutes Titan wirtschaftlich herzustellen. Titan wird je nach technischer Anwendung als Reintitan oder in Form von Legierungen verwendet:

- Reintitan, zusammengesetzt aus > 99,2% Titan, zuzüglich der Begleitelemente wie Sauerstoff, Kohlenstoff, Eisen.
- Titanlegierungen, d.h. Titan mit 2% - 20% oder mehr an Legierungselementen wie Aluminium, Vanadium, Zinn, Chrom, Zirkonium.

Bei der Herstellung von Titan wird das verwendete Erz mechanisch zu einem feinen Pulver zermahlen. Das Pulver wird anschließend mit Wasser aufgeschwemmt. Anhand des spezifischen Gewichts können die relativ leichten Titanoxide von einem Großteil der schwereren Gangart getrennt werden.

Nach einer Flotation weist das Erz einen Titanoxidanteil von über 40% auf.

Im nächsten Verfahrensschritt wird das gereinigte Erz mit Koks vermischt. Bei 800 °C bis 1000 °C wird dieses Gemisch in einem Wirbelschichtofen in Chloratmosphäre in Titantetrachlorid umgewandelt. Das Titanoxid reagiert mit dem Kohlenstoff im Koks und dem gasförmigen Chlor zu dem ebenfalls gasförmigen Titantetrachlorid und zu Kohlendioxid.

$$TiO_2 + C + 2\,Cl_2 \Rightarrow TiCl_4 + CO_2 + 80{,}4\ kJ$$

Das heiße gasförmige Titantetrachlorid wird anschließend in einem Kondensator verfestigt. Zur Reduktion des Titanchlorid's zu metallischem Titan wird Magnesium bzw. Natrium verwendet. Um Reaktionen mit der Luft auszuschließen, wird unter Helium- oder Argonatmosphäre reduziert. Bei ca. 1000 °C (Magnesium) bzw. bei ca. 850 °C (Natrium) wandelt sich das Titantetrachlorid in exothermer Reaktion zu Titanschwamm um.

$$TiCl_4 + 2\,Mg \Rightarrow Ti + 2\,MgCl_2 + 479{,}84\,kJ$$

$$TiCl_4 + 4\,Na \Rightarrow Ti + 4\,NaCl + 810{,}3\ kJ$$

Zur Erzeugung eines kompakten, für die Weiterverarbeitung geeigneten Werkstoffzustandes wird der Titanschwamm umgeschmolzen. Dieses Umschmelzen erfolgt in der Regel im Vakuumlichtbogenofen oder vergleichbaren Anlagen. Beim Umschmelzen können auch gezielt Legierungselemente hinzugegeben werden. Mit diesem Verfahren lassen sich Titan bzw. Titanlegierungen von höchster Qualität erzeugen.

Titan kann auch durch Recycling von Titanschrott hergestellt werden. Schrotte aus Titan und seinen Legierungen lassen sich wieder in hochwertige Blöcke und Brammen umschmelzen.

7.3.2 Reines Titan

Reines Titan zeichnet sich vor allem durch seine hervorragende Korrosionsbeständigkeit bei Temperaturen unter 535 °C aus. Zu den Einsatzgebieten zählen deswegen vor allem Einsatzgebiete, die diese Korrosionsbeständigkeit nutzen, wie zum Beispiel Anwendungen in der chemischen Industrie, z.B.: Reaktoren, Rohre und Behälter, in der Verfahrenstechnik, z.B. Wärmetauscher und Meerwasserentsalzungsanlagen sowie in der Medizintechnik, z.B. Implantate. Einer breiteren Anwendung stehen vor allem die hohen Materialkosten von Titan und seinen Legierungen im Wege.

Physikalische und mechanische Eigenschaften

Reines Titan ist silberweiß, duktil und gut schmiedbar. Die Gitterstruktur von Titan verändert sich mit der Temperatur. Diese allotrope Gitterumwandlung findet bei 882 °C statt. Im Temperaturbereich unter 882 °C liegt es in der Modifikation einer hexagonal dichtesten Kugelpackung vor (hdp, α-Titan) und bei Temperaturen oberhalb des Umwandlungspunktes ist es kubisch raumzentriert (krz, β-Titan).

Einige wichtige Kennwerte sind in Tabelle 7.6 zusammengefasst.

Da Reinsttitan in der Herstellung sehr teuer ist und eine relativ niedere Festigkeit besitzt, wird in der technischen Anwendung in der Regel auf sogenannte technische Titansorten zurückgegriffen. Diese technischen Titansorten besitzen noch Beimengungen (meist herstellungsbedingt) von Eisen und Sauerstoff. Schon geringe Mengen an Sauerstoff (unter 0,4%) steigern die Festigkeit bis auf das doppelte, verschlechtern dabei aber auch die Verformbarkeit und das Korrosionsverhalten.

Tabelle 7.6. Physikalische und mechanische Eigenschaften bei 25 °C von hochreinem polykristallinem α-Titan (Reinheit > 99,9%)

Physikal. Größe	Wert	Einheit
Dichte	4,51	kg/dm³
E-Modul	115000	MPa
$R_{p0,2}$	140	MPa
R_m	235	MPa
Querkontraktionszahl μ	0,33	
Wärmeleitfähigkeit	0,15	W/(cmK)
Wärmeausdehnungskoeffizient	$8{,}36 \cdot 10^{-6}$	K^{-1}

Die Einteilung der technischen Titanlegierungen erfolgt nach der Festigkeit in vier Stufen, den sogenannten Grades, vergleiche Tabelle 7.7.

Tabelle 7.7. Mechanische Eigenschaften von Rein- und Reinsttitan bei 25 °C

Kurzbezeichnung	$R_{p0,2}$ min MPa	R_m min MPa	A min %	Dichte kg/dm^3
Reinst-Titan (99,98 Ti)	140	235	50	4,51
Grade 1 (Rein-Ti: 0,2 Fe - 0,18 O)	170	240	24	4,51
Grade 2 (Rein-Ti: 0,3 Fe - 0,25 O)	275	345	20	4,51
Grade 3 (Rein-Ti: 0,3 Fe - 0,35 O)	380	450	18	4,51
Grade 4 (Rein-Ti: 0,5 Fe - 0,40 O)	485	550	15	4,51

Chemische Eigenschaften

Obwohl reines Titan in der elektrochemischen Spannungsreihe bei den unedlen Metallen liegt, ist es beispielsweise gegenüber der Atmosphäre, dem Meerwasser und gegenüber von oxidierenden Säuren sehr resistent. Dies liegt daran, dass Titan schon bei Raumtemperatur eine dünne, aber sehr dichte Deckschicht (TiO_2) ausbildet, die das Metall vor korrosiven Einflüssen schützt. Bei 535 °C zersetzt sich diese Deckschicht jedoch und die Metalloberfläche ist der Korrosion ausgesetzt.

7.3.3 Titanlegierungen

Es gibt heute über 100 Titanlegierungen, von denen aber nur etwa 30 bis 40 einen kommerziellen Status erlangt haben. Auf die klassische Legierung Ti-6Al-4V entfällt dabei allein ein Anteil von über 50%.

7.3.3.1 Klassifizierung von Titanlegierungen

Nach dem Einfluss der Elemente auf die allotrope Übergangstemperatur (882 °C) werden die Legierungselemente des Titans in neutrale, α-stabilisierende und β-stabilisierende Elemente unterteilt, Abb. 7.17.

Durch die α-stabilisierenden Elemente lässt sich das α-Gebiet hin zu größeren Temperaturen erweitern. Zu den α-stabilisierenden Elementen gehört Al sowie die Begleiter O, C, N.

Die β-stabilisierenden Elemente senken die Umwandlungstemperatur bis teilweise unterhalb Raumtemperatur. Man unterscheidet je nach Typ des Zustandsdiagramms in β-isomorphe und β-eutektoide Elemente. Die β-isomorphen Elemente besitzen eine hohe Löslichkeit im Titan und bilden deswegen in der Regel Mischkristalle mit Titan. Beispiele für β-isomorphe Elemente sind Mb, Nb, Ta und V. Die β-eutektoiden Elemente sind in Ti kaum löslich und bilden intermetallische Phasen mit Ti. Al, Cr, Fe, Co, Cu, Mn, Ni, Si und W bilden zusammen mit Ti intermetallische Phasen.

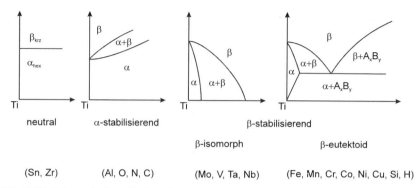

Abb. 7.17. Schematischer Einfluss der Legierungselemente auf die Zustandsdiagramme von Ti-Legierung

7.3.3.2 α-Titanlegierungen

Aufgrund ihrer hohen Korrosionsbeständigkeit und ihrer Verformbarkeit werden α-Titanlegierungen, zu denen auch die besprochenen Rein-Titansorten gerechnet werden, oft in der Verfahrenstechnik eingesetzt. Wegen der höheren Festigkeit wird in der Praxis häufig die α-Legierung Ti-5Al-2,5Sn eingesetzt. Dank ihrer sehr guten Tieftemperatureigenschaften wird diese Legierung unter anderem bei kryogenen Temperaturen, wie z.B. bei Wasserstoffhochdruckleitungen und -tanks, eingesetzt.

Zu den α-Legierungen werden auch die sogenannten near-α-Legierungen gezählt, die bereits einen geringen Anteil von β-stabilisierenden Elementen enthalten. Durch das Zulegieren der β-Elemente wird die Warmfestigkeit wesentlich verbessert. Die heute bis 600 °C einsetzbaren Legierungen finden beispielsweise in Flugzeugtriebwerken Anwendung.

Eigenschaften

α-Titanlegierungen haben eine nur geringe bis mittlere Festigkeit. Die Verformbarkeit und die Bruchzähigkeit sind befriedigend. Die mechanischen Kennwerte bleiben auch bei tiefen Temperaturen erhalten. Die Schweißbarkeit von α-Titanlegierungen ist meist gut. Die höher legierten near-α-Titanlegierungen haben häufig eine geringe Kriechneigung und sind auch bei höheren Temperaturen oxidationsbeständig.

7.3.3.3 β-Titanlegierungen

β-Legierungen weisen höhere Festigkeiten und eine bessere Kaltverformbarkeit als die α-Legierungen auf. Von Nachteil ist die, bedingt durch die Legierungselemente, höhere Dichte. Die hohe Festigkeit wird durch Mischkristallverfestigung und eine durch Wärmebehandlungen steuerbare Ausscheidungsverfestigung erreicht. β-Legierungen sind sehr vielseitig einsetzbar:

- Flugzeugfahrwerksteile (hohe Festigkeit und sehr hohe Schwingfestigkeit)
- Federn (Hohe Festigkeit und kleiner E-Modul)
- Implantate in der Medizintechnik (gute Biokompatibilität, sehr gute Schwingfestigkeit und kleiner E-Modul)

Eigenschaften

Die Festigkeit von β-Titanlegierungen lässt sich durch eine gezielte Wärmebehandlung in einem weiten Bereich variieren. Mit zunehmender Festigkeit geht die Kaltverformbarkeit jedoch zurück. Herausragend ist die Schwingfestigkeit. Die β-Legierung Ti-10V-2Fe-3Al hat beispielsweise eine Dauerfestigkeit von 700 MPa. Die Eigenschaften einiger wichtiger Legierungen können Tabelle 7.8 entnommen werden.

7.3.3.4 α + β-Titanlegierungen

α + β-Legierungen werden in der Praxis sehr häufig eingesetzt, da mit ihnen die Eigenschaften der α-Legierungen und der β-Legierungen gezielt kombiniert werden können. Zu den α + β-Legierungen zählt die mit Abstand gebräuchlichste Legierung Ti-6Al-4V. Aufgrund ihres Aluminiumanteils weist diese Legierung ein besonders gutes Verhältnis von Festigkeit zu Dichte auf. Sie wird beispielsweise in Flugtriebwerken bis 315 °C eingesetzt. Ebenso lassen sich aus ihr Flugzeugstrukturelemente durch superplastisches Umformen herstellen. Die Legierung Ti-3Al-2,5V wird aufgrund des geringen spez. Gewichts und der guten Schweißeigenschaften häufig bei Hochleistungssportgeräten eingesetzt.

Eigenschaften

Bei α + β-Titanlegierungen lässt sich die Festigkeit durch eine Wärmebehandlung wesentlich verbessern. Die Kaltverformbarkeit geht zurück, die Warmverformbarkeit ist jedoch gut. Das Verhalten bei hohen Temperaturen ist schlechter als bei den reinen α-Titanlegierungen (siehe Tabelle 7.8).

Tabelle 7.8. Eigenschaften wichtiger Titanlegierungen

Typ	Legierung	E-Modul MPa	$R_{p0,2}$ MPa	R_m MPa	A_5 %	Anwendungen
α	Ti-5Al-2,5Sn	109000	827	861	15	Flüssigwasserstofftanks
near-α	Ti-6Al-2Sn-4Zr-2Mo-0,1Sn	114000	990	1100	13	Flugtriebwerksanwendungen
near-α	Ti-5,8Al-4Sn-3,5Zr-0,5Mo-0,7Nb-0,35Si-0,06C	120000	910	1030	6-12	Triebwerksschaufeln (Hochtemperatur)
β	Ti-10V-2Fe-3Al	111000	1000-1200	1000-1400	6-16	Flugzeugfahrwerk
β	Ti-3Al-8V-6Cr-4Mo-4,5Sn	86000-115000	800-1200	900-1300	6-16	Federn
$\alpha+\beta$	Ti-6Al-4V	110000-140000	800-1100	900-1200	13-16	Triebwerksschaufeln
$\alpha+\beta$	Ti-3Al-2,5V		min. 485	min. 620		Sportgeräte

7.3.3.5 Titanaluminide

Intermetallische Legierungen auf Basis von γ-TiAl sind Neuentwicklungen für Leichtbaustrukturen mit Einsatztemperaturen bis etwa 750 °C. Die Mikrostruktur kann gezielt zwischen einem lamellaren und globularen Gefügeaufbau eingestellt werden. In Bezug auf die Hochtemperaturanwendungen können die besten Eigenschaften mit feinlamellaren Mikrostrukturen, d.h. dünnen Plättchen der beiden intermetallischen Verbindungen γ-TiAl und α_2-Ti$_3$Al erhalten werden. Ein weiteres Potenzial der Verbesserungen der Eigenschaften in Verbindung mit geeigneten thermodynamischen Eigenschaften bieten orthorhombische Titanaluminidlegierungen (z.B. Ti-22Al-25Nb).

7.4 Nickel und Nickellegierungen

7.4.1 Nickel

7.4.1.1 Vorkommen

Nickel ist in der äußeren Silikatkruste der Erde zu 0,02% enthalten. Es kommt als Mineral im Wesentlichen in folgenden Formen vor:

- *Sulfid:* z.B. Pentlandit $(Ni,Fe)_9S_8$ in Verbindung mit Kupfereisenkies $(CuFeS_2)$ und Magnetkies $(Fe_{1-x}S)$. Hauptfundort: Sudbury (Kanada)
- *Oxid* bzw. *Silikat:* z.B. Garnierit bzw. Silikat. Vorkommen in der tropischen Zone

7.4.1.2 Herstellung

Die Gewinnung von Nickel erfolgt überwiegend aus sulfidischen Erzen durch Röst- und Reduktionsprozesse. Seine Trennung von den in den Erzen ebenfalls enthaltenen Metallen Eisen, Kobalt und Kupfer und weiterer metallischen und nichtmetallischen Beimengungen erfordert einen sehr komplizierten Verfahrensablauf. Der hohe Preis des Nickels liegt nicht zuletzt in seiner sehr komplizierten Metallurgie begründet. Oxidische Nickelerze werden zumeist nur zu Ferronickel verarbeitet.

7.4.1.3 Eigenschaften

Nickel hat ein kfz-Gitter. Der Gitterparameter beträgt 0,35241 nm bei 25 °C. Polymorphe Umwandlungen finden beim Erhitzen bzw. Abkühlen aus der Schmelze nicht statt. Für handelsübliche Nickelsorten ergeben sich Werte für die Dichte zwischen 8,78 und 8,88 kg/dm³. Der Schmelzpunkt von reinem Nickel liegt bei 1453 °C. Begleitelemente erniedrigen den Schmelzpunkt, so dass man für handelsübliche Nickelsorten 1440 ± 5 °C annehmen kann. Nickel ist ferromagnetisch und weist eine hohe Magnetostriktion auf. Der Curiepunkt liegt bei 360 °C. Die elastischen Eigenschaften von Nickel und einer Anzahl seiner Legierungen werden durch ferromagnetische Effekte, Gestaltsmagnetostriktion und Volumenmagnetostriktion wesentlich beeinflusst. Der Elastizitätsmodul des polykristallinen Nickels liegt bei RT im Bereich von 197000 MPa bis 225000 MPa. Der obere Wert stellt sich bei Kaltverformung oder bei magnetischer Sättigung ein.

Die Festigkeit von Reinstnickel (99,99%) beträgt bei RT $R_{p0,2} = 63$ MPa, $R_m = 323$ MPa bei einer Bruchdehnung von 28%. Die Querkontraktionszahl beträgt $\mu = 0,31$, der Wärmeausdehnungskoeffizient (Reinstnickel)

$\alpha = 13,3 \cdot 10^{-6} \, 1/\text{K}$. In Tabelle 7.9 sind einige gebräuchliche Ni-Legierungen mit ihren Eigenschaften aufgeführt.

Tabelle 7.9. Mechanisch-technologischen Festigkeitskennwerte

Werkstoff	Legierungs zusatz/ Gew.-%	Zustand	0,2- (0,1-) Dehngrenze / MPa	Zugfestig- keit / MPa	Bruchdeh- nung / %
Reinstnickel	Ni 99,99	geglüht	63	323	28
Nickel	Ni 99,4	geglüht	142	488	40
(Knetwerk-		warmgewalzt	173	527	40
stoff)		kaltgezogen	488	669	25
		kaltgewalzt und gehärtet	669	740	5
Nickel (Gusswerk- stoff)	Si 1,5	in Sand ge- gossen	173	354	25
NiCu 30 Fe	Cu 30	geglüht	244	527	40
	Fe 1,4	warmgewalzt	354	630	35
	Mn 1,0	kaltgezogen	559	701	25
		kaltgewalzt und gehärtet	700	771	5
NiCr 15 Fe	Cr 15,0	geglüht	244	598	45
	Fe 6,5	warmgewalzt	417	701	35
		kaltgezogen	630	803	20
		kaltgewalzt und gehärtet	771	953	5
		federhart	1050-1230	1160-1290	5-2
NiMo 30	Mo 28 Fe 5	gegossen	394	551	8
NiMo 16 Cr	Mo 16	gegossen	323	535	12
	Cr 15	gewalzt	417	858	35
	Fe 6				
	W 4				
NiCr 80 20	Cr 20	kaltgezogen und geglüht	(417)	440	35

7.4.2 Nickellegierungen

Hauptlegierungselemente sind Co, Cr, Cu, Fe und Mo. In kleineren Mengen werden Al, B, Be, Mn, Nb, Si, W, V und C verwendet. Die insgesamt rd. 3000

Nickellegierungen zeichnen sich durch vielseitige Eigenschaften aus. Legierungen von Ni mit anderen Metallen ergeben Verbesserungen für:

- die Festigkeit
- die Zähigkeit
- die Verschleißfestigkeit
- die Warmfestigkeit
- die Korrosionsbeständigkeit
- die Tieftemperatureigenschaften
- die magnetischen, elastischen und katalytischen Eigenschaften

Daher wird etwa 75% bis 80% der Nickelproduktion zur Herstellung von Legierungen verwendet, davon wiederum der Hauptanteil (rd. 40%) als Legierungselement für die Produktion nichtrostender Stähle.

Nickel-Eisen-Legierungen

Neben der Erweiterung des γ-Gebietes ist die Wärmeausdehnung sehr stark von der Fe-Ni-Konzentration anhängig.

Der Wärmeausdehnungskoeffizient ist bei einem Zusatz von 36% Ni am geringsten ($2 \cdot 10^{-6}$ 1/K), während er bei einem Zusatz von 20% gegen einen Höchstwert strebt, Abb. 7.18. Diese Eigenschaftsveränderung benutzt man z.B. zur Herstellung von Thermobimetallen, z.B. Ni36 (1.3912) und NiMn20-6 (1.3932).

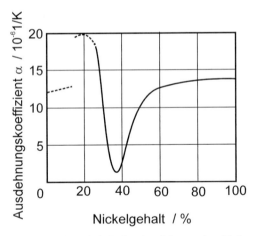

Abb. 7.18. Abhängigkeit des Ausdehnungskoeffizient vom Ni-Gehalt bei Fe-Ni-Legierungen

Nickel-Titan-Legierungen

Der Formgedächtniseffekt wurde Anfang der 50er Jahre entdeckt und zunächst für Cd-Au-Legierungen und β-Messing phänomenologisch beschrieben.

NiTi-Formgedächtnislegierungen (FGL) weisen Anteile von 49 bis 52 Atom-% Nickel auf.

Beim Gefügeaufbau von NiTi-FGL wird zwischen einer Hochtemperaturphase (NiTi-Austenit) und einer Tieftemperaturphase (NiTi-Martensit) unterschieden. Es ist zu beachten, dass die Gefüge eine andere Gitterstruktur haben, als die gleichnamigen Gefüge beim Stahl. Die Umwandlung vom NiTi-Austenit (kubisch primitives Gitter) in den NiTi-Martensit (monoklines Gitter) kann je nach Legierungszusammensetzung über verschiedene Zwischenmodifikationen erfolgen. Durch die Ausscheidung von intermetallischen Ni-reichen Phasen wie Ni_3Ti oder Ni_4Ti_3 wird der Ni-Anteil an der NiTi-Matrix verringert, wodurch sich auch deren Umwandlungstemperaturen entsprechend verschieben. In Abb. 7.19 ist dies beispielhaft für die Martensitstarttemperatur M_s dargestellt. Ni-reiche NiTi-FGL liegen demzufolge bei RT eher austenitisch, Ti-reiche eher martensitisch vor.

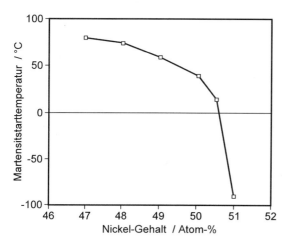

Abb. 7.19. Abhängigkeit der Martensitstarttemperatur vom Ni-Gehalt

Spannungen begünstigen die Martensitumwandlung, so dass beim Abkühlen zunächst die die Ausscheidungen umgebenden Bereiche mit Spannungsfeldern umwandeln. Die Martensitbildung der nicht verspannten Bereiche beginnt bei entsprechend tieferen Temperaturen.

Die Formgedächtniseigenschaften von NiTi-FGL können in drei verschiedene Erscheinungsformen unterteilt werden, Abb. 7.20:

- Einweg-Effekt
- Zweiweg-Effekt
- Pseudoelastizität

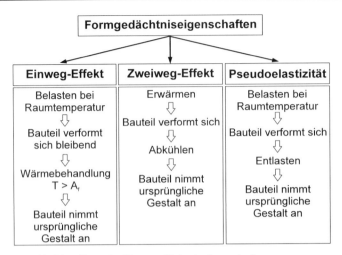

Abb. 7.20. Einteilung der Formgedächtniseigenschaften

Allen drei Effekten liegen Gefügeumwandlungen zugrunde, die spannungs- oder temperaturinduziert auftreten. Ausgangszustand für den Einweg-Effekt ist das martensitische Gefüge, das unterhalb M_f ohne Vorzugsrichtung, also mit statistischer Verteilung sämtlicher möglicher Orientierungsvarianten des Martensits vorliegt. Bei Anlegen einer äußeren mechanischen Spannung wachsen durch Verschieben der in diesem Gefüge vorliegenden Zwillingsgrenzen die günstig orientierten Martensitvarianten auf Kosten der anderen (Variantenkoaleszenz). Bei der Ausbildung einer derartigen Verformungstextur werden Dehnungen von mehreren Prozent ermöglicht, die bei Entlastung bis auf einen kleinen elastischen Anteil bestehen bleiben, Abb. 7.21. und Abb. 7.22.

Die Plateauspannung, bei der die Texturbildung erfolgt, ist abhängig von der Temperatur sowie der Zusammensetzung der NiTi-Legierung. Durch eine Wärmebehandlung oberhalb A_f wird die verformte martensitische Struktur in homogenen Austenit umgewandelt, aus dem beim Abkühlen das martensitische Gefüge im Ausgangszustand, also der temperaturinduzierte Martensit ohne Vorzugsrichtungen, entsteht. Die zunächst bleibenden Dehnungen werden dadurch wieder rückgängig gemacht, weshalb man auch von pseudoplastischem Verhalten spricht, Abb. 7.22. Dieses Werkstoffverhalten wird z. B. bei chirurgischen Klammern oder Brillengestellen genutzt.

Der Zweiweg-Effekt beschreibt eine rein temperaturinduzierte Gestaltänderung zwischen zwei Grenzformen. Gezielt eingebrachte Spannungsfelder im Bereich von Versetzungen oder Ausscheidungen liefern dabei die notwendigen rückstellenden Kräfte. Eine entsprechende Versetzungsstruktur kann beispielsweise erzeugt werden, indem der Werkstoff im martensitischen Zustand über den Plateaubereich hinaus verformt wird. In der Anwendung (thermische Aktuatoren, etc.) stehen die NiTi-Legierungen in Konkurrenz zu anderen Schichtverbunden wie z.B. Bimetallen.

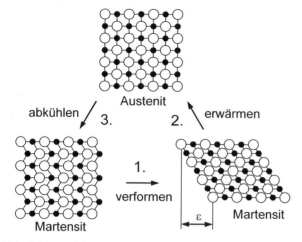

Abb. 7.21. Funktionsprinzip des Einweg-Effekts (schematisch)

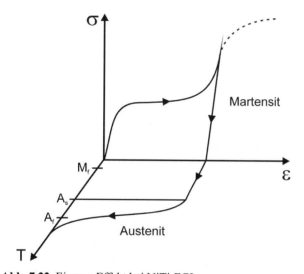

Abb. 7.22. Einweg-Effekt bei NiTi-FGL

Neben der Nutzung des Einweg-Effektes stehen in einer Vielzahl von Anwendungen im technischen Bereich in jüngster Zeit die pseudoelastischen Werkstoffeigenschaften von NiTi im Vordergrund (flexible dehnbare Führungs- und Handhabungssysteme wie z.B. Endoskopzangen und -drähte, Spannsysteme, Verbindungselemente, elastische Baugruppen hoher Festigkeit, Stents, Zahnspangen oder Brillengestelle). In der Medizintechnik als Hauptanwendungsgebiet kann zudem die hervorragende Biokompatibilität der NiTi-FGL genutzt werden. Die Pseudoelastizität beruht darauf, dass das austenitische NiTi-Gefüge erst oberhalb der Grenztemperatur M_d (Martensit-Destructure-Temperatur $M_d > A_f$) stabil vorliegt. Zwischen A_f und M_d liegt der Austenit in einem metastabilen Zustand vor und kann durch mechanische Beanspruchung in Martensit umgewandelt werden. Dabei entsteht im Gegensatz zur temperaturinduzierten Martensitbildung eine Martensitstruktur, die vorzugsweise in Richtung der anliegenden Spannung orientiert ist. Die mit der Umwandlung verbundene Dehnung in dieser Vorzugsrichtung geht bei Entlastung infolge der Rückumwandlung in austenitisches Gefüge idealerweise auf Null zurück. Das Spannungsplateau, auf dem die Gefügeumwandlung erfolgt, ist legierungsabhängig und steigt mit der Temperatur an. Die Rückumwandlung in Austenit findet auf einem geringeren Spannungsniveau statt, so dass beim Durchlaufen dieses Zyklus im Spannungs-Dehnungs-Diagramm eine Hystereseschleife entsteht, Abb. 7.23.

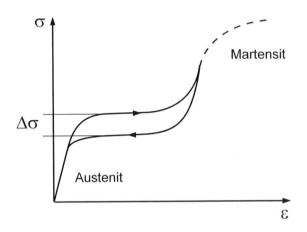

Abb. 7.23. Pseudoelastisches Verhalten von NiTi-FGL

Nickel-Beryllium-Legierungen

Ni und Be bilden bei 5,7% Be und 1157 °C eine eutektische Legierung, wobei 2,9% Be im Ni-Gitter gelöst werden. Ni-Be-Legierungen sind aushärtbar.

Technische Ni-Be-Legierungen enthalten außer max. 2% Be noch Zusätze von Fe, Cr, Mo, Mn und Si und sind hochkorrosionsbeständig und aushärtbar bis Festigkeiten von 1800 MPa. Verwendung finden sie für korrosionsbeständige Ventilfedern, chemische Apparate und medizinische Instrumente.

Nickel-Mangan-Legierungen

Das Zustandsschaubild von Ni-Mn hat einen sehr komplexen Aufbau, der durch die Allotropie von Mn erschwert ist. Die Löslichkeit von Mn in Ni beträgt bei RT rd. 25%.

Ni-Mn-Legierungen weisen durch den Mn-Zusatz eine höhere Beständigkeit gegen Schwefel auf und sind unter reduzierenden Bedingungen beständig. Sie werden hauptsächlich für Innenteile von Glühlampen und Elektronenröhren, sowie für Zündkerzen-Elektroden verwendet.

Nickel-Kupfer-Legierungen

Nickel-Kupfer mit mehr als 50% Ni wird als Monelmetall bezeichnet. Dieser Werkstoff weist eine hohe Festigkeit mit ausgezeichneter Korrosionsbeständigkeit auf und ist, je nach Legierungszusatz (Al, Ti), aushärtbar. Verwendung findet es in der chemischen Industrie, da es bei Raum- und tiefen Temperaturen beständig gegenüber allen gebräuchlichen trockenen Gasen ist. Bei höheren Temperaturen ab 425 °C muss jedoch mit Korrosion gerechnet werden. Weitere Verwendung z.B. im Schiffs- und Flugzeugbau, Wasch- und Haushaltsmaschinen.

NiCrMoCo-Legierungen

Nickellegierungen mit den Legierungselementen Cr, Mo, Co und Fe gehören zu den so genannten „Superlegierungen" und werden im Hochtemperaturbereich bis ca. 1200°C verwendet. Bei mäßigen Temperaturen bis 600 °C werden sie eingesetzt, wenn besonders aggressive Medien vorliegen und gleichzeitig eine hohe Festigkeit gefordert ist. Sie finden daher eine breite Anwendung als Konstruktionswerkstoffe, wie z. B. in der chemischen Industrie, Luft- und Raumfahrt bzw. Energietechnik.

Wegen der hohen Gehalte an Chrom und Nickel weisen diese Legierungen eine gute Beständigkeit gegen Spannungsrisskorrosion auf. Sie werden auch in Bereichen eingesetzt, in denen wegen der Aggressivität der Medien, z. B. chloridhaltige Schwefelsäuren hochlegierte Stähle nicht mehr einsetzbar sind. Bei der Verwendung im Hochtemperaturbereich muss dennoch auf die Auswirkungen der Hochtemperaturkorrosion bzw. der thermisch bedingten Gefügeänderungen geachtet werden. Sie beeinträchtigen die Sicherheit von Bauteilen über folgende Vorgänge:

- Reduzierung des tragenden Querschnitts bzw. die lokal begrenzte Zerstörung des Werkstoffs durch Reaktionen mit dem Umgebungsmedium
- Erhöhung der Bauteiltemperatur infolge eines veränderten Wärmeübergangs durch die Ausbildung einer Korrosionsschicht mit eingeschränkter Temperaturleitfähigkeit
- Beeinflussung des Festigkeitsverhaltens bzw. Risswiderstandsverhaltens infolge besonderer Ausscheidungen in der Mikrostruktur

Das Hochtemperatur-Festigkeitsverhalten wird über die bekannten Verfestigungsmechanismen: Mischkristallhärtung, Ausscheidungs- und Dispersionshärtung erzielt. Legierungen mit überwiegender Mischkristallverfestigung sind z. B. NiCr15Fe (2.4816, Alloy 600) und NiCr23Co12Mo (2.4663, Alloy 617). Besondere Beiträge zur Mischkristallverfestigung und damit zur Zeitstandfestigkeit liefern die Elemente Cr, Co, Mo und W. Si übt einen die

Zeitstandfestigkeit reduzierenden Einfluss aus. Das Gefüge, Abb. 7.24, zeigt eine bimodale Größenverteilung der Körner aus der primären, kubisch flächenzentrierten γ–Phase.

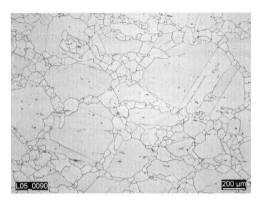

Abb. 7.24. Lichtoptisches Gefügebild der Legierung Alloy 617 (NiCr23Co12Mo)

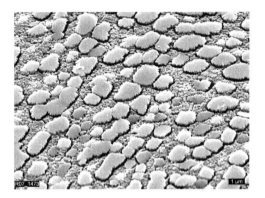

Abb. 7.25. Gefügebild der Feingusslegierung IN 939 mit γ′-Ausscheidungen (REM-Aufnahme)

Ein bei Nickelbasislegierungen besonders wirksames Verfahren der Steigerung der Kriechfestigkeit ist die Ausscheidungshärtung, die auf der Behinderung der Versetzungsbewegung durch fein verteilte Teilchen beruht, Abb. 7.25. Ti, Al und Nb sind in der γ–Phase in Abhängigkeit von der Temperatur nur begrenzt löslich, so dass sie aus dem übersättigten Mischkristall durch eine geeignete Glühbehandlung (Ausscheidungshärtung) als fein verteilte Teilchen ausgeschieden werden. Es handelt sich hierbei um die kohärente intermetallische γ′-Phase vom Typ Ni_3 (Ti, Al) bzw. die γ′′-Phase vom Typ Ni_3 (Nb, Al, Ti). Die stärkste Behinderung liegt vor, wenn diese einen Durchmesser von rd. 20 bis 60 nm aufweisen, damit die Versetzungen die Teilchen nicht schneiden bzw. umgehen können. Durch Vergröberung (Überalterung) bzw. Auflösung der γ- bzw. γ′′-

Phase verschlechtern sich die Festigkeitseigenschaften bei hohen Einsatztemperaturen.

Schmiedelegierungen weisen – auch aus Gründen der Weiterverarbeitbarkeit - einen geringeren γ'-Anteil und Gusslegierungen einen wesentlich höheren γ'-Anteil auf. Letztere haben im Allgemeinen höhere Festigkeiten bei höheren Temperaturen. Typische ausscheidungshärtende Legierungen sind z. B. NiCr20TiAl (2.4952, Nicrofer 7520 Ti, Nimonic 80A), NiCr15Cu15MoAlTi (2.4636, Nimonic 115) und NiCo20Cr20MoTi (2.4650, Nicrofer 5120CoTi, Alloy 263). Zur Einstellung des optimalen Eigenschaftspotenzials dieser Legierungen wird eine Lösungsglühung mit rascher Abkühlung auf RT sowie eine Ausscheidungsglühung vorgenommen. Die Höhe der Lösungsglühtemperatur richtet sich nach Art der Legierung und der chemischen Zusammensetzung. Für die Legierung Nimonic 80A liegt diese bei rd. 960 bis 980 °C, für den Nimonic 115 jedoch deutlich höher bei 1140 bis 1160 °C. Die Lösungsglühtemperatur ist auch ein Indikator für die maximale Betriebstemperatur. Für eine maximale Festigkeitssteigerung sollte bei der Glühung zur Ausscheidungshärtung der volle Volumenanteil der γ'-Teilchen bei möglichst optimaler Größe und Verteilung ausgeschieden werden. Dieser Vorgang wird i. d. R. bei Temperaturen um 850°C und entsprechenden Haltezeiten (16 bis 24 h) durchgeführt. Bei hoch γ'-haltigen Legierungen (mit sehr hohen Lösungstemperaturen) werden auch deutlich höhere Temperaturen angewendet.

Eine Folge der γ'-Aushärtung ist die herabgesetzte Duktilität im gehärteten Zustand. Die Bearbeitung sollte daher im lösungsgeglühten Zustand erfolgen. Die Schweißbarkeit ist durch den Härtungsmechanismus eingeschränkt: Beim Schweißen nach der Aushärtung wird die optimierte γ'-Einstellung als Folge der Wärmeeinbringung gestört. Erfolgt das Schweißen vorher, muss das Schweißgut über ein dem Grundwerkstoff vergleichbares Aushärtungsverhalten verfügen. Ferner ist zu berücksichtigen, dass sich als Folge der zeit- und temperaturabhängigen Strukturänderungen eine Volumenschrumpfung ("Negatives Kriechen") im Ausscheidungstemperaturbereich einstellt, welche die Maßhaltigkeit eines Bauteils beeinflussen kann. Das UP-Schweißen von dickwandigen Teilen aus Nickelbasislegierungen (> 50 mm Wandstärke) ist wegen des auftretenden Abbrandes von den Zeitstandfestigkeit steigernden Legierungselementen mit Problemen behaftet. Um im Schweißgut Zeitstandfestigkeiten zu erzielen, die denen des Grundwerkstoffs vergleichbar sind, müssen optimierte Schweißgüter eingesetzt werden.

Ni-Legierungen weisen in Abhängigkeit von der Zusammensetzung ein breites Spektrum an Ausscheidungen auf: neben den erwähnten γ'- bzw. γ''-Teilchen treten Boride, Karbidausscheidungen (MC, M_6C, $M_{23}C_6$) auf den Korngrenzen, Korngrenzensäume sowie die interkristallinen δ- (Ni_3Nb) und η-Phasen (Ni_3Ti) auf, die sich auf die Eigenschaften auswirken. Die γ'-Teilchen vergröbern sich, wie erwähnt in Abhängigkeit von der Temperatur und Zeit. Unter Kriechbelastung kann eine Orientierung in Abhängigkeit von der Kohärenz eine gerichtete Vergröberung dieser Teilchen senkrecht zur Belastungsrichtung („Rafting") erfolgen. Diese Erscheinungen können über den Vergleich mit Gefügebildreihen von Laborexperimenten zur qualitativen Analyse der aufgetretenen Temperatur herangezogen werden.

In Nickellegierungen kann vorzugsweise im Temperaturbereich zwischen 650 und 700 °C interkristalline Oxidation auftreten. Damit verbunden ist ein Abfall der Verformung unter langsamer Dehngeschwindigkeit. Die Zugabe von B und Mg reduziert, Ce verstärkt diesen Effekt. Damit im Zusammenhang steht auch ein zeitabhängiges Risswachstum, das bereits ab Temperaturen > 500°C auftreten kann. Der SAGBO Effekt leitet sich aus dem Englischen: „stress assisted grain boundary oxidation" ab, und stellt den das Risswachstum beeinflussenden Mechanismus dar, der sich aus der Wechselwirkung mit der Umgebung an der Rissspitze ergibt. Die Diffusion von Sauerstoff entlang der Korngrenzen bewirkt eine Herabsetzung der Duktilität bzw. bringt ein interkristallines Bruchverhalten mit sich. Der SAGBO Effekt ist von der chemischen Zusammensetzung, Temperatur, Sauerstoffpartialdruck und von der Spannung bzw. der lokalen Spannungsintensitätsfaktor abhängig.

Höchste Anwendungstemperaturen bis 1200 °C lassen sich mit primär karbidgehärteten Legierungen erzielen, bei denen die Lösungstemperaturen der Karbide (MC- und M_6C, basierend auf Mo, W, Ti, Nb) über denen von γ'-Teilchen liegen.

Die Dispersionshärtung (in Verbindung mit der Herstellung) stellt eine weitere Möglichkeit der Festigkeitssteigerung dar. Im Unterschied zu den herkömmlichen Härtungsmechanismen, bei denen die Ausscheidungen bei höheren Temperaturen in der Matrix löslich sind, werden hier Teilchen verwendet, die in der Matrix unlöslich sind. Diese als Dispersoide bezeichneten Teilchen sind Oxide, meist Yttriumoxide. Solche pulvermetallurgisch hergestellten Legierungen werden auch als ODS-Legierungen (Oxide Dispersened Strengthened Alloys) bezeichnet. Da diese Teilchen weder in Lösung gehen noch koagulieren, erreichen diese Legierungen sehr hohe Einsatztemperaturen, bei denen die üblichen festigkeitssteigernden Ausscheidungen bereits aufgelöst sind. Der Nachteil ist, dass beim Schweißen die Dispersoide aufgelöst werden und die Schweißgüter auf dem Niveau der nicht dispersionsverfestigten Matrix liegen.

Neben den oben erwähnten schweißtechnischen Schwierigkeiten, ergeben sich bei den Superlegierungen Verarbeitungsprobleme bei der Herstellung größerer Teile aufgrund der hohen Festigkeit. Feingussverfahren werden z. B. bei der Herstellung von Turbinenschaufeln eingesetzt, die die Nachbearbeitung auf ein Minimum reduzieren. Dem Vorteil der guten Zeitstandfestigkeit und der günstigen Formgebung feingegossener Turbinenschaufeln stehen allerdings negative Einflüsse auf die Schwingfestigkeit gegenüber, die durch gießbedingte Poren, Mikrolunker oder Grobkornbildung entstehen. Durch geeignete

Nachbehandlungsverfahren, wie etwa Kugelstrahlen oder heißisostatisches Pressen (HIP) oberhalb der Lösungsglühtemperatur, können innere Mikroporen beseitigt sowie chemische und physikalische Inhomogenitäten ausgeglichen werden. Durch die Beeinflussung der Korngröße über die Steuerung unterschiedlicher Abkühlvorgänge bzw. durch die Umformung bei Schmiedelegierungen können die Eigenschaften der Legierung weiter beeinflusst werden, allerdings treten bei größeren Querschnitten und ansteigenden γ'-Gehalten aufgrund des sich eingrenzenden Temperaturbereichs für die Warmformgebung Probleme mit dem Kornwachstum auf.

Die Fertigung von gerichtet erstarrten Bauteilen bietet die Möglichkeit einer weiteren Verbesserung der Zeitstandfestigkeit im Vergleich zu den polykristallinen Legierungen (CC – conventionally cast). Die dabei erzeugten Stengelkristalle (DS – directionally solidified) führen, insbesondere durch die Vermeidung ungünstiger Korngrenzen senkrecht zur Hauptbeanspruchungs-richtung, zu einer richtungsabhängigen, erhöhten Festigkeit bei hohen Temperaturen. Korngrenzengleiten als Ursache für interkristalline Kriechschädigung kann dadurch reduziert bzw. vermieden werden. Darüber hinaus kann durch Einstellung einer Textur, d.h. Vorgabe der Richtung in der die Kristallisation erfolgt, die (thermische) Ermüdungsfestigkeit gesteigert werden. Dies geschieht durch Einstellung der Vorzugsrichtung <100>, die den kleinsten E-Modul aufweist, in Längsrichtung zur größten thermischen Dehnung. Die damit mögliche Erhöhung der Werkstofftemperatur resultiert in einer Verlagerung des Versagens vom Korngrenzen- zum Matrixkriechen.
Das durch die unterschiedliche Kristallstruktur erzielbare Zeitstandverhalten ist in Abb. 7.26 für den Werkstoff MAR-M 200 dargestellt.

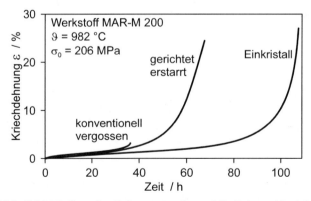

Abb. 7.26. Einfluss des Gefügezustandes auf die Zeitstandfestigkeit und das Kriechverhalten von MAR-M 200

In Abb. 7.27 ist die Abhängigkeit der Zeitstandfestigkeit des Werkstoffes NiCr23Co12Mo (2.4663) von der Temperatur dargestellt. In Tabelle 7.10 sind einige Beispiele für die typischen Anwendungsbereiche von

Nickelbasislegierungen angegeben. Die zugehörigen mechanischen Eigenschaften sind in Tabelle 7.11 und 7.12 zusammengestellt.

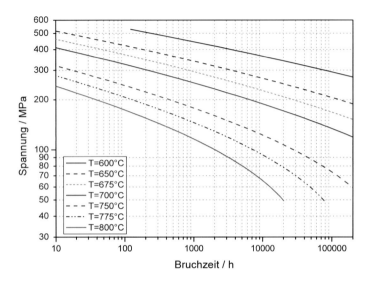

Abb. 7.27. Zeitstandfestigkeit des Werkstoffs NiCr23Co12Mo (2.4663) in Abhängigkeit von der Temperatur

Tabelle 7.10. Anwendungsgebiete typischer Nickellegierungen

Werkstoffbezeichnung	Handelsname (Beispiel)	Anwendungsbereich
NiCr15Fe (2.4816)	Alloy 600	Chemische Verfahrenstechnik, Petrochemie, Wärmebehandlungsanlagen, Triebwerksbau
NiCr23Co12Mo (2.4663)	Alloy 617	Gasturbinen, Rohrleitungen
NiCr20TiAl (2.4952)	Nicrofer 7520 Ti, Nimonic 80A	Gas-, Dampfturbinen, Kerntechnik, Anlassventile in Motoren
NiCo20Cr20MoTi (2.4650)	Nicrofer 5120CoTi, Alloy 263	Luft- und Raumfahrt, Gasturbinen
-	MAR-M 200	Luft- und Raumfahrt, Gasturbinen

Tabelle 7.11. Mechanische Eigenschaften von Nickellegierungen bei RT

Werkstoff-bezeichnung	E-Modul / MPa	Streckgrenze / MPa	Zugfestigkeit / MPa	Bruchdehnung / %
NiCr15Fe (2.4816)	214000	180	500	30
NiCr23Co12Mo (2.4663)	215000	270	700	30
NiCr20TiAl (2.4952)	209000	600	1000	18
NiCo20Cr20MoTi (2.4650)	222000	570	970	30
MAR-M 200	200000	841	932	5
MAR-M 200 DS	131000	862	1000	6

Tabelle 7.12. Zeitstandeigenschaften von Nickellegierungen....

Werkstoffbezeichnung	Temperatur °C	10^4 h- Zeitstand-festigkeit	10^5 h- Zeitstand-festigkeit
NiCr15Fe (2.4816)	600	97	-
NiCr23Co12Mo (2.4663)	700	123	95
NiCr20TiAl (2.4952)	600	433	272
NiCo20Cr20MoTi (2.4650)	700	345	250

7.5 Magnesium und Magnesiumlegierungen

Magnesium ist am Aufbau der Erdrinde mit 2% beteiligt. Wegen seiner großen Reaktionsfähigkeit kommt es nicht in reinem Zustand vor, sondern hauptsächlich in Form von Carbonaten, Silikaten, Chloriden und Sulfaten, seltener als Oxid. Aus einem Carbonat des Magnesiums, dem Dolomit ($CaMg(CO_3)_2$), werden ganze Gebirgszüge z.B. die Dolomiten gebildet. Auch das Meerwasser enthält Magnesium als Mg^{2+}-Ionen in beträchtlichem Umfang.

7.5.1 Herstellung und Verarbeitung

Magnesium wird technisch vorwiegend durch die Elektrolyse einer Schmelze aus Magnesiumdichlorid ($MgCl_2$) gewonnen. In geringerem Umfang wird Magnesium auch auf chemischem Wege durch die Reduktion von Magnesiumoxid mit Silizium hergestellt. Das Magnesiumoxid wird dabei in Form von gebranntem Dolomit (MgO + CaO) eingebracht.

7.5.2 Eigenschaften

Magnesium kristallisiert in hexagonal-dichtester (hdp) Kugelpackung. Es besitzt ein sehr geringes spezifisches Gewicht mit $\rho = 1,74\,kg/dm^3$. Der E-Modul ist mit 45000 MPa ebenfalls gering. Die Querkontraktionszahl beträgt $\mu = 0,29$ und die Schmelztemperatur $T_S = 651\,°C$. Der Wärmeausdehnungskoeffizient ist $\alpha = 25 \cdot 10^{-6}\,1/K$. Die Festigkeitswerte des reinen Magnesiums sind mit $R_{p0,2} = 40\,MPa$ und $R_m = 165\,MPa$ gering.

Magnesium und sämtliche Magnesiumlegierungen besitzen ausgezeichnete Zerspanbarkeit. Bei der Zerspanung ist die Entstehung von feinen Spänen und Staub zu vermeiden, da diese zu Bränden und Staubexplosionen neigen. Zum Kühlen und Nassschleifen dürfen keine wasserhaltigen Kühlmittel verwendet werden.

Magnesium und seine Legierungen eignen sich sehr gut zur Verarbeitung durch Gießen, Gesenkschmieden und Strangpressen. Beim Druckguss werden bei der Verarbeitung von Magnesium erheblich höhere Formstandzeiten als bei Zink oder Aluminium erreicht, da die Löslichkeit von Magnesium in Eisen sehr gering ist.

Magnesium ist wie das Aluminium ein silberglänzendes Leichtmetall. An der Luft überzieht es sich mit einer dünnen, zusammenhängenden Oxidschicht (matt-weiß). Durch diese Schutzschicht ist Magnesium trotz der hohen Affinität zu Sauerstoff bei Raumtemperatur beständig. Dieser Schutz ist jedoch nicht so gleichmäßig und dicht wie bei Aluminium. Insbesondere bei Seewasseratmosphäre ist Magnesium empfindlich. Aus diesem Grund sind bei Magnesium, je nach Anwendung, weitere Korrosionsschutzmaßnahmen vorzusehen. Das wichtigste Verfahren dabei ist das Bichromatieren. Dabei entsteht auf der Mg-Oberfläche eine chromhaltige Schutzschicht, die sehr beständig gegenüber Schwitzwasser ist und die z.B. die Lackhaftung fördert. Reines Magnesium wird infolge seiner geringen Festigkeit nicht als Konstruktionswerkstoff verwendet.

7.5.3 Legierungen

Festigkeits- und Verformungseigenschaften wie Zugfestigkeit und Bruchdehnung sind stark von der Legierungszusammensetzung und dem Behandlungszustand des Werkstoffes abhängig. Das grobkristalline Primärgefüge und die geringe Verformbarkeit des hexagonalen Gitters sind die Ursachen der schlechten Zähigkeit und der hohen Kerbempfindlichkeit. Diese Nachteile lassen sich durch Legieren mit Aluminium und Zink weitgehend vermeiden. Da Mangan zudem die Korrosionsbeständigkeit verbessert, enthalten die wichtigsten Magnesiumlegierungen diese Zusätze. Magnesiumlegierungen mit Cer und Thorium zeichnen sich durch gute Warmfestigkeit bis 220 °C bzw. 300 °C aus. Zirkonium dient der Kornverfeinerung und damit der Steigerung von Festigkeit und Verformbarkeit. Durch Lösungsglühen und anschließendem Anlassen kann die Verteilung der intermediären

Phasen im Mischkristall und dadurch das Festigkeitsverhalten der Magnesium-Legierungen beeinflusst werden. In Abb. 7.28 ist der Einfluss von Al dargestellt.

Anwendung finden Mg-Legierungen bei vielen Bauteilen in Hubschraubern
(z.B. Getriebegehäuse) und Flugzeugen. Im Automobilbereich werden Mg-Legierungen z.B. für Getriebegehäuse (leicht und gute Geräuschdämpfung) oder Felgen
eingesetzt. Die Eigenschaften einiger relevanter Mg-Legierungen sind in Tabelle 7.13 aufgelistet.

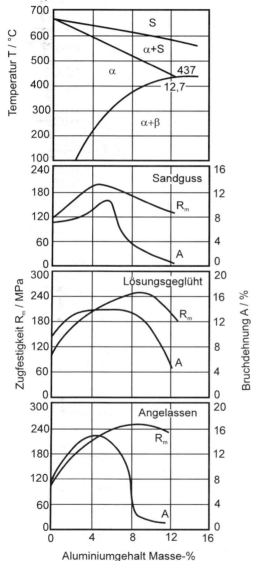

Abb. 7.28. Einfluss des Al-Gehalts auf die Festigkeits- und Zähigkeitseigenschaften von
Mg

Tabelle 7.13. Zusammenstellung der wichtigsten Eigenschaften typischer Magnesium-Legierungen

Werkstoffbe-zeichnung (Nummer)	Werkstoffbe-zeichnung (Kurzzeichen)	Elastizitäts-modul / MPa	Streck-grenze / MPa	Zugfestigkeit / MPa	Bruch-dehnung / %
EN-MC21110	MgAl8Zn1	45000	140-160	200-250	1-7
EN-MC21210	MgAl2Mn	45000	80-100	150-220	8-18
EN-MC21320	MgAl4Si	45000	110-130	170-230	4-14
EN-MC21120	MgAl9Zn1	45000	160	240	3
EN-MC21230	MgAl6Mn	45000	130	225	8

Fragen zu Kapitel 7

1. Welchen Gittertyp besitzt Kupfer?

2. Nennen Sie wichtige Legierungselemente für Kupfer.

3. Aus welchen Hauptlegierungselementen bestehen Messing bzw. Bronze?

4. Nennen Sie günstige Eigenschaften von Aluminium.

5. Was bewirken Gehalte von Si bis 3,5% und Mg bis 1% in Al?

6. Wie kann bei nichtaushärtbaren Aluminium-Legierungen eine Festigkeitssteigerung erzielt werden?

7. Welche Eigenschaft zeichnet reines Titan vor allem aus?

8. Welche Verbesserungen sind durch das Zulegieren von Nickel möglich?

9. Wie wird Magnesium vorwiegend gewonnen?

10. Welches sind die besonderen Eigenschaften von Magnesium?

8 Kunststoffe

Als Kunststoffe werden makromolekulare Werkstoffe bezeichnet, die organische Gruppen enthalten und die teilweise oder völlig durch Synthese („künstlich") hergestellt werden. Die Makromoleküle entstehen durch chemische Reaktion vieler Monomerbausteine, wobei die Anzahl der Monomere im Makromolekül zwischen sehr wenigen und mehreren tausend liegt. In den Molekülketten können neben den Kettenatomen C oder H weitere Elemente beteiligt sein. Diese werden als Heteroatome bezeichnet, z.B. die nichtmetallischen Atome (N, O, S), die anstatt eines regulären Kettenatoms eingebaut sind. Valenzen (Bindungen), die nicht zur Kettenbildung benötigt werden, werden mit Atomen, Atomgruppen bzw. organischen Molekülresten abgesättigt oder sie dienen zur Bindung zwischen Makromolekülen (Vernetzung). Kunststoffe, die nur eine einzige Art von Monomeren enthalten, heißen Homopolymere. Co- oder Multipolymere sind aus unterschiedlichen Monomeren aufgebaut.

Kunststoffe sind eine vergleichsweise neue Werkstoffgruppe. Der Begriff Kunststoff stammt aus den 1940er Jahren. Seitdem steigt die Produktion von Kunststoffen stetig an und erreichte im Jahr 2006 weltweit 245 Millionen Tonnen, Abb. 8.1. Kunststoffe werden zu Formteilen, Halbzeugen, Fasern oder Folien verarbeitet und in unterschiedlichen Bereichen, Abb. 8.2, eingesetzt.

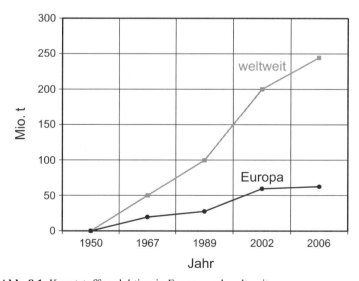

Abb. 8.1. Kunststoffproduktion in Europa und weltweit

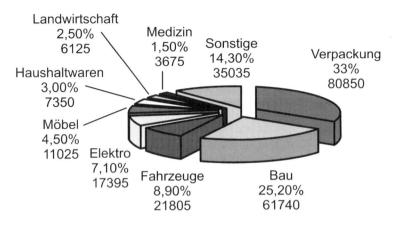

Abb. 8.2. Kunststoffverbrauch weltweit (in Tsd. Tonnen und %)

8.1 Bezeichnung der Kunststoffe

Zur Bezeichnung der Kunststoffe wurden international einheitliche Kurzzeichen eingeführt, Tabelle 8.1.

Tabelle 8.1. Internationale Kurzbezeichnung von Kunststoffen

Kurzzeichen	Bezeichnung	Typ
ABS	Acryl-Butadien-Styrol	T
BR	Butadien-Rubber	E
CR	Chlorbutadien-Rubber	E
EP	Epoxid	D
EPM	Ethylen-Propylen-Elastomer	D
IR	Isoprene-Rubber	E
MF	Melamin-Formaldehyd	D
NBR	Acrylnitril-Butadien-Rubber	E
NR	Natural Rubber	E
PA	Polyamid	T
PA6	Polyamid hergestellt aus $[NH-(CH_2)_5-CO]_n$	T
PA12	Polyamid hergestellt aus $[NH-(CH_2)_{11}-CO]_n$	T
PBTP	Polybutylenterephthalat	T
PC	Polycarbonat	T
PE	Polyethylen	T
LDPE	Polyethylen niederer Dichte	T
HDPE	Polyethylen hoher Dichte	T

Tabelle 8.1. Internationale Kurzbezeichnung von Kunststoffen (Fortsetzung)

Kurzzeichen	Bezeichnung	Typ
PETP	Polyethylentherephthalat	T
PF	Phenol-Formaldehyd	D
Pi	Polyimid	D,T
PMMA	Polymethylmethacrylat	T
POM	Polyoxymethylen	T
PS	Polystyrol	T
PP	Polypropylen	T
PTFE	Polytetrafluorethylen	T
PVC	Polyvinylchlorid	T
PUR	Polyurethan	D
SAN	Styrol-Acryl-Nitril	T
SBR	Styrol-Butadien-Rubber	E
SI	Silikon	D
UF	Harnstoff-Formaldehyd	D
UP	Ungesättigte Polyester	D,T

Die Kurzzeichen der Kunststoffgruppen sind in Tabelle 8.2 aufgelistet.

Tabelle 8.2. Kurzzeichen für sehr gebräuchliche Kunststoffe

Kurzzeichen	Kunststoffgruppe
D	Duroplast
E	Elastomer
T	Thermoplast

8.2 Herstellung von Kunststoffen

8.2.1 Synthese

Ausgangsstoffe zur Synthese von Kunststoffen sind Erdöl, Erdgas und Kohle. Rund 4% der jährlich geförderten Erdölmenge werden zur Herstellung von Kunststoffen verwendet. Aus den Ausgangsstoffen werden niedermolekulare Monomere (Grundbausteine) synthetisch hergestellt. Die Momomere enthalten entweder (ungesättigte) Doppelbindungen oder bi- oder höherfunktionelle Gruppen, Abb. 8.3. Doppelbindungen und bifunktionelle Gruppen führen zu Hochpolymeren mit linearem Aufbau (Fadenmoleküle), während aus Monomeren mit höherfunktionellen Gruppen verzweigte oder vernetzte Hochpolymere entstehen.

Als Starter der Polymerisation kommen thermische oder photochemische Anregung, Initiatoren, Katalysatoren und deren Kombination in Frage.

Die Verfahren zur Herstellung der Hochpolymere aus Momomeren sind die Kondensationspolymerisation und die Additionspolymerisation. Die Additionspolymerisation lässt sich wiederum aufspalten in die Kettenreaktion und in die Stufenreaktion.

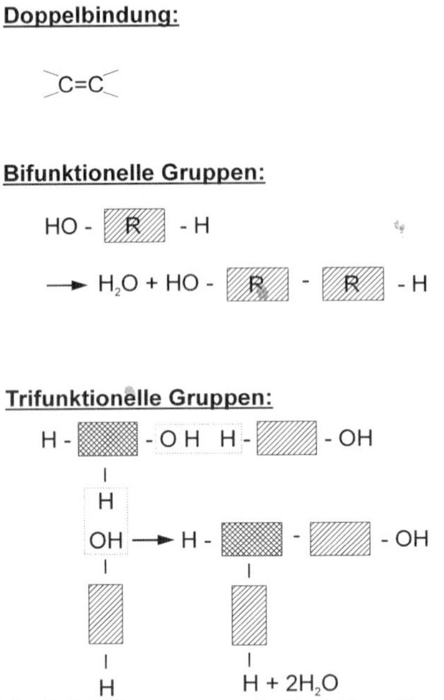

Doppelbindung:

$$\diagdown C = C \diagup$$

Bifunktionelle Gruppen:

HO - [R] - H

→ H_2O + HO - [R] - [R] - H

Trifunktionelle Gruppen:

H - [▨] - O H   H - [▨] - OH
|
H
OH → H - [▨] - [▨] - OH
| |
[▨]   [▨]
| |
H   H + $2H_2O$

Abb. 8.3. Monomere mit funktionellen Gruppen (R: organische Radikale, die bei der chemischen Reaktion ihre Identität behalten, z.B. CH_3-, C_2H_5-, C_6H_5 – Gruppe)

8.2.1.1 Kondensationspolymerisation

Bei der Kondensationspolymerisation entstehen aus Monomeren mit bifunktionellen Gruppen Thermoplaste (Kettenmoleküle ohne Vernetzung untereinander), aus Monomeren mit mehrfunktionellen Gruppen Duroplaste (stark vernetzte Molekülstruktur). Bei der Kondensationsreaktion werden niedermolekulare Substanzen, z.B. H_2O, NH_3, HCl oder Alkohole, abgespalten, Abb. 8.4. Beispiele für Polykondensate sind PA, PC, PF, UF, UP.

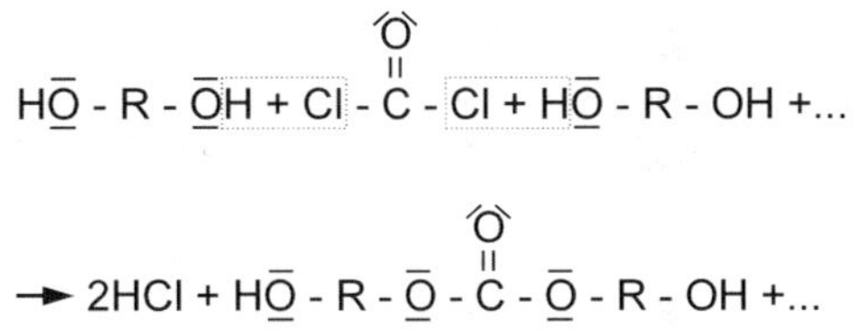

$$HO\text{-}R\text{-}OH + Cl\text{-}\overset{\overset{O}{\|}}{C}\text{-}Cl + HO\text{-}R\text{-}OH + ...$$

$$\longrightarrow 2HCl + HO\text{-}R\text{-}O\text{-}\overset{\overset{O}{\|}}{C}\text{-}O\text{-}R\text{-}OH + ...$$

Abb. 8.4. Kondensationspolymerisation am Beispiel der Herstellung von Polycarbonat (PC)

8.2.1.2 Additionspolymerisation als Kettenreaktion

Aus ungesättigten Monomeren mit C = C-Doppelbindung entstehen unter Wärmezufuhr und mit Katalysatoren fadenförmige Makromoleküle. Bei der Aktivierung wird eine der beiden Bindungen in der C = C-Doppelbindung „aufgebrochen", wodurch Valenzen für eine Verbindung mit zwei Nachbarmolekülen frei werden, Abb. 8.5. Die Länge des Makromoleküls hängt von der Temperatur sowie von der eingesetzten Art und Menge an Katalysatoren ab. Typische Polymerisate sind PS, PVC, PMMA, PE, POM, PTFE und PP.

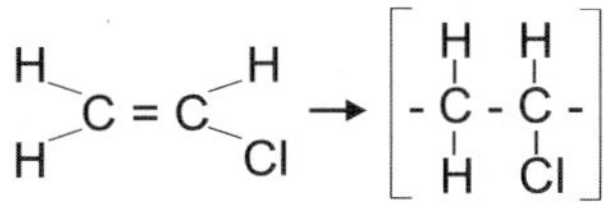

Abb. 8.5. Polymerisation am Beispiel der Herstellung von Polyvinylchlorid (PVC)

8.2.1.3 Additionspolymerisation als Stufenreaktion

Monomere werden ohne Abspaltung eines Nebenprodukts durch Umlagern eines Wasserstoffatoms zu einem Makromolekül verknüpft, Abb. 8.6. Wie bei der Kondensationspolymerisation entstehen durch bifunktionelle Gruppen lineare Polymere (Thermoplaste) und bei höherfunktionellen Gruppen vernetzte Moleküle (Duroplaste). Typische Vertreter dieser Gruppe sind beispielsweise lineares oder vernetztes PUR, EP.

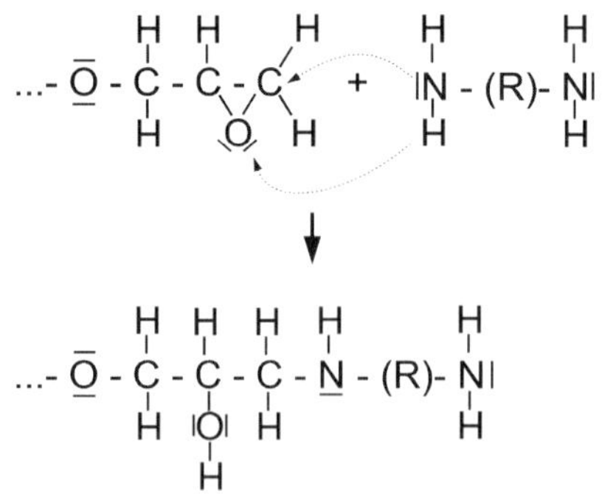

$$...- \overline{O} - \underset{\underset{H}{|}}{\overset{\overset{H}{|}}{C}} - \underset{\underset{O}{|}}{\overset{\overset{H}{|}}{C}} - \underset{\underset{H}{|}}{\overset{\overset{H}{|}}{C}} \quad + \quad \underset{\underset{H}{|}}{\overset{\overset{H}{|}}{N}} - (R) - \underset{\underset{H}{|}}{\overset{\overset{H}{|}}{N}}$$

$$\downarrow$$

$$...- \overline{O} - \underset{\underset{H}{|}}{\overset{\overset{H}{|}}{C}} - \underset{\underset{|O|}{|}}{\overset{\overset{H}{|}}{C}} - \underset{\underset{H}{|}}{\overset{\overset{H}{|}}{C}} - \underset{\underset{H}{|}}{\overset{\overset{H}{|}}{N}} - (R) - \overset{\overset{H}{|}}{N}$$

Abb. 8.6. Polyaddition am Beispiel der Herstellung von Epoxidharz (EP)

8.2.2 Technische Herstellung (Polymerisation)

Der erste Schritt bei der Kunststofferzeugung ist die in Kapitel 8.2.1 beschriebene Polymerisation, bei der die Monomere zu Makromolekülen bzw. -strukturen reagieren. Zur Auslösung der Polymerisation werden spezifische Initiatoren hinzugefügt. Für die technische Umsetzung der Polymerisation werden folgende Verfahren angewendet:

Substanzpolymerisation: Bei der Substanzpolymerisation wird das oder die reinen Monomere verwendet. Lösungs- oder Verdünnungsmittel werden nicht eingesetzt (PS, UP, PA6).

Fällungspolymerisation: Das oder die Monomere sind in einem Lösungsmittel oder ineinander löslich. Das entstehende Polymer ist hingegen unlöslich und fällt als Feststoff aus (Styrol, PP, PS, PVC).

Gasphasenpolymerisation: Bei gasförmigen Monomeren kann die Polymerisation direkt in der Gasphase stattfinden. Das Polymer fällt als Feststoff aus (LDPE).

Lösungspolymerisation: Bei der Lösungspolymerisation müssen sowohl das oder die Monomere als auch das entstehende Polymer im Lösungsmittel löslich sein. Das entstehende Polymer wird nach Abschluss des Polymerisationsvorgangs vom Lösemittel getrennt (Lacke, PEHD).

Suspensionspolymerisation: Das im Lösungsmittel (meist Wasser) unlösliche Monomer wird durch Rühren dispergiert. Die Polymerisation läuft dann in den feinen Monomertröpfchen ab. Das Polymer fällt als Pulver aus (PS, PMMA).

Emulsionspolymerisation: In Wasser wird ein Emulgator gelöst. Anschließend wird das unlösliche Monomer hinzugegeben. An den zu Mizellen zusammengelagerten Emulgatormolekülen polymerisiert dann der Kunststoff. Das Polymer fällt als Pulver aus (E-PVC, SBR, ABS)

Die technische Herstellung von Kunststoffen erfolgt in Reaktoren, in denen die Monomere miteinander reagieren. Zur Herstellung großer Mengen werden die Reaktoren meist kontinuierlich betrieben. Das heißt, dass dem Prozess kontinuierlich Monomer zugeführt und Polymer entzogen wird.

8.2.3 Formgebung

Die Formgebung von Polymeren kann vor, während oder nach der Polymerisation erfolgen. Zur Formgebung werden dünnflüssige Kunststoffvorprodukte oder Kunststoffschmelzen eingesetzt. Im Folgenden werden die wichtigsten Formgebungsprozesse vorgestellt:

Extrudieren Granulate oder Pulver werden mit Hilfe einer Schnecke verdichtet. Durch das Verdichten und durch externe Heizung wird der Kunststoff erwärmt und in einen plastischen Zustand gebracht. Beim Verlassen des Extruders erfolgt die eigentliche Formgebung durch eine Düse, durch die der Werkstoff gepresst wird, Abb. 8.7. Mit dieser Technik lassen sich Fäden, Rohre, Filme, Platten bis hin zu komplizierten Strangpressprofilen im Endlosverfahren herstellen.

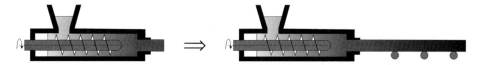

Abb. 8.7. Extrudieren

Spritzgießen Der erhitzte, geschmolzene oder sich im plastischen Zustand befindliche Kunststoff wird in eine Form gespritzt. Der Spritzvorgang erfolgt mittels eines Kolbens oder einer Förderschnecke. Nach dem Erkalten des Kunststoffes wird die Form geöffnet und das Teil aus der Form ausgeworfen, Abb. 8.8. Das Spritzgießen ermöglicht die Fertigung von komplexen Halbzeugen und Fertigprodukten.

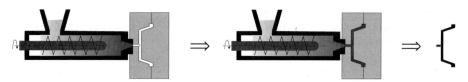

Abb. 8.8. Spritzgießen

Blasformen Als Ausgangsprodukt dient ein erwärmtes dickwandiges Kunststoffrohr, das sich im plastischen Zustand befindet. Vor dem Blasvorgang wird das Rohr unten abgeschnitten und so verschlossen, Abb. 8.9. Das unten verschlossene Rohr wird als Kübel bezeichnet. Anschließend wird der Kübel mit Innendruck beaufschlagt und in eine Form 'geblasen'. Mit dem Verfahren können dünnwandige Behälter und andere Hohlkörper hergestellt werden. Auch sehr dünne Folien (Blasfolien) können mit diesem Verfahren gefertigt werden.

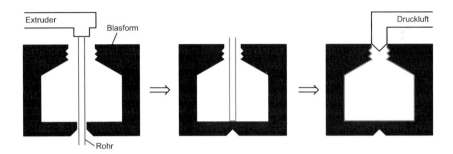

Abb. 8.9. Polyaddition Blasformen

Kalandrieren Der flüssige Kunststoff wird auf gegenläufig drehende Walzenpaare gegossen. Das Spaltmaß zwischen dem letzten Walzenpaar bestimmt die Dicke der Kunststoffplatte bzw. der Kunststofffolie. Anschließend wird das Produkt gekühlt, Abb. 8.10.

Abb. 8.10. Kalandrieren

Pulvertechnik Beim Presssintern wird ein Kunststoffpulver in eine Form gefüllt und dort unter Temperatur und Druck gesintert, Abb.8.11. Eine andere Pulvertechnik stellt das elektrostatische Beschichten dar. Ein elektrostatisch aufgeladenes Kunststoffpulver wird auf das zu beschichtende Metallbauteil aufgeblasen und bleibt dort haften. Beim anschließenden Erhitzen schmilzt der Kunststoff auf und es bildet sich eine dichte Beschichtung. Solche Beschichtungen ersetzen oft Lackschichten.

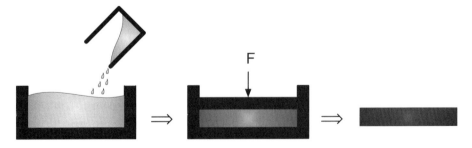

Abb. 8.11. Presssintern

Gießen Das flüssige Polymer wird in eine Form gegossen und härtet dort aus, Abb. 8.12. Um dünnwandige Bauteile zu erzeugen, wird der flüssige Kunststoff in eine rotierende Form gegossen. Die Fliehkräfte sorgen für eine Verteilung des Kunststoffes in der Form.

Abb. 8.12. Gießen

Schäumen Durch Einbringen von Gasen werden in einer Kunststoffschmelze kleine Gasblasen erzeugt, die beim Aushärten zu den Hohlräumen im Schaum führen, Abb. 8.13. Beispielsweise kann gasförmiges CO_2 unter Druck in einer Schmelze gelöst werden. Durch das Entspannen der Schmelze entstehen Gasbläschen, die zu einem Aufschäumen der Kunststoffe führen.

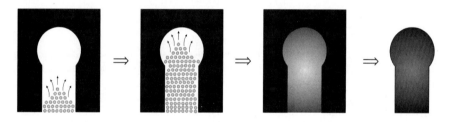

Abb. 8.13. Schäumen

8.2.4 Additive

Um die Synthese, die Fertigung und die Eigenschaften von Polymeren gezielt zu beeinflussen, werden weitere Stoffe, sogenannte Additive, beigemengt. Die Additive können grob in drei Gruppen eingeteilt werden. Die erste Gruppe dient zur Steuerung der Kunststoffsynthese. In diese Gruppe gehören Initiatoren, Beschleuniger, Inhibitoren, Emulgatoren und teilweise Stabilisatoren. Gruppe Zwei beeinflusst die physikalischen und chemischen Eigenschaften. Stabilisatoren, Antistatika, Treibmittel, und Farbmittel bilden diese Gruppe. Die dritte Gruppe dient zur Steuerung der mechanischen Eigenschaften. Hier sind Weichmacher, Benetzungsmittel und Füllstoffe zu nennen. Einzelheiten zu den Additiven können Tabelle 8.3 entnommen werden.

Tabelle 8.3. Kunststoffadditive

Additiv	Ziel	Funktionsweise	Beispiele
Antistatika	Verhinderung einer elektrischen Aufladung	Bildung einer leitenden Schicht auf der Oberfläche oder Erhöhung der Leitfähigkeit des Polymers	z.B. Graphit bei Epoxid-Gießharzen
Benetzungsmittel (Schlichte)	Verbesserung der Haftung zwischen Füllstoff und Polymer	wird z.B. erreicht durch chemische Bindung des Benetzungsmittels mit dem Füllstoff	auf Silanbasis (Siliziumverbindungen)
Beschleuniger	Polymerisation wird beschleunigt	Initiator wird verstärkt aktiviert	bei Naturkautschuk organische schwefelhaltige Stoffe, die eine Aktivierung des Schwefels bewirken
Emulgatoren	Bildung eines feinen Polymerpulvers	Emulgator dient als Keimstelle für Polymerpartikel	Glyzerinmonostearat bei der Herstellung von E-PVC
Farbmittel	Durchfärben eines Polymers	Vor dem Extrudieren Einmischung von Farbpigmenten oder Einbringung von löslichen Farbstoffen im flüssigen Zustand	Azofarbstoffe in Polystyrol
Füllstoffe	Veränderung der physikalischen und mechanischen Eigenschften	Einbringen von Teilchen (nano bis mehrere mm) oder Fasern (Whisker, Kurz- oder Langfasern)	Kohlestaub zur Erhöhung der elektrischen Leitfähigkeit; Glasfaser zur Erhöhung der Festigkeit
Initiatoren	Auslösung der Polymerisation	chemischer Radikalbildner, katalytisch	Peroxide bei PVC; Schwefel bei Naturkautschuk
Stabilisatoren	Antioxidantien, Lichtschutzmittel, Wärmestabilisatoren,	z.B. Bindung freier Radikale	Phenole bei Polyethylen (PE)
Treibmittel	Generierung von Schäumen	chemische oder physikalische Gasblasenbildung	verdichteter Stickstoff (physikalisch); Azodicarbonamid (chemisch)
Weichmacher	Reduzierung der Härte und Steigerung der Zähigkeit	Zumischung eines weiteren Polymers (Polymerblend) oder eines niedermolekularen Weichmachers	Einmischung von PMA in PMMA(Polymerblend)

8.3 Kunststoffgruppen

Kunststoffe werden bezüglich ihres Aufbaus in drei Gruppen unterschieden: Thermoplaste, Elastomere und Duroplaste. Der Gebrauchsbereich und die Eigenschaften der Kunststoffe können mit Hilfe der folgenden Temperaturen charakterisiert werden: Glastemperatur (T_g), Schmelztemperatur (T_m), Fließtemperatur (T_f), Zersetzungstemperatur (T_z).

8.3.1 Thermoplaste

Bei den Thermoplasten sind die den Kunststoff bildenden langen Molekülketten unvernetzt. Thermoplaste sind beliebig oft erweichbar. Sie sind schweißbar, löslich, quellbar und verhalten sich bei Raumtemperatur spröde oder zähelastisch. Es wird unterschieden zwischen amorphen und teilkristallinen Thermoplasten. In amorphen Thermoplasten liegen die Molekülketten völlig ungeordnet vor (Knäuelstruktur), während bei teilkristallinen Thermoplasten neben amorphen Bereichen solche mit kristalliner Struktur vorhanden sind. Die Kristallite werden durch parallelliegende Bereiche verschiedener oder gefalteter Molekülketten gebildet. Zwischen diesen Bereichen sind Sekundärbindungskräfte wirksam.

8.3.1.1 Amorphe Thermoplaste

Bei amorphen Thermoplasten liegen die Molekülketten völlig ungeordnet vor, Abb. 8.14. Sie sind häufig durchsichtig; je ungeordneter, je weniger verzweigt die Moleküle sind, desto steifer wird der Werkstoff bei gleichzeitig steigender Rohdichte. Eingesetzt werden amorphe Thermoplaste im Temperaturbereich unterhalb einer Temperatur, die als Glastemperatur bezeichnet wird. Oberhalb dieser Glastemperatur erweichen die amorphen Bereiche. Die Glastemperatur liegt bei diesen Kunststoffen bei etwa 80°C und höher.

Abbildung 8.15 zeigt schematisch den Verlauf der Zugfestigkeit und der Dehnung über der Temperatur.

Beispiele für amorphe Thermoplaste sind PS, PVC, PMMA, ABS, SAN, PC. Sie lassen sich spritzgießen, extrudieren, folienblasen, tiefziehen, schweißen und kleben.

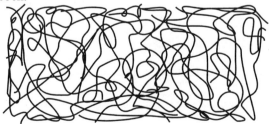

Abb. 8.14. Struktur amorpher Thermoplaste (ungeordnete Makromoleküle)

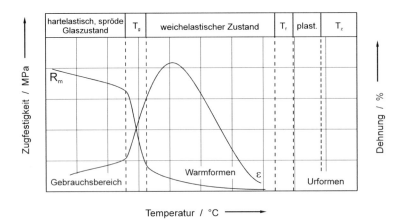

Abb. 8.15. Zugfestigkeit über der Temperatur für amorphen Thermoplast

8.3.1.2 Teilkristalline Thermoplaste

Die kristallinen Bereiche, Abb. 8.16, bewirken ein opakes bis undurchsichtiges Aussehen. Der Einsatzbereich liegt z.T. zwischen Glas- und Schmelztemperatur. In diesem Temperaturbereich zeigen teilkristalline Thermoplaste noch ausreichend gute Festigkeitseigenschaften, Abb. 8.17. Beispiele sind PA, PE, POM, PTFE, PBTP. Bei der Verarbeitung kommen dieselben Verfahren zur Anwendung wie bei amorphen Thermoplasten. Eine Sonderstellung nimmt PTFE ein, da es durch Sintern hergestellt wird.

Abb. 8.16. Struktur teilkristalliner Thermoplaste (amorphe und kristalline Bereiche)

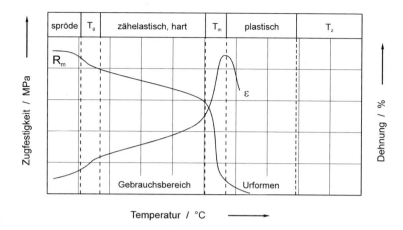

Abb. 8.17. Zugfestigkeit über der Temperatur für teilkristallinen Thermoplast

8.3.2 Elastomere

Bei den Elastomeren sind die Molekülketten untereinander vernetzt. Der Grad der Vernetzung ist jedoch gering, Abb. 8.18. Bedingt durch die Vernetzung sind die Elastomere gut elastisch verformbar, Abb. 8.19, jedoch nicht mehr schmelzbar. Elastomere sind unlöslich und quellbar. Die Vernetzung erfolgt über Schwefelatome oder über Benzoxyl-, Methylethylketon- oder Cyclohexanon-Peroxid. Elastomere werden im gummielastischen Zustand eingesetzt, d.h. oberhalb der Glastemperatur, Abb. 8.20. Beispiele für Elastomere sind IR, NR, BR, SBR, NBR, CR. (siehe Tabelle 8.1.) Anwendungstemperaturen sind bei IR, NR bis 65°C, bei SBR bis 80°C und NBR, CR bis 110°C.

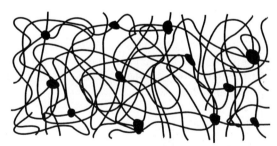

Abb. 8.18. Struktur eines weitmaschig vernetzten Elastomers

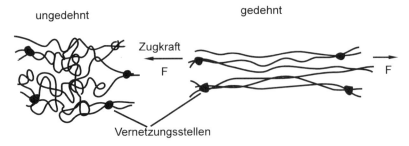

Abb. 8.19. Elastische Veränderung unter Einwirkung einer Zugkraft

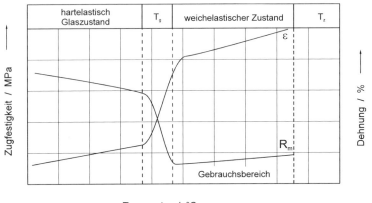

Abb. 8.20. Zugfestigkeit über der Temperatur für Elastomere

8.3.3 Duroplaste

Bei den Duroplasten sind die Molekülketten engmaschig miteinander vernetzt, Abb. 8.21. Durch den Vernetzungsprozess wird im Grenzfall das gesamte Bauteil zu einem Makromolekül. Duroplaste sind weder erweich- noch schmelzbar, sie zersetzen sich, Abb. 8.22. Bei Raumtemperatur verhalten sie sich hart und spröde, sie sind unlöslich, nicht plastisch verformbar, nicht schweißbar und temperaturstandfest. Häufig werden Duroplaste bis zu über 80% mit Füll- und Verstärkungsstoffen (Pulver, Faser, Schnitzel, Bahnen) versehen.

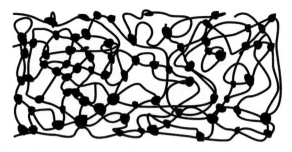

Abb. 8.21. Stark vernetzte Struktur eines Duroplasts

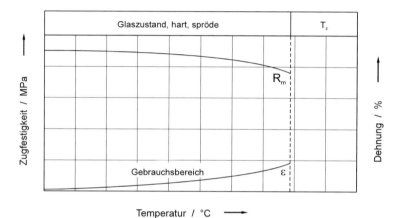

Abb. 8.22. Zugfestigkeit über der Temperatur für Duroplaste

Als Konstruktionswerkstoffe stehen 3 Gruppen zur Verfügung:

Technische Harze zum Gießen von Formkörpern, Einbetten, Kleben oder Schäumen, z.B. Herstellung von Bootskörpern, Isolierteilen. Die Härtung erfolgt warm oder kalt, meist ohne Druck.

Härtbare Formmassen zur spanlosen Verarbeitung. Anwendung für elektrotechnische Isolierteile, Hartpapier, Formteile im Maschinen- und Apparatebau, als Bindemittel für Schleifscheiben, Kupplungs- und Bremsbeläge. Spanlose Verarbeitung, Aushärtung unter Druck und Wärme.

Technische Schichtpressstoffe als Kunststoffhalbzeug in Form von Tafeln, Blöcken und Profilen. Verarbeitung durch spanende Bearbeitung.

Beispiele für Duroplaste sind PF, MF, UP, EP. Als Füllstoffe für Duroplaste werden insbesondere eingesetzt: Glas, Holz und Zellulose in Form von Pulver sowie Fasern, Schnitzel, Bahnen und Matten.

8.4 Physikalische und mechanische Eigenschaften

Die physikalischen und mechanischen Eigenschaften von Kunststoffen werden durch Aufbau und Größe der Makromoleküle, durch den Vernetzungsgrad sowie durch die Art der Herstellung bestimmt. Die Eigenschaften werden zusätzlich durch Umgebungsbedingungen wie Temperatur, Feuchte, Medium und Belastungsgeschwindigkeit stark beeinflusst. Der Einfluss der Umgebungsbedingungen auf die Eigenschaften ist wesentlich stärker ausgeprägt als bei Metallen.

8.4.1 Physikalische Eigenschaften

Kunststoffe weisen einige Eigenschaften auf, die sie stark von Metallen unterscheiden. So zeichnen sie sich besonders durch niedrige Dichte, Tabelle 8.4, hohen elektrischen Isolationswiderstand, hohes Dämpfungsvermögen, geringe Wärmeleitfähigkeit und gute Beständigkeit gegen elektrolytische Korrosion aus. Die Einsatztemperatur der Kunststoffe ist im Vergleich zu Metallen und Keramiken sehr niedrig.

Tabelle 8.4 Physikalische Eigenschaften von Kunststoffen

Werkstoff	Typ	Dichte	maximale Einsatz- temperatur / °C	thermischer Ausdehnungs- koeffizient / μm/(m K)	max. Wasseraufnahme / %
PS	amorpher T	1,05	55	80	<0,1
ABS	amorpher T	1,06	85	95	0,7
PVC	amorpher T	1,39	65	75	0,2
PA12	teilkrist. T	1,02	80	150	2,3
PP	teilkrist. T	0,91	100	160	<0,1
PTFE	teilkrist. T	2,2	280	100	10^{-3}
PE	teilkrist. T	0,94	90	210	<0,1
NR	E	0,93	70	-	-
IR	E	0,93	60	-	-
BR	E	0,94	90	-	-
UP	D	1,25	80	60	0,15 - 0,6
EP	D	1,21	80	20	0,1 - 0,5

8.4.2 Mechanische Eigenschaften

Das Verformungsverhalten von Werkstoffen kann mit Hilfe von Fließkurven beschrieben werden. Amorphe Thermoplaste und Duroplaste zeigen ein fast linearelastisches Verhalten bis zum Bruch, Abb. 8.23. Dieses Verhalten ändert sich bei den Duroplasten bis zur Zersetzungstemperatur nicht, also bis zur Zerstörung des Kunststoffes, während bei den amorphen Thermoplasten oberhalb des Gebrauchsbereichs starke bleibende Verformungen beobachtet werden. Auch Elastomere zeigen so gut wie keine bleibenden Verformungen. Ihr Verhalten ist reversibel, aber nicht linearelastisch; es wird als hyperelastisch bezeichnet. Teilkristalline Thermoplaste zeigen im Gebrauchsbereich ein viskoses Verhalten. Der Grad der bleibenden Verformungen ist stark von Temperatur und Belastungsgeschwindigkeit abhängig. Die mechanischen Eigenschaften einiger gebräuchlichen Kunststoffe sind in Tabelle 8.5 aufgeführt.

Tabelle 8.5 Mechanisch technologische Eigenschaften von Kunststoffen

Werkstoff	Typ	E-Modul / MPa	Streckgrenze / MPa	Zugfestigkeit / MPa	Reissdehnung / %
PS	amorpher T	2300 - 4100		30 - 100	1,6
ABS	amorpher T	1900 - 2700		32 - 56	15 - 30
PVC	amorpher T	2500 - 4000		25 - 70	60
PA12	teilkrist. T	1100 - 1600		50 - 55	bis 300
PP	teilkrist. T	900 - 1500		25 - 40	150 - 300
PTFE	teilkrist. T	300 - 800		10 - 40	100 - 500
PE	teilkrist. T	100 - 1200		5 - 40	bis 400
NR	E	-		22	600
IR	E	-		1	500
BR	E	-		2	450
UP	D	3500 - 20000		6 - 82	1 - 6
EP	D	2700		61	5

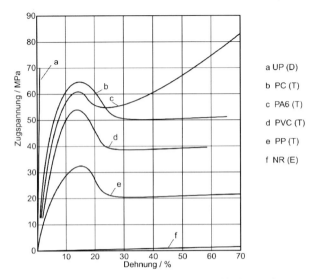

Abb. 8.23. Fließkurven bei 20°C von gebräuchlichen Polymeren

Viel stärker als bei Metallen hängen die Werkstoffkennwerte bei Kunststoffen von der Zeit ab, man spricht von viskosem Verhalten. Sowohl die Festigkeitswerte als auch die Verformungskennwerte sind im Gebrauchsbereich zeitabhängig. Bei Betrachtung der Fließkurven von Polystyrol bei unterschiedlicher Versuchsdauer, Abb. 8.24, wird der Abfall der Festigkeit bei gleichzeitig zunehmender Bruchverformung mit länger werdender Versuchsdauer deutlich erkennbar. Diese Entfestigung wird auch sichtbar, wenn die Zeitstandfestigkeit über der Beanspruchungsdauer aufgetragen wird, Abb. 8.25.

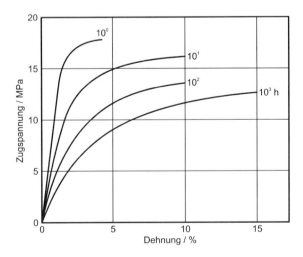

Abb. 8.24. Von der Dehnrate abhängiges Fließverhalten von Polystyrol

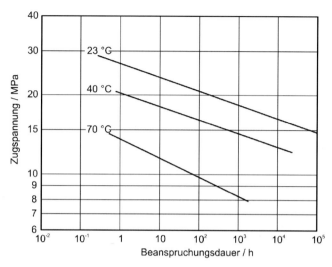

Abb. 8.25. Zeitstandfestigkeit in Abhängigkeit von der Temperatur für Polystyrol

Das Verhalten der Polymere ist ebenfalls stark von der Umgebungstemperatur abhängig. Kleine Temperaturerhöhungen können schon zu einer starken Festigkeitsabnahme führen. In Abb. 8.26 sind die Fließkurven von Polyamid für verschiedene Temperaturen aufgetragen. Deutlich ist die starke Abnahme der Streckgrenze im Temperaturbereich zwischen -50°C und 100°C zu beobachten. Die Temperaturabhängigkeit der Zugfestigkeit für verschiedene Kunststoffe ist in Abb 8.27 gezeigt.

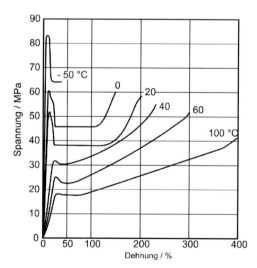

Abb. 8.26. Temperaturabhängiges Fließverhalten von Polyamid (PA12)

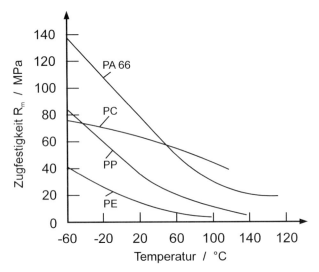

Abb. 8.27. Zugfestigkeit in Abhängigkeit von der Temperatur

Bestimmte Kunststoffe neigen zur Feuchteaufnahme. In Abb 8.28 ist gezeigt wie der Wassergehalt von Polyamid (PA6) in Abhängigkeit von der relativen Luftfeuchte ansteigt. Diese Wasseraufnahme führt wiederum zu einem Abfall der Festigkeit, Abb. 8.29. Feuchtigkeitsaufnahme stellt auch ein Problem im Leichtbau dar, da nicht nur die Festigkeit abfällt, sondern auch das Gewicht eines Bauteils durch die Wasseraufnahme ansteigt.

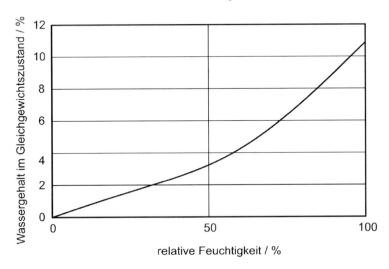

Abb. 8.28. Wassergehalt von Polyamid in Abhängigkeit von der Luftfeuchtigkeit

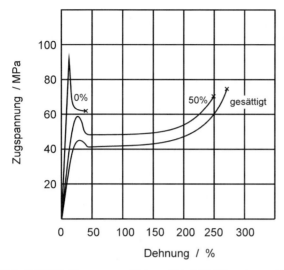

Abb. 8.29 Fließkurven von Polyamid bei 23 °C und verschiedenen Feuchtigkeitsgehalten

Während des Gebrauchs können sich infolge äußerer Einwirkungen wie Temperatur, organischen Lösungsmitteln und Strahlung die Eigenschaften durch die Aufspaltung kovalenter Bindungen stark verändern. Bei Bewitterung überlagern sich dann chemische, photochemische und thermische Prozesse.

8.5 Wichtige Kunststoffe mit Anwendungen

Kunststoffe zeichnen sich durch eine extrem große Bandbreite ihrer Eigenschaften aus. Sie sind einfach zu fertigen und zu bearbeiten. Sie lassen sich gut fügen, schweißen (Thermoplaste) und kleben. Die erzielbaren Oberflächen sind hochwertig. Durch Beifügen von Zusatzstoffen lassen sich die mechanischen Eigenschaften, die Farbe, die Haptik und die Lebensdauer in einem großen Bereich variieren. Bedingt durch dieses breite Eigenschaftsspektrum ist der Anwendungsbereich der verschiedenen Kunststoffe entsprechend groß. In Tabelle 8.6 sind für eine Auswahl von Kunststoffen Anwendungsbeispiele gegeben.

Tabelle 8.6. Anwendungsbeispiele von Kunststoffen

Kurzzeichen	spezielle Eigenschaften	Anwendungen
PC	hohe Transparenz, hohe Festigkeit, gute Schlagzähigkeit	Visiere von Motoradhelmen, Sicherheitsscheiben, Spulenkörper, Schaugläser, Gehäuse
PS	hohe Transparenz, spröde, hart	Verpackungen, Isolierteile, Haushaltsartikel, Spielwaren, geschäumt als Styropor
PVC (hart)	hohe chem. Beständigkeit, schwer entflammbar, spröde	Rohrleitungen, Apparatebau, Haushaltsgegenstände, Folien
PA	sehr zäh, abriebfest,	Zahnräder, Gehäuse, Lagerbuchsen, Textilfasern
LDPE	niedere Dichte, hohe chem. Beständigkeit, hohe Zähigkeit, geringe Wasseraufnahme	Folien, Kabelummantelungen, Tragetaschen, Behälter
HDPE	hohe chemische Beständigkeit, hohe Zähigkeit, geringe Wasseraufnahme	Schutzhelme, Transportkästen, Haushaltsartikel, Sitzschalen, Mülltonnen, Kraftstofftanks, Surfbretter, Seile
PP	steif, gute Festigkeit, Oberflächenhärte, preisgünstig	Folien, Gartenmöbel, Verpackungen, Kfz-Komponenten
POM	hohe Festigkeit, steif, zäh, verschleissfest	Gehäuse, Zahnräder, Elektrokleinteile, Ketten, Schrauben, Kfz-Komponenten
PTFE	zäh, gute Gleiteigenschaften, wetter- und lichtbeständig, temperaturbeständig, nicht brennbar, geringe Festigkeit, kriechanfällig	Dichtungen, Gleitlager, Kolbenringe, Beschichtungen mit abweisender Oberfläche, Medizintechnik, dampfduchlässige dünne Folien ('Gore-Tex')
NR	hoch elastisch, relativ zugfest	Autoreifen, Matratzen, Schwämme, geschäumt als Dämpfungsmaterial auf Teppichböden
SBR	Hitzebeständig bis 100°C, mittlere Elastizität, gute Verschleissbeständigkeit	Formteile, O-Ringe, Membranen
BR	hoch elastisch, abriebfest, rissbeständig	Reifen (meist als Blend mit NR), technische Gummiwaren
UP	spröde bis zäh, geringe Festigkeit, temperaturbeständig, geringe Kriechneigung	Lacke, elektrische Isolierschichten
EP	hohe Festigkeit, hart, schlagunempfindlich, maßhaltig, hohe Haftfestigkeit, teuer	Lacke, Gießharze, Hochspannungsisolatoren, Klebstoffe, Matrixwerkstoff in Verbundwerkstoffen

Fragen zu Kapitel 8

1. Nennen Sie die drei Syntheseverfahren von Kunststoffen.

2. Welche Vorteile haben Kunststoffe gegenüber metallischen Werkstoffen?

3. Skizzieren Sie das Verhalten von Kunststoffen im Zugversuch. Wie ändert sich der Kurvenverlauf bei Zunahme der Dehngeschwindigkeit?

4. Nennen Sie Eigenschaften von Thermoplasten.

5. Warum sind Elastomere und Duroplaste nicht schweißbar?

9 Keramische Werkstoffe

Keramiken gelten heute als Hochleistungswerkstoffe, die extremen mechanischen, chemischen und elektrischen Beanspruchungen ausgesetzt werden können. In der Elektronik finden keramische Werkstoffe Einsatz als Isolatoren, in piezoelektrischen Anwendungen oder als Supraleiter.

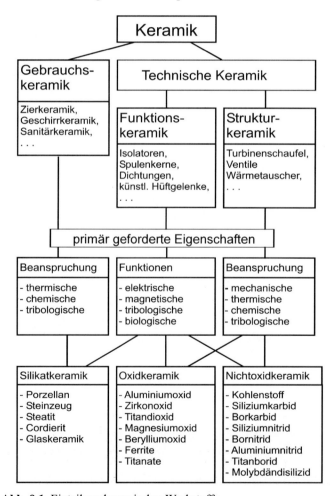

Abb. 9.1. Einteilung keramischer Werkstoffe

Keramische Werkstoffe werden in den verschiedensten Bereichen eingesetzt, z.B.: Motoren- und Turbinenbau (Wärmeisolation, Ventilsitze, Turbolader, Gasturbine), Hochtemperaturtechnik (Wärmeübertrager, Heizleiter, Brenner), Verfahrenstechnik (Armaturen, Dichtungstechnik) und Medizintechnik (Hüftgelenk, Zahnimplantat).

Eine mögliche Einteilung von Keramikwerkstoffen zeigt Abb. 9.1. Dabei unterscheidet man zwischen Gebrauchskeramik (z.B. Sanitärbereich), Strukturkeramik und Funktionskeramik. Die Einteilung ist dabei weniger werkstoff-, sondern vielmehr anwendungsspezifisch.

9.1 Herstellung, Struktur

Die Herstellung keramischer Bauteile lässt sich vereinfacht auf das in Abb. 9.2 dargestellte Schema bringen. Dieses ist für Silikatkeramik, Oxid- bzw. Nichtoxidkeramik gleichermaßen gültig. Vereinzelt gibt es Abweichungen bei Sonderarten, bei denen Formgebung und Brennvorgang zusammenfallen.

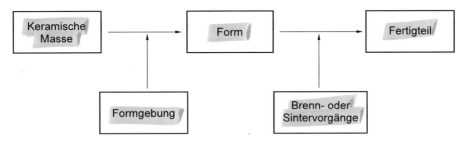

Abb. 9.2. Schematischer Ablauf der Herstellung von keramischen Bauteilen

9.1.1 Einteilung der keramischen Massen

Neben der Einteilung nach der Anwendung können keramische Werkstoffe auch nach der Art der keramischen Masse unterschieden werden (siehe Abb. 9.1).

- Silikatkeramik
  Hauptbestandteile der silikatkeramischen Massen sind Tonsubstanzen und Wasser sowie als Zusatzstoffe Urgestein, z.B. Quarz und Feldspat. Die Silikatkeramik besteht in der Regel aus mehreren Komponenten.

- Oxidkeramik
  Bei der Oxidkeramik gibt es eine Vielzahl von Einzelmassen, die im Wesentlichen aus einer Komponente wie Al_2O_3, MgO, BeO, ZrO_2 oder Spinell, Titanat oder Ferriten bestehen. Es gibt jedoch auch Massen aus mehreren Komponenten, z.B. Al_2O_3 - ZrO_2. Allen Massen wird ein gewisser Anteil von Binde- bzw. Flussmitteln zugesetzt, üblicherweise etwa 3%.

- Nichtoxidkeramik
  Keramische Massen aus Nichtoxiden bestehen entweder aus Karbiden, Nitriden, Boriden oder Siliziden. Die wichtigsten Elemente sind Bor, C und N, sowie Si und die Elemente der 4. Nebengruppe des Periodensystems (Ti, Zr, Hf), der 5. Nebengruppe (V, Nb, Ta) und der 6. Nebengruppe (Cr, Mo, W). Die Massen bestehen in der Regel aus einer Verbindung. Von Bedeutung sind z.B. Massen aus SiC, Si_3N_4. Auch hier werden bestimmte Mengen an Bindemitteln zugesetzt.

9.1.2 Formgebung

Für die Formgebung keramischer Massen werden das Pressen, Gießen und Extrudieren eingesetzt. Die Auswahl des geeigneten Formgebungsverfahrens richtet sich im Wesentlichen nach:

- Art und Zusammensetzung der benötigten Masse,
- Geometrie des zu formenden Bauteils,
- Stückzahl (rationelle Fertigung).
  In Abbildung 9.3 sind Verfahren bzw. der Ablauf der Formgebung schematisch dargestellt.

Der Schlickerguss wird im Wesentlichen für Nichtoxidkeramik angewendet. Dazu wird das Ausgangspulver (z.B. Siliziummetallpulver, Korngröße ca. 60 μm) mit besonders geeigneten Plastifizierungsmitteln und u.U. auch im Wasser gemeinsam vermahlen, gemischt und in Gipsformen gegossen. Nach einem Trocknungs- und Ausheizungsprozess der Bindemittel können die Rohlinge für die weitere Bearbeitung bereitgestellt werden.

Bei Oxid- und Nichtoxidkeramiken werden als Plastifizierungsmittel bzw. Bindemittel häufig Thermoplaste verwendet. Dadurch können die von der Kunststoffindustrie bekannten Verfahren wie Extrudieren und Spritzgießen angewandt werden. Nach der Plastifizierung im beheizten Zylinder erfolgt das Spritzen in die Form (Spritzgießen, diskontinuierlich) bzw. Spritzen mit Formung im Freien (Extrudieren, kontinuierlich). Nach dem Spritzvorgang erfolgt ein Temperprozess, um die in die Massen eingebrachten Bindemittel zu entziehen.

Beim Pressen werden in der Regel Trockengranulate verwendet. Der Vorteil des isostatischen Pressens liegt in der Möglichkeit, den Pressling nach allen Richtungen gleichmäßig zu verdichten und so dünnwandige Formteile herzustellen.

Die sogenannte Grünbearbeitung, d.h. eine spanabhebende Bearbeitung der formstabilen Rohlinge, muss nach nahezu allen Formgebungsverfahren erfolgen, um ein Höchstmaß an Genauigkeit zu erzielen.

9.1.3 Brennvorgang - Sintern - Reaktionssintern

An die Formgebung schließt sich eine Wärmebehandlung an, deren Temperatur abhängig von der Art der keramischen Masse ist und daher stark schwankt. Allgemein liegt für den Bereich der Silikatkeramik die Brenntemperatur zwischen 900 °C und 2000 °C, für Oxidkeramik (Sintern) zwischen 1600 °C und 1800 °C. Nichtoxidkeramik (Reaktionssintern) wird zwischen 1300 °C und 1500 °C hart gebrannt. Mit Heißpressen bezeichnet man gleichzeitiges Formgeben und Sintern.

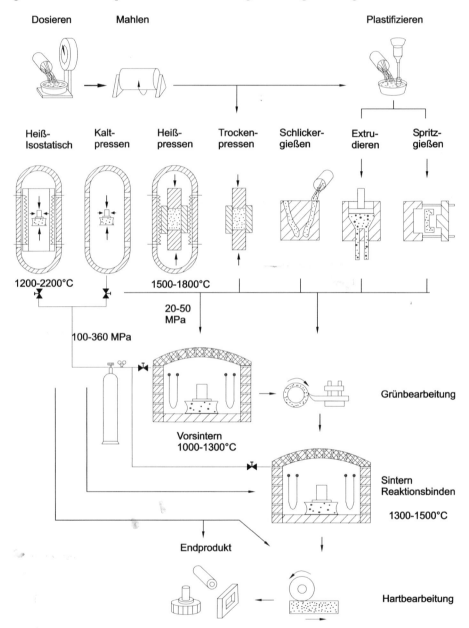

Abb. 9.3. Herstellungsverfahren für keramische Bauteile

9.1.4 Atomare Vorgänge beim Brennen

Die Silikatkeramik ist in der Regel ein Vielstoffsystem. Die beim Brennen entstehenden ternären Verbindungen und eutektischen Phasen weisen hohe Viskositäten auf, die dazu führen, dass beim Abkühlen keine Kristallisation, sondern glasige Erstarrung erfolgt. Technische Produkte aus den üblichen mehrkomponentigen keramischen Massen bilden daher während des Brennens Glasphasen aus, die je nach Art der Keramik einen großen Bestandteil des Gefüges ausmachen können. Die anderen Gefügebestandteile erstarren kristallin.

Im Unterschied dazu sind oxidkeramische und nichtoxidkeramische Werkstoffe i.Allg. durch das Fehlen jeglicher Glasphase charakterisiert; sie bestehen in der Regel nur aus einer Komponente. Nach dem Sintern - die Sinterung von Oxidkeramik erfolgt in oxidierender Atmosphäre - weisen die Fertigteile aus Oxidkeramik ein polykristallines Gefüge auf, wie es auch bei metallischen Werkstoffen vorhanden ist. Im Endstadium des Sintervorgangs bilden sich im Werkstoff Hohlräume, sogenannte Poren aus. Diese Poren und Verunreinigungen der keramischen Masse wirken als Einschlüsse. Trifft die Grenzfläche eines Korns beim Wachsen auf einen Einschluss, dann ist eine zusätzliche Energie notwendig, das Wachstum über den Einschluss hinaus fortzusetzen. Da diese Energie meist nicht vorhanden ist, begrenzen Einschlüsse das Kornwachstum, so dass in der Praxis immer eine begrenzte Korngröße zu beobachten ist.

Das Reaktionssintern von Nichtoxidkeramik, insbesondere von Siliziumnitrid, unterscheidet sich vom Sintern der Oxidkeramikteile insofern, als hier der Sintervorgang in einem Reaktionsgas, z.B. Stickstoff, abläuft. Die Vorkörper aus dem Siliziumnitrid (geringes Sintervermögen) werden dazu in einem Ofen in kontrollierter Stickstoffatmosphäre bei ca. 1000 °C bis 1300 °C unter Abwesenheit von Sauerstoff gebrannt. Dabei reagiert ein Teil des Siliziums mit dem Stickstoffgas zu Si_3N_4 und sorgt so für eine Verfestigung der Rohkörper. Diese können nun zum Erreichen der Toleranzen spanend bearbeitet werden. Der eigentliche Reaktionssintervorgang läuft wieder in Stickstoffatmosphäre bei 1300 °C bis etwa 1500 °C ab, wobei das gesamte Silizium zu Si_3N_4 reagiert und wiederum Diffusionsprozesse ablaufen.

9.1.5 Gefügeaufbau

Das Gefüge, z.B. von Al_2O_3-Keramik (kristallin), besteht aus Elementarzellen in der Form von Polyedern. Das mechanische Verhalten von Keramiken wird im Wesentlichen durch herstellungsbedingte Gefügedefekte (Poren, Mikrorisse, Gefügeinhomogenitäten) bestimmt. Bei mechanischer Beanspruchung entstehen und wachsen Mikrorisse, die bei fortschreitender Belastung zum Sprödbruch führen.

9.2 Eigenschaften

Keramische Werkstoffe weisen gegenüber metallischen Werkstoffen den Nachteil von vergleichsweise hoher Sprödigkeit auf. Das führt dazu, dass Spannungsspitzen oder scharfe Temperaturwechsel zum Bruch führen. Auch die Ermittlung der Werkstoffeigenschaften ist daher nicht ohne Weiteres möglich.

Anstelle der Zugfestigkeit aus dem Zugversuch wird bei keramischen Werkstoffen nahezu ausschließlich die Biegefestigkeit angegeben. Der Grund für die Bevorzugung der Biegeprüfung liegt in der einfachen Probengeometrie, der einfachen Herstellung der Proben und an der unproblematischen Einspannung der Proben beim Versuch. Die Angabe einer Biege- bzw. Zugfestigkeit ist bei keramischen Werkstoffen als Festigkeitskriterium jedoch unzureichender als z.B. die 0,2%-Dehngrenze bei metallischen Werkstoffen. Diese Unbestimmtheit gründet sich auf folgende Besonderheiten:

- relativ große Streuung der Festigkeitskennwerte,
- Abhängigkeit der Festigkeit von der Größe und Form des belasteten Körpers (Volumen- und Oberflächeneinfluss),
- Festigkeitsabnahme bei statischer Belastung (statische Ermüdung).

Die Ursache für die große Festigkeitsstreuungen bei keramischen Werkstoffen sind Werkstoffinhomogenitäten bzw. Volumen- und Oberflächendefekte, die eine Größen- und Orientierungsverteilung aufweisen. Selbst dichte, porenfreie Al_2O_3-Keramik zeigt eine Festigkeitsstreuung von ± 20%.

Abb. 9.4 stellt die an zehn identischen 3-Punkt-Biegeproben ermittelte Biegefestigkeit einer reinen (99,7% Al_2O_3, Rest Sinteradditive) Aluminiumoxidkeramik dar. Die Streuung ist signifikant und äußert sich in einem niederen Weibullmodul m.

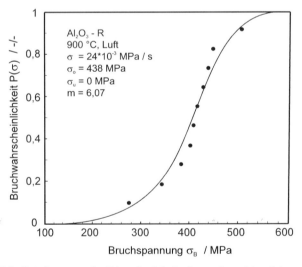

Abb. 9.4. Streuung der Biegefestigkeit einer reinen Aluminiumoxidkeramik

Es ist offensichtlich, dass die Angabe einer mittleren Festigkeit ungenügend ist. Maßgebend für die konstruktive Anwendung ist die Kenntnis der Festigkeit für sehr kleine Bruchwahrscheinlichkeiten. Bei der Werkstoffentwicklung strebt man möglichst hohe Festigkeiten bei kleiner Streuung an. In beiden Fällen ist eine Quantifizierung der Festigkeitsverteilung erforderlich.

Zur Beschreibung der Festigkeitsverteilung wird im Allgemeinen eine Weibullverteilung herangezogen, die auch häufig im Bereich der Schadens- und Ausfallstatistik verwendet wird. Weibull gibt für die Bruchwahrscheinlichkeit P_f bei einachsigem Spannungszustand folgende Beziehung an:

$$P_f = 1 - e^{-\frac{V}{V_o}\left(\frac{\sigma-\sigma_u}{\sigma_o}\right)^m} \qquad (9.1)$$

Dabei entspricht σ_u der Schwellspannung, σ_o der Normierungsspannung, m einem Materialparameter, auch Weibullmodul genannt, V dem belasteten Volumen und V_0 dem Referenzvolumen. Meist reicht zur Beschreibung der Bruchspannung die 2-parametrige Weibullverteilung aus, bei der σ_u zu 0 gesetzt ist. Bei der 2-Parameter Weibullverteilung kennzeichnet m die Streuung und σ_o die Lage der Verteilung bezüglich der Bruchspannungsachse. Wie Abbildung 9.5 zeigt, gilt: je größer m, desto geringer ist die Streuung der Festigkeitswerte.

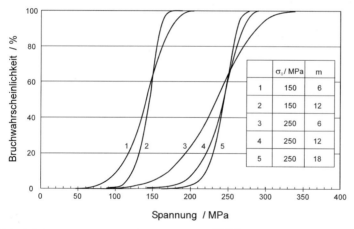

Abb. 9.5. 2-Parameter Weibullverteilungen ($V / V_0 = 1$, $\sigma_u = 0$)

Das besondere Versagensverhalten von Keramik muss in der Konstruktion und Auslegung von Bauteilen berücksichtigt werden. Keramikgerecht konstruieren bedeutet:

Vermeidung scharfer Absätze, Kanten und starker Querschnittsveränderungen. Nach Möglichkeit sollten die Belastungen bevorzugt auf Druck erfolgen, wobei allerdings hohe Kantenpressungen zu vermeiden sind. Bei Konstruktionen mit unterschiedlichen Werkstoffkombinationen sind Unterschiede im Ausdehnungskoeffizient zu beachten.

9.2.1 Oxidkeramik

9.2.1.1 Aluminiumoxid Al₂O₃

Aluminiumoxid in seinen zahlreichen Varianten zählt zu den technisch wichtigsten oxidkeramischen Werkstoffen.

Ein optimal gesintertes Material, mit einem dichten homogenen Gefüge, zeichnet sich durch gute mechanische, thermische und chemische Eigenschaften aus. Weiterhin sind die elektrischen und optischen Eigenschaften dieses Materials für die Industrie von großer Bedeutung.

Bedingt durch die hohe Härte von gesintertem Al_2O_3 sollten die Hauptbearbeitungsschritte im Grünzustand durchgeführt werden (Sägen, Schleifen, Drehen oder Bohren). Die Verdichtbarkeit des Grünkörpers und die organischen Additive beeinflussen im Wesentlichen die Grünbearbeitung. Um eine hohe Maßgenauigkeit der Fertigprodukte zu erzielen, ist ein Hartbearbeiten nach dem Sintern notwendig. Wegen der extremen Härte von gesinterten Aluminiumoxidprodukten werden vorzugsweise Diamant- oder CBN-Werkzeuge eingesetzt.

Die in Tabelle 9.1. aufgeführten Werte der mechanischen sowie physikalischen Eigenschaften sind Richtwerte, da je nach Ausgangsmaterial, Verarbeitungsverfahren sowie Messbedingungen die Eigenschaften bzw. die Messergebnisse stark beeinflusst werden können.

Tabelle 9.1. Mechanische und physikalische Eigenschaften von Aluminiumoxid (RT)

Eigenschaft	Wert
Biegefestigkeit σ_{bB} / MPa	400 ± 50 (4-Punkt-Biegung)
Zugfestigkeit R_m / MPa	320 ± 40
Druckfestigkeit σ_{dB} / MPa	4300 ± 300
E-Modul / GPa	400
Bruchzähigkeit K_{Ic} / MPa$\sqrt{m}$	3,4 ± 0,2
Härte HV 30 / -/-	1700 ± 500
Dichte ρ / kg/dm^3	3,98
Wärmeleitfähigkeit / W/(mK)	30; 13 (400 °C)
Wärmeausdehnungskoeffizient / 10^{-6} 1/K	6,7 - 9,5
Schmelztemperatur / °C	2040 ± 10

Aufgrund der Verunreinigung durch die während der Herstellung notwendigen Sinterhilfsmittel kommt es bei hoher Temperatur zum Kriechen und damit zum Festigkeitsverlust. Die große thermische Ausdehnung sowie die nur mäßige Wärmeleitfähigkeit führen zu schlechter Temperaturwechselbeständigkeit.

Dichtes, polykristallines Al_2O_3 ist sehr beständig gegen Säuren und Laugen, wird jedoch von aggressiven Lösungen und Schmelzen wie HF, heißer konzentrierter H_2SO_4, Aluminiumfluorid, geschmolzenen Alkali-Verbindungen und konzentrierter H_3PO_4 gelöst.

Weiterhin ist hochreines Al_2O_3 gegen sehr viele Metall- und Glasschmelzen beständig und kann durch geeignete Zumischung von anderen Oxiden (z.B. Cr_2O_3) in der chemischen Beständigkeit bzw. Schlackenbeständigkeit verbessert werden.

9.2.1.2 Aluminiumtitanat Al_2TiO_5

Aluminiumtitanat ist ein Werkstoff von weißer, cremegelber oder grauer Farbe, der eine herausragende Eigenschaftskombination für thermische Einsatzbedingungen aufweist: Sehr hohe Temperaturwechselfestigkeit sowie sehr niedrige Wärmeleitfähigkeit und Wärmeausdehnung bei einem für Keramik ungewöhnlich niedrigen Elastizitätsmodul eröffnen diesem Material ein vielfältiges Anwendungsspektrum. Allerdings ist die Festigkeit des Materials auch entsprechend niedrig.

Die Grün- und Hartbearbeitung der Bauteile wird bevorzugt mit Diamantwerkzeugen durchgeführt. Die Komponenten sind wegen der geringen mechanischen Festigkeiten der Aluminiumtitanatkeramik vorsichtig zu bearbeiten, um Deformationen oder Beschädigungen der Bauteile zu vermeiden.

Aus der starken Anisotropie der Wärmedehnung in Aluminiumtitanat-Kristallen resultiert der niedrige Wärmeausdehnungskoeffizient des Werkstoffes und ein Gefüge, das gewöhnlich durch ein Mikrorisssystem gekennzeichnet ist.

Aluminiumtitanat besitzt eine gute Korrosionsbeständigkeit gegenüber vielen NE-Metallschmelzen, z.B. Al- und Cu-Legierungen, Tabelle 9.2.

Tabelle 9.2. Mechanische und physikalische Eigenschaften von Aluminiumtitanat (RT)

Eigenschaft	Wert
Biegefestigkeit σ_{bB} / MPa	25 – 50, 40 – 70 (750 °C)
Druckfestigkeit σ_{dB} / MPa	≈ 300
E-Modul / GPa	10 – 25, 25 – 60 (750 °C)
Dichte / kg/dm^3	$\approx 3{,}7$
Wärmeleitfähigkeit / W/(mK)	1 - 3
Wärmeausdehnungskoeffizient / 10^{-6} 1/K	0,5 - 3
Schmelztemperatur / °C	1860

Demgegenüber wird Aluminiumtitanat von silicatischen Ca-, Fe- und Mg-haltigen Schlacken angegriffen.

9.2.1.3 Zirkonoxid ZrO_2

In der Gruppe der oxidischen Keramiken steht Zirkonoxid bezüglich der Härte nach dem Aluminiumoxid an zweiter Stelle. Zirkonoxid ändert beim Erhitzen bzw. Abkühlen seine Morphologie.

Hierbei ist die reversible Phasenumwandlung tetragonal $\Leftrightarrow$ monoklin mit einer ca. 5-8%igen Volumenzunahme verbunden. Formkörper aus reinem Zirkonoxid würden daher nach dem Sintern beim Abkühlen zerbersten.

Zur Verhinderung dieser Volumenänderung wird das Zirkonoxid mit einem oder mehreren sogenannten Stabilisatoren wie MgO, CaO, Y_2O_3 oder Ce-, Yb-, Ti-Oxiden dotiert, so dass es dadurch gelingt, bis zur Raumtemperatur die tetragonale bzw. kubische Phase des Zirkonoxides metastabil zu erhalten bzw. zu stabilisieren. Mit Hilfe dieser Stabilisatoren können je nach Art, Mischung und Menge ganz bestimmte metastabile Zustände im ZrO_2-Werkstoff eingestellt werden, die die physikalischen und chemischen Eigenschaften mitbestimmen.

Je nach Stabilisierungsgrad unterscheidet man folgende ZrO_2-Keramiken:
- PSZ (partially stabilized zirconia) teilstabilisierte ZrO_2-Keramik
- TZP (tetragonal zirconia polycrystals) tetragonal stabilisierte ZrO_2-Keramik
- CSZ (cubic stabilized zirconia) vollstabilisierte kubische ZrO_2-Keramik

Zirkonoxid kann im "grünen" oder "vorgebrannten" Zustand mittels Hartmetall- oder Diamantwerkzeugen spangebend bearbeitet werden. Im gesinterten Zustand kann Zirkonoxid aufgrund seiner hohen Härte nur mit Diamantwerkzeugen schleifend wirtschaftlich bearbeitet werden. Zur Senkung der Bearbeitungskosten sollte das Bauteil durch entsprechende Formgebung der notwendigen Endkontur möglichst weit angenähert werden.

Die in Tabelle 9.3. angegebenen Werte variieren in Abhängigkeit des Ausgangsrohstoffes ZrO_2, der zugegebenen Art und Menge der Stabilisatoren sowie der angewandten Brennbedingungen. Aufgrund der Verunreinigung durch die während der Herstellung notwendigen Sinterhilfsmittel kommt es bei hoher Temperatur zum Kriechen und damit zum Festigkeitsverlust. Große thermische Ausdehnung sowie geringe Wärmeleitfähigkeit führt zu schlechter Temperaturwechselbeständigkeit.

Tabelle 9.3. Mechanische und physikalische Eigenschaften von Zirkonoxid (RT)

Eigenschaft	PSZ porös MgO stabilisiert	PSZ dicht MgO stabilisiert	TZP dicht Y_2O_3 stabilisiert
Biegefestigkeit σ_{bB} / MPa	40 - 100	300 - 800	900 – 1200
E-Modul / GPa	20 - 80	100 - 200	140 – 200
Bruchzähigkeit K_{Ic} / MPa$\sqrt{m}$	-	9	5 – 10
Dichte / kg/dm^3	5,7	5,8	5,95 – 6,05
Wärmeleitfähigkeit / W/(mK)	1 – 1,5	2 - 3	2 - 3
Wärmeausdehnungskoeffizient 20-800 °C / 10^{-6} 1/K	7 – 8,5	9 – 10,6	10 – 11
Gesamtporosität / Vol.-%	10 - 15	0,1 – 3,0	0,1 – 6,05
Offene Porosität / Vol.-%	9 - 14	0	0

Die Biegefestigkeit von Zirkonoxid fällt mit zunehmender Temperatur stark ab. Dies kann auf die reversiblen Phasenänderungen monoklin <=> tetragonal zurückgeführt werden. Auch die Temperaturwechselbeständigkeit des Zirkonoxids hängt sehr stark von Art und Menge des zugesetzten Stabilisators ab.

Zirkonoxid ist in reduzierender und oxidierender Atmosphäre beständig. Die Einsatztemperaturen bei schmelzstabilisiertem Zirkonoxid können bis zu 2400 °C betragen.

Yttriumoxid-stabilisiertes Zirkonoxid ist in Wasserdampfatmosphäre bei Temperaturen zwischen 200 - 300 °C nicht beständig, insbesondere verringern sich die mechanischen Eigenschaftswerte.

Zirkonoxid eignet sich hervorragend als Tiegelmaterial, da es von praktisch allen technischen Metallschmelzen nicht benetzt wird. Gegen basische und saure Schlacken ist es weitgehend beständig. Der Angriff zielt stets nur auf den Stabilisator, so dass es zu sehr langsamen Stabilisierungs- bzw. Entstabilisierungsreaktionen kommen kann. Der chemische Angriff durch Laugen und Säuren ist sehr gering.

Zirkonoxid wird überall dort eingesetzt, wo Isolationsfähigkeit und Temperaturbeständigkeit sowie Erosions- und Korrosionsfestigkeit gefordert werden.

Poröses Zirkonoxid wird aufgrund höherer Temperaturwechselbeständigkeit in Stahl- und Metallgießereien als Tiegelmaterial, Auslaufdüsen und Schieberplatten eingesetzt. Weiterhin findet poröses Zirkonoxid als Brennhilfsmittel bei der Herstellung von Elektrokeramik sowie als Membranwerkstoff beim Wasserdampf-Elektrolyseverfahren zur Gewinnung von Wasserstoff Verwendung.

Dichtes Zirkonoxid wird aufgrund seiner Eigenschaften, insbesondere durch die hohe Wärmedehnung, die z. T. mit metallischen Werkstoffen vergleichbar ist, als Metall-Keramik-Verbund in Verbrennungsmotoren erprobt. Hierbei handelt es sich um Kolbenmulden, Ventilführungen, Zylinderauskleidungen und Nocken.

9.2.2 Nichtoxidkeramik

9.2.2.1 Dichtes Siliziumnitrid Si_3N_4

Siliziumnitrid ist ein möglicher Strukturwerkstoff für Anwendungen bei Temperaturen bis 1400 °C. Si_3N_4-Werkstoffe sind im Gegensatz zu vielen anderen Hochleistungskeramiken nicht einphasig. Sie enthalten neben dem polykristallinen Siliziumnitrid eine amorphe oder teilkristalline Korngrenzenphase zwischen 2 und 30 Vol.-%. Die dadurch gegebenen Möglichkeiten der Gefüge- und Eigenschaftsmodifikation erlauben die Anpassung des Werkstoffes an die im Bauteil auftretenden Beanspruchungen. Daher kann nicht von einem Werkstoff mit einem relativ begrenzten Eigenschaftsspektrum gesprochen werden, sondern von einer ganzen Werkstoffpalette. Diese Palette wurde in jüngster Zeit noch durch die Entwicklung von Verbundwerkstoffen, z.B. Si_3N_4/TiN, Si_3N_4/SiC, erweitert.

Siliziumnitrid wird oft nach Sintertechnologie in gesintertes (SSN), gasdruckgesintertes (GPSSN), heißgepresstes (HPSSN), heißisostatisch gepresstes (HIPSSN) oder gesintertes reaktionsgebundenes Si_3N_4 (SRBSSN) eingeteilt. Die Eigenschaften werden einmal durch die Sintertechnologie und zum anderen durch die Wahl der Ausgangspulver, die Art und Menge der Additive und die Aufbereitung der Versätze bestimmt.

Zur Herstellung von Si_3N_4-Keramiken werden Si_3N_4-Pulver verwendet. Diese werden kommerziell über unterschiedliche Verfahren hergestellt. Zur Formgebung sind alle bekannten keramischen Technologien wie z.B. Matrizenpressen, kaltisostatisches Pressen, Schlickergießen, Spritzgießen einschließlich eine Grünbearbeitung der Werkstücke einsetzbar. Durch die geringe Eigendiffusion von Silizium und Stickstoff in Si_3N_4 und die niedrige Zersetzungstemperatur (1900 °C bei 0,1 MPa Stickstoffpartialdruck) werden Sinterhilfsmittel für die Verdichtung von Si_3N_4 eingesetzt. Diese Sinterhilfsmittel (die wichtigsten sind: Y_2O_3, Seltenerdmetalloxide, Al_2O_3, AlN, MgO, CaO) bilden während des Verdichtungsprozesses eine flüssige Phase und liegen nach dem Sinterprozess als amorphe oder teilkristalline Korngrenzenphase vor. Reines Si_3N_4 kristallisiert in zwei hexagonalen Modifikationen, der α- und ß-Phase, die sich in den Eigenschaften unterscheiden. Laufen die durch die flüssige Phase hervorgerufenen Umlösungsprozesse des Si_3N_4 vollständig ab, so entstehen nadelförmige ß-Si_3N_4-Körner, die wesentlich für die Erreichung von hohen Bruchzähigkeiten sind. Je nach verwendeten Herstellungsverfahren sowie Art und Menge der Sinteradditive erfolgt die Verdichtung im Temperaturbereich 1700 - 2000 °C und bei Gasdrücken von 0,1 – 200 MPa. Durch die druckunterstützten Sinterverfahren (HIP, GP, HP) können bei gleichen sonstigen Bedingungen geringere Streuungen und höhere Zuverlässigkeiten erreicht werden. Diese Verfahren ermöglichen die vollständige Verdichtung auch bei geringen Additivgehalten. So kann z.B. reine Si_3N_4-Keramik (mit 2-4 Vol.-% SiO_2 als Korngrenzenphase) durch heißisostatisches Pressen hergestellt werden.

Auf Grund der Ausbildung von Sinterhäuten müssen alle beanspruchten Oberflächen nachbearbeitet werden. Bedingt durch die hohe Härte von dichtem Si_3N_4 werden bisher zur Endbearbeitung von Formkörpern nur Schleifverfahren mit Diamantwerkzeugen sowie das Diamantläppen eingesetzt.

In der folgenden Tabelle 9.4. sind typische Eigenschaften für Werkstoffvarianten mit 20 Vol.-% Sinteradditiven aufgeführt.

Höchste Festigkeiten und Härten bei Raumtemperatur werden mit feinkörnigen Gefügen erzielt. Die beste Hochtemperaturbeständigkeit (Festigkeit, Kriechbeständigkeit) wird mit grobkörniger Mikrostruktur erreicht. Hohe Bruchzähigkeitswerte werden mit einem hohen Anteil an Sinteradditiven wie MgO, CaO erhalten. Derartige Materialien zeigen jedoch eine stärkere Degradation der Eigenschaften bei hohen Temperaturen.

Siliziumnitrid hat oberhalb 1000 °C einen mehr oder weniger starken Festigkeitsabfall, der vor allen Dingen durch das Erweichen der amorphen Korngrenzenphase verursacht wird. Je höher die Viskosität der Korngrenzenphase und je stärker sie auskristallisiert ist, desto geringer ist das subkritische Risswachstum sowie der Festigkeitsabfall und desto höher ist der Kriechwiderstand.

Tabelle 9.4. Mechanische und physikal. Eigenschaften von dichtem Siliziumnitrid (RT)

Eigenschaft	Wert
Biegefestigkeit σ_{bB} / MPa	
SSN, SRBSSN	700 – 1000
GPSSN, HIPSSN, HPSSN	700 – 1300
Zugfestigkeit R_m / MPa	140
Druckfestigkeit σ_{dB} / MPa	1050
E-Modul / GPa	280 – 330
Bruchzähigkeit K_{Ic} / MPa$\sqrt{m}$	4 – 8,5
Härte HV 10 / -/-	1400 – 1700
Eigenschaft	Wert
Dichte / kg/dm^3	3,18 – 3,4
Wärmeleitfähigkeit / W/(mK)	10 – 30
Wärmeausdehnungskoeffizient / 10^{-6} 1/K	2,9 – 4
Thermoschockverhalten	
kritische Abschrecktemperatur / K	
ΔT_c (Wasser)	400 – 800
ΔT_c (Öl)	> 1400
Zersetzungstemperatur / °C	≈ 1900
bei 0,1 MPa in N_2	

Bei Raumtemperatur ist Siliziumnitrid chemisch weitgehend resistent. In aggressiven Lösungen und Schmelzen wie NaOH (450 °C), HF (70 °C), NaCl + KCl (900 °C) ist Si_3N_4-Keramik wenig beständig. Sie ist jedoch gegenüber vielen Metallschmelzen (z.B. Al) resistent.

Für den Einsatz der Si_3N_4-Keramik bei hohen Temperaturen ist die Oxidationsbeständigkeit von Bedeutung. Hierbei spielen vor allen Dingen die Oberflächenbeschaffenheit sowie die Art und Menge der Additive eine Rolle. Maßnahmen, die das Sinterverhalten verbessern, wie z.B. die Erhöhung der Additivmenge, bewirken zumeist eine Verschlechterung der Oxidationsbeständigkeit. Die Kristallisation von oxidischen Korngrenzenphasen kann dagegen die Oxidationsbeständigkeit verbessern.

9.2.2.2 Gesintertes Siliziumkarbid SSiC

Keramische Werkstoffe aus drucklos gesintertem Siliziumkarbid (SSiC) eignen sich besonders gut für Anwendungen im Hochtemperaturbereich bis etwa 1750 °C.

Siliziumkarbid, das Ausgangsmaterial für SSiC-Werkstoffe, wird nach dem Prozess

$$SiO_2 + 3C \Longrightarrow SiC + 2CO - 4689\ kJ$$

bei Temperaturen über 2000 °C hergestellt. Das gewonnene α-SiC wird zu submikrofeinem Pulver aufbereitet und dient somit als Ausgangsmaterial für die Herstellung von Werkstoffen.

Die Formgebung der Werkstücke erfolgt nach bekannten keramischen Verfahren, wie uniaxiales und isostatisches Trockenpressen, Schlicker- und Druckguss, aber auch durch Extrudieren und Spritzguss. Einfachere Geometrien können auch durch das HIP-Verfahren (Heißisostatisches Pressen) geformt werden. In diesen Fällen können geringe Mengen an B, Al und C als Sinterhilfsmittel dienen, die das Korngrößenwachstum und die Dichte des Werkstoffes positiv beeinflussen.

Das technisch am häufigsten angewandte Herstellungsverfahren von SSiC-Werkstoffen ist ein drucklos geführtes Sintern bei etwa 2000 bis 2200°C in Inertgasatmosphäre.

Im grünen Zustand werden Formteile aus SiC oft durch Drehen, Fräsen und Bohren bearbeitet. Nach der Sinterung sind die Endmaße und die Oberflächengüte des Werkstückes nur mittels Diamantwerkzeugen erreichbar.

Die wesentlichen Eigenschaften sind in Tabelle 9.5. zusammengestellt.

Tabelle 9.5. Mechanische und physikalischen Eigenschaften von gesintertem Siliziumkarbid (RT)

Eigenschaft	Wert
Biegefestigkeit (4-Punkt) σ_{bB} / MPa	390 , 450 (1450 °C)
Zugfestigkeit R_m / MPa	175
Druckfestigkeit σ_{dB} / MPa	3920
E-Modul / GPa	370
Bruchzähigkeit K_{Ic} / MPa$\sqrt{m}$	3,5 , 7,0 (1200 °C)
Härte HV 5 / -/-	1900
Sinterdichte / kg/dm^3	> 3,10
Wärmeausdehnungskoeffizient / 10^{-6} 1/K	4,9 – 6,3
Offene Porosität / Vol.-%	< 0,5

Werkstoffe und Bauteile aus SSiC können bis zu einer maximalen Einsatttemperatur von etwa 1750 °C verwendet werden. Die Kriechdehnung wird von der SiC-Phase bestimmt und ist somit relativ gering.

Die Temperaturwechselbeständigkeit ist bei SSiC im Vergleich zu den anderen Keramiken sehr gut.

Korrosion in oxidierender Atmosphäre erfolgt durch Bildung einer SiO_2-Schicht, diese schützt vor weiterer Oxidation.

Unter niedrigem Sauerstoffpartialdruck werden flüchtige Schichten aufgebaut (SiO, SiS, $SiCl_2$ $SiCl_4$). Dies führt zum Verlust von Silizium und damit zum Festigkeitsabfall.

Bei Abwesenheit von Sauerstoff zeichnet sich SSiC durch mechanische Festigkeit und Stabilität gegen thermische Zersetzungserscheinungen aus. Die chemische Beständigkeit von SSiC-Werkstoffen gegenüber dem Angriff der meisten chemischen Agenzien ist sehr gut.

NE-Metalle benetzen das SSiC in der Regel nicht. Die Beständigkeit gegen Metallschmelzen von z.B. Blei, Zink Kadmium und Kupfer ist daher sehr gut.

9.2.2.3 Borkarbid B₄C

Borkarbid steht in der Reihe der härtesten Werkstoffe hinter Diamant und Bornitrid an dritter Stelle. Es gehört zur Gruppe der nichtmetallischen nichtoxidischen Hartstoffe.

Gesintertes und heiß(-isostatisch) gepresstes Borkarbid kann aufgrund seiner extremen Härte nur durch Schleifen mit Diamantwerkzeugen spangebend bearbeitet werden. Bohrungen und Vertiefungen definierter Geometrie können mit Ultraschall eingebracht werden. Mit Laserstrahlen kann Borkarbid geschnitten werden. Eine weitere Bearbeitungsmöglichkeit stellt die Funkenerosion dar. Tabelle 9.6. enthält die wichtigsten Eigenschaften:

Tabelle 9.6. Mechanische und physikalische Eigenschaften von Borkarbid (RT)

Eigenschaft	Wert
Biegefestigkeit σ_{bB} / MPa	480 – 520 (heißgepresst), 350 – 390 (gesintert)
Druckfestigkeit σ_{dB} / MPa	2000 – 3000
E-Modul / GPa	480 – 520 (heißgepresst)
	350 – 390 (gesintert)
Bruchzähigkeit K_{Ic} / MPa$\sqrt{m}$	3,2 – 3,6
Härte HV 0,1 / -/-	3000
Härte HV 0,5 / -/-	4000
Dichte ρ / kg/dm³	2,4 – 2,52
Wärmeleitfähigkeit / W/(mK)	40
Wärmeausdehnungskoeffizient / 10^{-6} 1/K	5
Schmelztemperatur / °C	2450

Eine herausragende Eigenschaft des Borkarbids ist seine hohe Warmhärte. So übertrifft die Härte von Borkarbid diejenige des Diamanten ab etwa 1000 °C; bis etwa 1500 °C bleibt die Härte von Borkarbid konstant.

Die Temperaturwechselbeständigkeit von Borkarbid ist aufgrund hohen E-Moduls und seiner Sprödigkeit geringer als die des Siliziumkarbids. Die Wärmeleitfähigkeit nimmt mit steigender Temperatur ab.

Ein Nachteil des Borkarbids ist seine geringe Oxidationsbeständigkeit. Der Beginn der Oxidation liegt bei kompakten Körpern bei etwa 700 °C; als höchste Einsatztemperatur in oxidierender Atmosphäre kann höchstens 1000 °C angegeben werden. In Stickstoffatmosphäre setzt sich Borkarbid zu Bornitrid und Kohlenstoff ab etwa 1800 °C um. In Edelgasatmosphären und in Kohlenmonoxid ist Borkarbid bis zum Schmelzpunkt stabil.

Borkarbid reagiert bei höheren Temperaturen mit praktisch allen technisch wichtigen Metallen und vielen Metalloxiden unter Bildung von Boriden und Kohlenstoff. Borkarbid eignet sich als Tiegelmetall für Metalle. Gegen Säuren und Laugen ist Borkarbid außerordentlich beständig. Lediglich von Mischungen aus HF-H₂SO, und HF-HNO₃ wird es langsam angegriffen. Von alkalischen Salzschmelzen wird Borkarbid zu Boraten zersetzt.

Aufgrund der schlechten Temperaturwechsel- und Oxidationsbeständigkeit hat Borkarbid keine guten Notlaufeigenschaften bei Einsatz als Lagerwerkstoff. Trockenlauf und Festkörperkontakt sollten daher vermieden werden.

Borkarbid wird überall dort eingesetzt, wo hervorragender Abrasionswiderstand gefordert wird. Dazu wird Borkarbid sowohl als lose Körnung wie auch als kompaktes Material verwendet. Loses oder in Pasten gebundenes Korn wird zum Läppen und Schleifen sowie bei der Ultraschallbearbeitung eingesetzt, wobei seine Schleifleistung deutlich höher ist, als diejenige von Siliziumkarbid oder Aluminiumoxid.

9.3 Wärmedämmschichten

Ein besonderer Anwendungsbereich für keramische Werkstoffe, stellen – aufgrund der niederen Wärmeleitfähigkeit - Wärmebarriereschichten (WBS), Wärmedämmschichten (WDS, thermal barrier coats TBC) dar. Damit wird der metallische Strukturwerkstoff vor unzulässig hoher Erwärmung geschützt. Die WDS bestehen aus keramischen (Zirkon-)Schichten, einer metallischen Haftvermittlerschicht (Bond Coat) mit hohem Al-Anteil. Den schematischen Aufbau enthält Abb. 9.6. Über die WDS kann z.B. die Gaseintrittstemperatur in Gasturbinen um 100 bis 150 K gesteigert werden bei gleichbleibender Metalltemperatur der Schaufel.

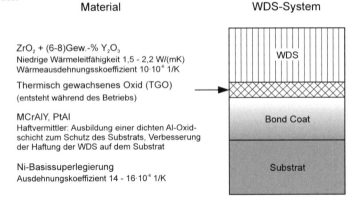

Abb. 9.6. Schematischer Aufbau einer WDS-Schicht

Die Lebensdauer der WDS ist ein technisches Problem. Vorzeitiges Versagen der keramischen Schicht im realen Einsatz führt zu einem unzulässigen Anstieg der Bauteiltemperatur. Andererseits kann das Potenzial für die Entwicklung sparsamer und schadstoffarmer Gasturbinen nur über eine verbesserte Systemauslegung mit erhöhten Turbineneintrittstemperaturen (TIT) erfolgen. Da die Höhe der TIT durch die Einsatzgrenzen der Turbinenschaufelwerkstoffe (in der Regel Nickelbasiswerkstoffe), begrenzt ist, sind zuverlässige WDS gefordert.

Das Aufbringen von WDS erfolgt über Plasmaspritzen oder EB-PVD (Elektronenstrahlaufdampfen).

Fragen zu Kapitel 9

1.   Was ist ein Grünkörper?

2.   Wie unterscheiden sich Silikatkeramiken von oxidischen bzw. nicht oxidischen Keramiken im Gefüge nach dem Sintern?

3.   Was ist Heißpressen und wozu dient es?

4.   Warum ist die Angabe einer mittleren Festigkeit für die konstruktive Auslegung von keramischen Bauteilen nicht ausreichend?

10 Verbundwerkstoffe

10.1 Allgemeines

Die Entwicklung der Technik stellt an die verfügbaren Werkstoffe Anforderungen, die von einem einzelnen homogenen Werkstoff allein nicht mehr erfüllt werden können. Nur durch geschickte Kombination von zwei oder mehreren Phasen, die metallisch, organisch oder anorganisch sein können, lassen sich die gewünschten Eigenschaften erzielen. Die Kombination der Ausgangsstoffe erfolgt so, dass der entstehende Verbundwerkstoff homogenen Legierungen in den Eigenschaften überlegen ist. Zu den optimierten Eigenschaften zählen:

- spezifische Festigkeit
- spezifische Steifigkeit
- geringe Dichte
- Temperatur-, Oxidations- und Korrosionsbeständigkeit
- Risszähigkeit
- günstige Wärmedehnung und Wärmeleitfähigkeit

Die Einteilung verschiedener Verbundwerkstoffe erfolgt in der Regel nach ihrem Aufbau. Dabei unterscheidet man zwischen drei Arten:

- Schichtverbunde (z.B. Sperrholz),
- Faserverbunde (z.B. Glasfaserverbundwerkstoff),
- Teilchenverbunde (z.B. Beton).

Weiterhin ist zu unterscheiden zwischen Verbundwerkstoffen und Werkstoffverbunden, wobei der Übergang fließend ist:

- Verbundwerkstoffe sind makroskopisch quasihomogen
- Werkstoffverbunde sind makroskopisch inhomogene Phasenverbunde.

Wichtigstes Beispiel für Werkstoffverbunde sind Sandwichbauteile, Abb. 10.1.

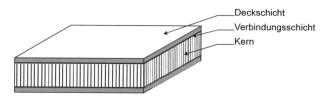

Abb. 10.1. Aufbau eines Sandwich-Bauteils

Dabei besitzen Teilchenverbunde, deren verstärkende Partikel gleichmäßig verteilt sind, isotrope Eigenschaften. Während Faserverbunde sich sowohl isotrop als auch anisotrop verhalten können, weisen Schichtverbunde stets ein anisotropes Verhalten auf.

Gegenüber den Schichtverbunden haben die Faserverbunde die größere Bedeutung. Hierbei wiederum handelt es sich zumeist um Verbunde mit Faserverstärkung. Füllstoffe finden mit bis zu 60% Anteil Verwendung vorwiegend in Elastomeren und duroplastischen Formmassen.

10.1.1 Verstärkungsstoffe und Füllstoffe

Die weitaus gebräuchlichsten Verstärkungsstoffe sind Fasern. Fasern lassen sich aus bekannten Materialien (Metalle, Kunststoffe, Keramik), als Endlosfasern oder Kurzfasern herstellen. Hauptaufgabe der Fasern ist die Steigerung von Festigkeit und Steifigkeit. Höchste Festigkeiten lassen sich mit Haar-Einkristallen (Whisker) erzielen. Aufgrund ihrer Lungengängigkeit besteht jedoch eine Gesundheitsgefährdung.

Fasern werden in verschiedenen Formen geliefert, z.B. Einzelfaser (Endlosfaser), Gewebe, Matten (meist mit aushärtbarem Kunststoff getränkt (Prepreg)), Rovings (Glasspinnfäden), Vliese (geschnittene Glasspinnfäden oder leicht gebundene Glasstapelfasern), Kurzfasern. Verwendet werden überwiegend Fasern aus Glas, Kohlenstoff, Bor und Aramid (PTPA), siehe Tabelle 10.1.

Tabelle 10.1. Eigenschaften ausgewählter Fasermaterialien

Fasermaterial	Dichte $/\,\mathrm{kg/dm^3}$	Zugfestigkeit $/\,\mathrm{GPa}$	E-Modul $/\,\mathrm{GPa}$	Spezifische Festigkeit $/10^6\,\mathrm{MPa}\dfrac{\mathrm{dm^3}}{\mathrm{kg}}$	Spezifischer E-Modul $/10^6\,\mathrm{MPa}\dfrac{\mathrm{dm^3}}{\mathrm{kg}}$
Polymer:					
Kevlar	1,44	4,5	125	3,1	87
Aramid	1,45	3,0	140	2,4	97
Metall:					
Bor	2,36	3,4	380	1,4	161
Gläser:					
E-Glas	2,55	3,4	70	1,3	27
S-Glas	2,50	4,5	85	1,8	34
Kohlenstoff:					
HF	1,75	5,7	275	3,3	157
hE					
	1,90	1,9	530	1,0	279
Whisker:					
SiC	3,18	20	480	6,3	421

HF = hohe Festigkeit, hE = Hoher E-Modul

Füllstoffe sind pulverförmige, kugelförmige und körnige Werkstoffe. Ihre Aufgabe ist jedoch seltener die Festigkeitssteigerung, sondern Dichteanpassung,

Verbesserung der Verarbeitbarkeit, Beeinflussung thermischer und elektrischer Eigenschaften. Beispielsweise wird Gummi mit Ruß aufgefüllt, um die Elastomermatrix vor schädigender UV-Strahlung zu schützen. Füllstoffe werden auch zur Substitution des Matrixwerkstoffes zur Kostenreduzierung eingesetzt.

10.1.2 Matrixwerkstoffe

Als Matrixwerkstoffe können organische Kunststoffe, Metalle oder keramische Werkstoffe verwendet werden.

Wegen der einfachen Verarbeitbarkeit haben bisher Kunststoffe die weiteste Verbreitung gefunden (CFK – C-Faser verstärkte Kunststoffe, GFK – Glasfaser verstärkte Kunststoffe). Unter den Kunststoffen sind wiederum die Duroplaste als Matrixwerkstoffe sehr verbreitet. Die Einbringung der Fasern erfolgt im flüssigen Zustand. Danach erfolgt die Aushärtung unter Wärmeeinwirkung. Häufig verwendete Duroplaste sind Phenolharz, Polyesterharze und vor allem Epoxidharze. Aufgrund besserer Recyclingfähigkeit werden mehr und mehr auch Thermoplaste als Matrixwerkstoffe für Kurzfaserverbundwerkstoffe verwendet.

Erst bei Einsatztemperaturen über 200 °C werden häufig Metalle als Matrixwerkstoff eingesetzt (MMC = Metal Matrix Composite). Eine solche Metall-Matrix hat eine höhere Festigkeit und ihre Duktilität macht den Verbundwerkstoff risszäher.

Für höchste Temperaturen wird Keramik als Matrix (CMC – Ceramic Matrix Composite) eingesetzt. Hierbei erhöhen die Fasern die Risszähigkeit der spröden Keramik.

Die wesentlichen Aufgaben der Matrix bestehen daher im

- Einbetten der Fasern mit möglichst guter Haftung, damit die Fasern in ihrer Lage fixiert werden und eine Einleitung der äußeren Belastung in den Verbund d.h. die Übertragung der Lastspannungen auf die Fasern, ermöglicht wird.
- Schutz der Fasern gegen chemischen Angriff, schädliche Umwelteinflüsse oder gegen mechanische Beschädigungen während der Herstellung und der Anwendung.

10.2 Faserverstärkte Verbundwerkstoffe

Grundsätzlich sind verschiedene Kombinationen von Fasern und Matrixwerkstoffen möglich, siehe Tabelle 10.2.

Auf das Festigkeitsverhalten faserverstärkter Verbundwerkstoffe haben verschiedene Faktoren Einfluss:

- Faserlänge: Je größer die Faserlänge, desto höher die Festigkeit des Verbundwerkstoffes, Abb. 10.2.

- **Faserdurchmesser**: Je kleiner der Faserdurchmesser, desto größer die Festigkeit der Faser. Darüber hinaus beeinflusst der Faserdurchmesser den Faserzwischenraum und damit die Versagensform der Matrix.
- **Faserorientierung**: ungeordnet, unidirektional, kreuzweise, multidirektional. Die Faserorientierung bestimmt die Richtungsabhängigkeit der Eigenschaften. Maximale Festigkeit bzw. Steifigkeit des Verbundwerkstoffs wird bei unidirektionaler Ausrichtung unter einachsiger Zugbelastung erreicht. Abb. 10.3 zeigt den E- Modul in Abhängigkeit von der Faseranordnung und der Richtung der Fasern relativ zur Krafteinleitungsrichtung. Die zugeordneten Faseranordnungen enthält Tabelle 10.3. Entsprechend ergeben sich stark unterschiedliche Festigkeitseigenschaften bei Belastung in und quer zur Faserrichtung, Abb. 10.4.

Tabelle 10.2. Kombinationen Faser- und Matrixwerkstoffe

Faser	Matrix
anorganisch	Kunststoff
anorganisch	Metall
Metall	Kunststoff
Metall	Metall
Metall	Keramik

Eine Bestimmung der elastizitätstheoretischen Konstanten einer unidirektionalen Einzelschicht ist unter Verwendung von analytischen Ansätzen möglich, falls die entsprechenden Kennwerte (E, μ, G) für Faser-(Index F) und Matrixwerkstoff (Index M) sowie deren Massen- oder Volumenanteile bekannt sind. Diese Mischungsregeln werden aus den beiden folgenden geometrischen Verträglichkeitsbedingungen hergeleitet:

- Dehnung in Matrix und Faser bei Belastung in Faserrichtung ist identisch
- übertragene Kraft in Faser und Matrix bei Belastung quer zur Faser ist gleich groß.

Das Verhältnis des Volumenanteils der Fasern am Gesamtvolumen ist ein geeignetes Maß zur Ermittlung der Eigenschaften der makroskopisch homogenen orthogonalen Struktur.

$$\varphi_F = \frac{V_F}{V_{ges}} \qquad \text{Volumenanteil der Fasern} \qquad (10.1)$$

$$E_{x'} = \varphi_F \cdot E_F + (1 - \varphi_F) \cdot E_M \qquad \text{Elastizitätsmodul in Faserrichtung} \qquad (10.2)$$

$$E_{y'} = \frac{E_F \cdot E_M}{\varphi_F \cdot E_M + (1 - \varphi_F) \cdot E_F} \qquad \text{Elastizitätsmodul quer zur Faserrichtung} \qquad (10.3)$$

$$\mu_{x'y'} = \varphi_F \cdot \mu_F + (1 - \varphi_F) \cdot \mu_M \qquad \begin{array}{l}\text{Querkontraktionszahl für Dehnung} \\ \text{in Faserquerrichtung bei} \\ \text{Beanspruchung in Faserrichtung}\end{array} \qquad (10.4)$$

$$G_{x'y'} = \frac{G_F \cdot G_M}{\varphi_F \cdot G_M + (1 - \varphi_F) \cdot G_F} \qquad \text{Schubmodul} \qquad (10.5)$$

- **Faservolumenanteil:** Werkstoffkennwerte hängen oftmals linear vom Faservolumenanteil ab. Für einen unidirektionalen Faserverbund kann die Bruchspannung über die Beziehung

$$\sigma_{x', max} = R_{m,F} \, \varphi_F + R_{m,M} (1 - \varphi_F) \qquad (10.6)$$

berechnet werden.

- **Haftung:** die Festigkeit des Verbundwerkstoffs wird auch durch die Haftung in der Grenzschicht Faser-Matrix bestimmt, Abb. 10.5. Je besser die Haftung zwischen der Faser und der Matrix ist, desto höher ist die Festigkeit des Verbundes.

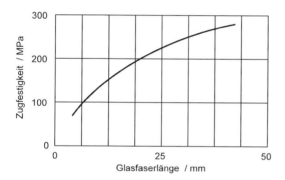

Abb. 10.2. Abhängigkeit der Zugfestigkeit einer durch E-Glasfasern verstärkten Epoxidmatrix in Abhängigkeit von der Faserlänge bei konstantem Faserdurchmesser

Tabelle 10.3. Faseranordnung

Typ	Faseranordnung	Skizze
1	$[0°]$ (UD-Schicht)	
2	$[0°/90°]$ (Gelege)	
3	$[0°/60°/120°]$ (quasiisotropes Gelege)	
4	Gewebe	

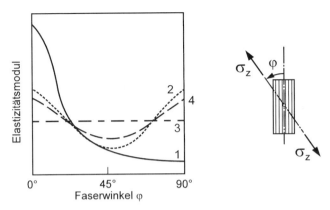

Abb. 10.3. Abhängigkeit der elastischen Werkstoffeigenschaften vom Faserwinkel und Faseranordnung (siehe auch Tabelle 10.2)

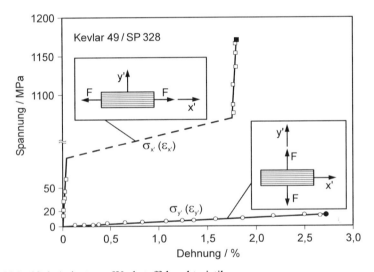

Abb. 10.4. Anisotrope Werkstoffcharakteristik

10.2.1 Faserverstärkte Kunststoffe

Faserverstärkte Kunststoffe eignen sich sehr gut für die Herstellung leichter und gleichzeitig steifer Bauteile. Der Einsatzbereich des Verbundwerkstoffs ist auf den Temperaturbereich beschränkt, der durch die Temperaturbeständigkeit des Matrixwerkstoffs vorgegeben wird. Als Matrixwerkstoff wurden bisher vorwiegend Duroplaste verwendet. Die Forderung nach stofflicher Wiederverwertbarkeit, zäherem Bruchverhalten und kürzeren Umformprozesszeiten führten zur Entwicklung gewebeverstärkter Thermoplaste.

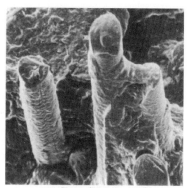

schlechte Faser/Matrix-Haftung   gute Faser/Matrix-Haftung
(niedrige Bruchenergie)   (hohe Bruchenergie)

Abb. 10.5. Rasterelektronenmikroskopische Aufnahme der Bruchfläche von glasfaserverstärktem Polyamid

Als Fasern werden vorwiegend Glasfasern, Kohlenstofffasern, Aramidfasern und in der Raumfahrt Borfäden, aufgrund ihres hohen Schmelzpunkts und ihrer geringen Dichte, eingesetzt. Angewendet werden faserverstärkte Kunststoffe derzeit noch vorwiegend im Flugzeugbau (Leitwerke, Bodenstücke), im Automobilbau (Motoraufhängung, Kardanwellen, Pleuel) und für Sportgeräte.

10.2.2 Herstellung faserverstärkter Kunststoffe

Bei Verstärkung mit Endlosfasern oder Matten ist eine Großserienfertigung oft schwierig, da häufig für verschiedene Arbeitsgänge Handarbeit erforderlich ist. Dagegen können mit Kurzfaserverstärkung auch größere Serien gefertigt werden. Die gebräuchlichen Verfahren sind:

- *Handlaminieren:*
  Das Bauteil wird in Formschalen („negative" Bauteilform) oder auf Kernformen („positive" Bauteilform) geformt. Zunächst werden unorientierte Fasermatten oder Fasergewebe zugeschnitten und in die Form eingelegt. Die Matten werden dann mit Harzgemisch getränkt. Das Aushärten erfolgt häufig in einem Autoklaven unter Druck und Temperatureinwirkung. Eine Nachbearbeitung der Ränder ist teilweise erforderlich, Abb. 10.6.
- *Wickeln:*
  Kontinuierliche Fasern werden auf einen Dorn gewickelt, nachdem sie ein flüssiges Harz-Härter-Bad passiert haben. Das Wickelmuster ist variabel und richtet sich nach den Bauteilbeanspruchungen, so dass eine höchstmögliche Ausnutzung der Fasern erreicht wird. Beim Wickeln können numerisch gesteuerte Wickelmaschinen eingesetzt werden, Abb. 10.7.

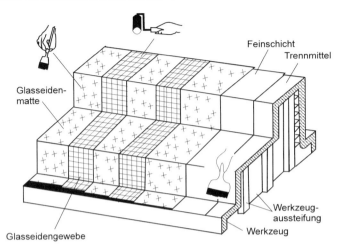

Abb. 10.6. Handlaminieren

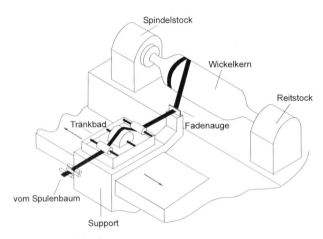

Abb. 10.7. Wickelanlage

- *Aufspritzen:*
Stränge kontinuierlicher Fasern (Rovings) werden zerhackt und zusammen mit dem Harz-Härter-Gemisch mit Druckluft in die Form gespritzt. Vor dem Aushärten ist eine Verdichtung von Harz und Fasern durch Gummiroller üblich.
- *Spritzgießen:*
Das Verfahren verläuft analog zum Spritzgießen unverstärkter Kunststoffe, die kurzen Faserstücke werden der Formmasse beigegeben.
- *Pultrusion:*
Mit diesem Verfahren werden Profile aus faserverstärkten Kunststoffen herge-

stellt. Dabei wird die plastifizierte Masse zusammen mit den Verstärkungsfasern durch eine Düse zu einem Profil gezogen, Abb. 10.8.

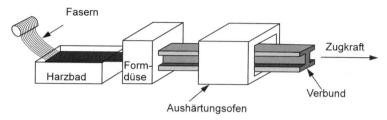

Abb. 10.8. Strangziehanlage

* *Pressverfahren:*

Bei diesem Verfahren für kleinere schalenförmige Körper geschieht das
Einbringen der Verstärkungswerkstoffe durch Einlegen der zugeschnittenen
Fasermatten oder Geweben, auf die dann das Harz gegossen wird. Der Form-
vorgang erfolgt dann durch Schließen der Presse und gegebenenfalls Erhitzen
der Form, Abb. 10.9.

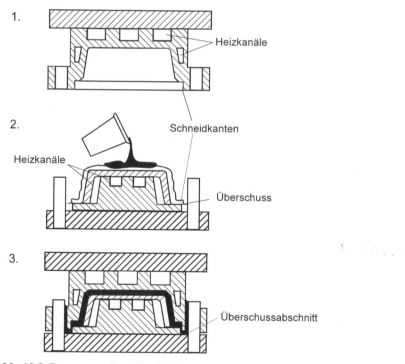

Abb. 10.9. Pressen von Faserharzlaminaten

10.2.3 Faserverstärkte Metalle (MMC, Metal Matrix Composite)

Die Verwendung von Metallen anstelle von Kunststoff als Matrixwerkstoff verbessert folgende Eigenschaften:
- höhere Temperaturbeständigkeit
- bessere Kraftübertragung zwischen Matrix und Faser
- höhere Zähigkeit
- Härtbarkeit

Ein Beispiel sind bor- und kohlenstofffaserverstärkte Aluminium-Verbundwerkstoffe, die vielfach höhere mechanische Werte als ausgehärtete Aluminiumlegierungen erreichen. Die Herstellung dieses MMC ist schwierig, da Aluminium die Fasern erst bei hohen Temperaturen vollständig benetzen kann.

Angewendet werden faserverstärkte Metalle für thermisch höherbeanspruchte Teile in der Luft- und Raumfahrt sowie im Motorenbau.

10.2.4 Herstellung faserverstärkter Metalle

10.2.4.1 Direkte Verfahren zur Herstellung von metallischen Faserverbundwerkstoffen

- **Diffusionsverbinden:** Die verflüssigte Metallmatrix wird auf die orientierten Verstärkungsfäden aufgesprüht, wodurch zunächst verstärkte Seile entstehen. Diese Seile werden zugeschnitten und anschließend bei hoher Temperatur gepresst und langsam abgekühlt.
- **Infiltrationstechnik:** Das schmelzflüssige Matrixmaterial wird in die mit Verstärkungsfasern vorbereitete Form gegossen oder durch Vakuum eingesaugt. Ebenfalls können die Fasern durch ein Bad mit flüssigem Matrixmaterial gezogen werden. Bei beiden Verfahren muss die Werkstoffkombination so gewählt werden, dass keine spröden intermetallischen Phasen gebildet werden.
- **Pulvermetallurgie:** Um chemische Reaktionen zwischen Faser und Matrix zu vermeiden, werden vorgefertigte Faservliese in pulverförmiges Matrixmaterial eingebettet. Dieses wird anschließend durch Sintern verdichtet.
- **Folienplattierverfahren:** Die Fasern werden kontinuierlich zwischen zwei Folien aus Matrixmaterial in eine Walze geführt und dort zunächst mechanisch durch die plastische Verformung des Matrixmaterials fixiert. Anschließend werden die Fasern mit der Folie durch Warmwalzen oder durch kurzzeitiges Aufschmelzen der Folie mit Elektronenstrahl oder Laserstrahl verbunden.

10.2.4.2 Indirekte Verfahren zur Herstellung von metallischen Faserverbundwerkstoffen

Indirekte Herstellungsverfahren sind diejenigen Verfahren, bei denen die Fasern während der Herstellung des Verbundwerkstoffes erzeugt werden. Der Vorteil dieser Verfahren besteht darin, dass die sehr teuere Herstellung des Fasermaterials nicht notwendig ist.

- Ziehverfahren (bei duktilem Faserwerkstoff): Zunächst wird ein sogenannter Manteldraht durch Zusammenstecken von drahtförmigem Faserwerkstoff mit einem rohrförmigen Matrixwerkstoff und anschließendem Umformen sowie einer Diffusionsglühung hergestellt. Der Manteldraht wird anschließend einer starken Warm- oder Kaltumformung unterzogen, bei der eine homogene Matrix gebildet wird. Durch die starke Querschnittsabnahme bei den Umformprozessen werden die Drähte zu dünnen Fasern umgeformt.

- Ziehverfahren (bei sprödem Faserwerkstoff): Rohre aus Matrixmaterial werden mit pulverförmigem Fasermaterial gefüllt und zu dünnen Drähten verformt. Diese Drähte werden wiederum gebündelt und gemeinsam in einem Hüllrohr kalt- oder warm verformt. Dabei verschweißen die Mäntel zu einer einheitlichen Matrix. Die „Pulverstränge" werden so verdichtet, dass sie makroskopisch als kompakte Fasern erscheinen und z.B. durch Tiefätzen der metallischen Matrix freigelegt werden können, Abb. 10.10. Liegt die Schmelztemperatur der Matrix über der Sintertemperatur des verdichteten Pulvers, kann dieses gesintert werden.

Abb. 10.10. Silber-Zinnoxid-Faserverbundwerkstoff mit tiefgeätzter Silbermatrix und freistehenden Zinnoxidfasern

- gerichtete Erstarrung eutektischer Legierungen: Fasern und Matrix entstehen gleichzeitig durch gezielte Kristallisation aus der Schmelze mit eutektischer Zusammensetzung. Um ein gerichtetes Gefüge zu bekommen, muss die Wärmeableitung bei der Erstarrung in einer Richtung erfolgen (z.B. mit einer Kühlplatte).

10.2.5 Faserverstärkte Keramik (CMC, Ceramic Matrix Composite)

Keramischer Werkstoffe zeichnen sich gegenüber anderen Materialien wie Kunststoffe und Metalle vor allem durch ihre chemische Beständigkeit und hohe Härte und die damit verbundene Verschleißfestigkeit sowie Korrosionsbeständigkeit aus. Durch ihre große Sprödigkeit sind sie jedoch für viele Anwendungen nur bedingt geeignet. Diesem Nachteil versucht man durch die Verbindung mit Fasern zu begegnen. Dabei sollen die Fasern Zugbelastungen aufnehmen und die Ausbreitung von Rissen behindern. Als Verstärkungskomponenten werden „Whisker" (nadelförmige Einkristalle), „Platelets" (plättchenförmige Einkristalle) und vor allem Kurz- und Langfasern verwendet. Aufgrund der variablen Art der Faserverstärkung lässt sich ein auf die jeweilige Anwendung abgestimmter Werkstoff herstellen. Die so gewonnenen faserverstärkten Keramiken weisen alle eine hohe Festigkeit und Steifigkeit bis hin zu hohen Temperaturen, Verschleiß- und Thermoschockbeständigkeit und vor allem ein pseudoplastisches Bruchverhalten, d.h. besseres Risszähigkeitsverhalten, bei geringem Raumgewicht auf.

Wichtige Einsatzgebiete der faserverstärkten keramischen Werkstoffe liegen in der Luft- und Raumfahrt, Motorenbau, Triebwerkstechnik, im chemischen Apparatebau, sowie generell bei hohen Einsatztemperaturen bis über 1000 °C.

Die wichtigsten technischen Anwendungen liegen im Bereich kohlenfaserverstärkter Kohlenstoffe CFC (C-faserverstärkte C-Körper bzw. CFRC – C-fibre reinforced carbon), kohlenstofffaserverstärktes Siliziumkarbid (C/C-SiC) sowie siliziumkarbidfaserverstärktes Siliziumkarbid (SiC/SiC).

10.2.6 Herstellung keramischer Verbundwerkstoffe

Die Herstellung von faserverstärkten Keramiken erfolgt im wesentlichen durch Sintern. Am Beispiel des C-faserverstärkten Siliziumkarbids sollen alternative Herstellungsverfahren vorgestellt werden:

- Chemische Gasphaseninfiltration von Fasergerüsten (Chemical Vapour Infiltration-Technik): Zunächst wird die Vorform hergestellt. Dabei wird ein Gewebe aus 90 ° zueinander stehenden Fasersträngen in mehreren Schichten gestapelt und in Gestalt des Bauteils vorgeformt. Danach wird die Matrix (z.B. SiC) über die Gasphase infiltriert. Die Matrix entsteht bei hohen Temperaturen durch die Zersetzung des Prozessgases am Substrat. Das Verfahren beansprucht lange Prozesszeiten und ist daher sehr kostenintensiv.

- Pyrolyse-/Carbonisierungsverfahren: Das technisch bedeutendste Verfahren zur Herstellung von C/C-Verbundwerkstoffen ist das sogenannte Harzimprägnier- und Pyrolyse-/Carbonisierungsverfahren. Dabei werden Kohlenstofffasern mit Kunstharz, meist Phenolharz, imprägniert und über die Wickeltechnik direkt in die Form des Bauteils gebracht. Danach folgt ein Carbonisierungsglühen in Vakuum- oder Schutzgasatmosphäre zwischen 800 und 1200 °C. Die Carbonisierung erfolgt meist bei Drücken zwischen 50 und 100 bar. Durch den Druck werden hohe Körperdichten erreicht. Zur Steigerung der Kohlenstoffausbeute können Drücke bis zu 2000 bar aufgebracht werden.

- Pyrolyse von Polymeren in kohlenstoffaserverstärktem Kunststoff (Polymerpyrolyse): Als Matrixwerkstoff wird ein pulverförmiges Polymer verwendet, das zusammen mit einem Lösungsmittel in die Verstärkungsfaser infiltriert. Wie bei der Pyrolyse zur C/C-Herstellung wird über die Wickeltechnik direkt die Form des Bauteils erzeugt und anschließend bei erhöhtem Druck und Temperatur vernetzt. Nach der Aushärtung wird die Matrix drucklos bei Temperaturen oberhalb 1000 °C in Inertgas zur Keramik pyrolysiert. Dieses Verfahren zeichnet sich durch geringe Prozesszeiten aus. Jedoch sind die zur Zeit verwendeten Polymere sehr teuer. Die größte Schwierigkeit besteht im Schwund des Polymers bei der Pyrolyse, was zu inneren Spannungen und somit zu Rissbildung führen kann.

- Flüssig- bzw. Kapillarsilizierung von C/C-Basisstoffen (Flüssigsilizierverfahren): Zur Herstellung von C/SiC-Verbundwerkstoffen nach dem Flüssigsilizierverfahren ist zunächst ein C/C-Basiswerkstoff aus Kohlenstofffasern in Kohlenstoffmatrix notwendig, der unter Verwendung von Epoxidharz hergestellt wird (siehe Herstellung faserverstärkte Kunststoffe). Bei nachfolgender Glühung (800 °C-1300 °C) entsteht eine poröse Kohlenstoffmatrix in Form des Bauteils. Der Silizierungsprozess erfolgt im Vakuum oberhalb des Schmelzpunkts von Silizium (1405 °C) bei ca. 1500 °C. Durch den Kontakt des flüssigen Siliziums mit dem Kohlenstoff bildet sich an den Kapillarwänden SiC. Die weitere Reaktion erfolgt durch Korngrenzendiffusion von Si-Atomen durch das neugebildete SiC. Das Flüssigsilizierverfahren erlaubt die wirtschaftliche Fertigung großformatiger Bauteile bei relativ kurzen Prozesszeiten.

Abb. 10.11 zeigt den Gefügeanschliff eines 3D-C/C-SiC Verbundwerkstoffs mit Langfaserverstärkung.

Abb. 10.11. Gefügeanschliff eines C/C-SiC-Verbundwerkstoffs (helle Bereiche: SiC, dunkle Bereiche: C-Faser-Bündel)

10.3 Teilchenverbundwerkstoffe

10.3.1 Metallkeramik

Für metallkeramische Gemenge hat sich die Bezeichnung Cermets, aus *Cer*amic und *Me*tal durchgesetzt. Eine der Definitionen für diese Materialgruppe lautet: Jedes pulvermetallurgisch hergestellte metallkeramische Gemenge ist ein Cermet, wenn die Eigenschaften der metallischen und keramischen Anteile direkt wirksam werden.

Als keramische Cermetbestandteile kommen dabei alle anorganischen, nicht-metallischen, kristallinen Verbindungen in Frage. Mit den Cermets ist die Kombination der günstigsten Eigenschaften von metallischen und keramischen Stoffen beabsichtigt.

Bei der Einlagerung einer keramischen Komponente in eine metallische Matrix werden jedoch keine wesentlichen Fortschritte hinsichtlich einer Zähigkeits-steigerung erzielt. Erfolgversprechender erweisen sich die Verbundwerkstoffe mit keramischer Matrix. Hier haben die eingelagerten Teilchen die Funktion von Rissstoppern: ein Matrixriss wird bei einer plötzlichen Spannungszunahme durch energieverzehrende Prozesse wie Ablenkung oder Verzweigung am schnellen Fortschritt gehindert. Die Zähigkeit kann dadurch deutlich erhöht werden. Der Nachteil dieser Dispersionsverbundwerkstoffe ist, dass bedingt durch die Berührung einiger eingelagerter Teilchen, sowie der geringen Phasenhaftung, die Festigkeit geringer als die der Matrix allein ist.

Die Cermets bestehen meistens aus zwei Phasen, zwischen denen gegebenen-falls eine Reaktionsphase auftritt. Abb. 10.12 zeigt schematisch einige typische Cermetgefüge, die sich nach Geometrie und Verteilung der Phasen voneinander unterscheiden.

Die Herstellung von Cermets erfolgt durch Zugabe von Keramikpartikeln in das schmelzflüssige Metall oder durch Sintern.

10.4 Schichtverbundwerkstoffe

Schichtverbundwerkstoffe bestehen aus zwei oder mehr miteinander verbundenen Schichten, die als Komponenten bezeichnet werden. Die dem Volumen oder Gewicht nach überwiegende Komponente wird als Grund- oder Unterlagenwerk-stoff, die übrigen Komponenten je nach örtlicher Lage und Anordnung als Plattier-, Auflage-, Einlage- oder Zwischenlagewerkstoff bezeichnet. Metallische Schichtverbundwerkstoffe sind technisch wichtig und werden bereits seit ca. 100 Jahren hergestellt. Besonders aus Gründen des Korrosionsschutzes werden un- und niedriglegierte Stähle bevorzugt mit einer Schutzschicht aus korrosions- und hitzebeständigen Stählen, NE-Metallen und Edelmetallen versehen (Plattierung). Weitere Anwendungen sind die Verbesserungen des Verschleißverhaltens oder die

Nutzung von unterschiedlichen thermischen Ausdehnungsverhalten, z.B. bei Bimetallen. Die Herstellung kann erfolgen durch:

- Verbindung duktiler Komponenten in fester Phase durch erhöhte Temperatur und/oder Druck
- Aufbringen einer oder mehrerer Komponenten im flüssigen Zustand auf Komponenten im festen Zustand
- Beschichten von Komponenten im festen Zustand durch Abscheiden einer oder mehrerer Komponenten aus vorwiegend wässriger Lösungen oder Salzschmelzen (PVD – physical vapour deposition)

Beschichten von Komponenten im festen Zustand durch Abscheiden einer oder mehrerer Komponenten aus der Dampfphase (CCVD - combustion chemical vapour deposition).

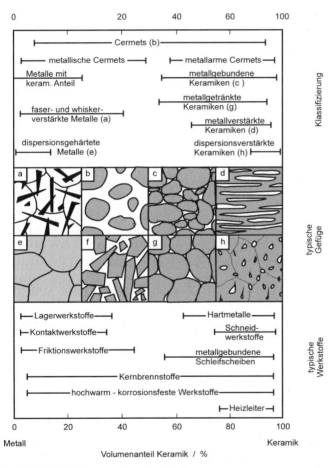

Abb. 10.12. Metallkeramische Werkstoffe

10.5 Beschichtungstechnik

10.5.1 Einleitung

Die Anwendung von Oberflächen- und Schichttechnologien wird zunehmend zum Wettbewerbsfaktor. Beschichtungen spielen in der Technik (Luft- und Raumfahrtindustrie, Maschinen- und Anlagenbau, Automobil- und Fahrzeugindustrie, chemischer Apparatebau, Elektrotechnik, feinmechanische und optische Industrie, Glas- und Keramikindustrie, Mikroelektronik, Medizintechnik) eine wichtige Rolle.

Sie erfüllen unterschiedliche Funktionen:
- Veredelung ohne Auswirkung auf die Funktionalität (dekorative Anforderungen, optisches Design)
- Schutz des Grundwerkstoffes gegen äußere Einwirkungen wie z.B. vor
  - Korrosion und Oxidation
  - Verschleiß und Erosion
  - Wärme- und Kälteschutz

- Verbesserung der Funktionalität (meist in Verbindung mit Schutz) wie z.B.
  - Biokompatibilität
  - Selbstreinigung

Die Abgrenzung zu Verbundwerkstoffen bzw. zu schaltbaren Werkstoffen und Werkstoffen mit adaptronischen Wirksystemen ist fließend. Unter schaltbaren Werkstoffen werden sogenannte „intelligente" Werkstoffe wie z.B. elektrochrome Glasscheiben mit schaltbarer Transparenz (Verdunkelung bei Einfall von Licht) oder hydrophobe Oberflächen (Abperlen von Wasser und Schmutz) verstanden. In beiden Fällen wird auf die Herstellung nanostrukturierte Oberflächen zurückgegriffen. Beim adaptronischen Wirksystem wird z.B. eine applizierte Piezoschicht dazu benutzt durch die Verformung einer äußeren Kraft ein Signal zu erzeugen, das weiter verarbeitet werden kann, z.B. zur Wegregelung bei hochgenauen Lagern.

Härten (siehe Kapitel 6.4.2) ist ebenfalls zu den Methoden der Oberflächentechnik zu zählen.

10.5.2 Beschichtungsverfahren

Unter Beschichtung versteht man alle Verfahren zur Aufbringung eines Überzuges auf eine (Substrat-)Oberfläche: Streichen mit einem Lack bis hin zur technisch komplexen Aufbringung von kleinsten Nano-Partikeln. Dicke Schichten im Bereich mehrerer Millimeter verhalten sich in Verbindung mit dem Substrat anders als dünne Schichten im Nano- bzw. im μm – Bereich. Die Schicht selbst kann aus einem einzelnen (Beispiel verzinktes Blech) oder aus mehreren Lagen unterschiedlicher Werkstoffe bestehen (Beispiel Wärmedämmschicht Kapitel 9.3). Technisch wichtige Verfahren sind im Folgenden aufgeführt.

10.5.2.1 Galvanisieren

Im engeren Sinn wird unter Galvanisieren die elektrochemische Oberflächenbehandlung von Metallen verstanden. Die Galvanik (Metallindustrie), d.h. das elektrolytische Abscheiden von metallischen dünnen Schichten, wird i. Allg. zum Zweck der Veredlung von Oberflächen sowie zum Schutz vor Korrosion (Korrosionsschutz) angewandt. Kritisch sind aus ökologischer Sicht die in den beim Galvanisieren verwendeten Bädern anfallenden Metall-, Salz-, und Säurerückstände. Aus den Rückständen können jedoch in vielen Fällen Wertstoffe zurückgewonnen werden.

Galvanische Verzinkung

Die Zinkschicht wird durch galvanische Vorgänge auf Bauteile aus Stahl, CuNi- und NiCu-Legierungen aufgebracht. Die Schichtdicke sollte min. 3 µm, aber nicht mehr als 20 µm betragen. Die Bauteile werden zum Schutz gegen Rostbildung, aber auch zur Verringerung der Kontaktkorrosion z.B. bei einer Mischbauweise aus Stahl und Aluminium, verzinkt. Aufgrund der H_2-Abscheidung bei diesem Prozess besteht die Möglichkeit des Eindiffundieren von Wasserstoff in das Bauteil, was zur Wasserstoffversprödung führen kann.

Zink-Nickel-Beschichtung

Galvanisch aufgebrachte Zink-Nickel-Beschichtungen kommen zum Einsatz, wenn sehr hohe Anforderungen an die Korrosionsbeständigkeit gestellt werden. Die Korrosionsbeständigkeit ist bei identischer Schichtdicke wesentlich besser als die einer normalen Verzinkung.

Chromatierung von galvanischen Schichten

Eine Chromatierung galvanisch beschichteter Teile erhöht die Korrosionsbeständigkeit. Je nach Chromatierungsausführung kann die Beständigkeit annähernd verdoppelt werden.

Alitieren

Bei diesem Oberflächenschutzverfahren wird Aluminium in die Stahloberfläche eingebracht. Es bilden sich Aluminium-Eisen-Mischkristalle, die einen guten Verzunderungsschutz bis 950 °C bewirken. Das durch Spritzen oder Tauchen flüssig aufgebrachte Aluminium dringt beim anschließenden Diffusionsglühen in die Oberfläche ein. Aluminium kann auch in Form von Pulver, Tonerde oder Aluminiumchlorid eingebracht werden.

CVD

Unter dem Oberbegriff CVD (Chemical Vapor Deposition – deutsch: Chemische Abscheidung aus der Gasphase) versteht man alle Verfahren, die durch Gasphasenreaktionen oder durch Kondensation von Gasphasenbestandteilen zur Bildung von festen Werkstoffmodifikationen führen. Die CVD-Verfahren sind eine sehr wichtige Methode zur Herstellung dünner und extrem leistungsfähiger Oberflächenschichten, die häufig der Verbesserung von Reibungs- und Verschleißverhalten dienen. Darüber hinaus können durch CVD jedoch z.B. auch monodisperse Pulver, Whisker oder halbleitende Nanopartikel (Quantenpunkte) abgeschieden werden. Die wichtigsten herstellbaren Materialien umfassen Diamant- sowie diamantähnliche Schichten, Metalle, Halbleiter und Nichtoxid-Keramiken. Die Werkstoffsynthese findet in einer evakuierten Kammer statt und erfolgt, je nach Verfahren, bei Temperaturen von ca. 300°C bis 1200°C. Durch Auswahl und Mischungsverhältnis der eingesetzten Gassorten bzw. der verdampften Ausgangssubstanzen sowie der Reaktionstemperatur lassen sich die chemische Zusammensetzung der Endprodukte und ihre Morphologie sehr genau einstellen. Da i.d.R. alle Nebenprodukte dieser Reaktionen gasförmig anfallen und leicht abzutrennen sind, führen CVD-Verfahren meist zu chemisch hochreinen Produkten. Die auf der Oberfläche des Substrates abgeschiedenen Elemente können bei der entsprechenden Temperatur in den Substratwerkstoff eindiffundieren oder mit der Oberfläche reagieren. Anwendbar ist dieses Verfahren für komplizierte Formen bei hohen Abscheidungsraten.

PVD

Mit dem Begriff PVD (Physical Vapor Deposition - deutsch: Physikalische Abscheidung aus der Gasphase) werden bestimmte Verfahren zur Modifizierung von Oberflächen durch Aufbringen dünner Schichten, die Dicken bis hinab in den Nanometerbereich haben können, bezeichnet. Im Gegensatz zu CVD Verfahren ist das Substrat keinen hohen Temperaturen ausgesetzt: je nach Variante liegen relativ niedrige Abscheidungstemperaturen vor, die ein besonders großes Spektrum zu beschichtender Materialien zulassen. Das Beschichtungsmaterial liegt als Festkörper vor, der zunächst durch physikalische Verfahren wie Verdampfen oder Zerstäuben mobilisiert werden muss, um sich dann auf dem Substrat ohne Veränderung seiner chemischen Zusammensetzung niederzuschlagen. Je nach Prinzip unterscheidet man drei klassische Verfahrensvarianten.

Beim Aufdampfen wird das Schichtmaterial in einem Tiegel im Hochvakuum erhitzt, bis es verdampft. Beim Sputtern wird das Beschichtungsmaterial durch Ionen aus einem Plasma abgetragen.

Das Ionenplattieren schließlich nutzt ein elektrisches Potential am (leitfähigen) Substrat zur Ausbildung eines Plasmas, in dem Atome des Beschichtungsmaterials ionisiert werden.

Moderne PVD-Verfahren nutzen auch Elektronen- oder Laserstrahlen zum Abtragen des Beschichtungsmaterials vom Target. Das wichtigste und in der Industrie häufig verwendete Verfahren ist die Elektronenstrahlverdampfungstechnologie (Electron Beam PVD, EB PVD). Es beruht auf der Verdampfung des Beschichtungswerkstoffes aus einem Tiegel mittels Elektronenstrahl im Vakuum von 10^{-3} –10^{-5} mbar. Die Ionen des verdampften Beschichtungswerkstoffs schlagen sich auf der Substratoberfläche nieder bzw. können über eine angelegte Spannung zur Oberfläche beschleunigt werden. Eine Beheizung des Substrates kann auch als Mittel der Schichtgestaltung eingesetzt werden. Über das Verdampfen verschiedener Beschichtungswerkstoffe können sogenannte Multilayer-Schichten hergestellt werden, die gradiert in einander übergehen. Bei komplexen Oberflächen (Krümmungen, Ausschnitte etc.) muss der Substrathalter positioniert werden um den entsprechenden Abstand zur Verdampfungsquelle zu optimieren.

10.5.2.2 Thermisches Spritzen

Beim Thermischen Spritzen handelt es sich um teilweise sehr innovativen Verfahren zur Beschichtung von Oberflächen. Ein draht- oder pulverförmiges Beschichtungsmaterial wird in einer Gasflamme, einem Lichtbogen oder im Plasma aufgeschmolzen, von einem Luft- oder Gasstrahl zerstäubt und mit hoher Geschwindigkeit teigig oder flüssig auf das Substrat geschleudert. Entsprechend dem zugrunde liegenden Schmelzvorgang unterscheidet man zwischen niederenergetischen Flammspritz- und Lichtbogenspritzprozessen bzw. hochenergetischen Plasmaspritzvarianten. Es können relativ hohe Abscheidungsraten bei gleichzeitig geringer Energieeinbringung in den Grundwerkstoff erreicht werden. Die Verfahren werden insbesondere in den Bereichen Hitze-, Verschleiß- und Korrosionsschutz eingesetzt. Die Haftfestigkeit der Beschichtung wird von der Werkstoffkombination, der Vorbehandlung und vom speziellen Verfahren beeinflusst. Selbsttragende Bauteile können durch das Aufspritzen auf ein später entfernbares Substrat hergestellt werden, z.B. kompliziert geformte Teile für Flugzeugturbinen. Im Gegensatz zu den CVD/PVD-Verfahren werden relativ dicke Schichten im Bereich bis zu mehreren Millimeter hergestellt.

Lackieren

Lacke sind flüssige, pastenförmige oder pulverförmige Substanzgemische, die auf einem Untergrund einen festhaftenden, geschlossenen Überzug mit schützenden oder spezifischen technischen Eigenschaften ergeben. Unter Lackieren versteht man das Aufbringen dieser Werkstoffe auf Oberflächen beispielsweise von Holz, Metallen, Kunststoffen oder mineralischen Baustoffen. Unter manuellem Lackieren versteht man Streichen, Rollen und Wischen, bei denen flüssiger Lack aufgetragen wird. Industriell werden Spritz-, Sprüh- und Tauchverfahren angewendet. Beim Spritzen werden mit Hilfe von Luft- oder Flüssigkeitsdruck (Airless-Spritzen) feine Lacktröpfchen erzeugt, die sich auf der zu beschichtenden Oberfläche niederschlagen, beim Sprühen erfolgt die Zerstäubung elektrostatisch. Pulverförmige Beschichtungsmittel werden entweder durch Aufspritzen elektrisch geladener Lackteilchen auf eine geladene Oberfläche oder durch Tauchen des erhitzten Werkstücks in aufgewirbelten Pulverlack aufgebracht, wobei die Haftung durch Aufschmelzen an der Oberfläche erzielt wird.

Plattieren (Cladding)

Auftragsschweißen wird nicht zum Zwecke der Erhöhung der Festigkeit von Bauteilen durchgeführt, sondern zur Verbesserung des Einsatzbereichs durch z.B. Erhöhung des Verschleißverhaltens bzw. des Korrosionsverhaltens. Es können unterschiedliche Schweißverfahren (WIG, MAG) zum Einsatz kommen. In der Regel wird der Grundwerkstoff aufgeschmolzen und ein Schweißzusatzwerkstoff niedergebracht. Als Schweißzusatzwerkstoffe kommen daher Legierungen in Betracht, die die geforderten Eigenschaften aufweisen. Die Dicke der Auftragsschweißung beträgt - abhängig davon ob sie ein- oder mehrlagig ist - bis zu mehreren Millimetern.

10.5.3 Verhalten von Beschichtungen

Der technische Einsatz von Beschichtungen wird durch das damit verbundene Versagensverhalten beeinflusst. In der Regel weist der Beschichtungswerkstoff entsprechend der vorgesehenen Funktion andere mechanisch-technologische bzw. physikalische Eigenschaften als der zu beschichtende Werkstoff (Substrat) auf. Daraus erwachsen besondere Probleme der Beständigkeit der Schicht unter Beanspruchung. Die maßgebenden Versagensmechanismen bei Beschichtungen, die im Bereich des allgemeinen Maschinenbaus eingesetzt werden, sind:

- Rissbildungen in der Schicht
- Abplatzen bzw. mangelnde Haftung
- Negative Beeinflussung der Eigenschaften des Grundwerkstoffes über die Schicht selbst bzw. den Beschichtungsprozess.

Rissbildungen werden hervorgerufen durch eine mangelnde Verformungsfähigkeit der Schicht, die der des Grundwerkstoffs nicht angepasst ist. Spröde Schichten weisen darüber hinaus auch eine schlechte Temperaturwechselbeständigkeit auf. Bei Schutzschichten, die z.B. den Grundwerkstoff vor Korrosion schützen sollen, können Risse einen selektiv verstärkten Korrosionsangriff bewirken.

Abplatzen bzw. mangelnde Haftung. Abplatzen kann auftreten, wenn im Interface zwischen Schicht und Substrat Spannungen auftreten, die eine Folge des Beschichtungsprozesses (Eigenspannungen) selbst sind, die sich aus unterschiedlichen Eigenschaften (E-Modul, thermische Ausdehnung, Verformungsfähigkeit) ergeben.

Negative Beeinflussungen der Eigenschaften des Grundwerkstoffs. Neben einer thermischen Beeinflussung mit der entsprechenden Änderung des Gefügezustandes besteht die Möglichkeit, dass von einer spröden Schicht ausgehende Risse als Rissstarter für den Grundwerkstoff wirken können. Ferner können in der Wärmeeinflusszone von ferritischen Stählen Rissbildungen (z.B. Relaxationsrisse) auftreten.

Fragen zu Kapitel 10

1. Welche drei Arten von Verbundwerkstoffen gibt es?

2. Was ist ein CFK?

3. Nennen Sie die wichtigsten Einflussfaktoren auf die Festigkeit von Faserverbundwerkstoffen.

4. Was ist ein CMC?

5. Welche Vorteile weisen CMC's gegenüber monolithischer Keramik auf?

11 Physikalische Eigenschaften

11.1 Dämpfung

Bei schwingender Beanspruchung verliert ein Werkstoff durch Reibungsvorgänge Energie. Dabei tritt sowohl Reibung mit der Umgebung (z.B. in Luft) als auch innere Reibung, die in Wärme umgesetzt wird, auf. Dieser Energieverlust führt zu einer Dämpfung, Abb. 11.1, d.h. zu einer Abnahme der Schwingungsamplitude:

$$\Lambda = \ln \frac{a_1}{a_2} = \text{logarithmisches Dekrement der Schwingung} \qquad (11.1)$$

a_1, a_2 Amplituden von zwei aufeinanderfolgenden Schwingungen

Die Hysteresefläche im Spannungs-Dehnungsdiagramm ist zu den Energieverlusten proportional, Abb. 11.2. Die Dämpfungsverluste sind abhängig von

- der Höhe der Belastung
- der Belastungsgeschwindigkeit und Frequenz
- der Temperatur.

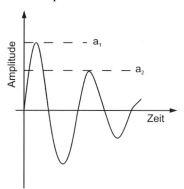

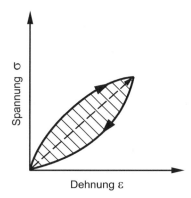

Abb. 11.1. Gedämpfte Schwingung

Abb. 11.2. Hysteresefläche bei Be- und Entlastung

Zurückzuführen sind die Verluste auf zeitabhängige Umordnungsvorgänge, beispielsweise von interstitiell gelösten Fremdatomen in Einlagerungsmischkristallen im Kristallgitter.

Die Dämpfungsmessung wird besonders bei Kunststoffen zur Kennzeichnung von elastischen Eigenschaften (z.B. Schubmodul, Elastizitätsmodul) herangezogen. Hohes Dämpfungsvermögen ist im allgemeinen erwünscht, da Beanspruchungen durch Schwingungen vermindert werden. Von den Eisenwerkstoffen zeigt Gusseisen mit lamellarem Graphit das beste Dämpfungsverhalten.

11.2 Wärmeleitfähigkeit

In Festkörpern wird die Wärmeleitung, d.h. der Transport thermischer Energie, beschrieben durch:

$$q = -\lambda \cdot \frac{dT}{dx} \tag{11.2}$$

$$\lambda = \lambda_e + \lambda_G \tag{11.3}$$

$\dfrac{dT}{dx}$: Temperaturgradient

q: flächenbezogener Wärmestrom

λ :   spezifische Wärmeleitfähigkeit / W/(mK), Abb. 11.3, abhängig von Zusammensetzung, Bindungsart und Struktur des Festkörpers, setzt sich aus 2 Anteilen zusammen:

λ_e : Elektronenleitfähigkeit. Gute elektrische Leitfähigkeit tritt in der Regel mit guter Wärmeleitfähigkeit auf.

λ_G : Gitterleitfähigkeit. Auch Stoffe mit Ionen- oder kovalenter Bindung weisen eine nennenswerte Wärmeleitfähigkeit auf, wenn diese auch geringer ist, als bei Stoffen mit beweglichen Elektronen. Daraus folgt, dass auch durch das Gitter Energietransport möglich ist. Die Gitterleitfähigkeit beruht auf gekoppelten Schwingungen der Gitterbausteine des Festkörpers (Phononen).

Der Einfluss von Legierungselementen auf die Wärmeleitfähigkeit von Fe zeigt Abb. 11.4.

In Metallen überwiegt bei höheren Temperaturen der Wärmetransport durch freie Elektronen als Träger thermischer Energie. Für das Verhältnis von thermischer zu elektrischer Leitfähigkeit λ/κ gilt für alle Metalle oberhalb der Debyeschen Temperatur Θ:

$$\frac{\lambda}{\kappa} = \frac{\pi^2}{3}\left(\frac{K}{e}\right)^2 T = LT \tag{11.4}$$

Gesetz von Wiedemann-Franz

K	Boltzmannkonstante
e	Elementarladung
T	absolute Temperatur
L	Lorenzzahl (Konstante)
κ	elektrische Leitfähigkeit

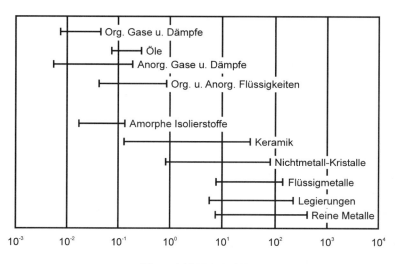

Wärmeleitfähigkeit / W/mK

Abb. 11.3. Wärmeleitfähigkeit verschiedener Stoffe

11.3 Thermoelektrizität

Werden zwei Drähte aus verschiedenen Metallen in Form eines Stromkreises verbunden und tritt zwischen den beiden Kontaktstellen (= Lötstellen) eine unterschiedliche Temperatur auf, so fließt ein Thermostrom (Seebeckeffekt), Abb. 11.5. Dieser Effekt ist auf die unterschiedlichen Elektronenpotenziale in den einzelnen Metallen zurückzuführen. Wenn beide Kontaktstellen die gleiche Temperatur aufweisen, hebt sich die Potenzialdifferenz auf, es fließt kein Strom, Abb. 11.6. Wird jedoch eine Kontaktstelle erwärmt, wird an dieser die Potenzialdifferenz größer als an der kalten Kontaktstelle. Die Differenz beider Spannungen wird als thermoelektrische Spannung - Thermospannung - bezeichnet und erzeugt den

Thermostrom. Sie ist von der Temperaturdifferenz und der Werkstoffpaarung abhängig.

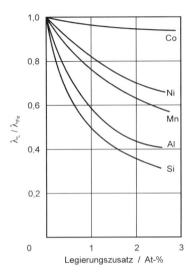

Abb. 11.4. Einfluss von Legierungszusätzen auf die Wärmeleitfähigkeit von Stahl [Sch96]

Dieser Effekt wird in technischen Anwendungen, z.B. zur Temperaturmessung mit Thermoelementen ausgenutzt. Eine Lötstelle (= T_M) wird an die Messstelle gebracht, während die andere einer konstanten Temperatur ausgesetzt ist (Vergleichsstelle = T_V), Abb. 11.7. Die auftretende Thermospannung ist ein Maß für die Temperaturdifferenz. In Abb. 11.8 sind gebräuchliche Thermoelemente Temperaturen und zugehörige Thermospannungen aufgetragen. Vergleichsweise sind die Messbereiche anderer Temperaturmessgeräte angegeben.

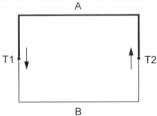

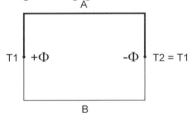

Abb. 11.5. Unterschiedliche Temperaturen an den Kontaktstellen: Seebeckeffekt

Abb. 11.6. Aufhebung der Potenzialdifferenzen bei gleicher Temperatur

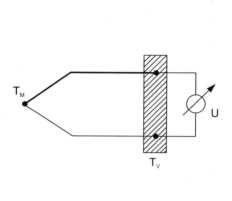

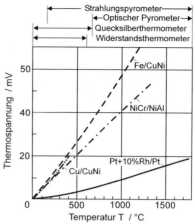

Abb. 11.7. Messanordnung für die Temperaturmessung mit einer Vergleichsstelle

Abb. 11.8. Thermospannungen für die gebräuchlichen Thermoelemente

11.4 Halbleiter

Halbleiter sind Stoffe, deren elektrischer Widerstand bei Annäherung an den absoluten Nullpunkt $T = 0$ K im Gegensatz zu den Metallen gegen unendlich geht. Bei Raumtemperatur liegt der elektrische Widerstand etwa zwischen dem der Metalle und dem der Isolatoren. Die Temperaturabhängigkeit des elektrischen Widerstandes ist stark ausgeprägt.

Die technische Bedeutung der Halbleiter resultiert aus ihren elektronischen Eigenschaften. Die elektrische Leitfähigkeit der Halbleiter lässt sich durch das Zulegieren geringster Mengen von Fremdatomen (Dotierung) verändern. Die Dotierung mit sogenannten Donatoren (z.B. P, S, As, Se, Sb) führt dabei zum Ladungstransport durch Elektronen (n-Leiter). Bei Dotierung mit Akzeptoren (z.B. B, Al, Ga, In) hingegen erfolgt der Ladungstransport durch fehlende Elektronen oder Defektelektronen (p-Leiter). Die Aufeinanderfolge von p- und n-Leitern führt zu Sperrschichten (pn-Übergang), die die Grundlage von elektronischen Bauteilen wie Dioden, Transistoren oder Thyristoren sind.

Die Leitfähigkeit der Halbleiter lässt sich auch beeinflussen durch:

- Elektrische Streufelder → Feldeffekttransistor (FET)
- Starke elektrische Felder → Zenereffekt
- Temperatur → Kalt- und Heißleiter (Thermistoren)
- Magnetfelder → Hall-Generatoren
- Licht → Photowiderstand, Solarzelle, Phototransistor

Die wichtigsten technischen Halbleiter sind Si, Ge und Se. Die wesentlichen Verbindungshalbleiter sind die Verbindungen Galliumarsenid (GaAs), Kadmiumsulfid (CdS) und Indiumarsenid (InAs).

Die Elemente, aus denen Halbleiter bestehen, finden jedoch auch Anwendung als Legierungselemente in Metallen und als Verbindungspartner in unterschiedlichsten organischen und anorganischen Stoffen.

Als derzeit am häufigst verwendeter Halbleiter soll näher auf das Silizium eingegangen werden.

11.4.1 Gewinnung und Verarbeitung

Das Silizium ist nach dem Sauerstoff das meistverbreitete Element auf der Erde. Der obere Teil der Erdrinde besteht zu ca. 25% seiner Masse aus Silizium. Silizium liegt in der Natur wegen seiner hohen Affinität zum Sauerstoff nie elementar vor, sondern gebunden in Form von Salzen verschiedener, sich vom Anhydrid SiO_2 ableitender Kieselsäuren $mSiO_2$ x nH_2O (Silikate). Besonders weitverbreitet sind Magnesium-, Calcium-, Eisen- und Aluminiumsilikate. Auch als Siliziumdioxid SiO_2 kommt es in der Natur als Seesand, Kieselstein und Quarz vor.

Technisches Silizium wird durch Reduktion von Quarzen mittels Kohle gewonnen. Die Reduktion erfolgt im elektrischen Lichtbogenofen bei ca. 2000 °C nach folgender Reaktionsgleichung:

$$(690 kJ +) SiO_2 + 2C \longrightarrow Si + 2CO \qquad (11.5)$$

Die Reduktion führt zu Si98 mit 98,5 Gew.-% Silizium beziehungsweise zu Si99 mit 99,7 Gew.-% Silizium.

Die Reinheit des so gewonnenen Siliziums ist für den Einsatz als Halbleiter bei weitem nicht ausreichend. In der Halbleiterindustrie werden Reinheitsgrade von kleiner 10^{-9} Atom-% an Verunreinigungen gefordert. Solche Reinheitsgrade lassen sich nach folgendem Schema erzielen:

Umwandlung von technischem Silizium in Silicochloroform $HSiCl_3$:

$$Si + 3HCl \longrightarrow HSiCl_3 + H_2 \qquad (11.6)$$

Das gewonnene Silicochloroform wird bei 1000 °C in Silizium umgewandelt:

$$HSiCl_3 + H_2 \longrightarrow Si + 3HCl \qquad (11.7)$$

Die Abscheidung des so gewonnenen Siliziums erfolgt an hochreinen Siliziumstäbchen. Die Stäbchen wachsen dabei auf einen Durchmesser von 10 bis 20 cm an. Das gebildete Silizium ist polykristallin.

Die so gewonnenen Siliziumstäbe werden nach dem Zonenschmelzverfahren weiter gereinigt, Abb. 11.9. Der Siliziumstab wird unter Schutzgas durch eine ringförmige Hochfrequenzspule, die den Stab umschließt, in einem schmalen Bereich (Zone) induktiv aufgeschmolzen. Vor und hinter der Spule ist das Silizium fest. Die Spule wird vom einen Ende an das andere Ende des Stabes bewegt. An der Erstarrungsfront, der durch den Stab laufenden aufgeschmolzenen

Zone, reichern sich die Verunreinigungen an. Ist die Schmelzzone am Stabende angelangt, wird das verunreinigte Stabende abgeschnitten und der Stab erneut im Zonenschmelzverfahren aufgeschmolzen. Der Vorgang wird so lange wiederholt, bis der erforderliche Reinheitsgrad erreicht ist. Die Bestimmung des Reinheitsgrades erfolgt über die Bestimmung des elektrischen Widerstandes da wegen des geringen Verunreinigungsgrades eine chemische Bestimmung nicht mehr möglich ist. Der so hergestellte hochreine Siliziumstab weist noch ein polykristallines Gefüge auf. In der Halbleiterindustrie werden jedoch fast ausschließlich Einkristalle benötigt.

Einkristalle können im sogenannten Tiegelziehverfahren hergestellt werden. In einem Quarztiegel wird hochreines Silizium aufgeschmolzen. Das flüssige Silizium kann dabei dotiert werden. Ein kleiner Siliziumkristall (Impfkristall) wird in die Schmelze eingetaucht und langsam nach oben gezogen. Das am Impfkristall erstarrende Silizium erstarrt bei genügend kleiner Ziehgeschwindigkeit einkristallin. Ziehgeschwindigkeiten von wenigen mm/min sind möglich. Mit dieser Methode lassen sich Einkristalle von über 200 mm Durchmesser und einem Gewicht von bis zu 50 kg herstellen.

11.4.2 Eigenschaften

Kristallines Silizium (α-Silizium) bildet dunkelgraue, undurchsichtige, stark glänzende, harte und spröde Oktaeder. Die Atome sind dabei in Form eines Diamantgitters angeordnet. Die Dichte des Siliziums liegt bei 2,33 kg/dm^3; der Schmelzpunkt liegt bei 1410 °C. Bei hohen Drücken wandelt sich das α-Silizium in β-Silizium um, Abb. 11.9. Der E-Modul beträgt E = 115000 MPa und die Querkontraktionszahl $\mu = 0,45$.

Reines Silizium wird beispielsweise in der Elektrotechnik, in der Feinmesstechnik (große Härte), oder in der Mikromechanik (große Reinheit, einkristallin und geringste Gitterfehlerdichte) eingesetzt.

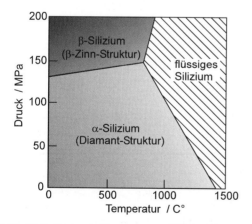

Abb. 11.9. Zustandsdiagramm von Silizium (Ausschnitt)

11.5 Supraleitung

Im supraleitenden Zustand ist der elektrische Gleichstromwiderstand von vielen Metallen und Legierungen nahezu null, bzw. ist nicht mehr messbar. Dieser Zustand tritt unterhalb einer kritischen Temperatur, der Sprungtemperatur auf, die nahe beim absoluten Nullpunkt liegt, Abb. 11.10. Die Supraleitung kann durch ein magnetisches Feld mit einer kritischen Feldstärke H_C wieder aufgehoben werden.

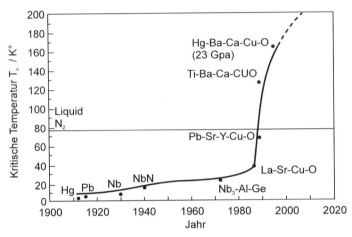

Abb. 11.10. Entwicklung von Supraleitern, dargestellt an der kritischen Temperatur

Beispiele für Sprungtemperaturen:

W: 0,01 K   Nb: 9,2 K   Al: 1,19 K Nb_3Sn: 18,1 K

Infolge spontaner Magnetisierung sind ferromagnetische Stoffe nicht supraleitend.

Die Typisierung von Supraleitern erfolgt nach ihrem Verhalten gegenüber einem äußeren Magnetfeld.

11.5.1 Supraleiter I. Art

Alle reinen Metalle von technischer Bedeutung mit Ausnahme von Nb und V. Das Magnetfeld wird bis auf eine dünne Randschicht (ca. 10^{-8} m) vollständig aus dem Inneren des Leiters abgedrängt (idealer Diamagnetismus). Bei Erreichen von H_C wird der gesamte Leiterquerschnitt homogen von Flusslinien durchlaufen, d.h. der normalleitende Zustand stellt sich wieder ein und die Abschirmwirkung der Randschicht bricht zusammen. Supraleiter I. Art werden auch als weiche Supraleiter bezeichnet, Abb. 11.11.

11.5.2 Supraleiter II. Art

Im Feldstärkebereich H_{C1} bis H_{C2} dringen die Flusslinien in Form von dünnen Flussschläuchen reversibel in den Leiter ein. Die Zwischenräume zwischen den Flussschläuchen bleiben supraleitend. Die kritische Feldstärke H_{C2}, die zum normalleitenden Zustand führt, liegt wesentlich höher als bei weichen Supraleitern, Abb. 11.12.

11.5.3 Supraleiter III. Art

Die Flussschläuche des Supraleiters II. Art sind im Bereich des Mischzustandes $H_{C1} < H < H_{C2}$ leicht beweglich. Dies kann zu Verlusten (Induzierung von Wirbelströmen bei Strombelastung) führen. Durch Einbau von Versetzungen, Zusatzatomen, Leerstellen-Cluster oder Ausscheidungen kann jedoch eine Verankerung erfolgen. Diese Supraleiter III. Art (Hochfeld-Hochstrom-Supraleiter, harter Supraleiter) vermag dann hohe Ströme zu leiten, (bis etwa $100\,kA/cm^2$), Abb. 11.13. In technischen Anwendungen werden Supraleiter meist als Verbundleiter hergestellt (Einbettung des Supraleiters, bestehend aus Filamenten, in einen Normalleiter), Abb. 11.14. Damit kann kurzfristig die Stromführung vom Normalleiter übernommen werden.

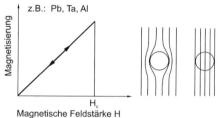

Abb. 11.11. Supraleiter I. Art [Guy76]

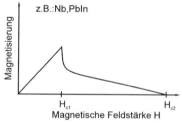

Abb. 11.12. Supraleiter II. Art [Guy76]

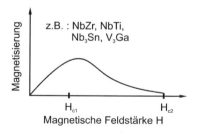

Abb. 11.13. Supraleiter III. Art [Guy76]

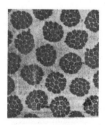

Abb. 11.14. Nb₃Sn-Mehrkernleiter Kerndurchmesser: 6 μm Nb₃Sn-Schichtdicke: 2 μm

Fragen zu Kapitel 11

1. Welche Bedeutung hat das logarithmische Dekrement einer Schwingung?

2. Nennen Sie drei Einflussfaktoren, von denen die Dämpfung abhängt.

3. In welcher Weise hängt der Wärmestrom von der Temperatur ab?

4. Erklären Sie den Seebeckeffekt.

5. Was versteht man unter Dotierung bei Halbleitern?

12 Korrosion

12.1 Definition der Korrosion

Korrosion ist die unerwünschte, von der Oberfläche ausgehende chemische, physikalisch-chemische oder elektrochemische Reaktion eines Werkstoffes mit einem umgebenden Medium, die mit einem Schädigungsprozess ausgehend von der Oberfläche verbunden ist. Die Korrosion ist somit i.Allg. eine Grenzflächenreaktion.

Diese Reaktionen können vielfältige Erscheinungsformen zur Folge haben. Die wichtigsten sind nach den Auswirkungen in Verbindung mit der Beanspruchung in Abb. 12.1 und nach Korrosionsart in Abb. 12.2 zusammenfassend dargestellt.

Eine allgemeine Form der Korrosion in wässrigen Medien ist die gleichförmige Korrosion mit einem gleichmäßigen Flächenangriff. Bei gleichzeitiger mechanischer Beeinflussung wird die Schutzschicht oder die reine Metalloberfläche oder Schutzschicht stärker angegriffen und tiefer abgetragen (Erosions-, Kavitationskorrosion).

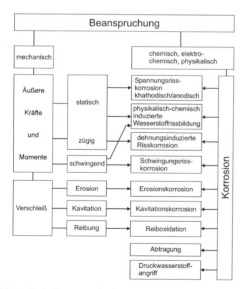

Abb. 12.1. Systematik der Korrosion nach Beanspruchung

Angriffsform	Bezeichnung	Schema
gleichmäßig	Korrosion unter - Wasserstoffentwicklung - Sauerstoffverbrauch (Flächenkorrosion)	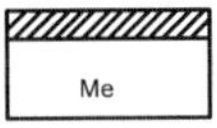 Me
ungleich- mäßig	Kontaktkorrosion	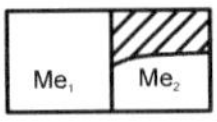 Me₁ Me₂
	Lochfraßkorrosion	
	Selektive Korrosion	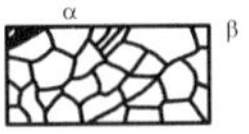 α β
	Spaltkorrosion	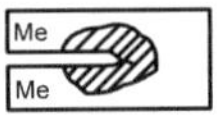 Me / Me
	Physikalisch induzierte Wasserstoff-rissbildung	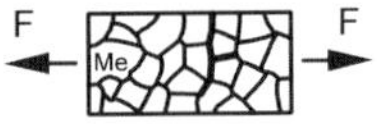 F Me F
	Spannungsrisskorrosion anodisch, kathodisch	 F Me F
	Dehnungsinduzierte Risskorrosion	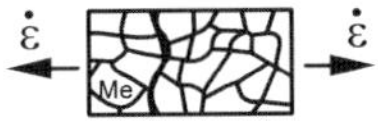 $\dot{\varepsilon}$ Me $\dot{\varepsilon}$
	Schwingungsriss-korrosion	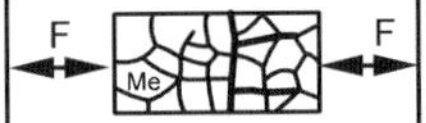 F Me F
	Chemische Wasserstoff-rissbildung	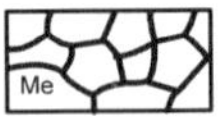 Me
	Interkristalline Korrosion Kornzerfall	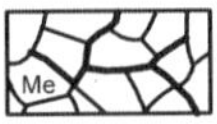 Me

Abb. 12.2. Systematik der Korrosion nach Arten

Der häufigste Korrosionstyp ist die lokale Korrosion. Bei dieser Korrosionsart wird der Werkstoff nur örtlich angegriffen. Ursache ist die Bildung von lokalen Aktiv-Passivelementen, die sich durch ein unterschiedliches Potenzial- und Flächenverhältnis auszeichnen. Das kann sich in hohen Korrosionsgeschwindigkeiten widerspiegeln (Lochfraß, selektive Korrosion, Kornzerfall, Spaltkorrosion, Kontaktkorrosion).

Unter zusätzlicher Einwirkung von Spannungen können aufgrund mechanischer und korrosiver Wechselwirkungen Risse erzeugt werden und sehr hohe Korrosionsraten auftreten (Spannungsrisskorrosion, dehnungsinduzierte Korrosion, Korrosionsermüdung).

In gasförmigen Medien treten Oxidation und Wasserstoffversprödung durch chemisch-physikalische Prozesse auf.

Einflussfaktoren

Die Art und Geschwindigkeit von Korrosionsvorgängen wird wesentlich von der Kombination aus Werkstoffbelastung und den jeweiligen Medienbedingungen kontrolliert, Abb. 12.3.

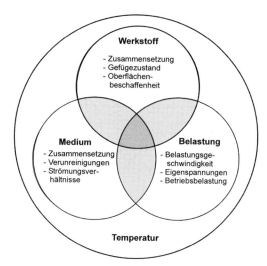

Abb. 12.3. Wechselwirkung der Einflussfaktoren auf die Korrosion

Zu den wesentlichsten Einflussfaktoren auf den Korrosionsablauf zählen bei den Werkstoffeigenschaften:
- Art des Werkstoffs
- Art und Konzentration von Legierungselementen und Verunreinigungen
- Wärmebehandlung des Werkstoffs
- Verformungsgrad, Belastungszustand
- Gefügestruktur und Ausscheidung auf den Korngrenzen.

Die Einflussfaktoren aus den Umgebungs- und Medienbedingungen sind:
- Temperatur
- Druck
- Strömungsbedingungen
- Chemische Zusammensetzung des Mediums (pH-Wert, Sauerstoffgehalt, Inhaltsstoffe)
- ionisierende Strahlung
- Wärmeübertragungsbedingungen.

Bei den Belastungen können als wesentliche Größen genannt werden:
- Zugspannungen
- Thermospannungen
- Eigenspannungen
- wechselnde Belastung.

Neben diesen grundlegenden Einflussgrößen sind in technischen Bauteilen konstruktiv bedingte Besonderheiten als korrosionsunterstützende Faktoren mit in die Betrachtung einzubeziehen, wie

- Bereiche mit unterschiedlichen Strömungen
- wechselnde Befeuchtung und Austrocknung an der Werkstoffoberfläche an der Phasengrenze zwischen Wasser und Dampf
- elektrisch leitende Verbindung unterschiedlicher metallischer Werkstoffe
- konstruktive Spalten.

Insgesamt ist die Korrosion eine komplexe Kombination der Wechselwirkung zwischen diesen Einflüssen.

12.2 Korrosion metallischer Werkstoffe

12.2.1 Grundlagen zur Korrosion in wässrigen Medien

12.2.1.1 Thermodynamische Betrachtung

Aus thermodynamischer Sicht ist Korrosion ein Vorgang, bei dem die Werkstoffe mit ihrer Umgebung ohne jegliche Energiezufuhr irreversibel reagieren. Die Werkstoffinstabilität ist Ausdruck der Naturgesetze, wonach die Werkstoffe den thermodynamisch stabilsten Zustand anstreben und damit unter Energieabgabe in ihren Ausgangszustand als Oxid, Sulfid, Carbonat o.ä. zurückkehren.

12.2.1.2 Elektrochemische Grundlagen der elektrolytischen Korrosion

Bei elektrochemischen Korrosionsreaktionen sind mindestens zwei elektrochemische Einzelreaktionen beteiligt, die gekoppelt sind:

1. anodischer Prozess, Elektronenabgabe (Oxidation)

$$Me \rightarrow Me^{z+} + ze^-   \text{(Metallauflösung)}$$

2. kathodischer Prozess, Elektronenaufnahme (Reduktion)

$$Me^{z+} + ze^- \rightarrow Me   \text{(Metallabscheidung)}$$

$$2H^+ + 2e^- \rightarrow H_2   \text{(Wasserstoffkorrosionstyp)}$$

$$O_2 + 2H_2O + 4e^- \rightarrow 4OH^-   \text{(Sauerstoffkorrosionstyp)}$$

Die beiden Prozesse laufen jeweils an einer Elektrode ab. Als Elektrode bezeichnet man daher die Anordnung, in der ein solcher elektrochemischer Teilvorgang ablaufen kann. Sie besteht im Allgemeinen aus einem metallischen Leiter im Kontakt mit einer ionenleitenden Phase (in wässrigen Medien, dem Elektrolyten). An der Phasengrenze Metall/Elektrolyt tritt eine Wechselwirkung zwischen Metall und Elektrolyt auf. Dabei treten Metallionen des Metalls in den Elektrolyten über.

Beim Übergang in den Elektrolyten geht das Metall aus dem atomaren Zustand Me in den Zustand eines z-wertig positiv geladenen Ions Me^{z+} über („Lösungstension"). Dabei bleiben z Elektronen e^- in dem Metall zurück und laden es negativ auf.

Geht das Metall aus dem Zustand des z-wertig positiv geladenen Ions Me^{z+} in den atomaren Zustand Me über, so werden gleichzeitig z Elektronen e^- verbraucht. Durch diese Metallabscheidung lädt sich das Metall positiv auf, Abb. 12.4.

Dabei wird hier in Anlehnung an die Elektrochemie eine stromdurchflossene Elektrode als Anode bezeichnet, wenn der positive Strom aus der Elektrode in den Elektrolyten fließt, als Kathode wird die Elektrode mit der umgekehrten Flussrichtung bezeichnet.

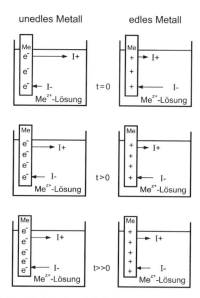

Abb. 12.4. Potenzialbildung

So erhöhen die durchtretenden positiven Metallionen z.B. das Potenzial an der Grenzschicht, was dem weiteren Durchtritt positiver Ladungen entgegenwirkt. Gleichzeitig behindern auch die im Metall zurückgebliebenen negativen Ladungen (Elektronen) weitere Metallionen am Verlassen des Metalls. Im Ergebnis dieser Wechselwirkung stellt sich ein Gleichgewicht zwischen Hin- und Rückreaktion für jede der o.g. Reaktionen bei einem bestimmten elektrischen Potenzial ein, dem Gleichgewichtspotenzial. Dieses Potenzial hängt von der Konzentration z.B. der Metallionen in der ionenleitenden Phase ab.

Da das Potenzial von Einzelelektroden nicht direkt gemessen werden kann, werden Bezugselektroden einbezogen und die elektrochemischen Spannungen zwischen beiden Elektroden gemessen, Abb. 12.5. Aus der Lage der ermittelten Potenziale in der Spannungsreihe im Vergleich zur Bezugselektrode sind Aussagen über das Korrosionsverhalten ableitbar. Da die Messelektrode nur eine Hälfte des elektrochemischen Systems darstellt (Halbzellenpotenzial), wird das System mit einer zweiten Halbzelle ergänzt. Zum Vergleich für Messzwecke wird hierfür das Potenzial der Normalwasserstoffelektrode (NHE) als Bezugspunkt (U=0) verwendet. Das Standardpotenzial ist eine wesentliche physikalische Größe, die quantitativ die relative Antriebskraft der Halbzellenreaktionen beschreibt.

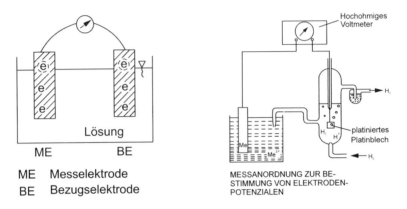

Abb. 12.5. Messanordnung zur Bestimmung von Elektrodenpotenzialen [Sch96]

Die Standardpotenziale der Metalle sind in der elektrochemischen Spannungsreihe, Abb. 12.6, der reinen Metalle in Bezug auf NHE aufgelistet. Aus der Lage der Potenziale sind Rückschlüsse auf das Korrosionsverhalten des jeweiligen Metalls möglich. Sind z.B. die Potenziale positiver als NHE, können sie von nichtoxidierenden Säuren nicht angegriffen werden, da sie zu Austauschreaktion mit Wasserstoffionen nicht mehr fähig sind.

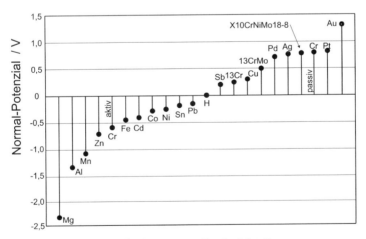

Abb. 12.6. Elektrochemische Spannungsreihe der Metalle

Aufgrund von Vorgängen an den Oberflächen (z.B. Deckschichtbildung), die die Korrosionsvorgänge beeinträchtigen können, sind Veränderungen in der Spannungsreihe möglich. In manchen Fällen ist auch die Standardbedingung wegen beschränkter Löslichkeit der Ionen nicht zu realisieren. Deshalb werden in der praktischen Spannungsreihe die tatsächlichen Potenziale der Werkstoffe im betreffenden Medium ermittelt.

Das Potenzial der beiden Teilreaktionen wird in Stromdichte-Potenzial-Kurven, Abb. 12.7, dargestellt. Durch einen Außenkreis wird auf das Korrosionssystem ein Strom (oder Spannung) aufgeprägt und das sich einstellende Potenzial (bzw. Strom) gemessen, Abb. 12.8. Der Vorgang wird als Polarisation bezeichnet. Die gemessene Stromdichte unter den gegebenen Bedingungen ist dabei ein quantitatives Maß für die Geschwindigkeit der Metallauflösung, während die Potenzialveränderung Ausdruck der Hemmungserscheinungen der elektrochemischen Reaktion ist. Sie gibt Auskunft über die Korrosionsmechanismen, wie über charakteristische Korrosionsgrößen. Sie ist die Summenkurve aus den kathodischen Teilreaktionen, Sauerstoff-, Wasserstoffentwicklung oder der anodischen Reaktion der Metallauflösung.

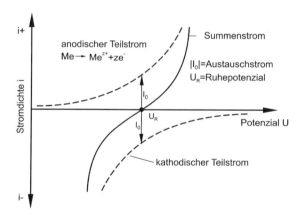

Abb. 12.7. Stromdichte-Potenzial-Kurve [Dah93]

Negative Ströme und Potenziale unter dem Ruhepotenzial U_R (auch freies Korrosionspotenzial) zeigen die Dominanz der kathodischen Teilreaktion der Wasserstoffentwicklung. Am Gleichgewichtspotenzial stehen kathodischer und anodischer Teilprozess im Gleichgewicht. Der Betrag der Stromdichte ist Null. Oberhalb dieses Gleichgewichtpotenzials dominiert die anodische Teilreaktion, die Metallauflösung, die mit dem Anstieg des Korrosionsstromes i_p verbunden ist. Bei passivierbaren (deckschichtbildenden) Werkstoffen wird ab dem Potenzial U_p und der maximalen Stromdichte i_p ein Aktiv-Passivübergangsbereich erreicht, bei dem die Ausbildung einer Passivschicht erfolgt. Diese behindert zunehmend die Phasendurchtrittsreaktionen, wodurch die Stromdichte bei steigendem Potenzial abnimmt. Nach vollständiger Ausbildung der Passivschicht liegen eine kleine Stromdichte i_{passiv} und ansteigende Potenziale im sogenannten „Passivbereich" vor. In diesem Passivbereich ist die Metallauflösung relativ gering, d.h. der Korrosionsangriff ist aufgrund der Passivschicht oder Schutzschicht stark reduziert. Durch Zerstörung der Passivschicht kann erneut Metall aufgelöst werden, was in einem erneuten Stromdichteanstieg resultiert. Das zugeordnete Potenzial wird als Durchbruchspotenzial und der anschließende Potenzialbereich wird als Transpassivbereich bezeichnet. Bei höheren Potenzialen und einer unbeschädigten Passivschicht kann der Stromanstieg der Sauerstoffentwicklung zugeordnet werden.

U_p	Passivierungspotenzial
U_f	Aktivierungspotenzial (Flade-Potenzial)
U_d	Durchbruchspotenzial
i_p	Passivierungsstromdichte
i_{passiv}	Stromdichte im Passivbereich

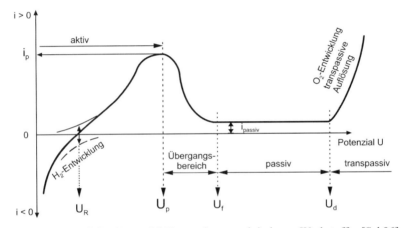

Abb. 12.8. Stromdichte-Potenzial-Kurve eines passivierbaren Werkstoffes [Sch96]

12.2.2 Korrosionsarten

12.2.2.1 Flächenkorrosion (gleichmäßiger Flächenabtrag)

Die Flächenkorrosion, ist die Art von Korrosion, bei der sich ein gleichmäßiger Flächenabtrag einstellt, d.h., die gesamte Metalloberfläche löst sich mit ungefähr der selben Geschwindigkeit auf. Bei dieser Korrosionsart sind plötzlich auftretende Schäden nicht zu befürchten, aufgrund der Korrosionsprodukte wird ein geschlossenes System verunreinigt.

Abhilfemaßnahmen

Neben den metallurgischen Maßnahmen durch Verwendung von Werkstoffen, die unter den gegebenen Bedingungen Passivschichten bilden, können system-technische Maßnahmen wie die Kontrolle der chemischen Zusammensetzung des Mediums oder die Verringerung der Strömungsgeschwindigkeit die Korrosions-geschwindigkeit in erheblichem Maße herabsetzen.

Die Passivschichtbildung bei Eisen wird durch Cr- und Cu-Anteile verbessert. Andere Werkstoffe wie Ni oder Cr bilden stabile Passivschichten, wobei vor allem Cr beständige und dichte Passivschichten bildet. Dieses Verhalten zeigt sich auch bei den hochlegierten Cr- und Cr-Ni-Stählen.

12.2.2.2 Lokale Korrosion

12.2.2.2.1 Lokale (ungleichmäßige) Korrosion ohne mechanische Beanspruchung

Lokale Korrosion führt i.Allg. zu einem ungleichmäßigen Korrosionsangriff, weil das Korrosionselement eine galvanische Zelle darstellt, die aus Anode, Kathode und dem Elektrolyten besteht. Die polykristallinen technischen Werkstoffe bestehen aus Legierungen unterschiedlicher Elemente, die in Verbindung mit einem Elektrolyten stets leitend miteinander verbunden sind und durch ihre unter-schiedlichen Potenziale ein Korrosionselement bilden können. Betrachtet man zwei unterschiedliche Werkstoffbereiche, die im Bauteil leitend miteinander verbunden sind und in einen Elektrolyten eintauchen, wird sich aus den im getrennten Zustand unterschiedlichen Ruhepotenzialen eine gemeinsame Stromdichte-Potenzialkurve einstellen, Abb. 12.7. Dies bewirkt, dass der Werk-stoffbereich mit dem negativeren Einzelpotenzial zu dem relativ positiveren Summenpotenzial verschoben wird, d.h. die anodische Reaktion wird verstärkt. Der Werkstoffbereich mit dem positiveren Einzelpotenzial wird zu dem relativ negativeren Summenpotenzial verschoben, d.h. die anodische Reaktion dieses Elements wird reduziert. Im Ergebnis wird die Auflösung des Elements mit dem positiveren Einzelpotenzial gebremst, die Auflösung des Elements mit dem negativeren Einzelpotenzial beschleunigt. Dabei ist die Ausdehnung der jeweiligen Oberflächenbereiche für die Korrosionsgeschwindigkeit mit ent-scheidend. Ist die Anodenfläche klein im Vergleich zur Kathodenfläche ist die Korrosionsgeschwindigkeit größer als bei umgekehrten Verhältnissen.

Lokale Konzentrationsunterschiede im umgebenden Elektrolyten können eben-falls zur Korrosion führen. Hierfür ist insbesondere die unterschiedliche Sauer-stoffkonzentration im Elektrolyten maßgebend. Da dieser Sauerstoff aus der Luft stammt, wird dieses Element als Belüftungselement bezeichnet. In Abb. 12.9 ist ein Beispiel für ein Belüftungselement gezeigt. Die Stellen höherer Sauerstoff-konzentration werden zur Kathode, die geringerer Sauerstoffkonzentration zur Anode, d.h. in Bereichen geringerer Sauerstoffkonzentration geht das Metall in Lösung.

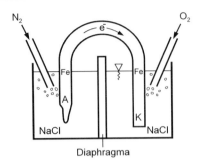

Abb. 12.9. Belüftungselement

Kontaktkorrosion

Kontaktkorrosion wird möglich, wenn Metalle mit unterschiedlichen Potenzialen über eine elektrolytische Lösung elektrisch leitend verbunden sind. Durch die Potenzialdifferenz wird ein Strom induziert. Dadurch wird das Metall mit dem positiveren Potenzial zur Kathode, das Metall mit dem negativeren Potenzial zur Anode, wodurch die Auflösung dieses „unedleren" Metalls beschleunigt wird, während das „edlere" Metall als Kathode geschützt wird, d.h. die Auflösungsrate wird reduziert. Dabei bedeutet positiv bzw. negativ die Potenziale in Relation zu den betrachteten Metallen.

Werden nun zwei verschiedene Metalle in eine Elektrolytlösung getaucht, so haben sie i.Allg. ein unterschiedliches Ruhepotenzial. Stellt man zwischen beiden Metallen einen metallischen Kontakt her, so fließt ein Strom und zwar von der Anode über die metallisch leitende Verbindung zur Kathode. Gleichzeitig erfolgt im Elektrolyt ein Ionenstrom von der Anode zur Kathode. Bei dem gewählten Beispiel, Abb. 12.10, geht Eisen in Lösung und Wasserstoff scheidet sich auf dem Kupfer ab.

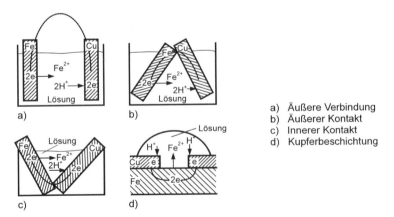

a) Äußere Verbindung
b) Äußerer Kontakt
c) Innerer Kontakt
d) Kupferbeschichtung

Abb. 12.10. Verschiedene Arten der Kontaktkorrosion am Beispiel von Eisen / Kupfer

Außer der Kombination verschiedener Metalle gibt es noch andere Möglichkeiten der Kontaktkorrosion, wie z.B. chemisch heterogene Oberflächen, hier sind
vor allem Legierungen betroffen, deren Legierungspartner verschiedene Ruhe-
potenziale haben. Dabei kommt es zur Auflösung des unedleren Partners.

Selektive Korrosion

Die selektive Korrosion ist eine Form der Kontaktkorrosion. Hierunter versteht
man Inhomogenitäten im Gefüge, z.B. die Anreicherung der edleren Komponente
einer binären oder Mehrstofflegierung auf der Oberfläche, Abb. 12.11.

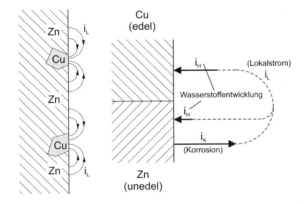

Abb. 12.11. Selektive Korrosion

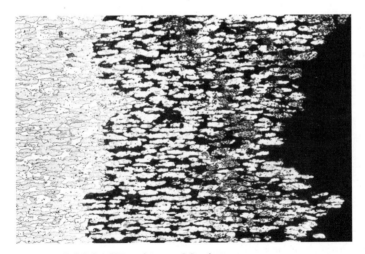

Abb. 12.12. Selektive Korrosion von Messing

Die Auflösung setzt, analog zur Kontaktkorrosion an solchen Stellen ein, an
denen ein, gegenüber der Umgebung unedleres Potenzial herrscht (z.B. infolge

einer Anreicherung der unedleren Komponente). Es bilden sich anodisch wirkende Grübchen aus, die von glatten, unversehrt aussehenden kathodischen Flächen umgeben sind, Abb. 12.12.

Kornzerfall

Die interkristalline Korrosion kann der selektiven Korrosion zugerechnet werden. Sie tritt auf, wenn durch Ausscheidungen von Phasen auf den Korngrenzen das Ruhepotenzial der Matrix positiver als das der Korngrenzenbereiche wird.

Dieser Effekt tritt besonders an rostbeständigen, austenitischen CrNi- und CrMnNi-Stählen auf und zwar bevorzugt nach dem Abschrecken von einer Temperatur über 1000 °C und Anlassen zwischen 500 °C und 800 °C sowie beim Schweißen. Als Erklärung wird i.Allg. die „Chromverarmungstheorie" herangezogen, nach der sich während längerer Haltezeit auf Anlasstemperatur chromreiche Mischkarbide $(Cr, Fe)_{23}C_6$ bevorzugt auf den Korngrenzen ausbilden, der Werkstoff wird sensibilisiert. Unter Elektrolyteinwirkung verhalten sich die chromarmen Korngrenzenbereiche unedler als die Metallmatrix und werden daher bevorzugt korrodiert.

Als Kornzerfall bezeichnet man die Erscheinung, dass die mit Ausscheidungen belegten Korngrenzen eines polykristallinen Metalls bevorzugt korrosiv angegriffen werden, d.h. dass sich die schmalen, die Körner trennenden Cr-ärmeren Bereiche schneller als das Korn auflösen, Abb. 12.13.

Zur Vermeidung des Kornzerfalls werden zur Stabilisierung Nb oder Ti hinzugefügt. Diese Elemente binden den Kohlenstoff ab und verhindern somit die Chromkarbidausscheidung. Eine andere Möglichkeit besteht in der Absenkung des C-Gehalts.

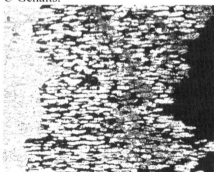 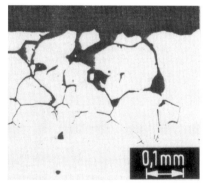

Abb. 12.13. Korngrenzenausscheidung und Schliffbild während des Kornzerfalls

Lochfraß

Die Lochfraßkorrosion ist ein lokal eng begrenzter Angriff meist gleichzeitig an mehreren Stellen der Bauteiloberfläche, d.h., die anodische Teilreaktion läuft in lokal eng begrenzten Bereichen ab. Im Gegensatz zur selektiven Korrosion ist der

Auslöser nicht Werkstoffinhomogenität, sondern Lochfraßkorrosion kann entstehen, wenn die Oberfläche von einer korrosionsschützenden Deckschicht überzogen ist, die mechanisch beschädigt wurde, Abb. 12.14, oder wenn eine heterogene Elektrolytkonzentration vorliegt, Abb. 12.15 und ein Belüftungselement entstanden ist. Die ablaufenden Mechanismen wurden eingangs bereits beschrieben.

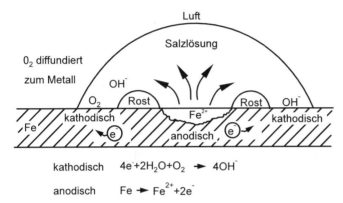

kathodisch $4e^- + 2H_2O + O_2 \rightarrow 4OH^-$

anodisch $Fe \rightarrow Fe^{2+} + 2e^-$

Abb. 12.14. Lochfraß durch Tropfenkorrosion

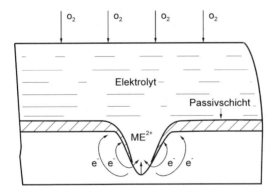

Abb. 12.15. Lochfraßkorrosion

Spaltkorrosion

Die Spaltkorrosion kommt durch unterschiedliche Metallionen- oder Sauerstoffkonzentrationen zustande (Konzentrations-Belüftungselement), Abb. 12.16.

Dieser Korrosionstyp tritt bei Korrosion in Oberflächendefekten oder konstruktiv bedingten Spalten auf (z.B. zwischen zwei verbundenen Rohren oder an geschraubten Verbindungen). Im Inneren des Spaltes ist die Sauerstoffkonzentration niedriger als außen. Der Bereich geringeren Sauerstoffgehaltes wird dabei anodisch, während der sauerstoffreiche Bereich kathodisch wird. Entsprechend wird der anodische Bereich geschädigt.

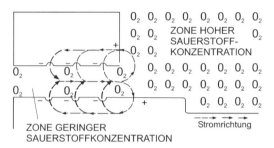

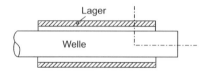

Abb. 12.16. Konzentrationselement

12.2.2.2.2 Lokale Korrosion unter mechanischer Beanspruchung

Spannungsrisskorrosion

Bei der Spannungsrisskorrosion kommt es nur bei gleichzeitiger Anwesenheit einer Spannung (aufgebrachte Zugspannung, Eigenspannung), eines empfindlichen Werkstoffzustandes und eines angreifenden Mediums zur Ausbildung von trans- und/oder interkristallinen Rissen. Die Risse verlaufen in beiden Fällen vorwiegend senkrecht zur Richtung der Zugspannung (1. Hauptspannung), sind aber oft stark verzweigt. Dabei kann die Spannungsrisskorrosion bei mechanischen Spannungen auftreten, die weit unter den zulässigen Beanspruchungswerten des Materials liegen. Vielfach genügen Eigenspannungen zur Rissauslösung, Abb. 12.17.

Der Werkstoff wird unter Einwirkung spezifisch wirkender Medien an durch Gleitbewegungen entstehenden aktiven Rissspitzen, an denen sich infolge chemischer und mechanischer Einwirkungen keine schützende Deckschicht bildet, bzw. die vorhandene lokal zerstört wird, anodisch aufgelöst, Abb.12.18.

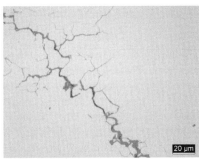
Polierter Schliff

Bruchbild im REM

Abb. 12.17 Spannungsrisskorrosion in P235G1TH (St 35.8) infolge Eigenspannungen aus Schweißungen und Benetzung mit Na-haltigem feuchtem Medium („Laugensprödigkeit")

Bemerkenswert für die interkristalline und transkristalline Spannungsrisskorrosion austenitischer Stähle ist, dass es jeweils ein kritisches Grenzpotenzial für diese Korrosionsart gibt, das als Schutzpotenzial für kathodischen Schutz dienen kann.

Ursachen:

- alternierend mechanisch-elektrolytischer Mechanismus
- Schutzschichtzerstörung aufgrund von Spannungen in Verbindung mit einwirkendem Medium
- Kerbwirkung von Oberflächendefekten.

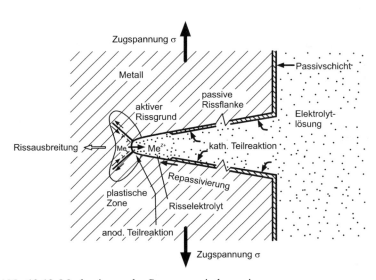

Abb. 12.18. Mechanismus der Spannungsrisskorrosion

Dehnungsinduzierte Risskorrosion („nichtklassische Spannungsriss-korrosion")

Neuere Untersuchungen zur Spannungsrisskorrosion zeigen, dass neben der „klassischen" Spannungsrisskorrosion, zu deren Untersuchung Proben unter konstanter Belastung oder Verformung geprüft werden, ein spezifischer Mechanismus der Spannungsrisskorrosion, die sogenannte dehnungsinduzierte Risskorrosion auftritt, bei der die Dehngeschwindigkeit von wesentlicher Bedeutung ist. Die dehnungsinduzierte Risskorrosion tritt immer dann auf, wenn an Stellen hoher Spannungskonzentration infolge Dehnungsänderungen aus betrieblichen Laständerungen resultierend, Schutzschichten aufreißen, wobei der freigelegte Grundwerkstoff zunächst korrodiert, im weiteren Betrieb aber erneut passiviert. Der ablaufende Mechanismus ist in den vorigen Abschnitten beschrieben. Im Labor erfolgt die Untersuchung dieser dehnungsinduzierten Risskorrosion an einer Zugprobe in dem für die Anwendung relevanten Korrosionsmedium unter einer definierten Dehngeschwindigkeit bis zum Bruch der Probe (CERT - constant extension rate test), Abb. 12.19.

Charakteristisch für die dehnungsinduzierte Risskorrosion ist, dass die Dehngeschwindigkeit unter einer oberen kritischen Dehngeschwindigkeit liegen muss. Die dehnungsinduzierte Risskorrosion führt zu einer stark verringerten Werkstoffzähigkeit.

Gefährdete Werkstoffe sind z.B. un- und niedriglegierte Stähle in Medien, die keine für die „klassische" Spannungsrisskorrosion auslösenden Ionen (NO_3^-, OH^-) enthalten. So weisen verschiedene Stähle in reinem Wasser bei höherer Temperatur einen Bereich hoher Empfindlichkeit auf, der durch den Sauerstoffgehalt, die Mediumstemperatur sowie die Dehngeschwindigkeit bestimmt wird.

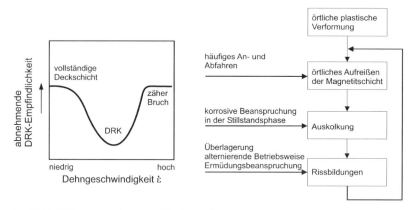

Abb. 12.19. Dehnungsinduzierte Risskorrosion

Schwingungsrisskorrosion (SwRK), Korrosionsermüdung

Während die Spannungsrisskorrosion nur an bestimmten Legierungen bzw. bei bestimmten Wärmebehandlungszuständen und spezifischen Agenzien auftritt (mit Ausnahme der dehnungsinduzierten Risskorrosion), ist die Schwingungsrisskorrosion bei allen Legierungen und Reinmetallen in Gegenwart unspezifischer Korrosionsmedien mehr oder weniger stark ausgeprägt. Der Rissverlauf ist vorwiegend transkristallin. Infolge der komplexen Wechselwirkung zwischen Schwingfestigkeit, örtlichem Werkstoffzustand, Korrosionsbeständigkeit und Passivitätsverhalten müssen die Werkstoffe im Hinblick auf den spezifischen Anwendungsfall ausgewählt und erprobt werden. Die bei Ermüdungsbeanspruchung an die Oberfläche austretenden Gleitbänder (Extrusionen, Intrusionen) zerstören die passivierenden Deckschichten. Dadurch erfolgt ein Korrosionsangriff an den ungeschützten Oberflächen der Gleitbänder.

Die niederfrequente Schwingungsrisskorrosion wird im Allgemeinen an angerissenen Biegeproben oder Kompaktzugproben (CT-Proben) untersucht, in denen es an der Rissspitze zu örtlicher Plastifizierung kommt. Der Einfluss der Korrosion wird am deutlichsten, wenn man die Risswachstumsrate da/dN in Abhängigkeit von der Schwingbreite des Spannungsintensitätsfaktors ΔK an Luft und im Medium betrachtet, Abb. 12.20.

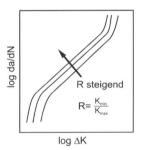 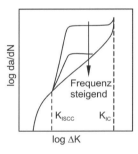 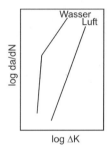

Abb. 12.20. Einflüsse auf das Risswachstum

Bei hohen Lastspielzahlen wird die bekannte Wöhler-Kurve durch Korrosion im Dauerfestigkeitsgebiet zu niedrigen Lastamplituden verschoben. Die Lastamplituden, die zum Bruch führen, streben keinem Grenzwert mehr zu, d.h., es existiert kein Dauerfestigkeitsbereich. Für praktische Abschätzungen der Lebensdauer ist es üblich, eine Korrosionszeitfestigkeit für eine Bruchlastspielzahl $N_B = 10^7$ zu definieren. Im Gebiet der Zeitfestigkeit herrscht bei nicht zu kleinen Frequenzen der mechanische Einfluss vor, so dass die Wöhlerkurven für Proben mit und ohne Korrosionsbeanspruchung sich nicht stark unterscheiden, Abb. 12.21.

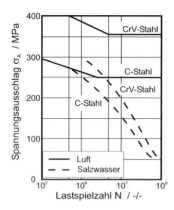

Abb. 12.21. Wechselfestigkeit mit und ohne Korrosionseinfluss bei RT

12.2.2.3 Verschleißkorrosion

Erosionskorrosion

Unter Erosionskorrosion versteht man das Zusammenwirken von mechanischem Oberflächenabtrag (Erosion) durch strömende Medien und Korrosion, wobei die Korrosion i.Allg. durch Zerstörung von Schutzschichten als Folge der Erosion ausgelöst wird, Abb. 12.22.

Abb. 12.22. Erosionskorrosion

Kavitationskorrosion

Kavitation ist das Zusammenbrechen von Hohlräumen in schnell strömenden Flüssigkeiten infolge Druckanstiegs.

Durch dieses Zusammenbrechen der Hohlräume entstehen lokale hohe, wiederholte Beanspruchungen, die auf der Werkstoffoberfläche lokale plastische Verformungen hervorrufen und Schutzschichten zerstören können.

Reiboxidation

Örtlich auftretende Oxidation, die unter Reibung bei Gleitwegen < 1 mm ohne nennenswerte Erwärmung der Metallflächen abläuft, wird bei zyklischer Belastung auch als Schwingungsverschleiß bezeichnet. Der Verlauf gliedert sich in die drei Stufen Adhäsion, Oxidation und Abrasion.

12.2.2.4 Korrosion in gasförmigen Medien

Wasserstoffrissbildung

Chemisch induzierte Wasserstoffrissbildung entsteht durch Einwirken von heißem, unter Druck stehendem Wasserstoff auf C-haltige Gefügebestandteile von Stählen. Der „Druckwasserstoffangriff" äußert sich in einer Entkohlung unter Bildung von Methan (CH_4), wodurch der Zusammenhang der Körner ohne jede sichtbare Materialabtragung und ohne jedes äußere Merkmal gelockert wird. Abhilfe bietet das Zulegieren von Karbidbildnern (Cr, Mo, V und W), sowie Begrenzung des C-Gehaltes auf 0,1%.

Physikalisch induzierte Wasserstoffrissbildung wird nach Dissoziation und Adsorption der Wasserstoffmoleküle mit nachfolgender Diffusion an gefährdeten Stellen ausgelöst, wie z.B. innere Fehlstellen, Bereiche mehrachsiger Spannungszustände (Rissspitzen) oder Versetzungen. Die Folge hiervon kann die Bildung spröder Hybridphasen oder die Ausscheidung von molekularem Wasserstoff unter hohem Druck sein. Die Schädigung nimmt etwa mit der Quadratwurzel aus dem Wasserstoffdruck zu. Bei ruhender Beanspruchung sind insbesondere hochfeste, un- und niedriglegierte Stähle ($R_{p0,2}$ > 600 MPa) sowie einige hochfeste Nickellegierungen in Gegenwart von kaltem molekularem, hinreichend reinem Wasserstoff sehr empfindlich gegen Rissbildung, Abb. 12.23. Der Korrosionsangriff führt zu stufenweisem Risswachstum mit bevorzugt interkristallinem Verlauf. Bei zeitlich veränderlicher Beanspruchung wird das Eindiffundieren des Wasserstoffs gegenüber statischer Belastung stark begünstigt. Dabei zeigen bereits Stähle mit niedriger Festigkeit einen wesentlichen Anstieg der Risswachstumsgeschwindigkeit.

Oxidation

Bei der trockenen Oxidation bildet sich an der Metalloberfläche eine feste Deckschicht von Reaktionsprodukten oder eine Zunderschicht, durch welche die metallischen oder (und) die in der Umgebung befindlichen Reaktanden diffundieren müssen, um die Reaktion in Gang zu halten.

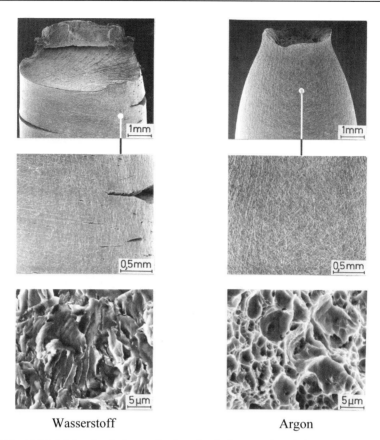

Wasserstoff   Argon

Abb. 12.23. Makroskopisches und mikroskopisches Bruchverhalten des Stahls 15MnNi6-3 in Wasserstoff und Argon (RT, p = 9 MPa, $\dot{\varepsilon} = 6{,}9 \cdot 10^{-4}$ 1 / s)

Schichtbildung

An einer reinen aktiven Metalloberfläche laufen bei der Einwirkung von Sauerstoff der Reihe nach folgende Vorgänge ab:

- Adsorption von Sauerstoff
- Bildung von Oxidkeimen
- Bildung einer gleichmäßigen oxidischen Deckschicht.

Es wird angenommen, dass die Wachstumsgeschwindigkeit der dünnen oxidischen Deckschicht durch den Übergang von Elektronen vom Metall zum Oxid bestimmt wird.

Erreicht die Dicke der Deckschicht mehrere hundert nm, kann die Diffusion der Ionen durch das Oxid geschwindigkeitsbestimmend sein. Das gilt jedoch nur, solange die Oxidschicht unversehrt bleibt. Ob die Deck- oder Zunderschicht ihre schützende Wirkung behält oder ob sie wegen vorhandener Poren und Risse wenig

Schutz bietet, hängt davon ab, welchen mechanischen Beanspruchungen sie ausgesetzt ist. Zugdehnungen begünstigen die Rissbildung, während Druck die Deckschicht schützt. Beides wird zusätzlich durch das Volumen des Reaktionsproduktes bestimmt. Ist das Verhältnis $V_0/V_M \geq 1$ (V_0 = Volumen des gebildeten Metalloxids, V_M = Volumen des umgesetzten Metalls), so bildet sich eine schützende Oxidschicht. Ist dagegen das Verhältnis < 1, so wirkt die Oxidschicht nicht schützend, da das Metall nicht vollständig abgedeckt ist.

Die Diffusion bzw. die Teilchenwanderung durch die Deckschicht kann in verschiedenen Richtungen erfolgen. Es können Kationen an die Phasengrenze Oxid-Gasraum diffundieren, es können Anionen an die Phasengrenze Metall-Oxid wandern und es können beide in entgegengesetzter Richtung wandern.

Während die Alkali- und Erdalkalimetalle mit Sauerstoff sehr heftig reagieren, ist die Oxidation z.B. von Kupfer und Eisen erst bei höherer Temperatur messbar. Bei Alkali- und Erdalkalimetallen ist das spezifische Volumen des gebildeten Metalloxids kleiner als das spezifische Volumen des darunter liegenden Metalls. Es kommt zu einer unvollständigen Bedeckung der Metalloberfläche oder zur Bildung von porösen Schichten, die abplatzen können.

Bei Kupfer oder Eisen ist das Volumen des gebildeten Metalloxids größer als das Volumen des darunter liegenden Metalls. Es kommt zur Ausbildung festhaftender kompakter Deckschichten, die erst bei größeren Schichtdicken abplatzen. Dabei ist es entscheidend, dass sich die Gitterabstände der Metallatome im Metall und im Oxid wenig oder gar nicht unterscheiden. Die Beständigkeit dieser Schichten hängt außerdem von der Haftung zwischen Oxid und Metall und von der Bruchdehnung des Oxids ab.

Für die Korrosionsbeständigkeit der rostbeständigen Stähle bei höheren Temperaturen ist das Vorhandensein einer schützenden Oxidschicht wesentlich. Diese Schicht kann bei gewissen Stählen verbessert werden, indem man den Stahl u.a. mit Si und Al bzw. Cr legiert.

Der Angriff, der durch Korrosion bei höheren Temperaturen hervorgerufen wird, heißt Verzunderung, Abb. 12.24. Durch bestimmte Metalloxide, die sich auf der Metalloberfläche ablagern oder durch Eigenoxidation des Metalls gebildet werden, kann die Verzunderung stark beschleunigt werden. Ein solcher Stoff ist z.B. V_2O_5, das auch in der Flugasche von Heizölen zu finden ist und am stärksten auf Mo- und W-legierte Stähle wirkt. Ferner können Alkalioxide bei rostbeständigen Stählen leicht örtliche Angriffe durch Mischoxidbildung mit niedrigem Schmelzpunkt auslösen.

12.2.3 Korrosionsschutz

Der Korrosionsschutz ist umso wirksamer, je besser die jeweiligen Schädigungsmechanismen bekannt sind. Diese wurden in den vorangehenden Abschnitten beschrieben. Es gilt jetzt, auf dieser Basis Gegenmaßnahmen zu definieren. Diese sind in den folgenden Abschnitten für wesentliche Einflussgrößen aufgezeigt.

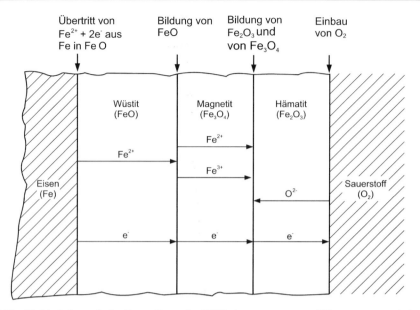

Abb. 12.24. Schematische Darstellung der Diffusionsvorgänge und Phasengrenzreaktionen bei der Oxidation von Eisen

Korrosionsgerechtes Konstruieren

Beim Konstruieren ist zu beachten, dass die Bildung von galvanischen Elementen reduziert oder ganz vermieden wird. Das bedeutet den Feuchtigkeitsaufstau in Ecken, Spalten sowie an inneren Oberflächen zu vermeiden. Thermospannungen oder unterschiedliche Kondensationsfeuchten können durch Reduzierung von Kontaktflächen zwischen warmen und kalten Bereichen eingeschränkt werden. Bei Verwendung verschiedener Materialien sollte galvanische Korrosion verhindert werden. Dabei ist zu beachten, dass die Potenzialdifferenz der Metalle kleiner 50 mV ist, die Metalle nicht direkt verbunden sind und der Elektrolyt so wenig wie möglich Sauerstoff oder Säure enthält, Abb. 12.25.

Oberflächenbehandlung

Die Lebensdauer von metallischen Konstruktionen kann durch Schutzüberzüge erheblich verlängert werden. Die Überzüge können nichtleitend oder leitend mit anodischem oder kathodischem Charakter sein. Im Allgemeinen kommen zur Anwendung:

- Organische Filme und Beschichtungen
  Beispiele: Anstriche, Kunststoffbeschichtungen
- Anorganische nichtmetallische Beschichtungen
  Beispiele: Emaillieren, Phosphatieren, Chromatieren, anodisch erzeugte Schichten (Eloxieren von Aluminium)

- Metallische Überzüge und Plattierungen
  Beispiele: Tauchverfahren, Feuerverzinken, Glühen in Metallpulvern, Aufdampfen aus Gasphase, Thermisches Spritzen, Elektrophorese (Auftragen von
  pulverförmigen Metallen in einem elektrischen Feld), Plattieren, Auftragsschweißen, Diffusionsschichten (Anreicherung von Cr, Al, Zn auf der Oberfläche)

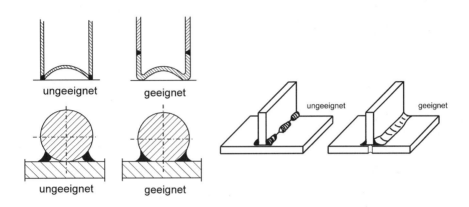

Abb. 12.25. Vorschläge zu korrosionsgerechtem Konstruieren

Kathodischer Schutz

Die Korrosion eines metallischen Werkstückes kann durch kathodischen Schutz
unterbunden werden. Dabei wird das zu schützende Werkstück als Kathode
geschaltet, so dass dort praktisch keine Korrosion stattfindet. Dies kann mit Hilfe
von „Fremdstrom" geschehen, bei dem das zu schützende Werkstück an eine
äußere Gleichspannungsquelle unter Verbindung mit einer aus Eisen oder Graphit
bestehenden Hilfselektrode (Anode) angeschlossen wird, d.h. dem Werkstück
wird ein Potenzial aufgezwungen, das eine Bildung von Metallionen nur begrenzt
zulässt, Abb. 12.26a. Eine weitere Möglichkeit ist die Verbindung des zu
schützenden Metalls mit sogenannten „Opferanoden". In dem so entstandenen
Element korrodieren die unedlen Opferanoden, die z.B. aus Mg, Zn oder Al
bestehen können und das zu schützende Metall wird zur Kathode. Diese Verfahren
werden in großem Umfang bei Kabeln und erdverlegten Rohren sowie bei
Schiffen und Hafenanlagen benutzt, Abb. 12.26b.

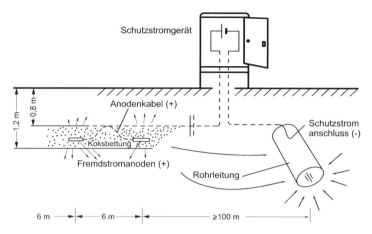

Abb. 12.26a: Kathodischer Schutz von Rohrleitungen

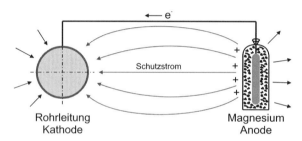

Abb. 12.26b: Korrosionsschutz mittels Opferanode

Anodischer Schutz

Anodische Schutzverfahren sind grundsätzlich bei allen passivierbaren Werkstoffen anwendbar.

Durch Passivschichten auf der Oberfläche sind Chrom und hochlegierte Stähle korrosionsbeständiger. Passivschichten bilden sich jedoch nur in einem bestimmten Potenzialbereich aus, der beim anodischen Schutz mit Hilfe einer äußeren Spannungsquelle eingestellt wird; dabei wird die Stromdichte-Potenzialkurve bis U_p durchlaufen (i_p). In Analogie zum kathodischen Schutz mit galvanischen Anoden gibt es auch den anodischen Schutz mit galvanischen Kathoden, die aber nur bei entsprechend hoher Konzentration eines Oxidationsmittels wirken. Derartigen Kathoden können Werkstoffe auf Titan- und Bleibasis zulegiert werden, wodurch ihre Passivierbarkeit in oxidierenden Medien wesentlich verbessert wird.

Legierung

Das Korrosionsverhalten einer Legierung hängt im Wesentlichen von der Art, Konzentration und Form der Legierungsbestandteile ab. So sind z.B. in homogenen Legierungen die Legierungselemente gleichmäßig verteilt, während in heterogenen Legierungen der Gehalt der Elemente im Korn, an den Korngrenzen, in Ausscheidungen sehr unterschiedlich ist. Durch das entstandene Gefüge werden Art, Größe und Verhalten von kathodischen und anodischen Bereichen beeinflusst:

- Zulegieren von Legierungselementen zur Annäherung der Gleichgewichtspotenziale der anodischen und kathodischen Teilreaktion, bzw. zur Erreichung des Aktiv/Passiv-Übergangs.
- Hemmung des kathodischen Teilvorganges durch Verringerung der Lokalkathoden infolge erhöhter Reinheit.

Beispielhaft ist in Abb. 12.27 die Reduzierung der Spannungsrisskorrosionsanfälligkeit durch Optimierung der Legierungszusammensetzung und gleichzeitiger Optimierung der Fertigung für den Werkstoff X10CrNiTi18-9 dargestellt. Hier zeigt sich, dass durch Veränderung der Schweißnahtflanken von 60° auf Engspalt ($\approx 8°$), die Wärmeeinbringung in einer Mehrlagennaht deutlich reduziert wurde, wie die Glühtemperatur – Zeit – Kurven für die Nahtwurzel zeigen. Durch die Optimierung des Werkstoffs (Reduktion der stahlbegleitenden Elemente und Spurenelementen sowie des Stabilisierungsverhältnisses) wird der Bereich der Sensibilisierung zu wesentlich höheren Glühzeiten verschoben. Insgesamt wurde mit der Kombination der Maßnahmen die Gefahr interkristalliner Spannungsrisskorrosion praktisch gebannt.

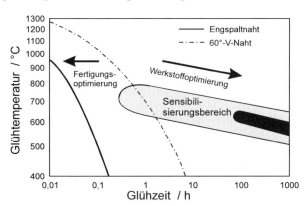

Abb. 12.27. Diagramm zur Bewertung von Optimierungsmaßnahmen einer Mehrlagennaht in einem austenitischen Werkstoff.

Beispiele zum Einfluss von Legierungselementen und Verunreinigungen auf das Korrosionsverhalten in Legierungen sind in Abb. 12.28 dargestellt.

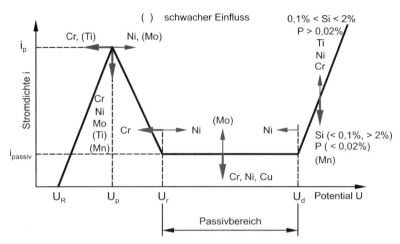

Abb. 12.28. Effekte verschiedener Legierungszugaben auf das Korrosionsverhalten anhand der i-U-Kurve [IKD96]

Nickel erhöht im Wesentlichen den Korrosionswiderstand gegen Säuren, Alkalien und Meerwasser, Abb. 12.29.

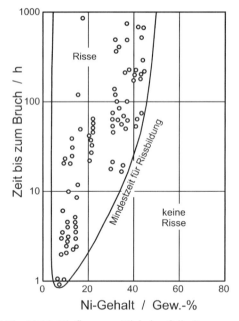

Abb. 12.29. Einfluss von Nickel auf die Spannungsrisskorrosion

Chrom hat eine starke Neigung zu Bildung von Passivschichten. Bereits bei einem Zusatz von 12% ist eine deutliche Verbesserung der Korrosionsbeständigkeit zu erkennen. Durch Zugabe von Cu, Mo, Ni kann der Einsatzbereich von Cr-legierten Werkstoffen erweitert werden.

Molybdän erweitert den Passivbereich von rost- und säurebeständigen Stählen. Es bildet MoO_2-Schichten, die die Zunderbeständigkeit und Anlassfestigkeit erhöhen, Abb. 12.30.

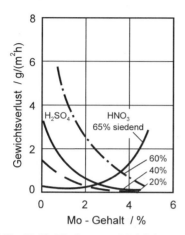

Abb. 12.30. Einfluss von Molybdän auf den Flächenabtrag bei der gleichmäßigen Korrosion

Kupfer wirkt sich besonders günstig auf die Erhöhung der Korrosionsbeständigkeit niedriglegierter Stähle aus. Ein Zusatz von 0,2-0,5% ist meist ausreichend. *Aluminium* reduziert die Oxidationsgeschwindigkeit im Eisen.

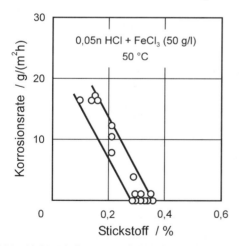

Abb. 12.31. Einfluss von Stickstoff auf die Korrosionsrate austenitischer Stähle

Stickstoff wird verwendet, um die Beständigkeit gegenüber Spannungsrisskorrosion zu erhöhen. Es bildet beim Nitrieren harte, korrosionsbeständige

Oberflächenschichten. In austenitischen Stählen stabilisiert es im Mischkristall die Austenitstruktur und verringert die flächenhafte Korrosionsrate, Abb. 12.31.

Wärmebehandlung

Eine entsprechend abgestimmte Wärmebehandlung zielt darauf ab, ein zunehmend spannungsfreies, homogenes Material zu erhalten. Es werden Werkstoffinhomogenitäten gleichmäßiger verteilt oder beseitigt (Homogenisierungsglühen) oder Spannungen abgebaut (Spannungsarmglühen) und somit lokale Anoden oder Kathoden reduziert.

Wasseraufbereitung

Um den kathodischen Teilprozess der Sauerstoff- bzw. Wasserstoffreduktion zu verringern, sollte der pH-Wert neutral gehalten werden, die Leitfähigkeit und der Sauerstoffgehalt möglichst weit abgesenkt werden.

12.3 Beispiele für die Korrosion nichtmetallischer Werkstoffe

12.3.1 Korrosion silikattechnischer Werkstoffe

Der Grad der Beständigkeit silikattechnischer Werkstoffe gegenüber dem Angriff durch flüssige Medien wird durch die chemische Zusammensetzung und das Gefüge der Werkstoffe bestimmt, die Korrosionsgeschwindigkeit hängt zudem von der Temperatur ab. Mit zunehmender Porosität der Werkstoffe nimmt auch die Korrosion zu. Der Korrosionsmechanismus ist beim Angriff von Säure ein Ionenaustauschprozess (Alkali- und Erdalkaliionen werden gegen die H^+-Ionen der Säure ausgetauscht). Durch die dabei in der Oberfläche entstehende SiO_2-reiche Schicht wird der Transport der Kationen und der korrosive Angriff gehemmt. Die Säurebeständigkeit wird damit zunehmend besser. Silikattechnische Werkstoffe sind demgemäß säurebeständig. Stark alkalische Lösungen können eine Auflösung der Werkstoffe bedingen.

Gegenüber schmelzflüssigen Metallen liegt eine gute Beständigkeit vor. Schamottewerkstoffe werden überwiegend durch elektrochemische Reaktionen korrodiert. Salz-, Schlacken- und Glasschmelzen sind aggressiv (physikalische Auflösung des festen Silikat-Werkstoffes, chemische Reaktion und nachfolgende Auflösung der Reaktionsprodukte). Bei hohen Temperaturen wirken sich vor allem reduzierende Gase durch die Zerstörung der Metall-Sauerstoffbindung der Oxide aus (meist gasförmige Abführung der Spaltprodukte). Dichte, porenfreie Werkstoffe wirken dieser Korrosionsart entgegen.

12.3.2 Korrosion hochpolymerer Werkstoffe

Während gegenüber Medien, die Metalle angreifen, weitgehend Beständigkeit vorliegt, gilt dies nicht gegenüber bestimmten organischen Lösungsmitteln. Der Korrosionsvorgang beginnt in der Regel (physikalisch) mit dem Eindringen von Fremdmolekülen.

Quellung oder unbegrenzte Quellung ergibt sich durch das Eindringen von Flüssigkeiten, insbesondere bei Thermoplasten. Elastomere quellen nur noch begrenzt. Die Duromere mit ihrer eng begrenzten Kettenstruktur sind weder löslich noch quellbar. Durch kristalline Bereiche, die dem Eindringen von Flüssigkeiten ebenfalls einen erhöhten Widerstand entgegensetzen, wird die Beständigkeit erhöht. Die Quellung von Hochpolymeren kann einerseits eine Weichmachung bewirken, andererseits kann auch eine Versprödung durch das Herauslösen der Weichmacher eintreten. In Wasser und wässrigen Medien erleiden bestimmte Hochpolymere im Anschluss an die Quellung eine Hydrolyse, die die Eigenschaften stark verändert. Oxidierende Säuren und Basen können ebenfalls zu chemischen Veränderungen führen.

Vorwiegend bei amorphen Thermoplasten kommt es zu Spannungsrisskorrosion mit der Bildung zahlreicher Haarrisse. Durch Quellen wird das Ausmaß der Spannungsrissbildung verstärkt. Neben den physikalischen Vorgängen der Benetzung, Diffusion und Quellung erfolgen (wie bei Metallen) häufig gleichzeitig chemische Reaktionen. Oxidation kann durch Kontakt mit Luftsauerstoff auftreten. Der durch Diffusion eindringende Sauerstoff wird durch Adsorption und Chemosorption gebunden. Die Oxidation wird durch gebildete Peroxide, Ozon oder Verunreinigungen beschleunigt. Durch Oxidation werden die mechanischen Eigenschaften beeinträchtigt:

- harte Hochpolymere verspröden
- Elastomere verhärten.

Bei Bewitterung überlagern sich chemische, photochemische und thermische Prozesse.

Fragen zu Kapitel 12

1. Bei der Elekrodenpaarung Cu/Zn wird im gemeinsamen Elektrolyten Salzwasser ein Potenzial von 0,7 V gemessen. Bei der Paarung Cu/Fe sind es 0,1 V. Welches Potenzial wäre für die Paarung Fe/Zn zu erwarten?

2. Eine Zinkelektrode befindet sich in einer Zinksalzlösung. Wie lautet für dieses Beispiel die anodische und die kathodische Teilreaktion? Was ändert sich, wenn die Zinkelektrode bei sauerstoffhaltiger Umgebung in Wasser getaucht wird?

3. Eine Eisenelektrode wird in eine Salzsäurelösung getaucht. Wie lauten die Reaktionsgleichungen der zwei wesentlichen Teilreaktionen, die bei diesem Korrosionsfall an der Eisenoberfläche ablaufen? Handelt es sich dabei um eine anodische oder kathodische Teilreaktion?

4. Ordnen Sie die folgenden Elemente nach der Höhe ihres Normalpotenzials: Au, Cu, Fe, H, Zn.

5. Erklären Sie den Korrosionsschutz mit Hilfe einer Opferanode.

6. Was bewirkt den Korrosionsschutz durch Schutzstrom?

7. Wie wirkt sich die Kupferelektrode auf die Korrosion der leitend mit ihr verbundenen Eisenelektrode aus?

8. Nennen Sie die Ursachen von Lochfraßkorrosion.

9. Was versteht man unter Erosionskorrosion?

10. Bei austenitischen CrNi-Stählen kann nach dem Abschrecken von Temperaturen über 1000 °C und Anlassen zwischen 500 und 800 °C eine Ausscheidung von chromreichen Mischkarbiden an den Korngrenzen auftreten. Wie wird diese Korrosionsart bezeichnet und wie ist deren Wirkungsweise?

13 Recycling

Ein wichtiges Kriterium für die Verwendung von Werkstoffen ist ihre Recyclingfähigkeit. In dichtbesiedelten Ländern mit industrieller Produktion sind die Kapazitäten für die Abfallentsorgung knapp. Da Deponieraum kaum vermehrbar ist und Abfallverbrennung geringe Akzeptanz in der Öffentlichkeit findet, können Lösungen nur in einer konsequenten Anwendung von geschlossenen Materialkreisläufen liegen. Darüber hinaus kann das Recycling eine Reihe weiterer wirtschaftlicher und umweltpolitischer Aufgaben erfüllen:

- Erhaltung von Wertstoffen
- Ausgleich eines Mangels an Primärrohstoffen
- Nutzung wirtschaftlich erschließbarer Mengen an Sekundärrohstoffen
- Schonung natürlicher Ressourcen
- Einsparung an Energie
- Minderung von Emissionen

Auf diese Punkte wird im Folgenden am Beispiel von Stahl, Aluminium, Kupfer und Kunststoff näher eingegangen. Da bei metallischen Werkstoffen die Qualität der Rohstoffe aus wiederverwerteten Produkten annähernd unverändert und der Aufwand zur Wiederverwertung gering ist, wird bei diesen das Recycling wesentlich konsequenter betrieben als bei den Kunstoffen.

13.1 Recycling von Stahl

Im Bereich der Stahlindustrie versteht sich Recycling als:

- der produktionsbezogene Einsatz und die Mehrfachverwendung von Entfallstoffen (z.B. Stäube, Schlämme, Schlacken) und Hilfsstoffen (Wasser, Schmelzsalze) aus der Erzeugung und deren Weiterverarbeitung in der gleichen oder einer anderen Produktionsstufe
- die anderweitige stoffliche und thermische Verwertung von Nebenprodukten und Entfallstoffen der Stahlerzeugung
- der Einsatz gebrauchter Produkte aus dem Werkstoff Stahl.

13.1.1 Einteilung und Klassifizierung von Stahlschrott

Stahlschrott ist generell nicht als Abfall, sondern als Rohstoff und Energieträger zu betrachten und kann in die drei Gruppen Eigenschrott, Neuschrott und Altschrott unterteilt werden. Eigenschrott fällt bei der Erzeugung von Stahl in den Werken an. Da dieser noch nicht verunreinigt ist und in der Regel auch seine Zusammensetzung bekannt ist, steht er unmittelbar nach Anfall für den Wiedereinsatz zur Verfügung. Neuschrott entsteht bei der industriellen Fertigung und kann ebenfalls relativ kurzfristig nach der Stahlerzeugung wieder eingesetzt werden. Allerdings sind hier schon Sortierung und Aufbereitung (z.B. Reinigung und Paketierung) erforderlich. Stahlaltschrott entsteht aus der Erfassung und Aufbereitung von nicht mehr verwendungsfähigen und ausgedienten Verbrauchs- und Industriegütern.

Der Anteil des Eigenschrotts am Schrott insgesamt ist durch Anwendung von neuen, immer besseren Verfahren bei der Stahlherstellung rückläufig. Durch die Einführung der Stranggießtechnik nahm der Eigenschrottanfall der Hüttenwerke um mehr als 50% ab. Gleichzeitig stieg die Stahlausbringung um 14%. Der Eigenschrottanfall in den deutschen Hochöfen und Stahlwerken verringerte sich dadurch von 10 Mio. t im Jahr 1968 auf 4 Mio. t. Durch laufende Verbesserung der Ausbringung an Anlagen und Verfahren ist ein weiterer stetiger Rückgang zu erwarten. Wachsende Bedeutung hat deshalb die Rückführung des Altschrotts aus dem Güterkreislauf, wie in Abb. 13.1 dargestellt.

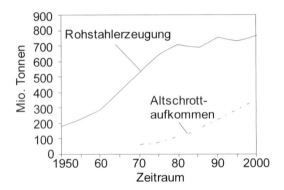

Abb. 13.1. Anteil des Altschrottes an der Rohstahlerzeugung

13.1.2 Aufbereitung

Probleme bei der Altschrottverwertung bereitet vor allem die Vielfalt an Stahlsorten. Außerdem wird Stahl als Verbundwerkstoff mit anderen Werkstoffen wie NE-Metallen und Kunststoffen eingesetzt. Neben dem Sortieren, Schneiden, Brechen und Pressen ist deshalb das Shreddern eines der wichtigsten Aufbereitungsverfahren.

Der Shredder zerschlägt in einer Art Hammermühle Altautos bzw. ausgediente Verbrauchs- und Konsumgüter. Neben dem Zerlegen wird in einer integrierten Anlage auch separiert, d.h. Stahlschrott magnetisch abgeschieden, Shredderleichtmüll durch Wind ausgeblasen und aufgefangen. Als Letztes bleiben als Shredder Schwerfraktion die NE-Metalle zurück. Auf diesem Weg wird der Stahlanteil zu 100% zurückgewonnen. Weltweit versorgen zahlreiche Anlagen die Stahlindustrie mit qualitativ hochwertigem Shredderschrott in einer Größenordnung von über 25 Mio. t/Jahr. Da eine recyclinggerechte Werkstoffauswahl und Konstruktion bei Gebrauchs- und Konsumgütern bisher wenig berücksichtigt wurde, ist in der VDI-Richtlinie-2243 eine genauere Vorgehensweise zur recyclingfähigen Konstruktion geregelt.

Um einen Einsatz von Schrott bei der Herstellung qualitativ höherwertiger Stahlgüter (z.B. Feinbleche) zu ermöglichen, müssen die Aufbereitungstechniken zur Reduzierung der vor allem im Altschrott vorhandenen Begleit- und Spurenelemente verbessert werden.

13.1.3 Wirtschaftliche Bedeutung

Der Einsatz von Schrott hat keinen Einfluss auf die erzielbare Stahlqualität. In diesem Sinn kann Schrott als vollwertiger Rohstoff angesehen werden.

Bei der Stahlherstellung wurden 2006 nach Angaben des deutschen Stahlzentrums in Deutschland 19,6 Mio. t Schrott eingesetzt. Durch diesen Schrotteinsatz mussten 635 Mio. t Eisenerz nicht abgebaut, aufbereitet und transportiert werden. Dies resultiert in einer Einsparung von 60% Primärenergie für die Stahlerzeugung. Durch die weltweit steigende Stahlnachfrage nimmt auch der Bedarf an Stahlschrott stetig zu, siehe Abb. 13.2.

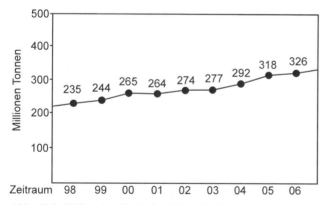

Abb. 13.2. Weltweiter Bedarf an Handelsschrott

In Deutschland ist das Windfrischverfahren zur Stahlherstellung vorherrschend. Hier ist die Möglichkeit der Erhöhung des Schrotteinsatzes bei der Stahlherstellung begrenzt, trotzdem ist durch technische Maßnahmen wie beispielsweise eine Schrottvorwärmung und eine Nachverbrennung des Kohlenmonoxids der durchschnittliche Schrotteinsatz auf fast 300 kg/t angestiegen.

13.1.4 Nebenprodukte und Entfallstoffe

Die in der Stahlindustrie entstehende Eisenhüttenhüttenschlacke wird in Hochofen- und Stahlwerkschlacke unterschieden. Diese unterscheiden sich in ihren chemischen, mineralischen und technologischen Eigenschaften. Durch Verbesserungen der Verfahren zur Erzanreicherung und Möllervorbereitung wurde der Schlackenanteil von 800 kg/t auf 250 kg/t abgesenkt. Der Rückgang des Aufkommens an Stahlwerksschlacken ist vor allem in der Änderung der Rohstoffbasis, dem Auslaufen des Thomas- und Siemens-Martin-Verfahrens, der Optimierung der Schlackenführung über alle metallurgischen Stufen und der Einführung der Sekundärmetallurgie begründet.

Die Eisenhüttenschlacke wird zu mehr als 95% zu marktfähigen Produkten verarbeitet:

- über 40% werden im Verkehrsbau, also im Straßen-, Erd- und Wasserbau eingesetzt.
- 35% der gesamten Eisenhüttenschlacken (bzw. 65% aller Hochofenschlacken) werden als Hüttensand für die Herstellung von Eisenportland- und Hochofenzement genutzt.
- 12% (ausschließlich Stahlwerksschlacken) werden als Kreislaufstoffe in den metallurgischen Prozess zurückgeführt.
- ca. 4% werden deponiert, da sie für eine weitere Nutzung ungeeignet sind.

Die Verarbeitung von Eisenhüttenschlacken schont Rohstoffe und vermeidet die mit ihrer Gewinnung und Aufbereitung verbundenen Emissionen. Die Herstellung von 4,7 Mio. t Hüttensand aus Hochofenschlacke bedeutet für die Zementherstellung eine Verringerung des Abbaus von Kalkstein um 4,7 Mio. t und eine Verringerung des CO_2-Ausstoßes um 4 Mio. t.

13.2 Recycling von Aluminium

Das Recycling von Aluminium wird schon seit Anfang der 20er Jahre in der Industrie erfolgreich praktiziert. Aluminium ist aufgrund der aufwändigen Herstellung und seiner vielseitigen Verwendungsmöglichkeiten ein wertvoller Rohstoff mit guten Recyclingeigenschaften.

Diese sind:

- geringer Energiebedarf bei der Herstellung von Sekundäraluminium (es werden nur rund 5% der für die Herstellung von Primäraluminium erforderlichen Energie benötigt)
- einfache Separation der Al-Werkstoffe aus unterschiedlichsten Schrotten

- bei entsprechender Trennung und Aufbereitung keine Qualitätseinbußen beim Recycling
- hoher Materialwert der Al-Schrotte.

13.2.1 Aufbereitung von Rückständen aus der Aluminiumindustrie

13.2.1.1 Krätze

In der sich beim Einschmelzen an der Badoberfläche bildenden Schicht aus nicht direkt weiterverwendbarem oxidiertem Aluminium, der sogenannten Krätze, ist zwischen 60% und 70% Aluminium enthalten. Für die Aluminiumrückgewinnung aus der Krätze ergeben sich daraus folgende Forderungen:

- Krätze ist so schnell wie möglich abzukühlen und zu verarbeiten, um Verluste durch Abbrennen zu vermeiden
- Krätze sollte nur kurz gelagert und unbedingt trocken gehalten werden, da kleine Metallpartikel mit Wasser reagieren und Oxide bilden können.

Die Krätze wird beim Einschmelzen im Trommelofen mit einem Gemisch aus Salzen (NaCl / KCl) abgedeckt. Dadurch werden die Oxidationsverluste verringert, gleichzeitig fallen aber erhebliche Mengen an Salzschlacken an. Unter Berücksichtigung dieses Gesichtspunkts weiterentwickelte Verfahren sind:

- Plasmatechnologie: Abkühlen der Krätze unter Argon- oder Stickstoffplasma
- Lichtbogenverfahren: beim Krätzeeinschmelzen wird die Energie über einen Lichtbogen zwischen zwei Elektroden eingebracht
- Einsatz von Sauerstoff-Gas-Brennern zum Ausschmelzen der Krätze
- Zentrifugieren der Krätze.

Das Zentrifugieren hat den Vorteil, dass die Krätze nicht mehr abgekühlt wird und somit der Energieaufwand für den erneuten Schmelzvorgang entfällt. Neben geringeren Abbrandverlusten kann die Krätze chargenweise und ohne Salzzusatz verarbeitet werden.

13.2.1.2 Salzschlacken

Salzschlacken entstehen beim Einschmelzen von verunreinigten Aluminiumschrotten. Schmelzsalze verhindern dabei eine Oxidation des Metalls und binden Verunreinigungen. Die eingesetzte Salzmenge ist abhängig vom Verschmutzungsgrad der Schrotte. Bei der Aufbereitung von Krätze werden ebenfalls Schmelzsalze in großen Mengen eingesetzt. Pro produzierter Tonne Sekundäraluminium fallen bis zu 0,5 t Salzschlacke an. Früher wurden die Salzschlacken zum großen Teil deponiert, was heute aus Umweltschutzgründen nicht mehr möglich ist. Nach dem Brechen und Mahlen der leicht metallhaltigen Schlacken, werden in modernen Anlagen das Aluminium und andere unlösliche Bestandteile abgetrennt. Durch Eindampfen und Kristallisation kann so das Salz zurückgewonnen werden.

13.2.1.3 Ofenausbruch

Die Haltbarkeit von modernen Elektrolyseöfen ist begrenzt auf Zeiträume von 4 bis 7 Jahren. Nach dieser Zeit muss die Kathode ausgebrochen und der dabei anfallende Ofenausbruch entsorgt werden. Bei dessen Aufbereitung werden wieder einsetzbare Schmelzmittel für die Elektrolyse zurückgewonnen.

13.2.1.4 Rückstände aus der Aluminiumveredelung

Beim Veredeln von Aluminium entstehen u.a. als Reststoffe Aluminiumhydroxid-Filterkuchen und Aluminatlaugen. Die Entsorgung dieser Stoffe wurde aufgrund begrenzter Deponiekapazitäten zunehmend zu einem Problem. Nach einem besonderen Reinigungs- und Aufbereitungsprozess können diese Stoffe zusammen mit dem Rohstoff Bauxit zu einer alkalischen Tonerdelösung verarbeitet werden, die zur Phosphatelimination in Klärwerken eingesetzt wird. Gegenüber herkömmlichen Verfahren zur Phosphatfällung hat dies den Vorteil, dass keine Säurereste in das Abwasser gelangen, die die Salzfracht erhöhen und den pH-Wert des Wassers senken.

13.2.2 Recycling von Altschrotten

Grundsätzlich können beim Recycling von Altschrotten vier Recyclingarten unterschieden werden:
- Wiederverwendung (Produktrecycling)
- Weiterverwendung (Produktrecycling)
- Wiederverwertung (Materialrecycling)
- Weiterverwertung (Materialrecycling)

In Abb. 13.3 sind jeweils Vorgehensweise, Beispiele und Einschränkungen für diese vier Strategien dargestellt. Angestrebt werden aufgrund des geringeren Energieaufwandes und zur Vermeidung von Qualitätseinbußen die Wiederverwendung beim Produktrecycling und die Wiederverwertung beim Materialrecycling. Während die Bauteile beim Produktrecycling ihre ursprüngliche Gestalt beibehalten, werden diese beim materiellen Recycling in Remelting- und Refiningprozessen auf- bzw. umgeschmolzen. Ein Großteil des Aluminiums wird der Shredderschwerfraktion von Shredderbetrieben entnommen. Eine Trennung des Aluminiums von den restlichen Bestandteilen wie Schwermetallen oder Kunststoffen erfolgt dabei mit Hilfe von magnetischen, induktiven und elektrostatischen Separationsverfahren sowie Schwimm-Sink-Anlagen (Dichtetrennung) sortiert. Die anschließende Reinigung erfolgt durch Sedimentation, Spülen mit Gasen und durch Filtration.

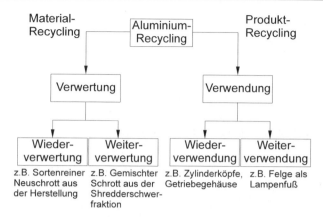

Abb. 13.3. Die vier Recyclingarten mit Beispielen beim Aluminiumrecycling

Aufgrund seines relativ hohen Schrottwerts, Abb. 13.4, werden bei Aluminium Gesamtrecycling-Quoten von 70% erreicht.

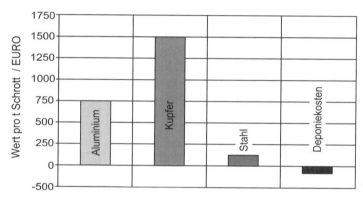

Abb. 13.4. Schrottwerte von Aluminium, Kupfer und Stahl im Vergleich zu den Deponiekosten

Weitere Probleme entstehen aufgrund der unterschiedlichen Qualität des Aluminiums. Gusslegierungen besitzen einen deutlich höheren Siliziumgehalt als Knetlegierungen. Da Silizium elektrochemisch sehr edel ist, kann es nur schwer reduziert werden. Somit können in Aluminium-Recyclingprozessen nur Gusslegierungen gewonnen werden.

13.3 Recycling von Kupferwerkstoffen

13.3.1 Wirtschaftliche Bedeutung

Bei der Kupferherstellung wird bereits seit mehreren Jahren über 45% des Kupferverbrauchs durch Metallrückgewinnung aus sekundären Rohstoffen gedeckt. Die Rohstoffe sind metallischer Art (Kupfer, Messing, Bronze- und Rotgussschrotte) oder bestehen aus kupferhaltigen Zwischenprodukten wie Schlacken, Krätzen, Aschen und Schlämmen. Der Cu-Gehalt der Rohstoffe schwankt deshalb zwischen 5% und 99%. Unabhängig davon, ob metallische oder nichtmetallische, arme oder reiche Einsatzstoffe zur Verfügung stehen, erleidet Kupfer auch bei mehrmaligem Recycling keinen Qualitätsverlust. Deshalb werden an den Börsen z.T. Primär- und Sekundärkupfer zum gleichen Preis gehandelt.

13.3.2 Einteilung der Kupferschrotte

Analog zu Aluminium und Stahl können auch die Sekundärrohstoffe von Kupfer je nach Herkunft unterteilt werden in:
- Neuschrotte wie z.B. Produktionsabfälle, deren Zusammensetzungen genau bekannt sind und die keine Verunreinigungen enthalten
- Altschrotte aus dem Rücklauf verbrauchter Wirtschaftsgüter (Kabelreste, Automobilschrotte)
- metallhaltige Reststoffe und Zwischenprodukte (Krätzen, Ofenausbruch, Aschen, Stäube, Schlämme und Lösungen)

Eine weitere Einteilung kann durch Unterscheidung der stofflichen Zusammensetzung getroffen werden:
- sortenreine, saubere Schrotte, wie Draht- und Kabelschrotte, die man unmittelbar wieder einschmelzen kann
- Schrotte, deren Metallzusammensetzungen in bestimmten Verhältnissen vorliegen (Legierungen aus Messing, Bronze, Rotguss)
- Schrotte, deren abzutrennende Metalle mit anderen metallischen und nichtmetallischen Komponenten verbunden sind (plattierte Materialien, Teile von Elektromotoren, Automobilschrotte)

Die dritte Gruppe muss einer Schrottaufbereitung unterzogen werden, während dies bei den beiden ersten Gruppen nicht erforderlich ist.

13.3.3 Aufbereitung

Abb. 13.5 verdeutlicht den unterschiedlichen Energieverbrauch der einzelnen Verarbeitungsstufen bei der Kupfergewinnung im Tagebau. Die Erzaufbereitung benötigt aufgrund der geringen Kupfergehalte im Erz mit 67 GJ/t den größten Anteil an Energie.

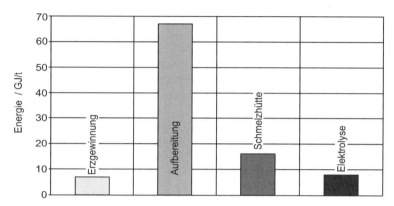

Abb. 13.5. Energieverbrauch bei der Kupfergewinnung im Tagebau

Durch den Einsatz von Recyclingmaterial können die beiden ersten Verarbeitungsstufen wegfallen, so dass je nach Metallgehalt der eingesetzten Schrotte eine Energieeinsparung zwischen 80 und 92% erzielt werden kann.

Die Sekundärrohstoffe können bei verschiedenen Verfahrensschritten je nach ihrem Metallgehalt in den Prozess eingebracht werden. Je größer der Kupfergehalt eines Schrottes ist, desto weniger Prozessstufen muss er dabei durchlaufen. Im Schachtofen werden die am stärksten verunreinigten Stoffe wie z.B. Shredderschrotte, Reststoffe und Zwischenprodukte (oxidische Rohstoffe, Stäube, Aschen, Schlacken) verarbeitet. Die Schmelze mit einem Kupfergehalt von 70 bis 80% wird anschließend in einem Konverter unter Zugabe von Legierungsschrotten wie Rotguss auf über 1000 °C erhitzt.

Metalle wie Sn, Pb und Sb verdampfen und werden anschließend aufgefangen und kompaktiert. Die anfallende Konverterschlacke mit einem Kupfergehalt von 10 bis 15% wird wieder dem Schachtofen zugeführt. Das Hauptprodukt, ein Kupfer mit einem Kupfergehalt von 97% wird dann in einem Drehflamm- oder einem Anodenofen, dem Raffinationsofen, der auch mit hochkupferhaltigen Schrotten wie Kabel- und Anodenresten beschickt wird, raffiniert. Das daraus gewonnene Anodenkupfer hat einen Reinheitsgrad von 99,5% und wird vergossen. Die noch im Kupfer enthaltenen störenden Elemente können ggf. in der Raffinationselektrolyse entfernt werden. Das aus dieser Elektrolyse stammende Kathodenkupfer hat eine Reinheit von ca. 99,9%.

Bei der Aufarbeitung von sogenanntem Platinenschrott aus Elektronik- und Leiterplattenabfällen werden verschiedene Verfahren eingesetzt. Diesen Verfahren kommt deshalb besondere Bedeutung zu, da die Elektroindustrie mit 37% Anteil am Kupferverbrauch ein wichtiger Abnehmer für diesen Werkstoff ist. Abb. 13.6 zeigt die Massenanteile verschiedener im Platinenschrott enthaltener NE-Metalle.

Probleme bereitet hier aber vor allem der hohe Anteil an unterschiedlichsten Kunststoffen, der bis zu 90% der Bauteilgesamtmasse erreichen kann. Um die verschiedenen Werkstoffe zu trennen, werden unterschiedliche Verfahren eingesetzt. Zu diesen zählt das PYROCOM-Verfahren. Bei diesem wird eine pyrolytische Vorbehandlung (Zersetzung von Stoffen durch Hitze) mit einer anschließenden Verbrennung der Pyrolyseprodukte gekoppelt. Das Konverter-Verfahren wird zur Behandlung von Computerschrotten eingesetzt. Der Schrott wird während des normalen Kupfergewinnungsprozesses in einer Konzentrathütte der mehr als 1200 °C heißen Schmelze zugegeben. Durch die hohe Temperatur werden die entstehenden gasförmigen organischen Verbindungen zerlegt. Die anfallenden Abgase werden gereinigt und können ggf. in einer Schwefelsäureanlage weiterverarbeitet werden. Daneben gibt es auch noch verschiedene hydrometallurgische Verfahren, wie das Elo-Chem-Verfahren, das ein alkalisches Ätzen im Kreislauf mit dem Vollrecycling des Kupfers darstellt. Bei der indirekten gestuften Verbrennung können selbst sehr inhomogene Stoffe verarbeitet werden.

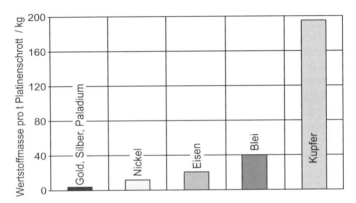

Abb. 13.6. Massenanteile verschiedener Werkstoffe im Platinenschrott (Stoffbelastung beim Platinenschrott-Recycling)

13.3.4 Nebenprodukte und Entfallstoffe

Feste Rückstände in größeren Mengen fallen nur im Bereich Bergbau als Abraum an. Alle in der Rohhütte und der Elektrolyse anfallenden Nebenprodukte (Flugstäube, Krätzen, Schlacken und Schlämme) werden entweder in den eigenen Nebenbetrieben verarbeitet wie z.B. in der Edelmetallelektrolyse, Selengewinnung und Schwefelsäurenherstellung, oder sie werden an Weiterverarbeiter verkauft. Schlacke kann dabei aufgrund ihrer hohen Dichte und Stabilität als Kuppelprodukt ebenso gut vermarktet werden wie Schwefelsäure. Reststoffe, wie Säureschlamm und Arsenfällprodukte, die als Abfälle ordnungsgemäß entsorgt werden müssen, entstehen nur in geringen Mengen. Insgesamt sind bei der Sekundärkupferverarbeitung die Mengen an Kuppelprodukten sehr viel geringer als bei der Primärkupfererzeugung. So fallen z.B. nur 0,53 t Schlacke pro t Kathodenkupfer an, während bei der Primärverhüttung die doppelte Schlacken-menge entsteht.

Atmosphärische Emissionen bei der Gewinnung und Verarbeitung von Kupfer werden im Wesentlichen durch die Energiebereitstellung (Emissionen der Kraft-werke) und die Emissionen der Transportfahrzeuge und Schiffe bestimmt. Da bei der Kupferverhüttung vergleichsweise wenig Koks eingesetzt wird, treten die CO_2-Emissionen hauptsächlich bei der Energiebereitstellung auf.

Probleme beim Recycling von Elektroschrott gibt es vor allem bei der thermischen Aufbereitung, da bei der Kunststoffverbrennung z.T. Dioxine anfallen. Dagegen haben hydrometallurgische Aufbereitungsverfahren mit der Reinigung der Abwässer zu kämpfen.

13.4 Recycling von Kunststoffen

Die große stoffliche Variationsbreite der Kunststoffe von spröd bis zähelastisch sowie die hochentwickelte Verfahrens- und Maschinentechnik auf der Verarbei-tungsseite haben zu einem schnellen und breit gefächerten Einsatz der Kunststoffe geführt. Die Vielzahl der Kunststoffsorten und Anwendungsgebiete wirft jedoch bei der Sammlung und Verarbeitung im Recyclingprozess z.T. erhebliche Prob-leme auf. Das Kunststoffrecycling kann nach Abb. 13.7 in drei Gruppen unterteilt werden.

Die drei Kunststoffklassen Thermoplaste, Duromere und Elastomere lassen sich unterschiedlich gut verwerten. Das materielle Recycling ist bisher fast ausschließ-lich den Thermoplasten vorbehalten, da sie eine erneute Überführung in Schmelze oder in Lösung und damit eine Umformung erlauben. Da jedoch ca. 80% aller Kunststofferzeugnisse aus Polyethylen, Polypropylen, Polystyrol und Polyvinyl-chlorid, d. h. aus Thermoplasten hergestellt werden, bedeutet dies mengenmäßig nur eine kleine Einschränkung.

Duromere und Elastomere lassen sich aufgrund ihrer vernetzten Molekülstruk-tur nicht ohne deren Zerstörung umformen. Deshalb besteht für sie derzeit kaum eine andere Möglichkeit als thermische/chemische Zersetzung oder Zerkleinern und anschließendes Verwerten als hochwertiger Füllstoff. Ein Beispiel für die thermische Verwertung sind Kunststoffverpackungen. Bei der Stahlherstellung können durch das Einblasen von Kunststoffgranulat in die Hochöfen diese Stoffe umweltfreundlich und kostengünstig energetisch verwertet werden. Das Granulat wird in den Hochofen eingeblasen, bei Temperaturen oberhalb 1200 °C vergast und als Reduktionsmittel genutzt. Eine Tonne Kunststoffgranulat kann dabei eine Tonne Mineralöl fast im Verhältnis 1 : 1 ersetzen. Bei Temperaturen von bis zu 2000 °C in der Schmelz- und Verbrennungszone der Hochöfen werden die Kunststoffe vorwiegend in Kohlenmonoxid und H_2 zerlegt. Diese Elemente verbinden sich mit dem Sauerstoff des Eisenerzes wodurch dieses zu Roheisen reduziert wird, dabei entstehen Wasserdampf und Kohlendioxid.

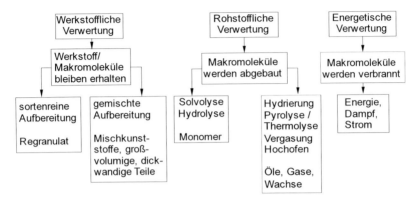

Abb. 13.7. Recyclingmöglichkeiten für Kunststoffe

Die Verarbeitung von Altkunststoffen ist nur möglich, wenn diese durch eine vorgeschaltete Aufbereitungstechnik entsprechend vorbereitet werden. Insbesondere für ein materielles Recycling auf hohem Niveau ist die genaue Abstimmung aller Komponenten einer Recyclinganlage notwendig, um möglichst homogene und sortenreine Kunststoffe zu erzielen. Das Recycling von sortenreinen Thermoplasten bereitet dabei kaum Probleme. Allerdings muss berücksichtigt werden, dass mit jedem Wiederaufbereitungsschritt die Qualität des Kunststoffes abnimmt. Am deutlichsten sind solche Schwächungen der Kunststoffe bei den Langzeitkennwerten festzustellen, Abb. 13.8.

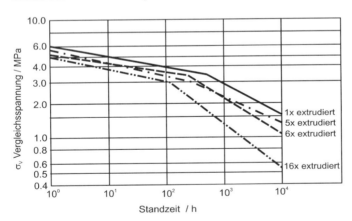

Abb. 13.8. Zeitstand-Innendruckversuch an Rohren aus mehrfach extrudiertem PE

Es ist deshalb in vielen Fällen nicht mehr möglich, das Granulat wieder für die Fertigung der gleichen Produkte einzusetzen, sondern nur noch für Produkte mit niedrigeren Anforderungen.

Einen Problembereich stellen die verschmutzten, vermischten und mit Fremd-stoffen verbundenen Kunststoffabfälle dar, da deren aufwändige Wiederaufberei-tung bei den derzeit niedrigen Preisen für Neumaterial meistens nicht wirtschaft-lich ist. Selbst wenn keine Fremdstoffe wie Öl, Papier oder Metall in einer ge-mischten thermoplastischen Kunststofffraktion vorliegen, ist die Wieder-aufbereitung schwierig.

Beim Thermoplastrecycling lassen sich durch die Wiedereinschmelzung der bei der Produktion entstandenen Abfälle Kosten für Neumaterial einsparen. Die Auf-bereitung dieser Abfälle ist besonders günstig, da diese nur zerkleinert werden müssen. Anschließend können sie einfach dem Neumaterial in der Produktion zugemischt werden.

Das materielle Recycling von Kunststoffen kann in zwei wesentliche Schritte unterteilt werden:

- Aufbereitung
- Verarbeitung über die Schmelze

Je nach Zustand des Kunststoffabfalls und nach angestrebtem Produkt unter-scheiden sich die Recyclinganlagen in diesen beiden Arbeitsschritten wesentlich. Für das Recycling gemischter Thermoplastabfälle gibt es zwei Extremfälle. Dies ist zum einen der Weg über eine aufwändigere Aufbereitung zu einem sortenrei-nen Regenerat und daraus herstellbaren dünnwandigen Teilen und zum anderen der Weg des direkten Umschmelzens mit minimaler vorhergehender Aufbereitung zu in der Regel dickwandigen Formteilen, Abb. 13.9.

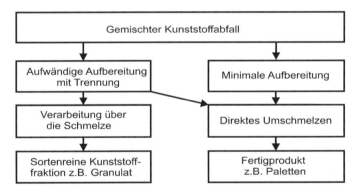

Abb. 13.9. Materielles Recycling von gemischten Kunststoffabfällen

Die verschiedenen Aufbereitungstechnologien arbeiten meist nach dem grund-sätzlichen Verfahrensschema Zerkleinerung, Reinigungsstufe(n), Trennstufe(n), Trocknung und anschließende Regranulierung. Die Unterschiede zwischen den in der Praxis betriebenen Anlagen entstehen unter anderem durch die Auswahl und die Zusammenstellung dieser einzelnen Komponenten. Jedes Anlagenkonzept ist in der Regel nur für die Aufarbeitung von bestimmten Eingangsmaterialien (sor-tenreine Gewerbeabfälle, gebrauchte Landwirtschaftsfolien, Kunststoffe aus dem Hausmüll usw.) ausgelegt.

Fragen zu Kapitel 13

1. In welche drei Gruppen kann Stahlschrott eingeteilt werden? Grenzen Sie die Begriffe gegeneinander ab.

2. Was ist die Krätze beim Aluminiumrecycling?

3. Nennen Sie die vier Recyclingstrategien des Aluminiums. Erläutern Sie die Vorgehensweise bei diesen Recyclingverfahren und geben Sie jeweils ein Beispiel an.

4. Wie hoch ist die Quote der Energieeinsparung, die durch das Recycling von Kupfer erzielt werden kann, bezogen auf den Energieverbrauch beim Kupfertagebau?

5. Erörtern Sie die Möglichkeiten der Wiederaufbereitung der Kunststoffarten Thermoplaste, Duromere und Elastomere.

6. Wie hängt die Zeitstandfestigkeit von Kunststoffen von der Anzahl der Wiederaufbereitungsschritte ab?

14 Tribologische Beanspruchung

14.1 Problematik

In den verschiedensten Bereichen der Technik stellen sich an Maschinenteilen durch den Betrieb Abnutzungserscheinungen ein, die durch tribologische, korrosive oder andere Beanspruchungen entstehen können. Unter Verschleiß versteht man den Werkstoffabtrag an der Oberfläche unter überwiegend mechanischer Einwirkung, d.h. unter Einwirkung von Kräften und Relativbewegungen. Ein tribologisches System (Reibsystem) muss einerseits aus der Sicht der Energieumsetzung durch Reibung und andererseits des Werkstoffabtrags betrachtet werden, der zu Geometrieänderungen und schließlich zum Unbrauchbarwerden des Bauteils führen kann. Motoren, Getriebe, Bremsen und Fahrzeugreifen sind typische Komponenten, für die Reibung und Verschleiß im Hinblick auf Wirkungsgrad, Lebensdauer und Sicherheit zu betrachten sind. Die in Gewinnung und Weiterverarbeitung von Rohstoffen eingesetzten und direkt mit dem Stofffluss in Kontakt befindlichen Komponenten wie Grab- und Förderelemente im Bergbau, Schnecken in Kunststoffaufbereitungsmaschinen oder Turbinenschaufeln in Wasserkraftanlagen, sind überwiegend aus Sicht des Werkstoffabtrages, d.h. der Lebensdauer zu beurteilen.

Eine tribologische Beanspruchung ergibt sich immer aus den kinematischen Verhältnissen und der Wechselwirkung mehrerer Stoffe – Werkstoffpaarung, Bauteil im Kontakt mit Abrasivstoff – so dass Verschleiß und Reibung keine stoffgebundenen, sondern systemgebundenen Größen sind. Die Tribokunde soll daher Kenntnisse über die Entstehung von Reibung und Verschleiß vermitteln (Reibungs- und Verschleißmechanismen) und Korrelationen zu Werkstoffeigenschaften und Beanspruchungsparametern aufzeigen, um Hinweise für Optimierung, Zustandsbeschreibung – im Sinne einer Schadensfrüherkennung – und Lebensdauerabschätzung sowie Schadensanalyse von Systemen zu erhalten.

14.2 Verschleißarten und Verschleißmechanismen

Ein tribologisches System, Abb. 14.1, besteht aus den Elementen:

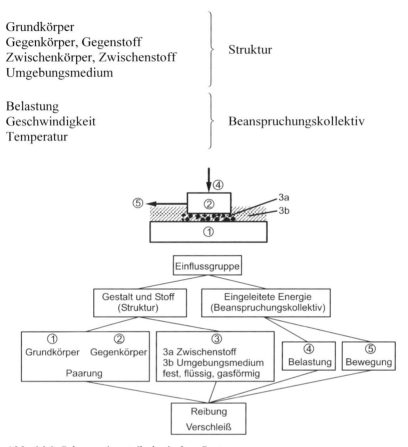

Grundkörper
Gegenkörper, Gegenstoff   } Struktur
Zwischenkörper, Zwischenstoff
Umgebungsmedium

Belastung
Geschwindigkeit   } Beanspruchungskollektiv
Temperatur

Abb. 14.1. Schema eines tribologischen Systems

Es hat sich als zweckmäßig erwiesen, Systeme ähnlicher Struktur und ähnlicher Beanspruchungskollektive zusammenzufassen, da zu erwarten ist, dass für diese Systemgruppen jeweils ähnliche Versagensprozesse ablaufen und somit ähnliche Maßnahmen bezüglich der Optimierung der Systeme einzuleiten sind. Die Verschleißarten, Abb. 14.2, werden nach den beteiligten Stoffen unterteilt in

- Maschinenelementpaarungen (Grundkörper/Gegenkörper) ungeschmiert und geschmiert
- durch Abrasivstoffe beanspruchte Komponenten (Grundkörper/Gegenstoff bzw. Grundkörper/Gegenkörper/Zwischenstoff)

und diese beiden Gruppen nochmals gegliedert nach den kinematischen Gegebenheiten

- Gleiten
- Rollen, Wälzen
- Stoßen
- Strömen

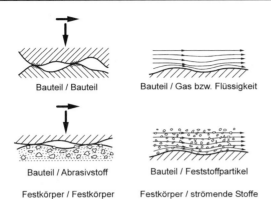

Abb. 14.2. Übersicht über die Verschleißarten

Die Energieumsetzung und der Werkstoffabtrag erfolgen nach den sog. Verschleißmechanismen, die die Reaktion des Werkstoffs auf das aufgeprägte Beanspruchungskollektiv zum Ausdruck bringen. Die übergeordneten Verschleißmechanismen, Abb. 14.3, sind

- Adhäsion infolge atomarer und molekularer Wechselwirkung der Stoffe in der Kontaktzone
- Abrasion (Furchung) durch harte Rauberge eines Gegenkörpers oder durch harte körnige Gegenstoffe
- Ermüdung im Mikrobereich infolge wiederholter mechanischer Krafteinwirkung in der Grenzschicht
- Ablation (Zersetzen, Verdampfen), hervorgerufen durch hohe Energiedichte an der Oberfläche.

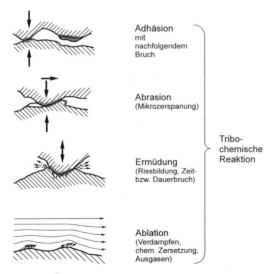

Abb. 14.3. Übersicht über die Verschleißmechanismen

Alle Prozesse können mehr oder weniger stark überlagert auftreten und von chemischen Reaktionen (Reaktionsschichtbildungen) mit dem Umgebungs-medium in der Grenzfläche begleitet sein.

14.3 Beispiele tribologischer Systeme

14.3.1 Adhäsionsprozesse

Adhäsion tritt besonders im Gleitkontakt von Maschinenelementpaarungen auf. In Umgebungsatmosphäre ist die Grenzfläche bereits durch „Fremdstoffe" belegt, so dass die Adhäsion nicht in vollem Umfang zur Wirkung kommt, die Reibungs-zahlen z.B. von Stahl/Stahl liegen im Bereich von 0,45 bis 0,8. Im Hochvakuum dagegen kommt es in Mikrokontaktbereichen infolge der adhäsiven Wirkung zum Verschweißen und infolge der Bewegung zum Abscheren der entstandenen „Schweißbrücken", was eine hohe Reibungszahl bewirkt. Die Reibungszahl kann bei Stahl/Stahl unter diesen Bedingungen den Wert 2 bis 5 annehmen.

Schmierstoffe bewirken einen Effekt, der der Adhäsion entgegenwirkt. Durch Belegung der Oberfläche mit gut haftenden Schmierstoffmolekülen wird der Einfluss der adhäsiven Komponente verringert. Ein Teil der Flächenpressung kann über einen dünnen Schmierstofffilm übertragen werden. In diesen Punkten liegt die Reibungszahl niedrig, weil nur die Scherkräfte innerhalb der Flüssigkeit aufge-bracht werden müssen. Zusammen mit den restlichen Festkörperkontaktstellen, die aber mit Schmierstoff benetzt sind, kommt es zu einer Reibung, die zwischen Festkörperreibung und hydrodynamischer Reibung liegt. Man spricht vom sog. Mischreibungsgebiet. In diesem Bereich werden viele technische Systeme betrieben. Durch entsprechende Viskosität des Schmierstoffs und eine geeignete „fressunempfindliche" Werkstoffpaarung können niedrige Reibung und niedriger Verschleiß und damit eine ökonomische Lebensdauer erzielt werden. Das System-verhalten einer geschmierten Paarung lässt sich anhand des Verschleißes in Abhängigkeit von der Belastung in den unterschiedlichen Phasen beschreiben, siehe Abb. 14.4.

Bei niedriger Belastung und ausreichender Schmierstoffversorgung liegt Flüssigkeitsreibung (Hydrodynamik, Elastohydrodynamik) (1) vor. Mit steigender Belastung gelangt man in den Bereich der Mischreibung (2) mit technisch vertret-barem Verschleiß, abhängig von der Schmierstoff- und Werkstoffqualität. Ab einer bestimmten Last kommt es zur vollständigen Störung des Schmierfilms und der Grenzschichten mit der Folge des Fressens (3). Hochleistungsschmierstoffe können den Verschleiß durch Reaktionsschichtbildung niedrig halten und die Fresslastgrenze erhöhen.

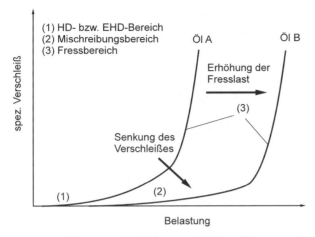

Abb. 14.4. Wirkung von Hochleistungsschmierstoffen

Damit die Schmierstoffe ihre chemisch-physikalische Wirkung voll entfalten können, müssen die Schmierstoffadditive auf die Werkstoffe und auf die Beanspruchung, insbesondere auf die Temperatur, abgestimmt werden. Um die Notlaufeigenschaften der tribologischen Systeme bei Mangelschmierung zu verbessern, werden in der Regel Werkstoffpaarungen mit geringer Adhäsionsneigung wie randschichtbehandelte oder beschichtete Werkstoffe eingesetzt. Ziel der Werkstoffauswahl ist es, die Adhäsion zu reduzieren, was vor allem durch Maßnahmen gelingt, die der Werkstoffgrenzschicht einen nichtmetallischen Charakter verleihen, z.B. durch karbidische Strukturen oder durch Oxide. Bei ungeschmierten Paarungen, wie sie in vielen Bereichen der Technik heute zum Einsatz kommen, werden überwiegend randschichtbehandelte Werkstoffe eingesetzt, um dort die im Vordergrund stehende Adhäsionsneigung zu reduzieren. Neben martensitischen Stählen werden vor allem oxidische oder karbidische Randschichten aber auch Wolframkarbid-Hartmetalle eingesetzt.

Entscheidend bei all diesen Prozessen ist immer die Betrachtung der Kraftübertragung in nur wenigen kleinen Kontaktflächen, die aber eine hohe – wenn auch nur kurzzeitig wirkende – thermische Beanspruchung erfahren. Nicht selten werden bei gehärteten Stählen Anlasseffekte oder bei ungehärteten und vergüteten Stählen Martensitbildungen festgestellt, die Hinweis auf lokale Temperaturen von bis zu 1000 °C geben.

14.3.2 Abrasionsprozesse

Verschleiß durch Abrasion steht bei der Förderung und Verarbeitung mineralischer Stoffe (Gesteine, Erze), aber auch bei mit Verstärkungsstoffen versehenen Kunststoffen im Vordergrund. Bauteile, die in dieser Weise beansprucht werden, sind in der Regel konstruktiv mit einem großen Verschleißvolumen ausgestattet, um zu einer ökonomischen Lebensdauer zu gelangen, d.h.

es kann ein großes Verschleißvolumen abgetragen werden, bis schließlich das Bauteil durch Unterschreitung bestimmter Maßtoleranzen unbrauchbar wird, Abb. 14.5.

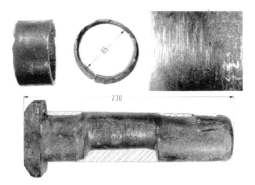

Abb. 14.5. Verschleiß am Beispiel eines Baggerbolzens (Pendelgelenk)

Eine wesentliche werkstoffliche Größe, die das Verschleißverhalten beeinflusst, ist die Härte des Werkstoffs. Ist der Abrasivstoff weicher als der Werkstoff des Bauteils, so können die Partikel unter der Anpresskraft nicht in den härteren Werkstoff eindringen und wirken nur in Form von Druck- und Schubkräften auf das Bauteil ein. Der Verschleiß ist demzufolge niedrig (Tieflagenverschleiß). Ist der Abrasivstoff dagegen hart, so kommt es bei der Relativbewegung unter dem Anpressdruck zu relativ tiefgreifender Furchung der Bauteiloberfläche mit hohem Verschleiß (Hochlagenverschleiß), Abb. 14.6. Der Übergang von der Tieflage zur Hochlage erfolgt bei annähernder Härtegleichheit. Mit zunehmender Härte der Werkstoffe verschiebt sich der Anstieg zur Hochlage in Richtung höherer Abrasivstoffhärte, außerdem liegt der Verschleiß in der Hochlage niedriger als bei einem weichen Werkstoff. Dieses Bild kann jedoch die komplexen Abläufe im Werkstoff nur unvollständig wiedergeben. Der Gefügeaufbau in Form von Matrix mit Hartstoffeinlagerungen (z.B. karbidische Werkstoffe) spielt eine mindestens ebenso deutliche Rolle wie die Härte selbst.

Bei der Optimierung von Bauteilen ist zwischen den Extremen – hohe Härte/niedrige Zähigkeit bzw. niedrige Härte/hohe Zähigkeit – ein Kompromiss zu finden, um der vielschichtigen Beanspruchung bezüglich Festigkeit und Bruchsicherheit einerseits und Verschleißbeständigkeit andererseits Rechnung zu tragen. Bei komplex aufgebauten Stoffsystemen, die zum Beispiel aus zäher Grundmatrix mit hohem Anteil eingelagerter harter Phasen bestehen, kann es zu „selektiver" Erosion kommen. Dies ist besonders dann zu befürchten, wenn die abradierenden Partikel sehr klein und die freien Weglängen zwischen den harten Phasen im Werkstoff groß sind, wodurch die „Schwachstellen" im Gefüge besonders stark angegriffen werden und die eingesetzten Hartstoffe nicht voll zur Wirkung kommen können, Abb. 14.7.

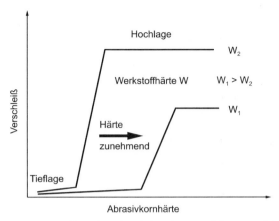

Abb. 14.6. Einfluss der Abrasivkornhärte auf das Verschleißverhalten

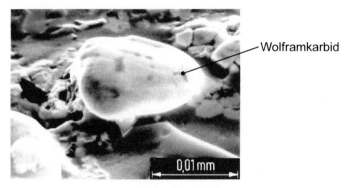

Abb. 14.7. Selektive Abrasion einer Spritzschicht (Ni, Cr, B, Si) mit eingelagerten Wolframkarbid- (WC-)Teilchen durch Quarzsand

14.3.3 Ermüdungsprozesse

Der Prozess der Werkstoffermüdung tritt besonders deutlich in Roll- und Wälzkontakten in den Vordergrund. Durch das Überrollen bauen sich in den überrollten Grenzschichtelementen Normal- und Schubspannungen auf, die zu Mikroverformungen, Versetzungsaufstau an Korngrenzen und Einschlüssen im Gefüge und bei wiederholter Beanspruchung zu Anrissbildung und Risswachstum führen. Das Erscheinungsbild sind Mikrorisse und grübchenförmiges Ausbrechen von Werkstoff, Abb. 14.8.

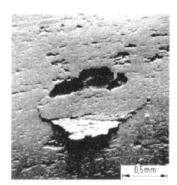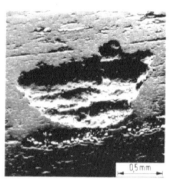

Abb. 14.8. Grübchenbildung an einer Zahnflanke

Da bei Roll- und Wälzkontakten aufgrund der Berührgeometrie hohe Hertz'sche Spannungen vorliegen, werden für solche Beanspruchungen in der Regel Werkstoffe mit hoher Festigkeit (Härte) eingesetzt, die auch eine entsprechend hohe Dauerfestigkeit aufweisen müssen. Bei niedrigen Reibungszahlen (niedriger Schubspannung an der Oberfläche) kann das Maximum der Vergleichsspannung unterhalb der Oberfläche der Kontaktzone liegen, bei hoher Reibungszahl an der Oberfläche. Dies wirkt sich auf die Form der Grübchenbildung aus, da die Anrissbildung auch unterhalb der Oberfläche einsetzen kann. Die Randschichtbehandlung muss daher eine entsprechende Tiefenerstreckung aufweisen und an die Hertz'sche Spannungsverteilung angepasst sein. Für Zahnräder von Hochleistungsgetrieben werden in der Regel einsatzgehärtete Stähle (z.B. 16MnCr5) eingesetzt. Durch geeignete Wärmeführung beim Einsatzhärten können darüber hinaus Druckeigenspannungen an den Zahnflanken eingebracht werden, die einer Anrissbildung entgegenwirken. Für Wälzlager kommt üblicherweise der chromlegierte Stahl 100Cr6 zum Einsatz.

Ermüdungsprozesse treten außer in Wälzkontakten auch an Oberflächen auf, die einem Partikelbeschuss senkrecht zur Oberfläche ausgesetzt sind (Erosionsbeanspruchung). Hierbei sind Werkstoffeigenschaften von Vorteil, die den Stoß abbauen, d.h. die kinetische Energie des stoßenden Partikels so umsetzen, dass keine hohen Spannungen mit der Folge von Mikrobrüchen auftreten. Dies kann durch elastische Verformung im Falle von Elastomeren oder durch plastische Verformung im Falle von duktilen Werkstoffen realisiert werden. Bei Erosionsprozessen mit flachen Auftreffwinkeln ist dagegen hohe Härte des Werkstoffs gefordert, um der Furchungskomponente entgegenzuwirken. Somit ergeben sich abhängig vom jeweiligen Auftreffwinkel der Partikel unterschiedliche Anforderungen an die Werkstoffe, Abb. 14.9. Der winkelabhängige Verschleiß wird am Beispiel eines Rohres aus einem mit Braunkohle befeuerten Kessel sichtbar, Abb. 14.10. Dieses wurde durch die auftreffenden Aschepartikel im Bereich 45° so stark verschlissen, dass die Wanddicke nicht mehr ausreichte, um dem Innendruck stand zu halten.

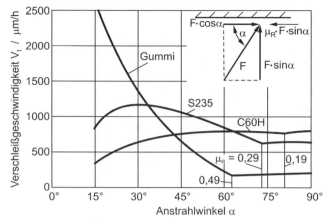

Abb. 14.9. Einfluss des Anstrahlwinkels auf die Verschleißgeschwindigkeit

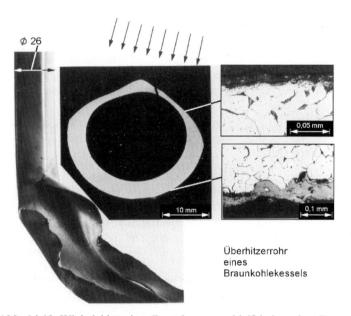

Überhitzerrohr
eines
Braunkohlekessels

Abb. 14.10. Winkelabhängiger Ermüdungsverschleiß bei erosiver Beanspruchung

14.3.4 Schwingungsverschleiß

In der Technik gibt es zahlreiche Maschinenelemente, die, konstruktiv bedingt, eine oszillierende Relativbewegung ausführen. Darüber hinaus gibt es kraftschlüssige und formschlüssige Verbindungen (z.B. Passungen) bei denen unter Krafteinwirkung eine Relativbewegung mit sehr geringer Amplitude stattfindet.

Als Ergebnis solcher tribologischer Beanspruchungen kann Verschleiß auftreten, der in der Regel in Form von Oxiden in Erscheinung tritt. Daher wird diese Verschleißart oftmals als „Passungsrost" oder „Reiboxidation" eingestuft. Als übergeordneter Begriff für solche tribologische Vorgänge hat sich der Begriff „Schwingungsverschleiß" durchgesetzt.

Kennzeichnend für diesen tribologischen Prozess sind kleine Gleitamplituden. Zum Teil ergeben sich die Gleitamplituden, z.B. bei Fügeverbindungen, nur aufgrund der zeitlich veränderlichen Belastungen als Folge von elastischen Verformungen und liegen im Bereich von wenigen Mikrometern. Für die Entstehung von Verschleiß ist allerdings eine relative Gleitbewegung keine notwendige Voraussetzung. Es reicht vielmehr aus, wenn wiederholte Kräfte – oberflächenparallel oder auch vertikal – einwirken, die im Mikrobereich zu entsprechend hohen Spannungen führen.

Der Verschleißprozess läuft in mehreren Stufen ab und kann sowohl bei ungeschmierten als auch bei geschmierten Systemen auftreten:

- Durch Adhäsion der Werkstoffe kommt es zur Einleitung und Übertragung der Kräfte,
- wiederholt auftretende Spannungen führen infolge von Werkstoffermüdung zu Anrissbildung und Lostrennen kleinster Verschleißpartikel,
- die neu entstandenen Oberflächen (Rissoberfläche, Oberfläche der Verschleißpartikel) neigen bevorzugt zu Oxidbildung,
- die Oxide sind hart und können bei entsprechender Relativbewegung zu abrasivem Verschleiß führen,
- bei Passungen mit konstruktiv vorgesehenem „Schiebesitz" kommt es oftmals zum Klemmen der Verbindung, weil mit der Oxidbildung eine Volumenvergrößerung verbunden ist.

Als sekundäre Schäden können Bauteilbrüche auftreten, da infolge der Oxidbildung die Oberfläche entfestigt wird und durch Verschleiß Mikrokerbstellen entstehen. Gegenüber der Dauerfestigkeit eines „glatten" Bauteils kann infolge von Schwingungsverschleiß eine starke Reduktion der Dauerhaltbarkeit eintreten (Fretting Fatigue). Je nach Flächenpressung und Schwingungsamplitude ist eine Abminderung der Dauerfestigkeit gegenüber der einer glatten Probe auf die Hälfte oder sogar noch weniger möglich.

Das Auftreten von Schwingungsverschleiß kann durch

- Werkstoffpaarungen mit geringer Adhäsionsneigung,
- hohe Dauerfestigkeit der Werkstoffe,
- Einbringen von Druckeigenspannungen z.B. durch Kugelstrahlen,
- geeignete Schmierstoffe,
- bei Pressverbänden durch optimal dimensionierte Toleranzen, z.B. auch in Verbindung mit Kleben, um Mikrogleiten zu erschweren

verhindert bzw. zeitlich verzögert werden.

14.4 Werkstoffe für tribologisch beanspruchte Bauteile

Für die Auswahl geeigneter Werkstoffe für tribologisch beanspruchte Bauteile muss einerseits eine detaillierte Analyse des tribologischen Systems, insbesondere zur Ermittlung der Beanspruchungsgrößen und der daraus zu erwartenden Verschleißmechanismen, durchgeführt werden. Andererseits sind entsprechende Kenntnisse über die Werkstoffeigenschaften und insbesondere über den Einfluss der Mikrostruktur auf die Versagensmechanismen erforderlich. Neben den tribologischen Anforderungen an ein Bauteil gibt es in der Regel weitere Anforderungen, wie z.B. an das Festigkeitsverhalten in Verbindung mit der Bauteilsicherheit. Dies hat zur Folge, dass vielfach Verbundlösungen gesucht werden müssen, bei denen einem Körper mit entsprechenden Volumeneigenschaften besondere Grenzschichteigenschaften aufgeprägt werden, um der tribologischen Beanspruchung zu widerstehen. Hierbei kommen randschichtbehandelte Werkstoffe und beschichtete Werkstoffe sowie Auftragsschweißungen und fügetechnische Verbundlösungen zur Anwendung.

Werkstoffverbunde und konstruktive Verbunde (Schrauben, Kleben u.a.) sind auch aus wirtschaftlichen Gesichtspunkten vielfach anzustrebende Lösungen. Bei Erreichen der Lebensdauer infolge von Verschleiß, können Teile entweder regeneriert werden, wie dies bei Auftragsschweißungen und Spritzschichten der Fall ist, oder der verschleißbeanspruchte Bereich (z.B. Schraubverbindungen) kann ausgetauscht werden. Die Optimierung tribologischer Systeme darf sich daher nicht nur auf die Werkstoffoptimierung beschränken. Konstruktive Maßnahmen können dazu beitragen, die Höhe der Beanspruchung günstig zu beeinflussen oder eine leichte Austauschbarkeit zu ermöglichen. Bei geschmierten Prozessen ist die Verträglichkeit der Schmierstoffe an das chemisch-physikalische Grenzschichtverhalten der Werkstoffe anzupassen. Bezüglich der Prozesse in der Grenzschicht hat darüber hinaus auch das Umgebungsmedium einen entscheidenden Einfluss und zwar nicht nur bei ungeschmierten, sondern auch bei geschmierten Systemen. Hier haben insbesondere Luftsauerstoff und Luftfeuchtigkeit sowie polare Substanzen (Lösungsmittel) aus Verfahrensprozessen Einfluss. Neben der Auswahl der Werkstoffe ist insbesondere auch deren Verarbeitung zu berücksichtigen, da jeder Bearbeitungsprozess die Bauteiloberfläche im Hinblick auf Topografie (Rauigkeit) und Werkstoffzustand (Verfestigung, Randentkohlung, Oxidbeläge u.a.) prägt und damit das Reibungs- und Verschleißverhalten beeinflusst.

Fragen zu Kapitel 14

1. Welches sind die vier Elemente der Struktur eines tribologischen Systems?

2. Was versteht man unter Verschleiß?

3. Nennen und erklären Sie die übergeordneten Verschleißmechanismen.

4. Mit welchen drei Parametern lässt sich die Beanspruchung tribologischer Systeme beschreiben?

5. Zu welcher Art von Verschleiß kann es bei einem komplex aufgebauten Stoffsystem kommen, bei dem eine Vielzahl harter Phasen in einer zähen Grundmatrix eingebettet sind?

15 Kriterien zur Werkstoffauswahl

Die Auswahl des Werkstoffes ist von entscheidender Bedeutung für die Sicherheit, Zuverlässigkeit und Verfügbarkeit eines Bauteils. Dabei ist die aus der Funktionalität resultierende Anforderung an die konstruktive Gestaltung nur ein Kriterium. Hinzu kommt mit den einsetzbaren Fertigungsverfahren, die wesentlich von der Werkstoffwahl beeinflusst werden, ein wesentlicher, sich in den Kosten auswirkender Aspekt. Dies gilt in gleicher Weise für Fügeverfahren, da in den seltensten Fällen Komponenten und Bauteile aus einem Stück hergestellt werden können. Ein weiterer, heute besonders wichtiger Punkt, ist der Wartungs- und Reparaturaufwand, der einen nicht zu unterschätzenden Anteil an den Betriebskosten ausmacht.

15.1 Gründe für die Werkstoffauswahl

Die Gründe, für die die Werkstoffauswahl bzw. eine Änderung des Werkstoffs in Betracht kommt, sind vielfältig, einige wesentliche sind nachfolgend aufgeführt:
- Entwicklung eines neuen Produkts
- Verbesserung eines bestehenden Produkts
- Verbesserungsmaßnahmen nach einem Schadensfall
- konstruktive Änderung
- Änderung betrieblicher Randbedingungen
- Änderung der Herstellungs- oder Fertigungstechnik
- Kostenreduktion

Am häufigsten ist eine Werkstoffauswahl dann zu treffen, wenn ein neues Produkt oder die Weiterentwicklung eines Produktes ansteht. Die Grundlage sind die Anforderungen an das Bauteil, die im Lastenheft niedergelegt sind. Diese Anforderungen resultieren aus den spezifizierten Funktionen und den hierzu erforderlichen Steifigkeiten, den sich einstellenden Belastungen und Umgebungsbedingungen, dem Gewicht und letztlich auch den Fertigungsprozessen, d. h. die vom Werkstoff abhängigen Fertigungs- und insbesondere die Fügeverfahren.

Auf dieser Basis sind die qualitätsführenden Prozesse im Fertigungsablauf identifizierbar und entsprechende Prüfkriterien definierbar, die durch hierauf angepasste Prüf- und Überwachungsmaßnahmen kontrolliert werden. Hierfür sind entsprechende Spezifikationen und Arbeitsvorschriften für die einzelnen

Fertigungsschritte einschließlich der auf den Werkstoff und das Herstellungsverfahren angepassten Prüfvorschriften zur Qualitätssicherung zu erstellen.

Eine strukturierte, systematische Erfassung der qualitativen Abweichungen und
deren Bewertung bildet die Grundlage für eine Optimierung des Herstellungs-
prozesses und der Werkstoffpaarungen. Häufig wird die Werkstoffwahl durch
Umstellungen auf kostengünstigere Fertigungsverfahren, durch geänderte Anforderungen oder durch konstruktive Modifikationen beeinflusst. Andererseits sind
die Entwicklungen neuer Werkstoffe der Anlass, das Produkt und die Herstellungsprozesse zu modifizieren, Abb. 15.1.

Abb. 15.1. Wesentliche Kriterien, die bei der Werkstoffauswahl zu berücksichtigen sind

Die während der Phase der Produktdefinition und der Festlegung der
Herstellungsprozesse abgeleiteten Qualitätssicherungsmaßnahmen sind so mit den
zusätzlich betrieblich auftretenden Randbedingungen zu verknüpfen, dass eine
qualifizierte Betriebsüberwachung möglich ist. Auf dieser Basis können Instand-
haltungsmaßnahmen abhängig vom Komponentenzustand längerfristig geplant
werden.

16 Kriterien zur Schadensbewertung

Die Aufgabe der Schadensbewertung ist die Klassifizierung und Beurteilung von Schadensfällen. Die Schadensursache soll festgestellt und Maßnahmen zur Reparatur und zur Vermeidung von Wiederholungsschäden definiert werden.

Die Schadensbewertung ist häufig problematisch, da das Schadensbild oft keine eindeutige Aussage zur Schadensursache ermöglicht und die auslösenden Faktoren sich häufig gegenseitig beeinflussen. Ferner muss unterstellt werden, dass nicht von einer einzigen Ursache auszugehen ist.

Der Gang einer Schadensanalyse ist schematisch im Abb. 16.1 aufgezeigt. Wichtig ist wegen der Komplexität eine systematische Vorgehensweise und eine möglichst vollständige Erfassung der Einflussgrößen, so dass eine eindeutige Identifikation der wesentlichen Parameter möglich ist.

Zu dieser Basisinformationen sind weitere ergänzende Informationen erforderlich, wie:

- die Betriebsbedingungen mit den Umgebungsbedingungen (z.B. Temperatur, Medium), die Betriebsweise (Lastzyklen) und die aufgetreten Störungen
- der Lebenslauf des Schadenteils, hierzu gehören Betriebsaufzeichnungen, Inspektionspläne, durchgeführte Wartungen sowie aufgetretene Schäden und Reparaturen
- die Beschreibung des vermutlichen Schadensablaufs mit den Betriebsbedingungen bei Schadenseintritt
- die makroskopische Analyse, d.h. eine detaillierte Beschreibung des Schadensteils wozu z.B. Beläge, Anlauffarben, Hinweise auf Korrosionseinwirkung und Verformungen gehören. Anzufügen ist die Beschreibung der Schadensausbildung wie die Lage der Bruchfläche und deren Morphologie (Gewaltbruch, Dauerbruch)
- die Beanspruchung resultierend aus den Betriebslasten und der konstruktiven Gestaltung, woraus wesentliche Hinweise auf die Versagensursache abzuleiten sind
- der Werkstoff, insbesondere der aktuelle Werkstoffzustand im Vergleich zum spezifizierten. Dies liefert wichtige Hinweise, ob in Verbindung mit der Betriebsweise, den Umgebungsbedingungen und den Spannungszuständen werkstoffliche Gründe schadensauslösend wirken konnten (z.B. Alterungs-, Kerbempfindlichkeit, Korrosionsanfälligkeit)
- die Herstellungsverfahren, wie z.B. Formgebung, Fügeverfahren, Wärmebehandlungsprozesse. Sie können zusätzliche Hinweise über die Schadensursache liefern

- die mikroskopische Analyse. Sie ist dann heranzuziehen, wenn die o.g. Untersuchungspunkte noch kein eindeutiges Ergebnis für die Schadensursache lieferten. Durch die Untersuchung von Schliffen im Mikroskop, der Bruchfläche im Rasterelektronenmikroskop und gegebenenfalls von Werkstofffolien im Transmissionselektronenmikroskop können zusätzliche Anhaltspunkte über die auslösenden Faktoren gewonnen werden (z.B. Gefügestruktur, Bruchmorphologie trankskristallin oder interkristallin, Schwingstreifen, quantitative Belagsanalyse, Analyse des Gefüges und von Ausscheidungen)

Ist dann die Schadensursache eindeutig erklärt, können auf dieser Basis Reparaturkonzepte und Verbesserungsmaßnahmen definiert werden, um künftig Schäden gleicher Art zu vermeiden.

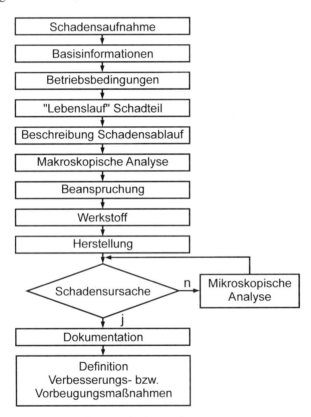

Abb. 16.1. Ablauf einer Schadensanalyse

17 Antworten zu den Verständnisfragen

Antworten zu Kapitel 2

1. Einteilung in Leicht- und Schwermetalle. Als Unterscheidungsmerkmal dient die Dichte, für Schwermetalle gilt: $\rho > 5\,\mathrm{kg/dm^3}$.
   Beispiele: Mg, Al   Leichtmetalle
             Fe, Cu, Zn, Pb   Schwermetalle.

2. Elektronenpaarbindung   -   Paraffin
   Ionenbindung   -   NaCl
   Metallbindung   -   Fe
   Van der Waals'sche Bindung   -   Kunststoffe (PVC).

3. Bei der Elektronenpaarbindung bilden sich aus Valenzelektronen gemeinsame Elektronenpaare, bei der Metallbindung liegt eine frei bewegliche Elektronenwolke vor, die aus abgegebenen Valenzelektronen besteht.

4.

krz

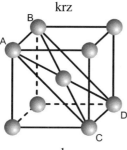

$$N = 8 \cdot \frac{1}{8} + 1 = 2$$

kfz

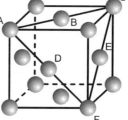

$$N = 8 \cdot \frac{1}{8} + 6 \cdot \frac{1}{2} = 4$$

5. Polymorphie bezeichnet die Eigenschaft von Werkstoffen, ihre Kristallstruktur in Abhängigkeit von der Temperatur zu ändern.

6. Gleitsysteme sind eine Kombination aus Gleitebene und zugehöriger Gleitrichtung. Dabei wird sowohl bei der Ebene als auch bei der Richtung von der dichtesten Besetzung ausgegangen.
   Beispiel: krz-System: (110) Gleitebene, $[1\,1\,\bar{1}]$ Gleitrichtung.

7. Miller'sche Indizes:

Ebene $(2\,1\,0)$; Richtung $[\bar{1}\,1\,\bar{1}]$

8. Ein Idealkristall enthält keine Gitterfehler im Gegensatz zum Realkristall.

9. a. Nulldimensional (Punktfehler): Leerstelle
   b. Eindimensional (Linienfehler): Stufen-, Schraubenversetzung
   c. Zweidimensional (Flächenfehler): Stapelfehler

10. Der Burgersvektor ist ein Maß für die Richtung und Größe der Störung durch eine Versetzung.
    Stufenversetzung: Burgersvektor b steht senkrecht auf der Versetzungslinie
    Schraubenversetzung: Burgersvektor b ist parallel zur Versetzungslinie.

Antworten zu Kapitel 3

1. Kristallographisch unterscheidbare, aber chemisch homogene Bereiche werden als Phasen bezeichnet.

2. Im Kristallgitter einer Komponente sitzen die Atome der anderen Komponente als Fremdatome auf Gitterplätzen.

3.

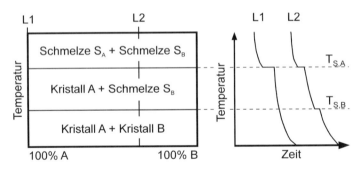

4. a) 1
   b) 2

5. Mit Hilfe des Hebelgesetzes lassen sich Mengenverhältnisse und Zusammensetzung in einem Phasenfeld bestimmen.

6. Mikrogefüge aus mindestens zwei festen Phasen, die sich bei konstanter Temperatur aus der Schmelze bilden. Besonders feinkörnig, niedrigste Schmelztemperatur im Zweistoffsystem.

7. Die Bezeichnungen von Mischkristallen lautet α-Mk, wenn B-Atome im A-Kristall und β-Mk, wenn A-Atome im B-Kristall vorliegen.

8. Eine chemische Verbindung von zwei oder mehr Metallen.

9. Systeme mit begrenzter Randlöslichkeit.

10. Das Eutektoid entsteht durch Zerfall einer festen Phase in zwei verschiedene feste Phasen. Das Eutektikum entsteht aus einer flüssigen Phase. Beide Übergänge laufen bei konstanter Temperatur ab.

Antworten zu Kapitel 4

1. Unter thermisch aktivierten Vorgängen versteht man den Platzwechsel der Atome aufgrund thermischer Anregung.

2. Die Ablaufgeschwindigkeit (Reaktionsgeschwindigkeit v) lässt sich mit der Arrhenius-Gleichung beschreiben.

3. Thermisch aktivierte Vorgänge von technischer Bedeutung sind insbesondere: Ausgleich von Konzentrationsunterschieden durch Diffusion, Erholung und Rekristallisation verformter Gefüge, Sintervorgänge, viskoses Fließen und Kriechen, Nachhärtung von Duromeren.

4. Mit dem zweiten Fick'schen Gesetz kann die Konzentration als Funktion von Ort und Zeit berechnet werden.

5. Aufkohlung, Aufstickung des Stahles; Diffusions- oder Homogenisierungsglühung.

6. Leerstellen, Zwischengitteratome, Versetzungen, Stapelfehler.

7. Die Rekristallisation erfolgt bei höheren Temperaturen als die Kristallerholung. Sie ist gekennzeichnet durch eine Neubildung der Kristalle.

8. Bei Erreichen des kritischen Verformungsgrades sowie erhöhten Temperaturen und zu langen Glühzeiten.

9. Sintern ist ein Teilprozess eines Herstellungsverfahrens, bei dem aus pulverförmigem Ausgangsmaterial Formteile oder Halbzeuge bei Temperaturen unterhalb des Schmelzpunktes ohne chemische Reaktion hergestellt werden.

10. Durch zusätzliches Aufbringen von Druck (Drucksintern).

Antworten zu Kapitel 5

1. Hook'sches Gesetz: $\sigma = E \cdot \varepsilon$, gilt nur für linearelastisches Verhalten und einachsige Beanspruchung.

2. Der Mohr'sche Spannungskreis beschreibt den vollständigen Spannungszustand für jede Richtung in einer Ebene.

3. Anisotropie bedeutet eine Richtungsabhängigkeit der physikalischen und mechanischen Eigenschaften. Isotropie bedeutet eine Richtungsunabhängigkeit dieser Eigenschaften.

4. Die technische Fließkurve ist die Darstellung von $\sigma = F / S_0$ über $\varepsilon = \Delta L / L_0$, d.h. bezogen auf die Ausgangsgeometrie.

   Die wahre Fließkurve ist die Darstellung der wahren Spannung $\left(\sigma_w = F / S\right)$ über der Formänderung φ $\left(d\varphi = dL / L\right)$, d.h. bezogen auf die aktuelle Geometrie.

5. Eigenspannungen sind Spannungen die in einem Bauteil vorhanden sind, ohne dass äußere Kräfte und Momente wirken. Sie stehen in jeder Schnittebene im Gleichgewicht.

6. Bei der Zeitstandbeanspruchung wird die Last konstant gehalten, wodurch bei höheren Temperaturen die Dehnungen auch unterhalb der Streckgrenze zunehmen. Bei der Relaxationsbeanspruchung wird die Verformung konstant gehalten und die Beanspruchung nimmt ab.

7. Kaltverfestigung, Mischkristallverfestigung, Ausscheidungshärtung und Kornverfeinerung.

8. Im Gebiet niedriger Werkstoffzähigkeit wird die linear-elastische Bruchmechanik (LEBM), im Bereich größerer Werkstoffzähigkeit die elastisch-plastische Bruchmechanik (EPBM) angewendet.

9. Zur Berechnung des zyklischen Risswachstums wird das sogenannte Rissausbreitungsgesetz verwendet: $da / dN = C_0 \left(\Delta K\right)^n$ (Paris-Gesetz).

Antworten zu Kapitel 6

1. Frischen.
2. Hohe Materialdurchsätze, wenig Seigerungen durch gleichmäßige Erstarrung.
3. Ab einem Kohlenstoffgehalt von 6,67% liegt 100% Zementit vor.
4. Aus Ferrit und Zementit.
5. Er beträgt 0,17%.

6. Mischkristallhärtung durch Kohlenstoffübersättigung, hohe Gitterfehlerdichte und innere Verspannungen durch Volumenzunahme beim Umklappen vom kfz-Gitter in das tetragonal verspannte krz-Gitter.

7. Durch das Halten der Temperatur knapp oberhalb der M_s-Temperatur wird ein Temperaturausgleich über dem gesamten Bauteilquerschnitt erzielt, was zu geringeren Spannungen bei weiterer Abkühlung führt.

8. 42CrMo4:   geringere Aufhärtbarkeit (wegen kleinerem C-Gehalt)
             bessere Einhärtbarkeit (wegen Legierungselementen)
   C60:   bessere Aufhärtbarkeit (wegen größerem C-Gehalt)
             geringere Einhärtbarkeit (keine Legierungselemente).

9. Härten mit anschließendem Anlassen.

10. Die „reversible Anlassversprödung" tritt hauptsächlich in niedrig legierten Mangan-, Chrom-, Chrom-Mangan- und Chrom-Nickel-Stählen auf, die gleichzeitig P, Sn, As oder Sb enthalten und entweder im Temperaturbereich zwischen 350 °C und 600 °C wärmebehandelt bzw. betrieben oder dieses Temperaturgebiet bei der langsamen Abkühlung durchlaufen. Verursacht wird diese Versprödungserscheinung durch eine Mikroseigerung vor allem der Verunreinigungselemente an den Korngrenzen, wodurch die Kohäsionskräfte entlang den ehemaligen Austenitkorngrenzen geschwächt werden.

Antworten zu Kapitel 7

1. Kubisch-flächenzentriertes System.

2. Zink, Zinn, Aluminium.

3. Messing: Kupfer und Zink; Bronze: Kupfer und Zinn.

4. Geringe Dichte, günstige spezifische Festigkeit, gute Korrosionsbeständigkeit, gute elektrische Leitfähigkeit und gute Wärmeleitfähigkeit.

5. Ausscheidungshärtung.

6. Kaltverfestigung.

7. Hervorragende Korrosionsbeständigkeit bei Temperaturen unter 535°C.

8. Verbesserung von Festigkeit, Zähigkeit, Verschleißfestigkeit, Warmfestigkeit, Korrosionsbeständigkeit und Tieftemperatureigenschaften.

9. Magnesium wird technisch vorwiegend durch die Elektrolyse einer Schmelze aus Magnesiumdichlorid ($MgCl_2$) gewonnen.

10. Niedriges spezifisches Gewicht, niedriger E-Modul.

Antworten zu Kapitel 8

1. Kondensationspolymerisation, Additionspolymerisation als Kettenreaktion, Additionspolymerisation als Stufenreaktion

2. Niedrige Dichte, hohen elektrischen Isolationswiderstand, hohes Dämpfungsvermögen, Beständigkeit gegen elektrolytische Korrosion.

3.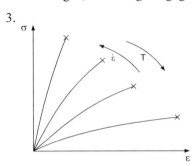

4. Schweißbar, löslich, quellbar, bei RT spröde oder zähelastisch.

5. Sie sind nicht schmelzbar.

Antworten zu Kapitel 9

1. Der Grünkörper wird aus dem gemahlenen Ausgangspulver, das mit Bindemitteln versetzt wird, über unterschiedliche Formgebungsverfahren (Pressen, Sintern, Extrudieren) hergestellt und einem Trocknungsvorgang unterzogen. Grünkörper können spanabhebend bearbeitet werden.

2. Oxid- bzw. nichtoxidkeramische Werkstoffe weisen nach dem Brennen ein kristallines Gefüge auf, das aus Elementarzellen in der Form von Polyedern besteht. Silikatkeramik weist in der Regel ein Vielstoffsystem auf. Die beim Brennen entstehenden ternären Verbindungen und eutektischen Phasen bilden Glasphasen aus, die neben den kristallinen Bestandteilen einen großen Teil des Gefüges bilden.

3. Heißpressen (HP) dient dazu, den formstabilen Rohling zu verdichten und zu sintern. Beim Heißisostatischen Pressen (HIP) wird der Druck in allen Richtungen aufgebracht, so dass dünnwandige Formteile herstellbar sind.

4. Keramische Werkstoffe weisen im Vergleich zu metallischen Werkstoffen eine sehr große Festigkeitsstreuung auf, die eine Folge der vergleichsweisen hohen Sprödigkeit ist. Wird die Bruchwahrscheinlichkeit in Abhängigkeit von der Bruchspannung aufgetragen, erhält man einen niedrigen Weibullfaktor. Maßgebend für die Auslegung ist daher Kenntnis der Festigkeit für sehr kleine Bruchwahrscheinlichkeiten.

Antworten zu Kapitel 10

1. Schichtverbunde, z.B. Sperrholz.
   Faserverbunde, z.B. Glasfaser.
   Teilchenverbunde, z.B. Beton.

2. Ein Verbundwerkstoff, dessen Matrix aus Kunststoff besteht und die Faser aus Kohlenstoff.

3. Faserlänge: Lange Fasern steigern die Festigkeit.
   Faserdurchmesser: Je kleiner der Durchmesser, desto größer die Festigkeit der Faser.
   Faserorientierung: Die Festigkeit des Verbundwerkstoffes ist von der Orientierung des Lastangriffs zur Faser abhängig.
   Faservolumenanteil, Haftung zwischen Faser und Matrix.

4. Ein Verbundwerkstoff, dessen Matrix aus Keramik besteht. Die Fasern können aus Kohlenstoff (C) oder aus Keramik (z.B. SiC) sein.

5. Durch die Faserverstärkung wird vor allem bessere Thermoschockbeständigkeit und ein pseudo-plastisches Bruchverhalten, d.h. ein besseres Risszähigkeitsverhalten, erreicht.

Antworten zu Kapitel 11

1. Das logarithmische Dekrement gibt an, wie stark eine Schwingung gedämpft ist.

2. Höhe der Belastung, Belastungsgeschwindigkeit (Frequenz), Temperatur.

3. Der Wärmestrom ist proportional zum Temperaturgradienten.

4. Werden zwei verschiedene Metalldrähte in Form eines Stromkreises verbunden und tritt zwischen den beiden Kontaktstellen (= Lötstellen) eine unterschiedliche Temperatur auf, so fließt ein Thermostrom.

5. Dotierung ist die gezielte Verunreinigung von Halbleitern mit Fremdatomen um die elektrische Leitfähigkeit stark zu erhöhen.

Antworten zu Kapitel 12

1. P(Cu/Zn)-P(Cu/Fe) = 0,7 V – 0,1 V = 0,6 V.

2. $Zn \rightarrow Zn^{2+} + 2e^-$ anodische Teilreaktion

$Zn^{2+} + 2e^- \rightarrow Zn$ kathodische Teilreaktion.

Durch Eintauchen in Wasser bei sauerstoffhaltiger Umgebung kann es zu Korrosion (Sauerstoffkorrosion) kommen:

$Zn \rightarrow Zn^{2+} + 2e^-$ anodische Teilreaktion

$O_2 + 2H_2O + 4e^- \rightarrow 4OH^-$ kathodische Teilreaktion.

3. $Fe \rightarrow Fe^{2+} + 2e^-$ anodische Teilreaktion

$2H^+ + 2e^- \rightarrow H_2$ kathodische Teilreaktion.

4. (Unedel) Zn, Fe, H, Cu, Au (edel).

5. Die Opferanode wird in die Nähe des zu schützenden Bauteils gebracht. Die unedlere Opferanode löst sich bevorzugt auf, während das Bauteil weitgehend geschützt bleibt.

6. Durch das Anlegen einer Spannung wird das zu schützende Bauteil negativ aufgeladen. Dadurch gehen weniger Ionen in Lösung.

7. Die Korrosion des Eisens wird beschleunigt.

8. Unterschiedliche Elektrolytkonzentration, lokale Zerstörung der Schutzschicht.

9. Zusammenwirken von Erosion und Korrosion, wobei die Korrosion i.Allg. durch Abtragen einer Schutzschicht aktiviert wird.

10. Selektive Korrosion (Kornzerfall): Die chromarmen Säume an den Korngrenzen sind unedler als die Chromkarbidausscheidungen, daher kommt es zur Korrosion der Säume und deren Auflösung.

Antworten zu Kapitel 13

1. Stahlschrott kann in Eigenschrott, Neuschrott und Altschrott unterteilt werden.

Eigenschrott fällt bei der Erzeugung von Stahl an.

Neuschrott entsteht bei der industriellen Fertigung und kann ebenfalls relativ kurzfristig nach der Stahlerzeugung wieder eingesetzt werden.

Stahlaltschrott entsteht aus der Erfassung und Aufbereitung von nicht mehr verwendungsfähigen und ausgedienten Verbrauchs- und Industriegütern.

2. Beim Einschmelzen von Aluminiumschrott bildet sich an der Badoberfläche eine Schicht aus nicht direkt weiterverwendbarem oxidiertem Aluminium.

3. Beim Recycling von Aluminium sind die Strategien Wiederverwendung, Weiterverwendung, Wiederverwertung und Weiterverwertung zu unterscheiden.

Wiederverwendung bedeutet die Demontage von Bauteilen mit anschließender Reinigung und ggf. Aufarbeitung zum weiteren Einsatz mit der gleichen technischen Funktion.

Weiterverwendung bezeichnet die Demontage oder Umarbeitung von Bauteilen zur weiteren Verwendung in anderer Funktion als zuvor.

Wiederverwertung steht für das Einschmelzen sortenreiner Aluminiumschrotte, ggf. mit anschließender Raffination.

Weiterverwertung umfasst Separation und Einschmelzen von Aluminiumwerkstoffen aus gemischten Schrotten.

4. Da durch den Einsatz von Recyclingmaterial die Erzgewinnung und Aufbereitung wegfallen können, ist je nach Kupfergehalt der eingesetzten Schrotte eine Energieeinsparung zwischen 80 und 92% erzielbar.

5. Für die Wiederaufbereitung sind bisher fast ausschließlich die Thermoplaste geeignet, da nur sie im Gegensatz zu Duromeren und Elastomeren ein erneutes Überführen in Schmelze oder Lösung mit anschließender Umformung zulassen.

    Duromere und Elastomere lassen sich auf Grund ihrer hochgradig vernetzten Molekülstruktur nur thermisch oder chemisch zersetzen oder mechanisch zu Granulat zerkleinern. Sie können dann als hochwertiger Füllstoff oder in Hochöfen zur Energiegewinnung an Stelle von Mineralöl eingesetzt werden.

6. Mit jedem Wiederaufbereitungsschritt nimmt die Zeitstandfestigkeit ab.

Antworten zu Kapitel 14

1. Grundkörper; Gegenkörper, Gegenstoff; Zwischenkörper, Zwischenstoff; Umgebungsmedium.

2. Verschleiß ist der Werkstoffabtrag an der Oberfläche unter überwiegend mechanischer Einwirkung, d.h. unter Einwirkung von Kräften und Relativbewegungen.

3. Adhäsion: Verschleiß durch atomare und molekulare Wechselwirkung der Stoffe in der Kontaktzone.
    Abrasion: Verschleiß durch harte Rauberge eines Gegenkörpers oder durch harte körnige Gegenstoffe.
    Ermüdung: Verschleiß im Mikrobereich infolge wiederholter mechanischer Kraftwirkung in der Grenzschicht.
    Ablation: Verschleiß durch hohe Energiedichte an der Oberfläche.

4. Belastung, Geschwindigkeit, Temperatur.

5. Selektive Abrasion.

18 Weiterführende Literatur

	Relevante Literatur	Zugeordnete Kapitel
[Azd99]	Aluminium Zentrale Düsseldorf (Hrsg.) Aluminium Taschenbuch Band 1-3 15. Auflage, Düsseldorf, Aluminium-Verlag, 1999	Kapitel 7
[Azd00]	Aluminium Zentrale Düsseldorf (Hrsg.) Magnesium Taschenbuch 1. Auflage, Düsseldorf, Aluminium-Verlag, 2000	Kapitel 7
[Ask96]	Askeland, D.R. Materialwissenschaften Heidelberg, Spektrum, 1996	Allgemein
[Bab95]	Baboian, R. Corrosion tests and standards: application and interpretation ASTM manual series; MNL 20; 1995	Kapitel 12
[Bar00]	Bargel, H.-J.; Schulze, G. Werkstoffkunde 7. Auflage, Berlin, Springer, 2000	Allgemein
[Blu93]	Blumenauer, H.; Pusch, G. Technische Bruchmechanik 3. Auflage, Weinheim, Wiley-VCH, 1993	Kapitel 5
[Bür98]	Bürgel, R. Handbuch Hochtemperatur-Werkstofftechnik Wiesbaden, Vieweg, 1998	Kapitel 4-7, 12
[Cal94]	Callister, W.D. Materials Science and Engineering 3. Auflage, John Wiley and Sons, Inc., 1994	Kapitel 5
[Car89]	Carlsson, L.A.; Pipes, R.B. Hochleistungsfaserverbundwerkstoffe Stuttgart, Teubner, 1989	Kapitel 10

[Czi92]	Czichos, H.; Habig, K.-H. Tribologie Handbuch, Reibung und Verschleiß Vieweg Verlag 1992	Kapitel 14
[Dah93]	Dahl, W. Eigenschaften und Anwendungen von Stählen, Band 1 und 2 1. Auflage, Aachen, Verlag der Augustinus Buchhandlung, 1993	Kapitel 6, 12
[Dom98]	Domininghaus, H. Die Kunststoffe und ihre Eigenschaften Springer-Verlag, 1998.	Kapitel 8
[Dom69]	Domke, W. Werkstoffkunde und Werkstoffprüfung Verlag W. Girardet,Essen, 1969	Kapitel 3
[Eck72]	Eckstein, H.J. Werkstoffkunde Stahl und Eisen II, 1.Auflage VEB Deutscher Verlag für Grundstoffindustrie, Leipzig 1972	Kapitel 6
[Ehr99]	Ehrenstein, W. Polymer-Werkstoffe C. Hanser Verlag München, 1999	Kapitel 8
[Eng74]	Engel, L.; Klingele, H. Metallschäden Gerling Institut für Schadenforschung und Schadenverhütung, Köln, 1974	Kapitel 5
[Fra00]	Franck, A.; Biederbick, K. Kunststoff-Kompendium Würzburg, Vogel, 2000	Kapitel 8
[Goo03]	Goodrich, G. M. Iron castings engineering handbook Des Plaines, 2003	Kapitel 6
[Guy76]	Guy, A.G. Metallkunde für Ingenieure Akademische Verlagsgesellschaft, Wiesbaden, 1976	Kapitel 2-7, 11
[Hai89]	Haibach, E Betriebsfestigkeitsverfahren, Verfahren und Daten zur Bauteilberechnung VDI-Verlag GmbH, Düsseldorf, 1989	Kapitel 5
[Hol95]	Hollemann, A.F.; Wiberg, N. Lehrbuch der anorganischen Chemie 101. Auflage, Walter der Gruyter, Berlin 1995	Allgemein

[Hor94]	Hornbogen, E. Werkstoffe 6. Auflage, Berlin, Springer, 1994	Allgemein
[Hor91]	Hornbogen, E. Werkstoffe: Aufbau und Eigenschaften von Keramik, Metallen, Polymer- und Verbundwerkstoffen 5. Auflage, Berlin, Springer, 1991	Allgemein
[Horn91]	Hornbogen, E.; Warlimont, H. Metallkunde – Aufbau und Eigenschaften von Metallen und Legierungen 2. Auflage, Berlin, Springer, 1991	Allgemein
[Ils83]	Ilschner, B. Festigkeit und Verformung bei hoher Temperatur Oberursel, Deutsche Gesellschaft für Metallkunde e.V., 1983	Kapitel 5-7, 9
[IKD96]	Institut für Korrosionsschutz Dresden Vorlesung über Korrosion und Korrosionsschutz von Werkstoffen, TAW-Verlag, Wuppertal 1996	Kapitel 12
[Kae90]	Kaesche, H. Die Korrosion der Metalle 3. Auflage, Berlin, Springer, 1990	Kapitel 12
[Kit02]	Kittel, C. Einführung in die Festkörperphysik Oldenbourg, München 2002	Kapitel 2
[Kop02]	Kopitzki, K., Herzog, P. Einführung in die Festkörperphysik B.G. Teubner Verlag 2002.	Kapitel 2
[Lie02]	Liedtke, D.; Jönsson, R. Wärmebehandlung 5. durchgesehene Auflage, Renningen-Malmsheim, expert, 2002	Kapitel 6
[Mac92]	Macherauch, E. Praktikum in Werkstoffkunde 10. Auflage, Braunschweig, Vieweg, 1992	Allgemein
[Mai99]	Maile, K. Fortgeschrittene Verfahren zur Beschreibung des Verformungs- und Schädigungsverhaltens von Hochtemperaturbauteilen im Kraftwerksbau Aachen, Shaker, 1999	Kapitel 5-7
[Mun99]	Munz, D.; Fett, T. Ceramics Springer-Verlag, 1999.	Kapitel 9

[Pet02]	Peters, M.; Leyens, C. Titan und Titanlegierungen Wiley-VCH, 2002.	Kapitel 7
[Pre82]	Predel, B. Heterogene Gleichgewichte (Grundlagen und Anwendungen) Steinkopf-Verlag, Darmstadt, 1982	Kapitel 3
[Rob00]	Robert, C. et al. Nondestructive Testing Handbooks American Society of Nondestructive Testing (ASNT) 3. Auflage, ASNT, Columbus, 2000	Kapitel 5
[Ros93]	Roos, E. Grundlagen und notwendige Voraussetzungen zur Anwendung der Risswiderstandskurve in der Sicherheitsanalyse angerissener Bauteile Fortschritt-Berichte VDI, Reihe 18 Nr. 133, VDI-Verlag, Düsseldorf, 1993	Kapitel 5
[Sch96]	Schatt, W. Einführung in die Werkstoffwissenschaft 4. Auflage, Weinheim, Wiley-VCH, 1996	Allgemein
[Sch98]	Schatt, W.; Simmchen, E.; Zouhar, G. Konstruktionswerkstoffe 5. Auflage, Weinheim, Wiley-VCH, 1998	Kapitel 6-10
[Sch01]	Schumann, H. Metallographie 13. Auflage, Weinheim, Wiley-VCH, 2001	Kapitel 3, 6, 7
[Sei90]	Seidel, W. Werkstofftechnik: Werkstoffe – Eigenschaften – Prüfung – Anwendung München, Hanser, 1990	Allgemein
[Sim72]	Sims, C.T.; Hagel, W.C. The Superalloys New York, John Wiley & Sons, 1972	Kapitel 7
[Tro84]	Troost, A. Einführung in die allgemeine Werkstoffkunde metallischer Werkstoffe 1. – 2. Überarbeitete Auflage, Zürich, Bibliographisches Institut, 1984	Kapitel 2-5
[Uet85]	Uetz, H.; Wiedemeyer, J. Tribologie der Polymere Carl Hanser Verlag München Wien, 1985	Kapitel 14
[Uet86]	Uetz, H. Abrasion und Erosion München, Hanser, 1986	Kapitel 14

[Vde61]	Verein deutscher Eisenhüttenleute (Hrsg.) Atlas zur Wärmebehandlung der Stähle Band 1 Verlag Stahleisen M.B.H., Düsseldorf, 1961	Kapitel 6
[Vde73]	Verein deutscher Eisenhüttenleute (Hrsg.) Atlas zur Wärmebehandlung der Stähle Band 3 Verlag Stahleisen M.B.H., Düsseldorf, 1973	Kapitel 6
[Vde84]	Verein deutscher Eisenhüttenleute (Hrsg.) Werkstoffkunde Stahl Band 1: Grundlagen Band 2: Anwendung Berlin, Springer, 1984	Kapitel 2-6
[Vde89]	Verein deutscher Eisenhüttenleute (Hrsg.) Stahlfibel Verlag Stahleisen M.B.H., Düsseldorf, 1989	Kapitel 6
[Web98]	Weber, A. (Hrsg.) Neue Werkstoffe Düsseldorf, VDI-Verlag GmbH, 1989	Kapitel 6-10
[Wel76]	Wellinger, K.; Dietmann, H. Festigkeitsberechnung, 3. erw. Auflage Alfred Kröner Verlag, Stuttgart, 1976	Kapitel 5
[Wen98]	Wendler-Kalsch, E.; Gräfen, H. Korrosionsschadenskunde Springer-Verlag, 1998.	Kapitel 12
[Zen99]	Zenner, H.; Gudehus, H. Leitfaden für eine Betriebsfestigkeitsrechnung. Verlag Stahleisen GmbH, Düsseldorf, 1999	Kapitel 5
[Zie98]	Ziegler, C. Bewertung der Zuverlässigkeit keramischer Komponenten bei zeitlich veränderten Spannungen und bei Hochtemperaturbelastung Düsseldorf, VDI Verlag GmbH, 1998	Kapitel 9
[Zum90]	ZumGahr, K.-H. Reibung und Verschleiß bei metallischen und nichtmetallischen Werkstoffen DGM Informationsgesellschaft Verlag, 1990	Kapitel 14

Konkordanz

Printing: Krips bv, Meppel, The Netherlands
Binding: Stürtz, Würzburg, Germany